Bayerischer Landwirtschaftsverlag

Christian Neitzel

JAGD

MIT SCHALLDÄMPFER

Grundlagen, Technik und Praxis

Inhalt

Hornady
AMMUNITION

*»Die Qualität der Jagd
entscheidet sich hinter der Büchse.«*

Prof. Dr. Paul Müller

Vorwort zu dieser Ausgabe

Nach zwei von mir im Selbstverlag herausgegebenen Auflagen halten Sie jetzt die im Gräfe und Unzer Verlag unter der Marke BLV erschienene, aktualisierte Neuausgabe von »Jagd mit Schalldämpfer« in Ihren Händen.

Als ich die Arbeiten an dem Buch 2012 begonnen habe, hätte ich eine so anhaltende Nachfrage nie erwartet. Die Motivation für dieses Buch war eigentlich nur dadurch begründet, dass ich viel Wissen zu Schalldämpfern angehäuft hatte, das in seinen vielen Details kaum zugänglich und insgesamt nur sehr verstreut verfügbar war. Selbst in zweitägigen Seminaren zum Thema, die ich über einen gewissen Zeitraum veranstaltet hatte, reichte die Zeit nie aus, um alle Fakten zu transportieren. Das Gleiche galt für die Artikel in den Jagdzeitschriften: Man konnte hier Sachverhalte stets nur oberflächlich streifen. Ich wollte daher das gesammelte Wissen breit zugänglich machen, auch wenn mir klar war, dass sich das Interesse in Grenzen halten würde. Ein Liebhaber-Projekt eben.

Während der Recherchen zur Erstausgabe im Selbstverlag im Jahr 2014 stellte ich fest, dass ich in vielen Bereichen bisher nur an der Oberfläche gekratzt hatte. Der Umfang, den ich großzügig auf 100 Seiten geplant hatte, wuchs in beängstigender Art und Weise, je tiefer ich in das Thema eintauchte. Am Ende umfasste das Buch 268 Seiten. Ich hätte nie gedacht, dass es so viel zum Thema zu schreiben gibt. Der Jagdautor Bruno Hespeler wurde in einer Rezension zum Buch später mit den Worten zitiert: »[...] beim ›Schalldämpfer‹ habe ich angefangen zu lesen und nicht mehr aufgehört! Vorher hätte ich gesagt, das Thema ist auf 30, maximal 40 Seiten erschöpfend abzuhandeln, aber ich finde absolut nichts, was man als aufgeblasen bezeichnen könnte.«

Das Buch leistete durch Aufklärung sicherlich seinen Beitrag zum Siegeszug des Schalldämpfers in Deutschland, aber auch in Österreich und der Schweiz. Durch die Dynamik, die das Thema entwickelte, stieg auch die Nachfrage nach Literatur. Es entstand entgegen meinen ersten Erwartungen der Bedarf für eine überarbeitete Neuauflage, die vor allem aufgrund der immer noch stark umstrittenen rechtlichen Situation mit einer ganzen Reihe von Gerichtsurteilen und Verwaltungsanweisungen, die ich dort zitiert und bewertet habe, noch einmal erheblich im Umfang wuchs.

In diesem Jahr hat sich die Lage erheblich konsolidiert: Das Dritte Waffenrechtsänderungsgesetz zum Waffengesetz stellt klar, dass Jäger grundsätzlich das Bedürfnis zum Erwerb von Schalldämpfern für ihre Langwaffen haben – zumindest, wenn es sich um Waffen für Zentralfeuerpatronen handelt. Und bis auf Bayern, Bremen und Hamburg haben alle Länder die noch vorhandenen sachlichen Verbote für die Jagdausübung mit Schalldämpfer gestrichen – wobei Bayern und Bremen grundsätzlich Anträge auf Erteilung einer Ausnahmegenehmigung von diesem Verbot positiv bescheiden und dort damit de facto eher ein Verwaltungshindernis als ein Verbot besteht.

Ein erheblicher Anteil des Buches hat seine Existenzberechtigung daher verloren. Es ist schlicht uninteressant geworden, wie man die genehmigende Behörde von der Notwendigkeit eines Schalldämpfers überzeugt. Die überarbeitete Neuauflage war ausverkauft, und eigentlich wollte ich das Projekt, das ja bisher im Selbstverlag erschienen war und für mich vom Druck bis zum Versand einen hohen Aufwand bedeutete, einfach beerdigen. Ich habe allerdings viel Zuspruch bekommen, das Buch weiterhin auf dem Markt verfügbar zu halten. Gerade jetzt, wo aufgrund der Änderung des Waffengesetzes das Interesse an Dämpfern in der breiten Jägerschaft noch einmal wachsen wird, ist ein fundiertes Sachbuch von Bedeutung.

Ich bin dankbar dafür, mit dem Gräfe und Unzer Verlag einen Partner für die aktualisierte Neuausgabe gefunden zu haben, der das Buch weiter am Leben erhalten wird. Ich habe versucht, es von altem Ballast zu befreien und trotzdem die wesentlichen Meilensteine der Geschichte des Schalldämpfers in Deutschland weiter zu bewahren. Wer hier tiefer in die Materie einsteigen will, kann sicherlich die im Jahr 2016 im Selbstverlag erschienene überarbeitete Neuauflage antiquarisch erwerben.

Dass der Schalldämpfer einmal einen nicht mehr wegzudenkenden Platz in der Jagd in Deutschland haben würde, hat mir 2012 kaum jemand geglaubt. Dass wir bereits 2020 an diesem Punkt angekommen sind, freut mich außerordentlich. Der evidente Klimawandel mit seinen beängstigenden Auswirkungen wird auch erhebliche Konsequenzen für die Art der Jagdausübung in Deutschland mit sich bringen. Das landschaftsverändernde Waldsterben mit den resultierenden gigantischen Kahlschlagflächen und den nachfolgenden Bemühungen einer Wiederbewaldung trotz geringer Niederschlagsmengen wird eine aktivere Jagd erfordern, bei der Schalldämpfer sicherlich ein wertvolles Hilfsmittel sein werden.

Zu guter Letzt möchte ich mich ganz besonders bei Angelika Glock bedanken, die als Lektorin die aktualisierte Neuausgabe im Gräfe und Unzer Verlag betreut hat. Mit ihrer Liebe zur Sprache, der Aufmerksamkeit auch für kleinste Details und einem ehrlichen Interesse am Thema war sie ein Glücksfall für mich und ist letztlich der Garant dafür, dass Sie ein – hoffentlich – rundum gelungenes Buch in den Händen halten können.

Calw, im Dezember 2020
Christian Neitzel

Geleitwort zu dieser Ausgabe

Den Autor Dr. Christian Neitzel irritierte es offensichtlich bei der Veröffentlichung der Erstausgabe seines Buches im Jahr 2014 nicht, dass in Deutschland jeder, der sich mit dem Thema Schalldämpfer befasste, in jeglicher Hinsicht den Status eines Exoten erhielt – bestenfalls.

Für behördliche Verwendung toleriert, aber totgeschwiegen, war der Schalldämpfer in der Bundesrepublik zunächst verboten bzw. mit dem Waffengesetz ab 1972 erlaubnispflichtig. Bereits die leiseste Nachfrage nach zivilen, insbesondere jagdlichen Nutzungsmöglichkeiten glich einem Tabubruch. Die nicht näher begründete Feststellung der fehlenden Waidgerechtigkeit, die unterstellte Zunahme der Jagdwilderei sogar vonseiten manches Jagdverbandes (!), das gerne von Unteren Waffenbehörden vorgetragene Totschlagargument der »Gefahr für die Innere Sicherheit« – es gab genügend »Gründe« für eine Ablehnung. Der Nutzen schien zweifelhaft, die echten Eigenschaften eines Dämpfers blieben weitgehend unbekannt. Dämpfer waren ein Mythos, »verboten«, dazu wahlweise unpräzise oder ausschließlich bei den fachkundigsten Spezialisten der Polizei und ihren kriminellen Gegenspielern in Gebrauch. Entscheider aller Ebenen generierten den wesentlichen Anteil ihrer Kenntnisse aus Kommunikations- bzw. interaktiven Medien wie Kino und Computerspielen. Ihre Meinungsbildung war bereits vor Jahren abgeschlossen.

Nur rund fünf Jahre nach der Erstausgabe dieses Buches im Selbstverlag billigt das Waffengesetz mit seiner jüngsten Änderung Jägern ein generelles Bedürfnis zum Erwerb von Schalldämpfern zu. Ein Wunder – oder Zufall? Ganz sicher haben viele Faktoren und eine Vielzahl an Personen zu diesem Sinneswandel des Gesetzgebers beigetragen. Übrigens hatte Christian Neitzel selbst bereits früh wesentlichen Anteil daran, überzeugten doch seine Vorführungen, Tests sowie zahlreichen Online- und Printveröffentlichungen nicht nur viele Jäger, sondern auch Behördenvertreter von den positiven Schalldämpfereigenschaften. Mit rationalen Argumenten war damit kaum mehr zu verneinen, dass die Nutzung »eigentlich sinnvoll sei …«. Und doch endete immer noch die Vielzahl der Anträge spätestens vor dem Verwaltungsgericht mit dem Hinweis der »Gefahr für die Innere Sicherheit« mit einer Ablehnung: Schalldämpfer galten als zu riskant!

Seit 2015 gehört dieses zentrale Argument endgültig in den Bereich der Fabel, als Christian Neitzel die anlässlich eines Verwaltungsgerichtsprozesses verfasste behördeninterne Einschätzung des BKA veröffentlichte, der zu entnehmen ist, dass Schalldämpfer (für Langwaffen) keine Deliktrelevanz besitzen. Dieser Wendepunkt ermöglicht es heute einem jeden Jäger in Deutschland, ohne großen Aufwand die notwendigen Schalldämpfer für seine

Büchse zu erwerben. Seitdem beweisen die Verkaufszahlen des Handels die Erfahrung, dass keiner, der einmal mit Schalldämpfer gejagt hat, es je wieder ohne tun möchte.

»Jagd mit Schalldämpfer« war seit jeher die wohl vollkommenste, weil alle Aspekte umfassende Bedürfnisbegründung für die Nutzung eines Schalldämpfers bei der Jagd – da ist es nun fast ein wenig schade, dass keine Behörde mehr eine ausführliche Bedürfnisbegründung erfragt. Aber freuen Sie sich dennoch, denn statt als beigeheftete Anlage zum Schalldämpferantrag dient es Ihnen als fundamentales Nachschlagewerk im eigenen Schrank viel besser. Es bleibt in meinen Augen das sogar im internationalen Vergleich beste Werk zum Thema!

Montabaur, im Dezember 2020
Andreas Burth
(*Waffensachverständiger und -sammler mit dem Schwerpunkt Schalldämpfer,*
Mitautor des Buches »Schalldämpfer – bauen, improvisieren, tunen«)

KAPITEL 1

Jagen ohne Lärm

*»Die gefährlichste Weltanschauung
ist die Weltanschauung derer,
die die Welt nie angeschaut haben.«*

Alexander von Humboldt

Jagen ohne Lärm

»Die Rache der Rehe« nannte ein Förster einmal seinen ausgeprägten Gehörschaden. Die vielen ungeschützten Schüsse gehen leider nicht schadlos am Ohr vorbei.

Der beim Schießen mit schalenwildtauglichen Patronen entstehende Lärm erreicht am Ohr des Schützen regelmäßig Schalldruckpegel von über 150 Dezibel (dB). Der auf das Ohr einwirkende Schalldruck ist damit etwa 300-mal so hoch wie bei einem Presslufthammer in 1 m Entfernung! Weil das Geräusch nur von sehr kurzer Dauer ist und die Aufmerksamkeit auf das zu erlegende Stück fokussiert ist, wird die Lautstärke regelmäßig erheblich unterschätzt. Dieses Phänomen erklärt, warum der Schussknall bei der Jagdausübung als wenig störend empfunden wird, während auf dem Schießstand freiwillig Gehörschutz getragen wird. Der extreme Lärm ist in beiden Situationen jedoch gleich groß und schädigt unser Innenohr unausweichlich. Auch wenn ein einzelner Schuss nicht zur Ertaubung führt, werden jedes Mal Haarzellen des Innenohres zerstört. Diese sind für die Wahrnehmung von Geräuschen zuständig. Gehen sie zugrunde, kann der Körper sie nicht ersetzen.

Jeder einzelne Schuss ohne Gehörschutz leistet damit den bekanntesten Krankheiten des Jägers, Tinnitus und Schwerhörigkeit, einen erheblichen Vorschub.

Was lange Jahre völlig unterschätzt und belächelt worden ist, wurde glücklicherweise in den letzten Jahren zunehmend ernst genommen. Immer häufiger hat man daher vor der zunehmenden Verbreitung von Schalldämpfern jede Art von Gehörschützern bei Jägern auch bei der Jagdausübung gesehen und nicht nur ausschließlich auf der Schießbahn – eine längst fällige und sehr positive Entwicklung! Leider bringt es eine Reihe von Nachteilen mit sich, eine Dämmschicht zwischen sein Hörorgan und die Umwelt zu legen. Der bedeutendste ist die deutlich verschlechterte Wahrnehmung von Geräuschen. Aber selbst fortschrittliche Produkte wie z. B. der Aktivgehörschutz schränken die Fähigkeit zur Geräuschortung ein und sind bei Pirsch oder Nachsuche nur sehr eingeschränkt brauchbar. Alle Gehörschutzarten können zudem nur dann ihre Wirkung entfalten, wenn sie korrekt angelegt werden. Schlechter Sitz, Bart oder Brille bilden Lärmbrücken und verschlechtern die vom Hersteller angegebene Dämmwirkung. Und zu guter Letzt muss der Gehörschutz auch tatsächlich vor dem Schuss angelegt werden.

Was im ersten Moment nach einer zu belächelnden Binsenweisheit klingt, erlangt im Alltag schnell eine relevante Bedeutung. Nicht umsonst hat der Gesetzgeber beim Arbeitsschutz die Prämisse erlassen, dass Gefahren für die körperliche Unversehrtheit immer an der Quelle zu bekämpfen sind, um sie gar nicht erst entstehen zu lassen. Erst wenn alle technischen und organisatorischen Möglichkeiten ausgeschöpft sind, darf auf persönliche Schutzausrüstung ausgewichen werden. Dadurch wird die Gesundheitsgefährdung auch dann minimiert, wenn der Gehörschutz z. B. vergessen wurde oder verrutscht ist. Der Arbeitsschutz ist mit dieser gesetzlichen Vorgabe ganz nebenbei ein wesentlicher Motor dafür gewesen, Schalldämpfer in Deutschland salonfähig zu machen. Nachdem man 2012 darauf aufmerksam geworden war, dass die entsprechenden Lärmgrenzwerte bei Beschäftigten mit der Jagdausübung als Dienstaufgabe weit überschritten werden und damit eine technische Dämpfung an der Quelle notwendig machen, wurde in den folgenden Jahren eine bundesweite Diskussion zum Thema »Arbeitsschutz mit Schalldämpfern« angestoßen. Sie hat dazu geführt, dass quer durch die BRD eine große Anzahl von Förstern und Berufsjägern unter Berufung auf die Lärm- und Vibrations-Arbeitsschutzverordnung ihre Ohren durch die Verwendung von Schalldämpfern schützen konnten. Dies machte Schalldämpfer in der Fläche bekannt und half erheblich dabei, Berührungsängste bei der Jägerschaft abzubauen. Dem wachsenden Interesse folgten dann mehrere Bundesländer: Bayern und Brandenburg, später auch Rheinland-Pfalz und Baden-Württemberg erteilten eine generelle Freigabe von Schalldämpfern für alle Jäger. Mit der Novellierung des Waffengesetzes 2020 stellte der Gesetzgeber jetzt auf Bundesebene klar, dass der Erwerb von Schalldämpfern für Langwaffen durch Jäger grundsätzlich ohne weiteren Bedürfnisnachweis erlaubt ist. Ein absoluter Paradigmenwechsel innerhalb von nicht einmal zehn Jahren, denn vorher war die Genehmigungspraxis extrem restriktiv und Schalldämpfer in Jägerhand waren eine äußerst seltene Ausnahme!

Obwohl ich immer versucht habe, meine Ohren bei der Jagd konsequent zu schützen, war das nicht durchgehend erfolgreich. Bei Drückjagden mit Stand im dichten Bewuchs ist selbst ein Aktivgehörschutz oftmals ebenso störend wie bei Pirsch oder Nachsuche. Besonders ärgerlich sind aber Situationen, in denen der Schutz der Ohren schlichtweg vergessen wird. Ein mir schmerzhaft im Gedächtnis gebliebenes Erlebnis stellte der Ansitz auf einer Leiter an einer Feld-Wald-Kante in der Mark Brandenburg dar. Die seinerzeit von mir geführte Repetierbüchse in 8 x 68 S mit Mündungsbremse war nicht nur ausgesprochen präzise, sondern aufgrund des infernalischen Lärms auch ohne Gehörschutz nicht zu schießen. Um durch den immer wieder in Böen wehenden Wind nicht zu sehr irritiert zu werden, hatte ich den aktiven Kapselgehörschutz nur oberhalb der Ohren auf den Kopf gesetzt, um ihn dann bei Bedarf richtig positionieren zu können. Als ein Schmalreh keine 20 m entfernt vor der Leiter austrat, war es keine bewusste Entscheidung, zugunsten von möglichst wenig Bewegung auf die richtige Positionierung des Gehörschutzes zu verzichten. Es war vielmehr banales Jagdfieber, das jeden Gedanken an meine Ohren verdrängte.
Im gleichen Moment, als das Stück im Feuer zusammenbrach, setzte schlagartig ein schmerzhaftes Pfeifen im linken Ohr ein, das eine gefühlte Ewigkeit lang anhielt. Dieser Vorfall sorgte bei mir für eine nachhaltige Sensibilität gegenüber dem Thema.

Als ich im Rahmen meiner dienstlichen Tätigkeit später das erste Mal Schalldämpfer in der Praxis erlebte, war mein technisches Interesse geweckt. Entgegen meiner Erwartung, kaum mehr als ein »Plopp« vom Schuss zu hören, blieb ein weithin hörbarer Knall bestehen. Das machte mich neugierig und führte zu einer intensiven Beschäftigung mit dem Thema. Es stellte sich allerdings als unerwartet schwierig heraus, Fakten über Schalldämpfer zu sammeln. Die verfügbare Literatur beschränkte sich auf wenige Bücher, die teilweise vergriffen und nur selten aus zweiter Hand zu stolzen Preisen zu erwerben waren (→ **Abb. 1.1**).

Es zeigte sich schnell, dass Schalldämpfer wenig mit dem gemein hatten, was man üblicherweise mit ihnen in Verbindung bringt. Die vermeintlichen »Flüstertüten« schafften es aber, den auf das Ohr des Schützen einwirkenden Lärm in einer Größenordnung von über 20 dB zu reduzieren. Damit ließ sich der Schalldruckpegel von über 150 dB am Ohr des Schützen deutlich verringern. Wirken Geräusche mit einem Schalldruckpegel von unter 140 dB nur sehr vereinzelt und

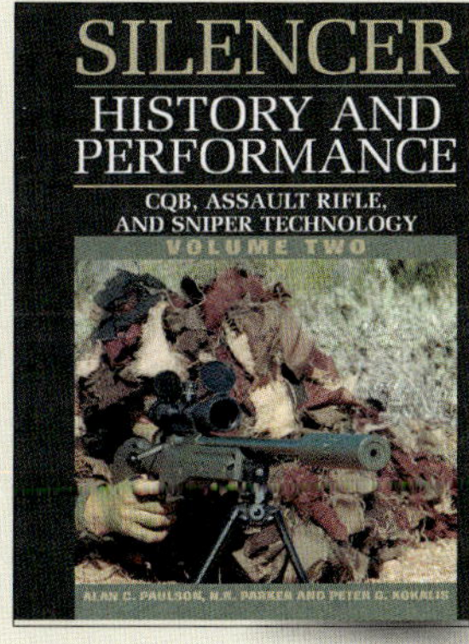

Abb. 1.1: *Die wichtigsten Bücher über Schalldämpfer. »Mythos Schalldämpfer« und »Schalldämpfer. Geschichte, Technik, Modelle« sind leider nur noch antiquarisch zu erhalten.*

mit kurzer Dauer auf das Gehör ein, wird keine massive Schädigung mehr erwartet. Dies machte schnell klar, dass Schalldämpfer ein ideales Hilfsmittel sind, um nicht nur die Gefahr von Gehörschäden bei der Jagdausübung zu verringern, sondern auch die natürliche Wahrnehmung der Umgebungsgeräusche in vollem Umfang erhalten zu können.

Darüber hinaus bieten sie noch eine ganze Reihe weiterer Vorteile: Sie reduzieren nicht nur den Rückstoß erheblich und schlucken das Mündungsfeuer fast vollständig, sondern verbessern auch die Präzision der Waffe spürbar.

Bis in die jüngste Vergangenheit gab es in Deutschland nur wenige Besitzer von Großkaliber-Schalldämpfern, von denen auch nur die wenigsten jagdliche Erfahrungen damit gemacht haben. Mangels Erfahrungswerten gab es daher traditionell große Zweifel, wie sich Schalldämpfer in der Jagdpraxis auswirken. Die Befürchtungen reichten vom Heimlichwerden des Wildes über den Einzug ungehemmten Schießertums bis hin zum chancenlosen Abschlachten ganzer Rudel, Rotten oder Sprünge, sprich: Man sah die Waidgerechtigkeit bedroht!

Bereits vor einem Jahrhundert räumte Generalstabshauptmann v. Dormándy bei einer schriftlichen Abhandlung über Schalldämpfer deren Akzeptanz in Jägerkreisen wenig Chancen ein:

»Bei der Jagd dürfte er nicht viel Aussicht auf Verbreitung haben. […] Der Konservatismus der Jägerwelt dürfte seiner Verbreitung auch nicht förderlich sein. Schließlich gehört der Knall des Gewehres mit zur Jagd.« [1]

Auch 100 Jahre später waren diese Zeilen nach wie vor aktuell. Noch 2009 konnte man in einer großen deutschen Jagdzeitschrift folgende Aussage eines LJV-Vertreters lesen: *»Man darf selbstverständlich hören, wenn auf der Jagd geschossen wird. Wir haben schließlich nichts zu verbergen. […] Deswegen lehne ich Schalldämpfer bei der Jagd ab.« [2]*

Aus diesen Zeilen lässt sich auch der Grund ableiten, warum Schalldämpfer in Deutschland einen festen Platz in der Schmuddelecke hatten: Wer Schalldämpfer nutzt, hat etwas zu verheimlichen. Einzig Wilderer, Auftragskiller und Geheimagenten können also Verwendung für sie haben, um ihren dunklen Machenschaften unerkannt nachgehen zu können (→ **Abb. 1.2**). Der Deutsche Jagdschutzverband e. V. versuchte konsequenterweise im Jahr 2007 sogar, im Rahmen der Novellierung des Bundesjagdgesetzes ein Verbot für die Jagdausübung mit Schalldämpfern einzubringen.

Diese traditionelle Ablehnung der Schießlärmreduzierer bestand nicht nur seitens der Jägerschaft aus Sorge um Jagdwilderei oder den gut veranlagten Grenzbock. Auch die Behörden teilten die Angst vor dem lautlosen Schuss und befürchteten, dass der zum Besitz von Feuerwaffen als ausreichend gesetzestreu eingestufte Jäger mit dem Erwerb eines Schalldämpfers anfangen könnte, begeistert Kapitalstraftaten zu begehen. Beides ist bei näherem Blick unbegründet. Zum einen lassen sich auf einfachste Art

Abb. 1.2: *Auf seine unnachahmliche Art hat Klavinius die typischen Vorbehalte der Jäger gegenüber Schalldämpfern überspitzt dargestellt.*

und Weise Schalldämpfer illegal beschaffen oder selbst fertigen. Es zeigt ein deutliches Maß an Naivität, wenn unsere Staatsorgane davon ausgehen, dass zur Beschaffung eines Dämpfers für Straftaten der deutlich aufwendigere offizielle Weg gegangen wird, an dessen Ende das erworbene Teil auch noch registriert wird. Glücklicherweise hat das Bundeskriminalamt hier klar Stellung bezogen und solche Überlegungen als unbegründet zurückgewiesen.

Zum anderen fußte die Ablehnung seitens der Behörden wie auch der Jägerschaft meist auf einer völlig falschen Vorstellung von der Wirkung eines Schalldämpfers. Der Schusslärm besteht nämlich aus dem Mündungsknall und dem Überschallknall (in der Ballistik auch Geschossknall genannt) des Geschosses. Der Mündungsknall entsteht, wenn das Geschoss die Laufmündung verlässt und der Gasdruck sich in die Umgebung entspannt. Er kann durch Schalldämpfer so weit reduziert werden, dass eine Großkaliber-Patrone in etwa so laut ist wie eine ungedämpfte .22 Hornet. Der Geschossknall dagegen entsteht, wenn sich das Projektil mit Überschallgeschwindigkeit durch die Luft bewegt. Er ist etwa 140 dB laut und kann durch einen Schalldämpfer nicht beeinflusst werden. Misst man den Lärm in Schussrichtung mehr als ca. 25 m vom Schützen entfernt, zeigt sich kein Unterschied mehr zwischen gedämpften und ungedämpften Schüssen.

Unterm Strich bleibt der Lärm in grober Schussrichtung also weitgehend unverändert, während der Mündungsknall auf das Niveau einer stärkeren Kleinkaliber-Patrone reduziert wird, die bekanntermaßen auch auf mittlere Entfernungen gut hörbar ist. Wer nun ernsthaft der Meinung ist, dass von schallgedämpften Großkaliber-Büchsen eine Gefährdung der öffentlichen Sicherheit und Ordnung ausgeht oder durch ihren Einsatz die Wilderei gefördert wird, der müsste konsequenterweise auch Kleinkaliber-Waffen verbieten.

Leistungsfähige Schalldämpfer ermöglichen es, den auf das Ohr einwirkenden Lärm auf ein weitgehend unkritisches Maß zu senken. Dadurch kann entweder auf Gehörschutz verzichtet oder ein besonders bedrohtes Ohr durch die Kombination von Gehörschutz und Schalldämpfer sehr effektiv geschützt werden. Die mit ihnen abgegebenen Schüsse sind weithin hörbar, sodass immer wieder geäußerte Sicherheitsbedenken hinsichtlich der Deliktrelevanz oder eines entfallenden Warneffektes nicht nachvollziehbar sind. Sie zeugen vielmehr davon, dass die Urheber solcher Argumentationslinien noch nie einen gedämpften Schuss in der Praxis gehört haben. Die Nachteile dagegen beschränken sich im Wesentlichen auf die eingeschränkte Nutzbarkeit einer offenen Visierung, die Zunahme von Waffenlänge und -gewicht sowie die anfallenden Kosten für den Erwerb eines Dämpfers und die Anbringung eines Mündungsgewindes.

Schalldämpfer haben gegenüber Gehörschützern den Vorteil, dass auch der Jagdhund von ihnen profitiert (→ **Abb. 1.3**). Gerade bei der Nachsuche lassen sich Situationen nicht vermeiden, in denen in unmittelbarer Nähe zum stellenden Hund der Fangschuss abgegeben werden muss. Es ist sehr wahrscheinlich, dass das Gehör unseres vierbeinigen Helfers durch die extremen Schalldrücke in ähnlichem Umfang wie beim Menschen geschädigt wird.

Nachdem ich mich intensiv mit der Welt der Schalldämpfer beschäftigt und ausreichend jagdliche Erfahrungen mit ihnen gesammelt hatte, blieb ein durchgehend positiver Eindruck. Es zeigte sich, dass nahezu alle üblichen Vorbehalte durch falsche Vorstellungen und Vorurteile bedingt waren. Es ist ein Genuss, mit einer schallgedämpften Büchse auf Pirsch oder Ansitz Wild zu erlegen, ohne nachher das wohl jedem bekannte unangenehme Klingeln im Ohr zu verspüren.

Bedenken, dass Schalldämpfer dem Wild keine Chance lassen und so die Waidgerechtigkeit beeinträchtigen, haben sich aus meiner Sicht als völlig unbegründet erwiesen. Die Diskussion um Waidgerechtigkeit ist natürlich insgesamt schwierig zu führen, weil der Begriff als solcher nicht klar definiert ist. Eine zeitweise auch vom Bund Bayerischer Berufsjäger e. V. genutzte Definition der Waidgerechtigkeit ist:

»Unter Waidgerechtigkeit versteht man das Handeln des Jägers nach geschriebenen und ungeschriebenen Gesetzen. Die Waidgerechtigkeit soll außerdem dem Schutz der Wildtiere und der Natur dienen. Darüber hinaus heißt waidgerecht auch, die Fachkenntnisse

Abb. 1.3: *Schalldämpfer schützen nicht nur das Gehör des Jägers, sondern auch das seines Hundes.*

der Jagd, über die Wildtiere und die Natur zu besitzen. Es soll moralische Verpflichtung sein, sich gegenüber den Wildtieren, der Natur und auch den Mitjägern so zu verhalten, wie es der Anstand verlangt. Verschiedene Begriffe werden mit der Waidgerechtigkeit in Verbindung gebracht, wie z. B. das richtige Verhalten beim lebenden und am erlegten Wild, Jagdverhalten in der Winterzeit oder aber auch ein Nachsucheverhalten bei verletzten Wildtieren. Grundsätzlich sollen vor allem jedoch der Respekt und die Ehrerbietung vor dem Schöpfer, der Natur und den Wildtieren zum Ausdruck gebracht werden.« [3]

Ähnlich schwammige Formulierungen ziehen sich quer durch die jagdliche Standardliteratur. Peter Conrad urteilt treffend in einem vom Bayerischen Jagdverband e. V. herausgegebenen Artikel:

»Juristisch gesehen ist Waidgerechtigkeit ein unbestimmter Rechtsbegriff. Bei der Anwendung auf ein konkretes Verhalten unterliegt er der verwaltungsgerichtlichen Nachprüfung. Die Beurteilung, ob ein bestimmtes Verhalten waidgerecht ist, hängt vom Stand der technischen Entwicklung und den gesellschaftlichen Gegebenheiten ab und ist damit zeitgebunden. Aber: Selbst wenn man vom jeweils aktuellen Stand der Technik und der jeweiligen gesellschaftlichen Situation ausgeht, hält ein Jäger für waidgerecht, was ein anderer als Teufelszeug ansieht.« [4]

Diese treffende Ansicht macht eines der hauptsächlichen Probleme in der Diskussion um Schalldämpfer offensichtlich. Es scheint gute Tradition in der Jägerschaft zu sein, zunächst einmal in Bausch und Bogen zu verdammen, was man nicht kennt. Noch im 18. Jahrhundert war die Jagd mit Schwarzpulver verpönt (→ **Abb. 1.4**). Einzig Armbrust und Blankwaffe galten als waidgerecht – die heutige Sichtweise stellt eher das Gegenteil dar. Auch die Diskussion, ob das Zielfernrohr im Gegensatz zu Kimme und Korn dem Wild überhaupt noch eine Chance lasse, sehen wir heute als absurd und überholt an. Denn wer will schon das Krankschießen bei schlechtem Licht mit der schwieriger zu beherrschenden offenen Visierung in Kauf nehmen? Dabei ist gerade dieses frei erhältliche Hilfsmittel der Garant für gezieltes Treffen auf große Entfernungen und damit hinsichtlich einer kriminellen Nutzung deutlich hilfreicher als ein Schalldämpfer.

Später folgte die Innovation des beleuchteten Absehens. Auch hier herrschten zunächst Grabenkriege, die heutzutage niemand mehr nachvollziehen kann. Schließlich helfen diese technischen Errungenschaften dabei, einen sauberen Schuss anzutragen und das Wild sicher zur Strecke zu bringen. Wer noch vor zehn Jahren mit orangefarbener Warnkleidung mit Tarnmuster zu Gesellschaftsjagden erschien, hatte im besten Fall den Spott auf seiner Seite. Heute wird sie bei den meisten Jagden von mehr als der Hälfte der Schützen getragen. Es wird damit nicht nur Sicherheitsaspekten verstärkt Rechnung getragen, sondern es haben sich auch wissenschaftliche Erkenntnisse herumgesprochen, dass die Farbe Orange vom Wild eher schlecht wahrgenommen wird.

Was waidgerecht ist, bestimmt vor allem der Zeitgeist – und der hinkt bei der in vielen

Der
Vollkommene
Teutsche Jäger,
Darinnen
Die Erde, Gebürge, Kräuter und
Bäume, Wälder, Eigenschaft der
wilden Thiere und Vögel,
So wohl
Historice, als Physice, und Anatomice:
Dann auch die behörigen
Groß- und kleinen Hunde, und der völlige Jagd-Zeug;
Letzlich aber
Die hohe und niedere Jagd-Wissenschaft
Nebst einem
Immer-währenden Jäger-Calender
Mit vielen darzu gehörigen, und nach dem Leben gezeichneten Kupffern,
Vorgestellet, colligiret und beschrieben
Von
Hanns Friedrich von Fleming
Burg- und Schloß-Gesessen auf Böcke, Martentin, und Zebin, Erbherr auf
Weissach und Gahro.
Leipzig, im Jahr 1719.
Verlegts Johann Christian Martini, Buchhändler in der Nicolai-Straße.

Abb. 1.4: *In seinem 1719 erschienenen Buch »Der vollkommene teutsche Jäger« resümiert Hans Friedrich von Fleming, dass einzig die Jagd mit Armbrust und Blankwaffe waidgerecht sei. Schwarzpulver dagegen war zu dieser Zeit verpönt.*

Teilen eher reaktionären Jägerschaft oft der Entwicklung hinterher. Häufig werden dabei auch Allgemeinplätze wie der unerwünschte »Krieg gegen das Wild« statuiert. Den angeblichen Vernichtungsfeldzug gegen das Wild an vermeintlich militärtypischen Ausrüstungsgegenständen festmachen zu wollen dürfte in einem Land, in dem der Militärkarabiner 98 eine der weitverbreitetsten Jagdwaffen ist, eher als Farce denn als rationales Statement gewertet werden.

In einem Vortragstext der 1930er-Jahre wurde von Ernst Zeh der Versuch unternommen, den Begriff Waidgerechtigkeit zu definieren. Lässt man den damaligen ideologischen Rahmen unbeachtet, intendiert der Text einen Kern der Waidgerechtigkeit, der genauso zeitlos wie zeitgemäß ist:

»Und wer das Wild liebt, nicht allein deshalb, weil er Tierfreund ist, sondern weil das Wild den Menschen als ein selbständiges Wesen gegenübersteht, und wer schließlich weiß, daß Wald und Wild dem Jäger anvertraut sind als ein unendlich wertvolles Gut, der fühlt das große deutsche Wort Verantwortung.

Und damit komme ich schließlich zu der vereinfachten Begriffsbestimmung der Waidgerechtigkeit: Waidgerecht jagen heißt verantwortlich jagen, verantwortlich gegenüber dem Wild als lebendem Wesen […]« [5]

Dieser Kern der Waidgerechtigkeit, anständig und ethisch mit dem Wild umzugehen, dürfte dann erfüllt sein, wenn:

- ein schnell tödlicher Schuss sicher angetragen werden kann,
- das Stück dadurch sicher zur Strecke gebracht und gefunden wird und
- den nicht unmittelbar beschossenen Stücken eine Fluchtoption bleibt.

Der Überschallknall jagdlich zugelassener Munition ist für das Wild weithin zu hören, sodass den verbleibenden Tieren eines Rudels, Sprungs oder einer Rotte »ihre Chance gelassen« wird (→ **Kap. 18**). Wie in Kapitel 9 ausführlich erläutert wird, reduziert der Schalldämpfer den Rückstoß und damit die Gefahr des Muckens und verbessert die Präzision der Waffe. Beides trägt dazu bei, einen waidgerechten Schuss anzutragen. Das geringere Hochschlagen erlaubt ebenso wie das nahezu völlig ausbleibende Mündungsfeuer nicht nur besser, das Zeichnen des Wildes zu erkennen, sondern auch eher einen bei krankem Wild notwendigen schnellen Folgeschuss. Bis auf Berührungsängste mit Unbekanntem bleibt wenig, was an der waidgerechten Jagdausübung mit Schalldämpfern zweifeln lässt. Was dagegen am lauten Mündungsknall waidgerecht sein soll, ist schwer nachzuvollziehen. Dem beschossenen Stück dürfte es ohnehin egal sein, wie laut der Schuss ist: Es wird vom Projektil getroffen, bevor es den Knall hört.

Schalldämpfer beeinträchtigen die waidgerechte Jagdausübung also nicht etwa, sondern fördern sie, indem sie es ermöglichen, mit einer präziser schießenden Waffe und einer geringeren Gefahr des Muckens einen rasch tödlichen Treffer zu platzieren. Wer einmal eine mit einem Schalldämpfer gezähmte Büchse geschossen hat, wird künftig nicht mehr darauf verzichten wollen.

LEISE KNALLEREI

Hört, hört!

DER JAGDHUND Gesundheit

GEHÖRSCHÄDEN BEI JAGDHUNDEN

EIN KNALL ZU VIEL?

SCHALLDÄMPFER-TECHNIK

Ruhe bitte!

GEHÖRSCHÄDEN IM JAGDBETRIEB

Bald Schalldämpfer für den Forst?

Respektable Initiative

GEHÖRSCHÄDEN BEI JAGDHUNDEN

Ein Knall zuviel?

JÄGER

Zeitschrift für das Jagdrevier

BOCK ODER RICKE?

60 Jagdschulen im Überblick

WAFFE & SCHUSS

SOMMERSAUEN

AKTUELL

INTERVIEW

Der Damm bricht

SCHALLDÄMPFER

INS RECHTE LICHT GERÜCKT

1 GERÜCHT: SCHALLDÄMPFER SIND VERBOTEN!

2 GERÜCHT: JAGD MIT SC[HALLDÄMPFER …]

3 GERÜCHT: MIT SCHALL[DÄMPFER …]

4 GERÜCHT: DIE SCHUSS[…]

5 GERÜCHT: DURCH DEN [SCHALLDÄMPFER …]

6 GERÜCHT: FÜR SCHALLDÄMPFER DARF MAN NUR UNTERSCHALLMUNITION VERWENDEN!

Abb. 1.5: *Veröffentlichungen des Autors in der deutschsprachigen Jagdpresse rund um das Thema Schalldämpfer.*

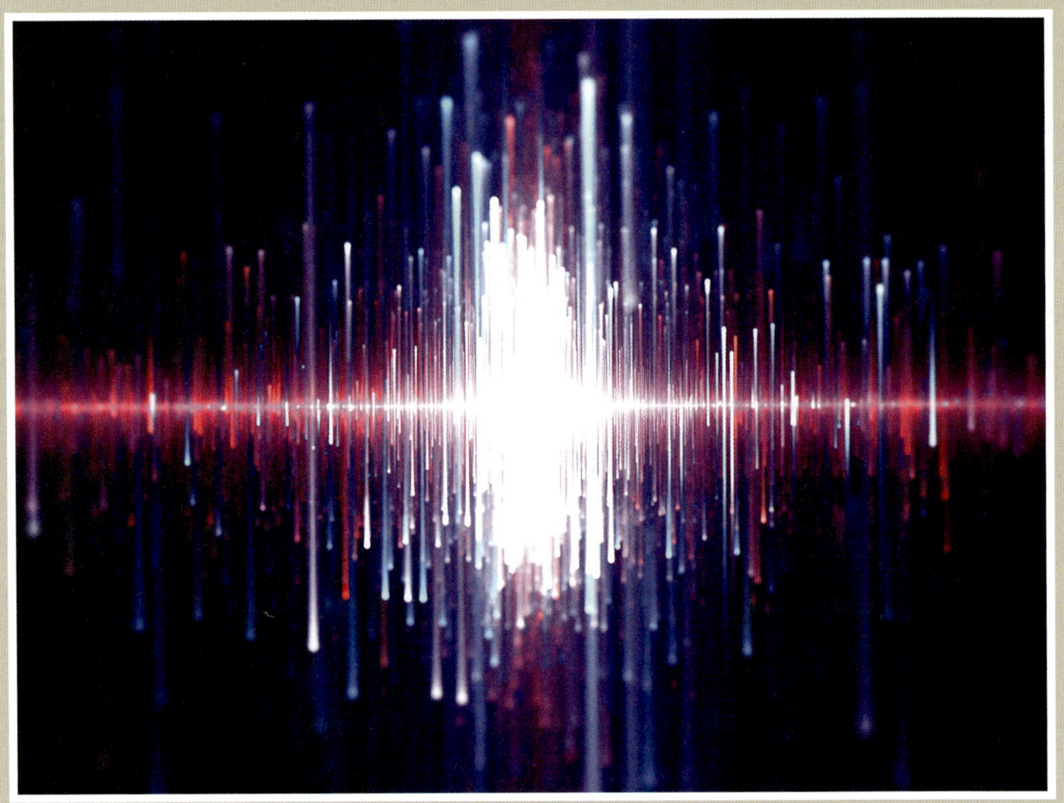

KAPITEL 2

Lärm

»Eines Tages wird der Mensch den Lärm genauso bekämpfen müssen wie die Cholera und die Pest.«

Robert Koch

Lärm

Die Fähigkeit zu hören ermöglicht es uns, den Ruf des Hirsches oder den unter den Schalen des Rehbockes knackenden Ast genauso wahrzunehmen, wie wir in der Lage sind, uns mit anderen Menschen im persönlichen Gespräch oder am Telefon zu unterhalten oder Radio zu hören.

Für unser Leben kommt dem Hören damit eine zentrale Bedeutung zu. Im Regelfall hängt nicht nur die Kommunikation innerhalb unseres Familien- und Freundeskreises davon ab, sondern auch die Teilnahme am öffentlichen Leben und am politischen Tagesgeschehen, die Verkehrstauglichkeit, das Ausüben verschiedenster Freizeitaktivitäten und nicht zuletzt auch die Erwerbsfähigkeit in den allermeisten Berufen werden davon bestimmt. Wie wichtig unser Gehör tatsächlich für unser Leben ist, stellen die meisten Menschen erst fest, wenn sie selbst von einem Gehörschaden betroffen sind. Anders ist der oftmals leichtsinnige Umgang mit dem eigenen Gehörsinn kaum zu erklären, gerade weil es eine Vielzahl von geeigneten und leicht verfügbaren Möglichkeiten gibt, sich vor einer solchen Gesundheitsschädigung zu schützen. Das vorliegende Kapitel stellt zunächst die Zusammenhänge rund um den Aufbau und die Funktion des Gehörs dar und erklärt, was Lärm eigentlich ist.

Das Gehör des Menschen setzt Schallwellen in unserem Bewusstsein in Töne unterschiedlicher Höhe und Lautstärke um. Schall wird in der Luft in einer Wellenform übertragen. Die Tonhöhe ist dabei abhängig davon, wie häufig die Wellen in einem bestimmten Zeitraum beim Empfänger eintreffen (Frequenz): Eine sehr häufig pro Sekunde schwingende Welle erzeugt einen hohen Ton, eine deutlich seltener schwingende Welle einen tiefen. In der Akustik wird dabei von Hertz gesprochen. Ein Hertz (Hz) bedeutet eine Schwingung pro Sekunde und entspricht einem extrem tiefen Ton. Die normal laute menschliche Sprache bewegt sich bezüglich der Tonhöhe im Bereich zwischen 500 und 2.000 Hz (0,5–2 kHz). Das menschliche Gehör kann im Kindesalter eine Frequenzbreite von ca. 125 Hz bis zu 16.000 Hz (teilweise sogar 16 Hz bis zu 20.000 Hz) wahrnehmen. Beim Erwachsenen reduziert sich der Umfang durch Verschleiß und Schädigungen des Gehörs zunehmend. Die Lautstärke eines Tons wird durch die Schwingungsbreite der Schallwelle bestimmt (Amplitude). Bildlich

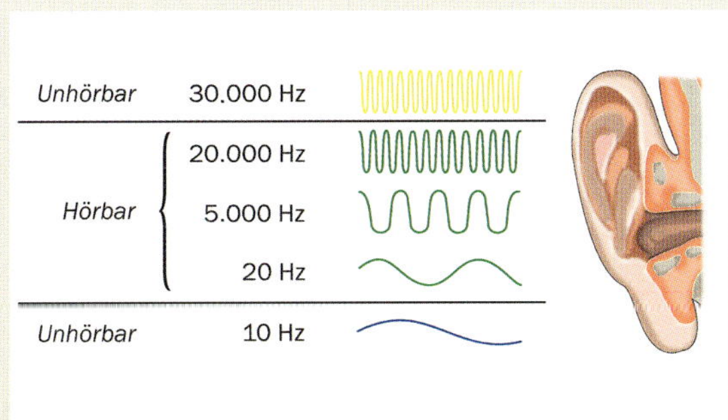

Abb. 2.1: *Je kürzer der Abstand von Welle zu Welle ist, desto höher wird der Ton wahrgenommen. Je flacher die Wellen sind, desto leiser ist das Geräusch.*

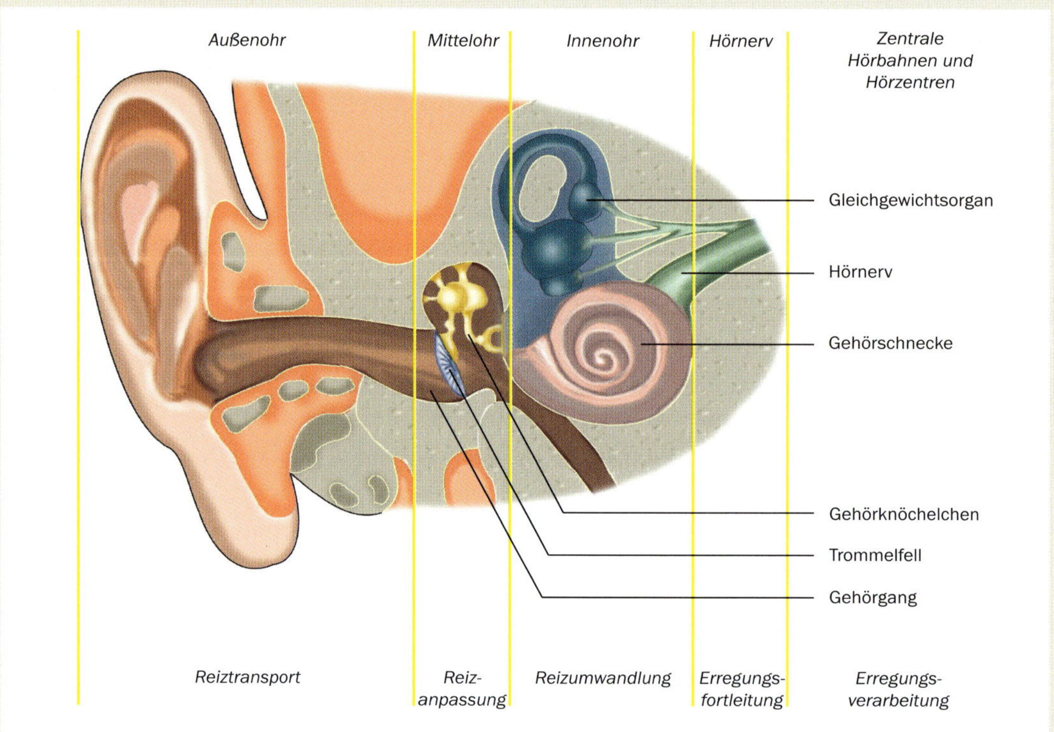

Abb. 2.2: *Das Ohr wird in Außenohr, Mittelohr und Innenohr aufgeteilt. Das Außenohr leitet den Schall, das Mittelohr verstärkt ihn und das Innenohr wandelt ihn in Nervenimpulse um.*

gesprochen sind Wellen mit hohen Kämmen und tiefen Tälern sehr laut, während sehr flache Wellen als leise Töne wahrgenommen werden (→ **Abb. 2.1**).

Die sich in der Umgebung ausbreitenden Schallwellen erreichen die Ohrmuschel und werden mehr oder weniger gebündelt in den **Gehörgang** reflektiert (→ **Abb. 2.2**). An dessen Ende treffen sie auf das Trommelfell. Dieses dünne Häutchen verschließt den Gehörgang vollständig und grenzt dadurch das äußere Ohr vom Mittelohr ab. Wie der Name schon sagt, ist es wie der Bezug einer Trommel aufgespannt. Die eintreffenden Schallwellen versetzen es in Schwingungen. Im **Mittelohr** liegt eines der Gehörknöchelchen, der Hammer, am Trommelfell an und nimmt diese Schwingungen des Trommelfells auf. Die restlichen Gehörknöchelchen, Amboss und Steigbügel, leiten sie um das bis zu Zwanzigfache verstärkt an das ovale Fenster weiter. Dort beginnt das Innenohr.

Das **Innenohr** besteht aus zwei Teilen, die unterschiedliche Funktionen erfüllen. Das eigentliche Hörorgan stellt die Schnecke mit ihrem gewundenen Tunnel dar. Darüber hinaus existiert im Innenohr noch das Gleichgewichtsorgan mit seinen Bogengängen. Der Tunnel der Schnecke ist von seinem Ende bis zum ovalen Fenster mit Lymphe, einer Körperflüssigkeit, gefüllt. Die von den Gehörknöchelchen übermittelten Schwingungen übertragen sich auf die Lymphe und werden in ihr weitergeleitet. Geschützt hinter einer Membran sitzen an der Wand des Tunnels in seinem Verlauf sogenannte Haarzellen. Wie der Name bereits andeutet, verfügen sie über lange, haarige Ausläufer, die in die Lymphflüssigkeit hineinragen. So wie sich die Halme eines Getreidefeldes im Wind wiegen, werden auch die Ausläufer der Haarzellen durch die Schwingungen der Lymphflüssigkeit bewegt. Aufgrund der Konstruktion der Schnecke bewegen bestimmte Frequenzen an eng begrenzten Stellen des Tunnelgangs die Haare besonders stark (→ **Abb. 2.3**).

Ganz zu Beginn des Tunnels, also nahe dem ovalen Fenster, werden hohe Frequenzen besonders gut wahrgenommen. Je weiter man dem Verlauf der Lymphe folgt, desto empfänglicher werden die Haarzellen für tiefe Frequenzen, also dumpfe Töne (Wanderwellen-Theorie nach v. Békésy; Einorts-Resonanz-Theorie nach v. Helmholtz). Die stärkste Wirkung einer bestimmten Schwingungsfrequenz findet dadurch immer an der gleichen Stelle im Tunnel statt.

Die Haarzellen biegen sich entsprechend der Stärke des Schalls und werden dadurch mehr oder weniger stark erregt. Diese Erregung von Haarzellen durch das Bewegen der Ausläufer führt dazu, dass an die für das Hören zuständigen Anteile des Gehirns elektrische Signale über Fasern des Hörnerven gesendet werden. Handelt es sich um Haarzellen nahe dem Tunnelbeginn, hören wir dadurch hohe Töne. Je weiter hinten im Verlauf des Tunnels die erregten Haarzellen liegen, desto tiefer werden die wahrgenommenen Geräusche. Je stärker die haarförmigen Ausläufer der Haarzellen gebogen werden, umso lauter nehmen wir den Ton wahr.

Schall erreicht das Innenohr aber nicht nur über Trommelfell und Gehörknöchelchen (also durch die **Luftleitung**), sondern auch über die sogenannte **Knochenleitung**. Denn die den Kopf erreichenden Schallwellen versetzen beim Anprall gegen den Schädel auch den Knochen in Schwingung. Da das Innenohr ins Felsenbein, einen Teil des Schädelknochens, eingebettet liegt, erreichen diese Wellen auch die Schnecke, werden dort auf die Lymphflüssigkeit fortgeleitet und sorgen für eine Erregung der Haarzellen. Allerdings verliert die Schallwelle sehr viel Energie, wenn sie aus dem Medium Luft auf das Medium Knochen übergeht, sodass nur um etwa 50–60 dB reduzierte Schalldruckpegel auf das Innenohr wirken (→ **Kap. 6**). Die Wahrnehmung eines Geräusches hängt von vielen verschiedenen Faktoren ab, die im Folgenden erklärt werden. Um die Zusam-

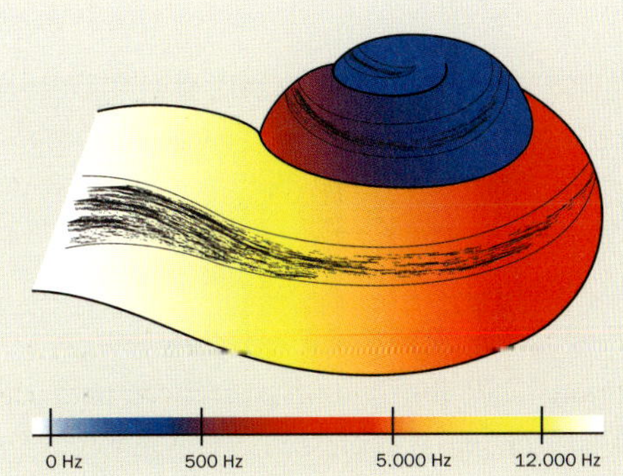

Abb. 2.3: *Der Wahrnehmungsbereich für hohe Töne liegt zu Beginn der Schnecke. Hier kommen die Wellen noch mit voller Energie an.*

menhänge einfacher verständlich zu machen, habe ich dabei den Fokus nicht zu 100 % auf eine rein wissenschaftlich absolut korrekte Darstellung und Terminologie gerichtet.

Schalldruck und Schalldruckpegel

Was für Naturwissenschaftsmuffel so langweilig wie der Physikunterricht in der Schule klingt, ist eigentlich ganz spannend. Denn wer sich einmal etwas näher mit der logarithmischen Funktion des Schalldruckpegels beschäftigt hat, entwickelt plötzlich ein Verständnis für die Gefährlichkeit des Schussknalls. Schallwellen sind Druckwellen, die die Luft und letztlich auch unser Trommelfell in Bewegung versetzen und so als Geräusch wahrgenommen werden. Die Bezeichnung **Schalldruck** beschreibt die dabei vorhandene Druckänderung, die den normalen Luftdruck überlagert. Je größer der Schalldruck ist, umso lauter wird ein Geräusch wahrgenommen. Diese Druckschwankungen bewegen sich in einer Größenordnung zwischen 0,00002 und 100 Pascal und betragen damit weniger als ein Millionstel des normalen Luftdrucks. Selbst an der Schmerzgrenze ist der Schalldruck noch kleiner als ein Tausendstel des Luftdrucks.

Pascal

Pascal ist eine Einheit des Drucks. Im Alltag gebräuchlicher ist für uns die Einheit bar. 100.000 Pascal entsprechen 1 bar. Der normale Luftdruck auf Meereshöhe beträgt 1,013 bar, also 1.013 mbar bzw. 101.300 Pascal.

Noch höhere Schalldrücke, die Größenordnungen von 600 und mehr Pascal überschreiten, sind kaum noch als Geräusche wahrnehmbar. Überschreiten die Schalldrücke sogar den Umgebungsluftdruck, handelt es sich um z. B. im Rahmen von Explosionen entstehende Druckveränderungen, die Messmikrofone zerstören und Menschen lebensgefährlich verletzen können. Die Gesetze der linearen Akustik sind auf sie nicht mehr anwendbar. Diese Sonderfälle sogenannter verzerrter Geräusche sollen hier nicht weiter betrachtet werden.

Den minimalen (0,00002 Pascal, entspricht 20 Mikropascal [µPa]) und maximalen (101.300 Pascal) Schalldruck von Geräuschen zu kennen ist wichtig, um die bei der Messung von Lärm übliche Einheit Dezibel verstehen zu können. Um den gesamten Umfang dieses hörbaren Schalldruckbereiches erfassen zu können, bräuchte man Zahlen, die bis zu zehn Nullen haben! Damit ist der Schalldruck also keine besonders einfach zu handhabende Größe. Aus diesem Grund wurde der Schalldruckpegel eingeführt. So werden die vielen Nullen nicht nur zu gut handhabbaren Zahlen komprimiert, das logarithmische Maß entspricht auch besser unserem subjektiven Lautstärkeempfinden. Als Einheit für den Schalldruckpegel wird Dezibel (dB) verwendet.

Der Schalldruckpegel ist der zwanzigfache dekadische Logarithmus des Verhältnisses zwischen dem gemessenen Schalldruck zum festgelegten Bezugsschalldruck von 0,00002 Pascal:

$$L_p = 20 \log_{10} \left(\frac{\tilde{p}}{p_0} \right) dB$$

Alexander Graham Bell

Die Einheit Dezibel wurde benannt nach Alexander Graham Bell, der Ende des 19. Jahrhunderts das Telefon zur Marktreife entwickelte. Das Dezibel wurde anfangs als Einheit für das Dämpfungsmaß einer Fernsprechverbindung verwendet.

Man teilt also den gemessenen Schalldruck durch den Bezugsschalldruck, nimmt den dekadischen Logarithmus dieses Bruches und multipliziert ihn mit 20. Das Resultat ist der Schalldruckpegel in Dezibel. Wer nun an dieser Stelle innerlich abgeschaltet hat, steht nicht allein da. Außer für Mathematiker, Physiker und andere von Zahlen faszinierte Menschen ist das tiefere Verständnis auch nicht essenziell – mir fehlt es ebenfalls. Wichtig sind vor allem die daraus resultierenden Dimensionen in der Praxis: Steigt der Schalldruckpegel um 20 dB an, so verzehnfacht sich der Schalldruck (→ **Tab. 2.1**).

Ein Fernseher auf Zimmerlautstärke in 1 m Entfernung mit ca. 60 dB hat also einen zehnmal größeren Schalldruck als ein in durchschnittlicher Lautstärke sprechender Mensch in 1 m Entfernung mit ca. 40 dB.

Entfernung zur Schallquelle

Schallquellen haben keinen festen Dezibelwert, da dieser mit zunehmendem Abstand zur Quelle immer weiter abfällt. Eine Verdoppelung des Abstands führt immer zu einer Reduktion des Schalldruckpegels um 6 dB. Der Schalldruckpegel ist also abhängig von der Entfernung zwischen der Schallquelle und dem Ohr des Hörers. Ein Schalldruckpegel ohne Angabe des Abstands zwischen Messung und Schallquelle ist wertlos.

90 + 90 = 180 dB?

Zwei gleich starke Geräuschquellen verdoppeln den Schalldruck. Eine Verdoppelung des Schalldrucks bedeutet aber immer eine Erhöhung des Schalldruckpegels um 6 dB. Verursachen also zwei Staubsauger einzeln jeweils in 1 m Entfernung einen Schalldruckpegel von 90 dB, so erzeugen sie gemeinsam 96 und nicht etwa 180 dB. Es widerspricht unserem Erwarten völlig, hinter dem Wert 96 dB einen doppelt so hohen schädigenden Einfluss wie bei 90 dB zu erwarten.

Schalldruck-pegel	Schalldruck [µPa]	Faktor Schalldruck	Subjektiv empfundene Lautstärke	Schallintensität
0 dB	20	x 1	x 1	x 1
20 dB	200	x 10	x 4	x 100
40 dB	2.000	x 100	x 16	x 10.000
60 dB	20.000	x 1.000	x 64	x 1.000.000
80 dB	200.000	x 10.000	x 256	x 100.000.000
100 dB	2.000.000	x 100.000	x 1.024	x 10.000.000.000
120 dB	20.000.000	x 1.000.000	x 4.096	x 1.000.000.000.000
140 dB	200.000.000	x 10.000.000	x 16.384	x 100.000.000.000.000
160 dB	2.000.000.000	x 100.000.000	x 65.536	x 10.000.000.000.000.000

Tab. 2.1: *Mit jeder Zunahme um 20 dB verzehnfacht sich der Schalldruck, vervierfacht sich die Lautstärke und verhundertfacht sich die Schallintensität. Der Schussknall eines Gewehres aus kurzer Entfernung ist somit etwa 65.536-mal so laut wie das leiseste wahrnehmbare Geräusch, hat einen 100 Millionen Mal größeren Schalldruck und eine 10 Billiarden Mal höhere Schallintensität.*

Der Verkehrslärm einer Hauptstraße aus 10 m Entfernung mit etwa 80 dB bedeutet wiederum eine Verzehnfachung, sodass der Schalldruck hier etwa 100-mal so hoch ist wie bei einer durchschnittlich laut geführten Kommunikation.

Da die Änderung des Schalldruckpegels von 40 auf 80 dB intuitiv eine Verdoppelung und keine Verhundertfachung des Gefährdungspotenzials erwarten lässt, unterschätzen wir die Größenordnungen bei hohen Schalldruckpegeln sehr schnell. Der durch ein startendes Düsenflugzeug in ca. 100 m Entfernung verursachte Schalldruckpegel von 120 dB entspricht einem Schalldruck, der 10.000-mal höher ist als bei 40 dB. Diese extremen Unterschiede werden vom lediglich verdreifachten Schalldruckpegel nicht widergespiegelt. Was für den einfachen Umgang mit den ansonsten schlecht handhabbaren Zahlen gut ist, erschwert das Verständnis für die Gefahren des Lärms erheblich. Letztlich ist nämlich physikalisch gesehen der Schalldruck diejenige Größe, die unser Trommelfell bewegt und folglich in unser Innenohr »hineindrückt«. Die Gefahr einer Gesundheitsschädigung wird durch die Dimension des Schalldrucks erheblich besser verdeutlicht (→ **Abb. 2.4**).

Der unter Normalbedingungen größte mögliche Schalldruck entspricht dem Umgebungsluftdruck von 1.013 mbar bzw. 101.300 Pa, was einen Schalldruck von 194 dB bedeutet. Ein Pegelunterschied von 1 dB ist für das menschliche Gehör gerade eben so unterscheidbar, 3 dB sind hörbar lauter (→ **Abb. 2.5**).

Schallintensität

Häufig wird der Schalldruck mit der Schallintensität verwechselt, so wie auch der

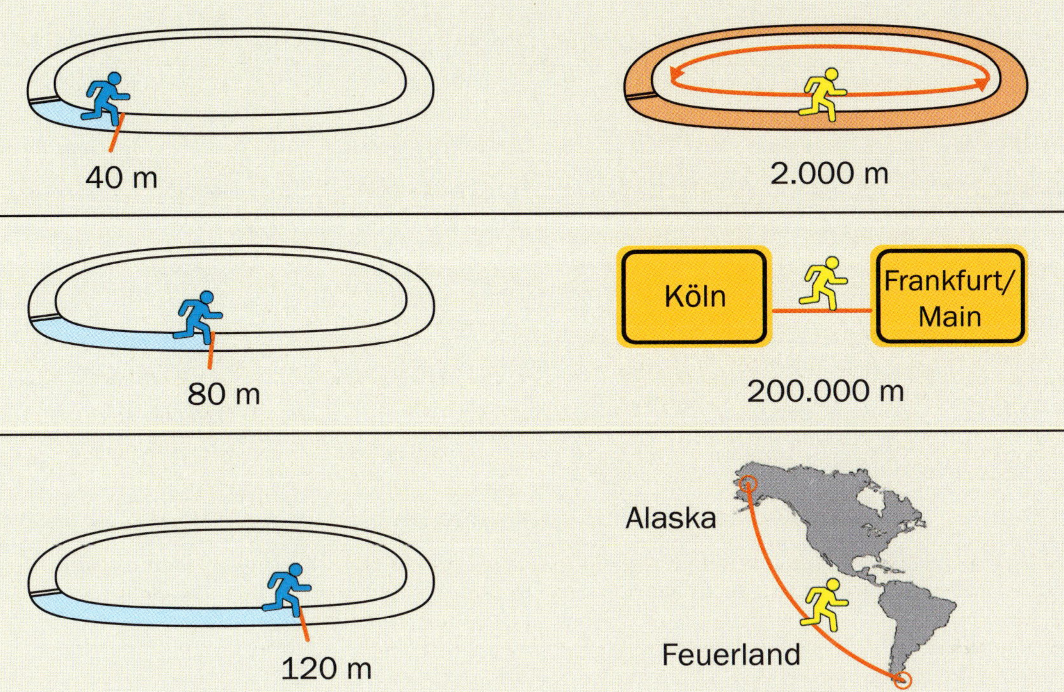

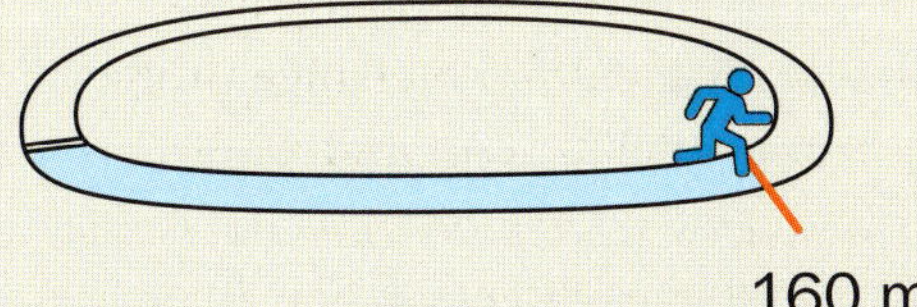

Abb. 2.4: *Die schwer vorstellbare Größe Dezibel wird greifbarer, wenn man den direkten Vergleich mit dem Schalldruck sucht. Zur Verdeutlichung ist links ein blauer Läufer auf einer 400-m-Bahn in einem Stadion dargestellt, der für einen Anstieg des Schalldruckpegels um 1 dB jeweils eine Strecke von 1 m zurücklegt. Der rechte gelbe Läufer bewegt sich dagegen immer 1 m pro Mikropascal, um das der Schalldruck bei dieser Dezibelerhöhung ansteigen würde. Während sich der blaue Schalldruckpegelläufer bei 120 dB noch innerhalb des Stadions befindet, reicht die sich dahinter verbergende Änderung des Schalldrucks bereits aus, um den gelben Läufer den amerikanischen Kontinent einmal von der Nord- bis zur Südspitze durchqueren zu lassen. Erhöht man den Schalldruckpegel auf das Niveau einer Büchse in Mündungsnähe, hat der blaue Läufer kaum die Hälfte der 400-m-Bahn im Stadion zurückgelegt, während der gelbe Läufer bereits 1,5-mal die Sonne umkreist hat. Diese jenseits unserer Vorstellungskraft liegenden Dimensionen hinter den Zahlen machen deutlich, wie sehr wir den in Dezibel angegebenen Lärm unterschätzen.*

Gefährdungspotenzial

Relevant für die Beurteilung der Gefährlichkeit ist letztlich immer der das Ohr erreichende Schalldruck. Die Schallintensität kann aber Hinweise darauf geben, welches abstrakte Gefährdungspotenzial ohne Berücksichtigung der Umgebungsbedingungen von einer Schallquelle ausgeht.

Schalldruckpegel oftmals irrtümlich mit dem Schallintensitätspegel gleichgesetzt wird. Eine Schallquelle strahlt Schallenergie ab und erzeugt dadurch einen Schalldruck. Die Rate, mit der die Schallenergie über einen gewissen Zeitraum abgestrahlt wird, ist die Schallleistung, die in Watt (W) gemessen wird. Die Schallleistung ist also die Ursache, der Schalldruck die Wirkung. Die Schallintensität beschreibt den Fluss dieser Energie im Raum, also die Energie, die in einer bestimmten Zeit eine festgelegte Fläche passiert. Sie wird in der Dimension »Energie pro Zeit und Fläche« als Watt pro Quadratmeter (W/m^2) angegeben. Die Schallleistung bzw. -intensität ist die Ursache, der das Ohr erreichende Schalldruck die Wirkung.

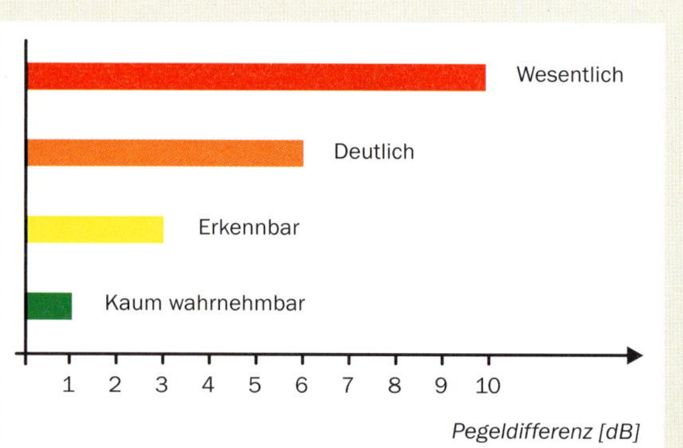

Abb. 2.5: *Erst bei größeren Pegeldifferenzen kann unser Gehör den Unterschied zwischen verschiedenen Schalldämpfern wahrnehmen.*

Was kompliziert klingt, wird mithilfe eines Beispiels verständlicher: Die von einem Heizkörper abgegebene Wärme entspricht der Schallleistung, die dadurch im Raum erreichte Temperatur dem Schalldruck. Welche Temperatur letztlich erzeugt wird, hängt aber neben der Leistungsfähigkeit des Heizkörpers noch von vielen anderen Faktoren ab, wie etwa der Größe und Isolierung des Raumes, der Umgebungstemperatur, dem herrschenden Luftzug sowie anderen Wärmequellen. Ähnlich ist es beim Schall: Welcher Schalldruckpegel beim Schussknall letztlich am Ohr anliegt, hängt entscheidend vom Abstand zur Mündung und von den akustischen Eigenschaften der Umgebung ab. Bei einer geschlossenen Schießbahn mit nackten Betonflächen unterscheidet er sich deutlich vom Schalldruck, der beim Schießen in einem tief verschneiten Nadelwald bei gleicher Entfernung messbar ist, da

Verdoppelung

Eine Verdoppelung des Schalldrucks bedeutet eine Erhöhung des Schalldruckpegels um 6 dB. Eine Verdoppelung der Schallintensität entspricht einer Erhöhung des Schallintensitätspegels von 3 dB.

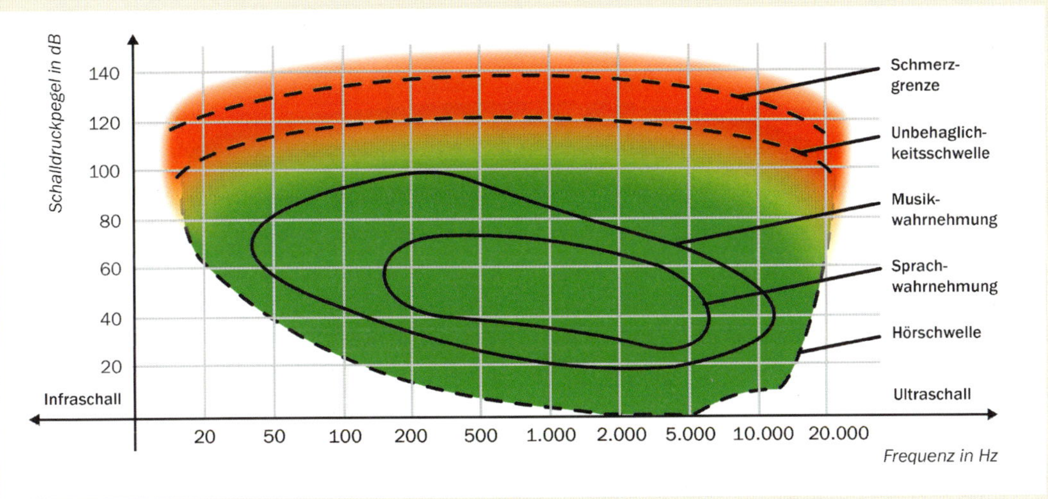

Abb. 2.6: *Die Abbildung zeigt die sogenannte Hörfläche, also den Bereich, den unser Gehör wahrnehmen kann. Den unteren Rand bildet die Hörschwelle.*

Vegetation und Schnee einen nicht unerheblichen Teil des Schalldrucks absorbieren. Die Schallleistung an der Quelle ist aber immer die gleiche.

Bewertungsfilter

Der Mensch kann den Schall nur in einem bestimmten Frequenzbereich hören. Unterschiedliche Frequenzen (also Tonhöhen) werden dabei auch unterschiedlich gut wahrgenommen. Am empfänglichsten ist das menschliche Gehör für den Frequenzbereich zwischen 3.500 und 4.000 Hz. Je niedriger oder je höher die Töne werden, umso lauter müssen sie sein, damit wir sie wahrnehmen können. Während ein Ton von 2.000 Hz bei einem Schalldruckpegel von 0 dB gehört werden kann, muss dieser bei 30 oder 15.000 Hz bereits 60 dB betragen, damit unser Gehör ihn wahrnehmen kann. Diese Wahrnehmungsgrenze nennt man die **Hörschwelle** (→ **Abb. 2.6**). Auch der Schalldruckpegel, bei dem wir Geräusche als unangenehm oder schmerzhaft empfinden, ist von der Schallfrequenz abhängig, allerdings in geringerem Maße als die Hörschwelle. Um dieser Besonderheit unseres Gehörs Rechnung zu tragen, werden Bewertungsfilter (auch Frequenzfilter oder Frequenzbewertung genannt) verwendet (→ **Abb. 2.7**). Dieser bewertete Schalldruckpegel ist keine physikalische Messgröße, sondern beschreibt die Wahrnehmung des Schalls. Weil er nur durch Hörversuche mit Testpersonen festgelegt werden kann, handelt es sich um einen Durchschnittswert subjektiver Wahrnehmungen, bei der mit Toleranzen gerechnet werden muss. Es existieren verschiedene Bewertungsfilter, die mit **A–D** bezeichnet werden. Der Bewertungsfilter A stellt eine grobe Annäherung an die menschliche Wahrnehmung bei niedrigen Schalldruckpegeln bis ca. 40 dB dar. Für lautere Geräusche werden die Filter B–D genutzt, da der Filter A hier niedrige Frequenzen überkorrigieren würde. Die Anwendung des Bewertungsfilters für ein reinfrequentes Geräusch ist recht einfach: Man sucht die Frequenz des Tones in der Grafik von Abbildung 2.7 auf (hier z. B. 200 Hz) und erhält beim Verlauf des A-Filters eine Pegelkorrektur von –15 dB. Ein Ton mit 40 dB würde also nur so laut empfunden wie ein 1.000-Hz-Ton mit 25 dB. Würde der Schalldruckpegel des 200-Hz-Tons dagegen mittels C-Filter bewertet, zeigte der Kurvenverlauf in Abbildung 2.7 eine Pegelkorrektur von 0 dB – der Ton würde also auch mit 40 dB wahrgenommen werden.

Für sehr laute Lärmereignisse wie den Schussknall müsste aber eigentlich die D-Bewertung zur Anwendung kommen. Ein Blick auf ihren Verlauf zeigt, dass im Frequenzbereich zwischen 1.000 und 10.000 Hz der Schalldruckpegel teilweise sogar um mehr als 10 dB stärker wahrgenommen wird! Kompliziert wird die Anwendung der Bewertungsfilter bei Schall, der aus Geräuschen vieler verschiedener Frequenzen besteht.

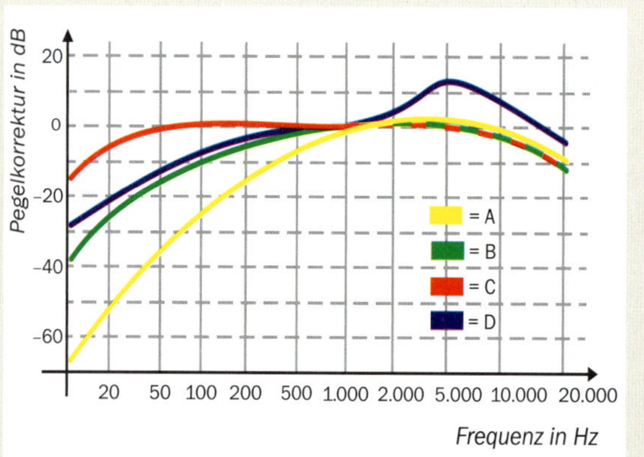

Abb. 2.7: *Der Bewertungsfilter soll wiedergeben, wie unser Gehör die Lautstärke eines Schalldruckpegels in Abhängigkeit von der Tonhöhe wahrnimmt.*

dB und dB(C)

Im Arbeitsschutz wird der Arbeitslärm »A-gewichtet« mit Dezibel (A) bzw. dB(A) gemessen, der Spitzenpegel »C-gewichtet« mit dB(C). Betrachtet man den Verlauf der C-Gewichtung in Abbildung 2.7, so stellt man fest, dass nur in sehr niedrigen und sehr hohen Frequenzen eine Korrektur stattfindet. Der Unterschied zwischen dem »normalen« ungewichteten Schalldruckpegel dB und dem C-gewichteten Schalldruckpegel dB(C) ist für unsere Zwecke also vernachlässigbar gering.

Umgebungseinflüsse auf den Schalldruckpegel

Neben dem Abstand zwischen Schallquelle und Gehör haben auch Umgebungsbedingungen Einflüsse auf die Höhe des Schalldruckpegels, der das Ohr erreicht. Die Bodenkontur kann durch Schallreflexion oder -absorption ebenso zu relevanten Änderungen führen wie die von der Temperatur und Feuchtigkeit abhängige Luftabsorption, Absorption durch die Vegetation oder auch die Abschirmung durch Hindernisse. Um das bereits weiter oben genutzte Beispiel noch einmal zu bemühen: Während beim Schießen im verschneiten Winterwald Schnee und Nadelbäume sehr viel Schall absorbieren, entsteht durch die massive Schallreflexion beim Schießen auf einer Betonplatte ein deutlich lauteres Geräusch. Auch die Windrichtung beeinflusst die Lärmausbreitung.

Lautstärke und Lautheit

Die Wahrnehmung von Geräuschen und ihrer Lautstärke kann nicht objektiv gemessen werden. Die empfundene Lautstärke ist daher keine absolute Größe, sondern variiert von Mensch zu Mensch. Letztlich kann niemand wirklich feststellen, wie sich der eigene Höreindruck eines Geräusches von dem anderer Menschen unterscheidet. Alle Aussagen zur Lautstärke sind daher mit einer gewissen Vorsicht zu treffen und anders als beim gemessenen Schalldruck muss hier mit individuellen Schwankungen gerechnet werden. In der Akustik wird der umgangssprachliche Begriff Lautstärke als **Lautheit** bezeichnet.

Wie schwer sich die Lautheit tatsächlich genau definieren lässt, zeigt ein Vergleich mit der Zimmertemperatur: Wohl kaum jemand ist in der Lage, die Heizung so einzuregulieren, dass es im Zimmer genau »halb so warm wie vorher« ist. Ähnlich verhält es sich mit der Lautheit, wobei diese im Gegensatz zur Temperatur eine psychoakustische Größe ist, also vom subjektiven Empfinden abhängt und damit nicht einmal physikalisch exakt messbar ist. Als Standard für das Lautstärkeempfinden dient in der Akustik das Weber-Fechner-Gesetz aus dem 19. Jahrhundert. Es besagt, dass eine Änderung des Schalldruckpegels um 10 dB vom Durchschnittsmenschen als doppelt oder halb so laut empfunden wird. Etwas neuere Untersuchungen legen bereits bei einer Schalldruckpegelerhöhung von 6 dB ein doppelt so lautes Lautstärkeempfinden nahe. [6, 7] Wie laut wir ein Geräusch wahrnehmen, ist neben dem Schalldruckpegel aber immer auch abhängig von anderen Faktoren, die im Folgenden beschrieben werden.

Zeitverhalten des Schalls

Der sehr kurz andauernde Impulsknall beim Schießen wird von uns erheblich leiser empfunden als ein Dauergeräusch des gleichen Schalldruckpegels. Der Schalldruckpegel entspricht also nicht einfach der empfundenen Lautstärke des Schalls. Messungen des Schalldruckpegels erfassen im Regelfall nur den höchsten erreichten Wert, den Spitzenschalldruckpegel (LC_{peak}). Vergleicht man z. B. bei identischem Messaufbau zwei Repetierbüchsen in .308 Winchester und .300 Winchester Magnum, so ergeben sich häufig ähnliche Spitzenschalldruckpegel. Die Anwesenden empfinden die Büchse im Magnum-Kaliber aber in den allermeisten Fällen als deutlich lauter und belastender für ihr Gehör. Der Grund für diese deutlichen Unterschiede im subjektiven Höreindruck ist, dass die Dauer des Geräusches dabei nicht berücksichtigt wird. Die Impulsdauer des Mündungsknalls der .300 Winchester Magnum liegt gewöhnlich über der einer .308 Winchester, sodass der maximale Schalldruckpegel länger auf das Gehör einwirkt und dem Beobachter daher lauter vorkommt. Ähnliche Effekte kann man beim Schießen auf geschlossenen Schießständen beobachten: Der von den Waffen verursachte Lärm erscheint deutlich lauter, sodass viele Schützen bei längeren Serien freiwillig auf doppelten Gehörschutz zurückgreifen. Die Ursache dieses Effektes sind die Schallreflexionen an Wänden, Boden und Decke. Dabei ist aber weniger eine Überlagerung der Kurven mit Verstärkung des Spitzenschalldruckpegels die Ursache. Die gerätetechnisch messbaren Spitzenwerte verändern sich in der Regel kaum. Durch die Reflexion mit ihren im Raum hin- und her-

Abb. 2.8: *Während der Schusslärm auf der Jagd nur wenig wahrgenommen wird, wird auf dem Schießstand freiwillig Gehörschutz getragen, weil der Schussknall als extrem unangenehm bis schmerzhaft empfunden wird – dabei handelt es sich objektiv betrachtet um den gleichen Lärm.*

laufenden Schallwellen verlängert sich aber die Dauer des Geräusches erheblich.

Um keine Missverständnisse entstehen zu lassen: Auch wenn der maximale Schalldruckpegel keinen großen Änderungen unterworfen ist, trügt uns das Gehör nicht. Das als lauter empfundene längere Geräusch ist auch gefährlicher für das Ohr. Hier gilt die gleiche Regel wie bei Dauerlärm: Nicht nur der Pegel ist entscheidend, sondern insbe-

Der laute Zug

In einer wissenschaftlichen Untersuchung wurde Testpersonen dreimal das stets gleich laute Geräusch eines vorbeifahrenden Zuges aus einer Stereoanlage vorgespielt und währenddessen ein Bild des Zuges auf einem Monitor präsentiert. [8] Bei jedem Durchgang war der auf dem Bild dargestellte Zug in einer anderen Farbe abgebildet: erst Rot, dann Weiß und schließlich Grün. Anschließend wurde die Frage gestellt, welcher Zug das lauteste Geräusch verursacht habe. Obwohl alle Geräusche gleich laut waren, wurden sie nicht als gleich laut empfunden: Der Schalldruckpegel war immer gleich, der rote Zug wurde aber überdurchschnittlich oft als der lauteste benannt. Grund dafür dürfte sein, dass wir die Farbe Rot eher als aggressiv und bedrohlich empfinden. Die Studie zeigt deutlich, wie sehr unser Lautstärkeempfinden von unserer Stimmung, aber auch von Erlerntem abhängen kann.

sondere auch die Dauer der Exposition. Die Impulsdauer ist auch der Grund dafür, dass Geräusche mit eigentlich hohem Schalldruckpegelniveau als relativ leise empfunden werden. Misst man z. B. Luftdruckwaffen oder schallgedämpfte Kleinkaliber-Gewehre mit Unterschallmunition (→ **Kap. 17**), so ergeben sich in aller Regel Werte von meist deutlich über 100 dB. Subjektiv klingen deren Schussgeräusche erheblich leiser als der Lärm eines Presslufthammers, der aber vergleichbare Schalldruckpegel erzeugt. Die Erklärung besteht auch hier in der unterschiedlichen psychoakustischen Wahrnehmung von Geräuschen mit verschiedener Expositionsdauer.

Frequenzabhängigkeit

Wie die Bewertungsfilter zeigen, ist das Gehör nicht für alle Tonhöhen gleichermaßen empfindlich. Die empfundene Lautstärke ist also frequenzabhängig. Darüber hinaus werden hohe Frequenzen meist unangenehmer empfunden als tiefe Frequenzen. Diesen Effekt kennen wir z. B. von der aufgrund des eher hochfrequenten Schussknalls unangenehm »peitschenden« .223 Remington im Vergleich zum deutlich angenehmeren Grollen einer niedrigfrequenten 9,3 x 62.

Lautstärkeänderungen

Auch die Frage, ob ein Geräusch leiser oder lauter wird, hat einen Einfluss auf die Wahrnehmung. Die Lautstärkeänderungen werden bei ansteigendem Schalldruckpegel meist als ausgeprägter als bei abfallendem Schalldruckpegel empfunden. [9, 10]

Psychischer Zustand

Der psychische Zustand hat ebenfalls einen nicht unerheblichen Einfluss. In Untersuchungen amerikanischer Streitkräfte wurde z. B. gezeigt, dass die Konzentration auf eine bestimmte Tätigkeit die Wahrnehmung von Geräuschen deutlich beeinflusst. Das Betätigen des Abzugs eines ungeladenen Sturmgewehrs konnte etwa 200 m weit gehört werden, wenn die Testperson darauf achtete. War sie aber durch eine andere Tätigkeit abgelenkt, z. B. durch das Lesen von Texten, das Schreiben eines Briefes oder durch ein Puzzlespiel, reduzierte sich die Distanz auf durchschnittlich 91 m. [11] Diese Zusammenhänge nennt man Psychoakustik und sie sind uns auch von der Jagd bekannt (→ **Abb. 2.8**).

Zusammenfassung

- Die Wahrnehmung von Geräuschen wird durch die Einwirkung von Schalldruck auf das Ohr verursacht.
- Der Schalldruckpegel wird in Dezibel gemessen und vereinfacht den Umgang mit den sehr großen Zahlen beim Schalldruck.
- Ein Schalldruckpegelanstieg von 20 dB bedeutet eine Verzehnfachung des Schalldrucks. Lärm von 150 dB weist daher einen 100.000-mal höheren Schalldruck als solcher von 50 dB auf.
- Eine Schalldruckpegeländerung zwischen 6 und 10 dB wird als Verdoppelung bzw. Halbierung der Lautstärke empfunden.
- Das Lautstärkeempfinden ist subjektiv und vielen Faktoren unterworfen. Gleiche Schalldruckpegel werden also durchaus unterschiedlich laut wahrgenommen, während der schädliche Effekt für das Ohr gleich bleibt.

KAPITEL 3

Lärmschäden

»Schaden macht zwar klug, aber nicht reich.«

Sprichwort

Lärmschäden

Der komplizierte Hörprozess mit all seinen Einzelfacetten ermöglicht, dass auch leise Geräusche durch entsprechende Verstärkung gut wahrgenommen und Tonhöhen sehr fein unterschieden werden können.

Gleichzeitig ist diese sensible Konstruktion aber schlecht gegen extrem laute Geräusche geschützt. Da in der Geschichte des Menschen Lärm in den Größenordnungen eines Schussknalls oder lauter Maschinen nicht natürlich vorhanden war und erst seit einem für die Evolution unerheblich kleinen Zeitraum eine Rolle spielt, konnten sich dafür keine Schutzmechanismen ausbilden. Durch den technischen Fortschritt und die industrialisierte Gesellschaft wird unserem Gehör in der heutigen Zeit eine unglaubliche Belastung zugemutet. Kein Wunder, dass sich mehr als ein Drittel der Bevölkerung von Lärm gestört fühlt. [12]

Die durch Lärm verursachten Schäden sind immens: Allein in Europa werden durch Lärmschäden nach Angaben des Wissenschaftlichen Beirates der Bundesärztekammer Kosten in Höhe von 92 Milliarden € verursacht. Gesundheitsschäden durch Lärm stehen an dritter Stelle bei den Kosten für Berufskrankheiten. Im Jahr 2012 zahlten die gewerblichen Berufsgenossenschaften (BG) über 154 Millionen € für die Behandlung lärmbedingter Berufskrankheiten und Renten an 21.189 Lärmgeschädigte. Damit stellen Lärmschwerhörigkeiten mit 18,73 % die zweitgrößte Gruppe aller bestätigten Berufskrankheiten dar. Seit 2006 steigt die Anzahl der neu angezeigten Fälle trotz intensiver Schutzbemühungen wieder an. [13] Die Sozialversicherung für Landwirtschaft, Forsten und Gartenbau (SVLFG) hat im Jahr 2012 bei 468 eingereichten Anträgen auf Anerkennung einer Lärmschwerhörigkeit als Berufserkrankung nur einen Fall von Lärmschwerhörigkeit aufgrund eines Schussknalls anerkannt. Dieser zog jedoch – wie in den allermeisten Fällen üblich – keine Rentenzahlung nach sich. Es ist bemerkenswert, dass die SVLFG im Jahr 2012 dennoch für Bestandsfälle von Lärmschwerhörigkeit über 4,2 Millionen € Rentenleistungen und über 640.000 € Heilbehandlungskosten gezahlt hat. [14] Dabei muss man sich vor Augen halten, dass Beamte wie z. B. Förster, aber auch die meisten Freizeitjäger keinen Versicherungsschutz durch die Sozialversicherung genießen und dort auftretende Gehörschäden der BG somit überhaupt nicht gemeldet werden. 1999 war mit 18,74 Millionen bereits etwa ein Viertel der deutschen Bevölkerung von quälenden Ohrgeräuschen betroffen [15], die deutsche Tinnitus-Liga spricht von etwa 17 Millionen an Tinnitus erkrankten Patienten, jährlich kommen ca. 250.000 Betroffene hinzu. Und bereits 1997 hat der Fachbereich Hals-Nasen-Ohren-Heilkunde der Universität Köln prognostiziert, dass 2030 etwa 50 % der Bevölkerung an lärmbedingten Innenohrstörungen wie z. B. Schwerhörigkeit, Tinnitus, Geräuschempfindlichkeit oder Hörverzerrung, Schwindel, Hörstürzen und Morbus Menière leiden werden. [16]

Die Bevölkerung hat gegenüber Lärm ein ähnlich mangelndes Gefahrenbewusstsein wie gegenüber der Zuckerkrankheit. [17] Ähnlich wie die Verursachung von Diabetes mellitus Typ 2 durch den enormen Verzehr von Zucker und anderen einfachen Kohlenhydraten in unserer modernen Nahrung wissenschaftlich zwar unstrittig ist, aber zu keiner Verhaltensänderung in der Bevölkerung führt, ist auch die Gefährdung durch Lärm ähnlich gut bewiesen, wird aber ebenso ignoriert. Während der »Alterszucker« längst schon bei unter 40-jährigen Menschen in erschreckend hoher Anzahl vorkommt, sind auch lärmbedingte Schäden auf dem Vormarsch. Da der auf uns einwirkende Lärm insgesamt stetig steigt, ist davon auszugehen, dass die lärmbedingten Probleme zunehmen und immer bedeutsamer werden. In der Konsequenz muss auch die Jägerschaft berücksichtigen, dass die heutigen und künftigen Generationen unseres jagdlichen Nachwuchses erheblich weniger Reserven hinsichtlich ihrer Gehörgesundheit mitbringen werden. Prävention ist also das Gebot der Stunde!

Vereinfacht beschrieben gibt es bei Lärmschäden grundsätzlich zwei verschiedene Arten der Entstehung: Stoffwechselerschöpfung und mechanisches Trauma. Wie alle Körperzellen sind auch die Haarzellen des Innenohres darauf angewiesen, dass sie mit Sauerstoff versorgt werden. Mit seiner Hilfe wird Energie gewonnen, die für die Aufrechterhaltung aller Zellfunktionen notwendig ist. Dabei fallen Stoffwechselprodukte an, die wieder abtransportiert werden müssen. Letztlich kann man sich die Zellen wie einen Holzofen vorstellen: Kommt kein Sauerstoff ans Feuer, geht es aus. Werden das Verbrennungsprodukt Kohlendioxid und die anfallende Asche nicht entsorgt, passiert auch in den Zellen des Innenohres irgendwann das Gleiche!

Im Körper sind die meisten Zellen durch feinste Blutgefäße, die Kapillaren, unmittelbar an die Blutversorgung angeschlossen. Diese sorgen sehr effektiv für ein ausreichendes Sauerstoffangebot und den Abtransport von Abfallprodukten. Die Haarzellen im Innenohr haben aber keinen solchen direkten Versorgungsanschluss an das Blutsystem. Sie liegen zwischen der für die Schallweiterleitung zuständigen Lymphflüssigkeit auf der einen und dem Hirnwasser (Liquor) auf der anderen Seite. Lymphe und Liquor ähneln einem extrem langsam fließenden oder teilweise sogar stehenden Entwässerungskanal im Flachland. Sauerstoff wandert an anderer Stelle passiv in diese Flüssigkeiten ein und erreicht so auch die Haarzellen. Stoffwechselprodukte werden von den Zellen in Lymphe und Liquor abgegeben und so langsam abtransportiert. Dieses System hat nur wenige Möglichkeiten, seine Leistung an einen erhöhten Bedarf anzupassen. Wo z. B. die Blutgefäße der Skelettmuskulatur durch Weitstellung die Durchblutung um ein Vielfaches erhöhen können, ist das Innenohr zu einer solchen Adaptation nicht in der Lage. Jedes Umgebungsgeräusch, das vom Innenohr aufgenommen wird, muss von den Haarzellen in ein elektrisches Signal umgewandelt werden, damit das Gehirn es wahrnehmen kann. Diese Umwandlung kostet die Zelle Energie, es wird also Sauerstoff verbraucht und es fallen Stoffwechselprodukte als Abfall an.

Reiz und Schädigung

Es besteht ein eindeutiger Zusammenhang zwischen Stärke (Schalldruck und -frequenz) und Dauer eines einwirkenden Reizes und dem Grad der daraus resultierenden belastungsbedingten Schädigung.

Auch das erneute Aufrichten der durch Schallwellen zur Seite gedrückten Haare kostet die Haarzelle Energie.

Je mehr Geräusche auf das Gehör einwirken, umso mehr muss die einzelne Zelle arbeiten und umso mehr steigen auch der Sauerstoffverbrauch und die Abfallbildung an. Ab einem gewissen Punkt wird die Zelle überfordert und übersäuert dann, sie ermüdet und kann ihre Aufgabe nicht mehr erfüllen. Lässt die Beanspruchung im Anschluss daran wieder nach, haben die betroffenen Zellen im Regelfall die Möglichkeit, sich zu regenerieren. Bei hoher Lärmbelastung biegen sich die Haare sehr weit um und brauchen dann dementsprechend länger, um sich wieder aufzurichten. Sind Haarzellen jedoch über längere Zeit überbelastet, können sie sich nicht mehr erholen, nehmen unweigerlich Schaden und sterben irgendwann sogar ganz ab. Genau dieser Effekt ist es, der Dauerlärm so gefährlich macht. Schon vergleichsweise geringe Schalldruckpegel von etwa 90 dB können bei längerer Einwirkung ein akustisches Trauma im Ohr verursachen. Das deutsche Arbeitsschutzgesetz schreibt daher aus gutem Grund ab länger einwirkenden Umgebungsgeräuschen von ca. 85 dB Lärmschutzmaßnahmen am Arbeitsplatz zwingend vor. Da der Mündungsknall nur eine ultrakurze Einwirkzeit von ca. 1,5 ms (Millisekunden) aufweist, spielt der Ermüdungseffekt bei der in der Regel geringen jagdlichen Anzahl von Schüssen nur eine untergeordnete Rolle. Die dabei auftretenden Schalldruckpegel sind aber so enorm, dass sie unser Hörorgan mechanisch schädigen können. In extremen Fällen kann ein Schalltrauma sogar zum Zerreißen des Trommelfells führen. Dies ist bei Explosionsverletzungen nicht selten der Fall.

Der bei einer Explosion entstehende Lärm zeigt aber eine andere Charakteristik als der bei der Abgabe eines Schusses. Explosionslärm hält im Regelfall länger an (4–6 ms) und erreicht je nach Ursprung auch erheblich höhere Druckpegel (→ **Abb. 3.1**). Diese hohen Drücke überdehnen das Trommelfell blitzartig, sodass es wie ein zu prall gefüllter Luftballon irgendwann platzt. Bei einem Lärmtrauma durch Schüsse ist das Trommelfell dagegen so gut wie nie verletzt.

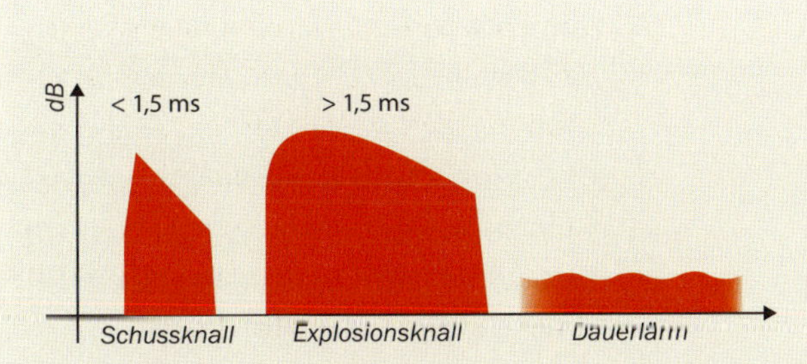

Abb. 3.1: *Schematischer Vergleich von Schuss-, Explosions- und Dauerlärm.*

Hörtest beim Spezialisten

Der Blick ins Ohr durch den behandelnden Arzt endet am Trommelfell. Würde jedes akustische Trauma im Innenohr immer zwingend mit einer Schädigung des Trommelfells einhergehen, wäre die Diagnose für jeden Hausarzt einfach zu stellen. Da Schusslärm nahezu nie Verletzungen des Trommelfells verursacht, bleiben daher nur der Gang zum Spezialisten und die Durchführung aufwendiger Hörtests.

Wie in Kapitel 2 ausführlich beschrieben, versetzt der Schussknall das Trommelfell in eine sehr starke Schwingung, die an die Gehörknöchelchen im Mittelohr weitergegeben wird. Im Normalfall schützt sich das Gehör vor Lärm dieser Lautstärke durch den sogenannten **Stapediusreflex**.

Dieser benötigt allerdings ca. 50 ms, um wirksam zu werden – viel zu lang für den mit ca. 1,5 ms extrem kurzen Schussknall. Der Schaden ist bereits eingetreten, bevor sich das Ohr schützen kann. Der Schalldruck des Knalls wird also ohne Dämpfung an das Innenohr weitergegeben. Dort rast er als sehr starke Druckwelle durch die Lymphflüssigkeit im Schneckengang. Die feinen Haare der Haarzellen werden wie die Halme eines Getreidefeldes im Sturm sprichwörtlich umgeschmissen, abgeknickt und sogar abgerissen. Viele Zellen tragen Schäden davon und verlieren einen Großteil ihrer Leistungsfähigkeit und manche Zellen sterben sogar ab (→ **Abb. 3.2**). Je stärker die Druckwelle ist, umso gravierender ist der dadurch angerichtete Schaden. Ein aus der Nähe wahrgenommener Schussknall ist dabei so extrem ge-

Stapediusreflex

Im Mittelohr befindet sich der Steigbügelmuskel (*Musculus stapedius*). Trifft lauter Schall auf den Körper, spannt er sich unwillkürlich sofort an und verkantet die Platte des Steigbügels im ovalen Fenster des Innenohres. Dadurch wird nicht mehr der gesamte Schalldruck übertragen und das Innenohr vor einer Schädigung bewahrt. Diesen Effekt kennt jeder, der schon einmal Lärm ausgesetzt war. So hat man z. B. nach einem Discobesuch mit lauter Musik anschließend das Gefühl, dass alle Umgebungsgeräusche eine Zeit lang dumpfer und leiser wahrzunehmen sind. Der Stapediusreflex wird bei 70–95 dB aktiviert. Es dauert etwa 50 ms, bis er wirksam werden kann. Die maximale Wirkung wird erst nach 100–200 ms entfaltet. [18] Neben dem Stapediusreflex beeinflusst auch der medial-olivocochleäre Effekt (MOC) über eine Modulation der Verstärkereigenschaft der äußeren Haarzellen die Wahrnehmung der Lautstärke.

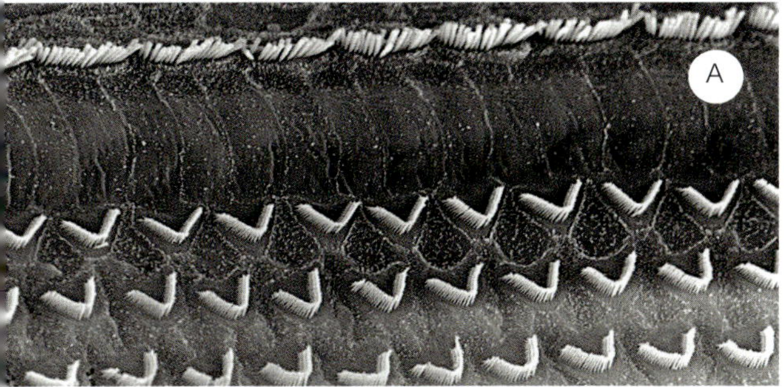

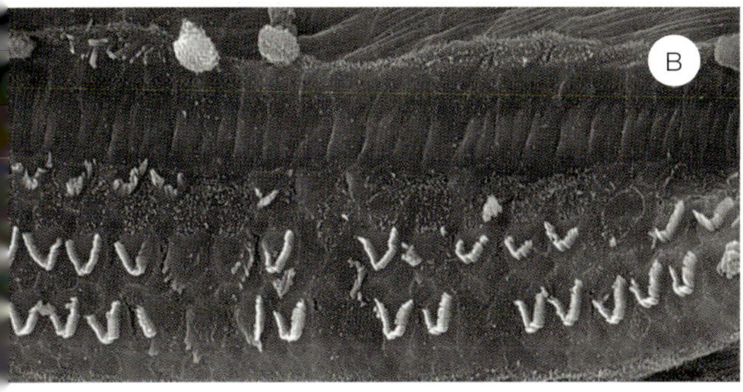

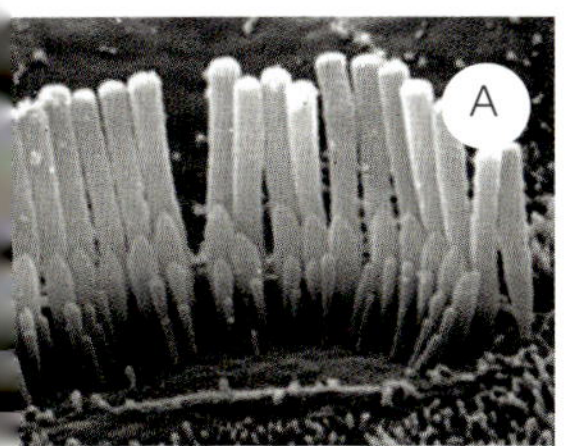

Abb. 3.2: *Elektronenmikroskopische Aufnahmen von Haarzellen; A: Normalzustand; B: Schäden durch Lärmeinwirkung; unten: Detailaufnahmen.*

fährlich, dass schon ein einmaliges Ereignis schwere Gehörschäden verursachen kann. Ein hohes Risiko, das man beim Schießen ohne Gehörschutz bei jedem einzelnen Schuss eingeht!

Da die Haarzellen Teil des zentralen Nervensystems des Menschen sind, hat der Körper kaum Heilungsmöglichkeiten bei eingetretenen Schäden. Erschöpfte oder beschädigte Zellen können sich zwar bis zu einem gewissen Punkt regenerieren, einmal abgestorbene Haarzellen sind aber unwiederbringlich verloren und wachsen nicht mehr nach.

Am Ende dieser Entwicklung steht die sogenannte **Innenohr- oder Lärmschwer-**

Tinnitus

Als Tinnitus bezeichnet man Ohrgeräusche, wie z. B. ein Pfeifen oder Rauschen im Ohr. Sie können nach einer Überlastung des Gehörs auftreten. Halten sie länger als zwölf Stunden an, sollte auf jeden Fall ein HNO-Arzt aufgesucht werden. Sie werden häufig als belastender empfunden als ein Hörverlust, da sie das Einschlafen erheblich stören können.

Regeneration der Haarzellen

Vögel und Amphibien können beschädigte Haarzellen regenerieren. Säugetiere, zu denen auch der Mensch zählt, haben diese Fähigkeit nicht. Zwar werden die genauen Mechanismen der Innenohrreparatur seit Jahrzehnten sehr intensiv erforscht, es ist derzeit aber noch nicht in Sicht, dass sich daraus eine Erfolg versprechende Therapiemöglichkeit für menschliche Gehörschäden ableiten lassen wird.

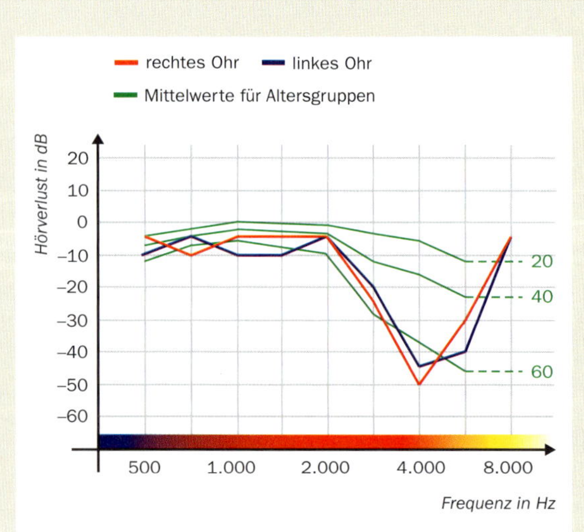

Abb. 3.3: *Audiometrie nach lauter Konzertmusik für das rechte und linke Ohr. Zum Vergleich sind die typischen Verläufe für verschiedene Altersgruppen dargestellt.*

hörigkeit. Da sie sich meist auf beiden Ohren in ähnlich starker Form entwickelt, bleibt sie zunächst häufig lange Zeit unbemerkt. Die Untersuchung beim HNO-Arzt mittels Audiogramm schafft bereits Klarheit, bevor dem Betroffenen selbst die Schwerhörigkeit überhaupt auffällt. Dabei sitzt der Patient in einer schallisolierten Kabine und muss eine Taste betätigen, sobald er einen für ihn in ansteigender Lautstärke über einen Kopfhörer eingespielten Ton wahrnehmen kann. Das Ergebnis wird für jede Tonhöhe in ein Diagramm übertragen, anhand dessen sich Aussagen zu einer eventuell vorliegenden Gehörschädigung treffen lassen (→ **Abb. 3.3**).

Hohe Frequenzen

Im Innenohr prallen die Schallwellen zu Beginn noch mit voller Wucht gegen die Tunnelwand der Schnecke. Da dort die für die hohen Töne zuständigen Haarzellen liegen, wird das Hörvermögen für hohe Frequenzen meist am stärksten durch Lärmschäden in Mitleidenschaft gezogen.

In der Audiometrie beschreibt ein Ergebnis zwischen –20 und 0 dB ein gesundes Hörvermögen im entsprechenden Frequenzbereich. Sinkt der jeweilige Wert unter die 0-dB-Linie, so liegt ein bereits messbarer Gehörschaden vor: Damit das Ohr den Ton während der Untersuchung überhaupt wahrnehmen kann, muss er im Kopfhörer lauter gestellt werden, und zwar um die Dezibeldifferenz. Die ersten Hörminderungen treten meistens im Frequenzbereich von etwa 4.000 Hz auf, da hier das Ohr am empfindlichsten ist. Zunächst wird dadurch die Wahrnehmung der Zischlaute erschwert, in lauter Umgebung fällt das Sprachverstehen insgesamt sehr schwer. Je weiter sich der Schaden ausdehnt, umso stärker wird die Verständigung auch in ruhiger Umgebung eingeschränkt.

Lärmwirkung auf den Gesamtorganismus

Lärmschäden beschränken sich nicht nur auf das Gehör, auch wenn diese Gesundheitsstörungen bei sehr hohen Schalldruckpegeln dominieren. Die eintreffenden Nervenimpulse können zu einer Stressreaktion

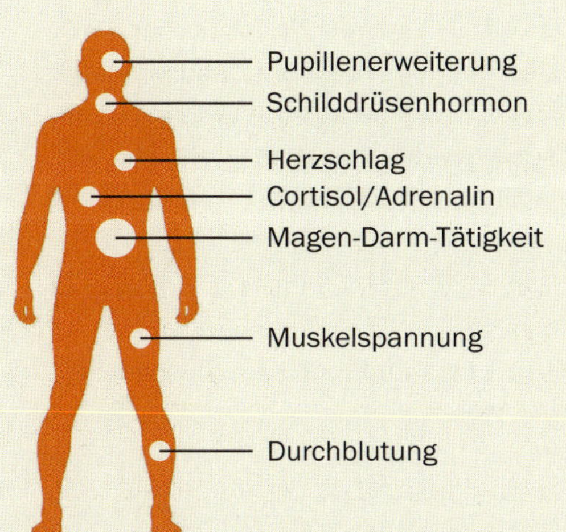

Abb. 3.4: *Typische Reaktionen des Körpers auf Dauerlärm sind z. B. die Verengung von Blutgefäßen und die Verminderung der Magen-Darm-Tätigkeit sowie der Konzentrationsfähigkeit. Das Risiko für Herz-Kreislauf- und Magen-Darm-Erkrankungen steigt daher ebenso wie die Fehlerhäufigkeit bei Tätigkeiten.*

des gesamten Körpers führen (→ **Abb. 3.4**). Von den meisten Menschen werden Geräusche mit einem Schalldruckpegel von ca. 100 dB (z. B. Presslufthammer aus 1 m Entfernung) nicht lange toleriert, weil sie als unangenehm empfunden werden. Ein startendes Düsenflugzeug aus 100 m Entfernung ist so laut, dass es bei vielen Menschen Schmerzen im Ohr auslöst. Bei dabei verursachten Schalldruckpegeln von 130 bis 140 dB spricht man von der sogenannten **Schmerzschwelle**. Für die meisten Menschen ist Lärm ab diesem Schwellenwert nicht mehr nur noch kaum erträglich, sondern verursacht sogar ein Schmerzempfinden im Ohr – ein eindringliches Zeichen dafür, dass der Körper uns vor einem drohenden Schaden warnt! Der Schalldruckpegel des Schussknalls ist erheblich höher als der anderer Geräusche, denen wir in unserem Leben ausgesetzt sind (→ **Abb. 3.5**). Er wird als sogenannter **Impulslärm** bezeichnet, weil er nur etwa 1,5 ms lang anhält. Dieser extrem laute Lärm kann auch bei ultrakurzer Expositionszeit bleibende Schäden auslösen. Ab einem auf das Ohr einwirkenden Schalldruckpegel von über 140 dB ist eine irreparable Gehörschädigung auch bei kürzester Dauer möglich, ab 150 dB sogar hochwahrscheinlich. [19] Diese Zusammenhänge sind gut unter-

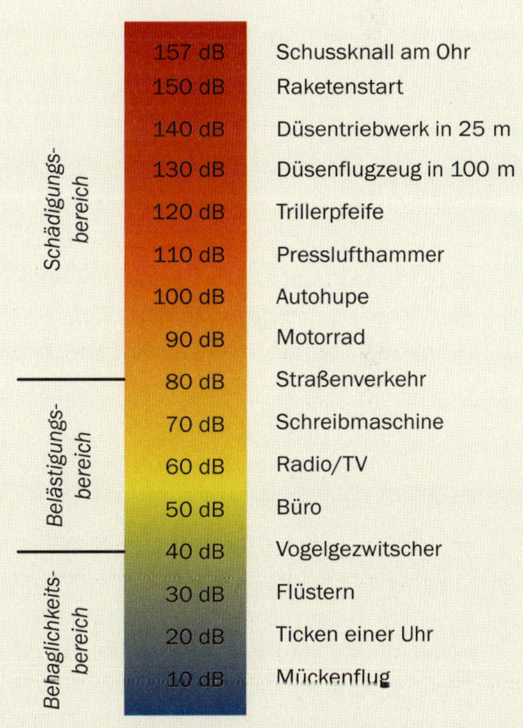

Abb. 3.5: *Schalldruckpegel verschiedener Lärmquellen im Nahbereich.*

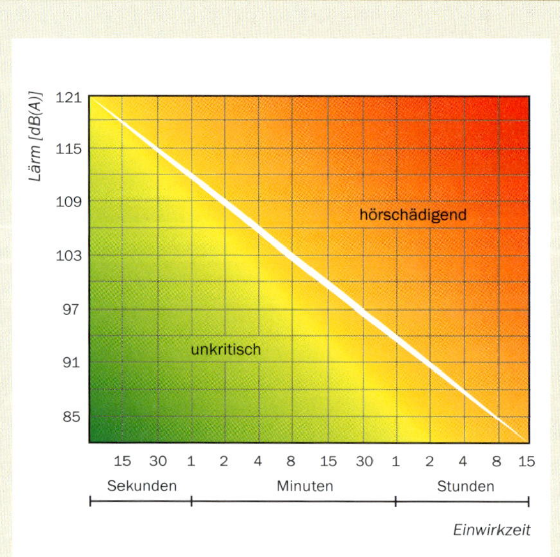

Abb. 3.6: *Maximal zulässige Einwirkzeiten. Am Arbeitsplatz ist ein Schalldruckpegel von 85 dB bis zu acht Stunden zulässig, erreicht der Schalldruckpegel 115 dB, sind nur noch 30 Sekunden statthaft. [20]*

Der beim Schießen mit schalenwildtauglichen Waffen verursachte Lärm bewegt sich deutlich oberhalb des international üblichen *Hearing Damage Risk Levels* (→ **Kap. 22**, oberer Auslösewert) von 140 dB – und das bei jedem einzelnen Schuss!

In Studien des finnischen Arbeitsministeriums wurde z. B. bereits im Zeitraum zwischen 1992 und 1999 nachgewiesen, dass bei der Verwendung der sehr verbreiteten jagdlichen Standardpatrone .308 Winchester bei einer gebräuchlichen durchschnittlichen Gewehrlauflänge von 50 cm unmittelbar am Schützenohr ein Schalldruckpegel von 157 dB(C) erreicht wurde. [22] Ähnliche Untersuchungen des britischen *Health and Safety Executive*, dem Pendant der deutschen Berufsgenossenschaften, ergaben 2004 bei vergleichbarem Messaufbau bei verschiedenen schalenwildtauglichen Patronen nahezu gleiche Werte. Diese Erkenntnis ist so eindeutig belegt, wissenschaftlich untersucht und medizinisch so unstrittig, dass der Grenzwert von 140 dB sogar Eingang in die europäische Gesetzgebung und nachgeordnete Regulierungen gefunden hat. [21] Dauerlärm darf auf einen Beschäftigten bei 85 dB(A) nur maximal acht Stunden am Tag einwirken. Bei einer Steigerung des Schalldruckpegels um je 3 dB halbiert sich diese Einwirkzeit jeweils entsprechend. Bei den beim Schießen anfallenden Schalldruckpegeln von deutlich über 150 dB liegt die zulässige Einwirkzeit im Bereich von Millisekunden oder sogar Bruchteilen davon. Dies unterstreicht, wie gefährlich der Schussknall tatsächlich für unser Gehör ist (→ **Abb. 3.6**).

Schießstand und Kanzel

Das Risiko einer Gehörschädigung kann auf dem Schießstand deutlich größer sein als im Freien, da durch reflexionsbedingte Überlagerungen höhere Schalldruckpegel erreicht werden können (→ **Tab. 3.1**). Wichtiger ist aber eine oftmals erhebliche Verlängerung der Knalldauer. Dies lässt das Geräusch in unserer Wahrnehmung nicht nur erheblich lauter werden, sondern erhöht durch die längere Einwirkzeit auf das Gehör auch das Schädigungspotenzial deutlich.

Nr.	Waffenart	Fabrikat	Modell	Kaliber	L_{peak} [dB]
1	Pistole	SIG Sauer	P226	9 mm Luger	158
2	Pistole	Colt	1911	.45 ACP	149
3	Revolver	Smith & Wesson	686	.357 Magnum	153
4	Revolver	Smith & Wesson	629	.44 Magnum	164
5	Büchse	Anschütz	1907	.22 lfB	129
6	BDF	Beretta	686	12/70	152
7	Büchse	Steyr	SSG	.308 Win.	158
8	Büchse	Mauser	K98	8x57 IS	160

Tab. 3.1: *Schalldruckpegelmessungen am Schützenohr in einer Raumschießanlage (BDF = Bockdoppelflinte; L_{peak} [dB]: Spitzenschalldruckpegel in Dezibel).* [23]

hezu durchgehend ähnlich hohe Spitzenschalldruckpegel von durchschnittlich 155 dB(C) mit Spitzenwerten bis 159 dB(C) am Schützenohr. [24]

Auch das deutsche Berufsgenossenschaftliche Institut für Arbeitssicherheit hat ähnliche Werte ermittelt. Das bedeutet eine mehr als eine Million Mal höhere Schallintensität als beim vorhin angesprochenen Presslufthammer! Würde dieser Schalldruckpegel nicht nur für wenige Millisekunden, sondern dauerhaft auf den Körper einwirken, wäre das für den Menschen unerträglich. Man würde sich mit stärksten Schmerzen am Boden winden! Da der Schalldruckpegel sich mit zunehmender Distanz von der Quelle schnell verringert, liegt er unmittelbar an der Mündung noch deutlich höher.

Die wenigen verfügbaren Studien zum Thema belegen das, was ohnehin jeder erwartet: Viele Jäger haben Gehörschäden, und zwar in größerem Umfang als die gleichalt-

Ohrgeräusche sind Warnzeichen

Jedes Pfeifen im Ohr, jedes vorübergehende Taubheitsgefühl, jedes dumpfe Empfinden, jeder Druck im Ohr nach einem Schussknall ist ein deutliches Warnsignal! Jeder ungeschützte Schuss führt immer zu Schädigungen des Gehörs, die nie wieder heilen. Auch wenn die zumeist kleineren durch den Schussknall entstandenen mechanischen Zerstörungen der Haarzellen nicht unmittelbar zu spüren sind – die betroffenen Zellen sind für immer verloren.
Die Schäden addieren sich im Laufe der Jahre. Weil der Hörverlust schleichend kommt, wird er oftmals erst spät bemerkt. Zu retten ist dann nichts mehr.

rige nicht jagende Bevölkerung, wie in einer spanischen Untersuchung nachgewiesen werden konnte. [25] Auch in den USA zeigten wissenschaftliche Untersuchungen, dass der Gebrauch von Schusswaffen im Rahmen von Jagd und Schießsport als eine der wesentlichen Ursachen für Hörschäden identifiziert werden konnte. [26, 27]

Eine andere Studie kam bei amerikanischen Jägern zu dem Schluss, dass fünf Jagdjahre das Risiko eines messbaren Gehörschadens um etwa 7 % steigern. [28] Auch bei Personen, die sich bei der Schussabgabe unmittelbar neben dem Schützen aufhalten, werden gehörschädliche Schalldruckpegel zwischen 149 und 167 dB erreicht. [29] Je schlechter das Bildungsniveau von Jägern und Sportschützen ist, desto weniger Wert wird auf die Nutzung von Gehörschutz gelegt. [30] Aber selbst wenn doppelter Gehörschutz getragen wird, kann die Exposition gegenüber Schusslärm über Jahre zu Gehörschäden führen. [31]

Eine 1995 durchgeführte Befragung von Jägern in Schweden ergab, dass damals über 90 % der jagenden Personen keinen Gehörschutz verwendet hatten. Fast die Hälfte berichtete, entweder nach einem Schuss einen Hörverlust festgestellt zu haben oder an einem dauerhaften bzw. vorübergehenden Tinnitus zu leiden. [32] Eine weitere wissenschaftliche Arbeit in Schweden verdeutlichte, dass auch wenige ungeschützte Schussabgaben zu bleibenden schwerwiegenden Gesundheitsschäden führen können. [33] Die Verursachung von Gehörschäden durch den Schussknall ist also eine real bestehende Gefahr, die ernst genommen werden sollte. Und zwar eine Gefahr nicht nur für uns, sondern auch für die in unserer Nähe arbeitenden Jagdhunde.

Zusammenfassung

- Lärmschäden verursachen erhebliche volkswirtschaftliche Schäden.
- Die beim Schießen entstehenden Schalldruckpegel sind hochgradig gehörschädigend.
- Ohne Gehörschutz kann bereits ein einziger in der unmittelbaren Nähe abgefeuerter Schuss Innenohrschäden verursachen.
- Einmal entstandene Gehörschäden lassen sich nicht mehr heilen.

KAPITEL 4

Schusslärm

»Die eigene Waffe macht keinen Lärm,
die knallt nur.«

Frei nach Kurt Tucholsky

Schusslärm

Wenn ein Schuss fällt, dann hören wir nur einen einzigen Knall. Es handelt sich dabei jedoch um mehrere Geräusche mit unterschiedlichen Ursachen, die zeitlich so eng zusammenfallen, dass unsere Wahrnehmung sie nicht auseinanderhalten kann.

Der Schusslärm setzt sich aus den folgenden Geräuschen zusammen:
- Mündungsknall
- Geschossknall
- Körperschall der Waffe
- Waffenmechanik
- Strömungsgeräusch des Geschosses
- Kugelschlag

Die einzelnen Geräusche erreichen sehr unterschiedliche Schalldruckpegel. Den mit Abstand größten Lärm erzeugen der Mündungs- und der Geschossknall (→ **Abb. 4.1**). Werden diese beiden Geräusche deutlich verringert, z. B. durch den Einsatz von Schalldämpfern und Unterschallmunition (→ **Kap. 17**), bedingen die anderen Geräusche die untere Grenze dessen, was an Lärmdämpfung möglich ist.

Mündungsknall

Bei der Abgabe eines Schusses wird die in der Patrone enthaltene Treibladung entzün-

Abb. 4.1: *Darstellung der Hauptbestandteile des Schussknalls nach Art einer Schlierenfotografie. Dabei ist die kugelförmige Ausbreitung des Mündungsknalls gut vom kegelförmigen Überschallknall abgrenzbar.*

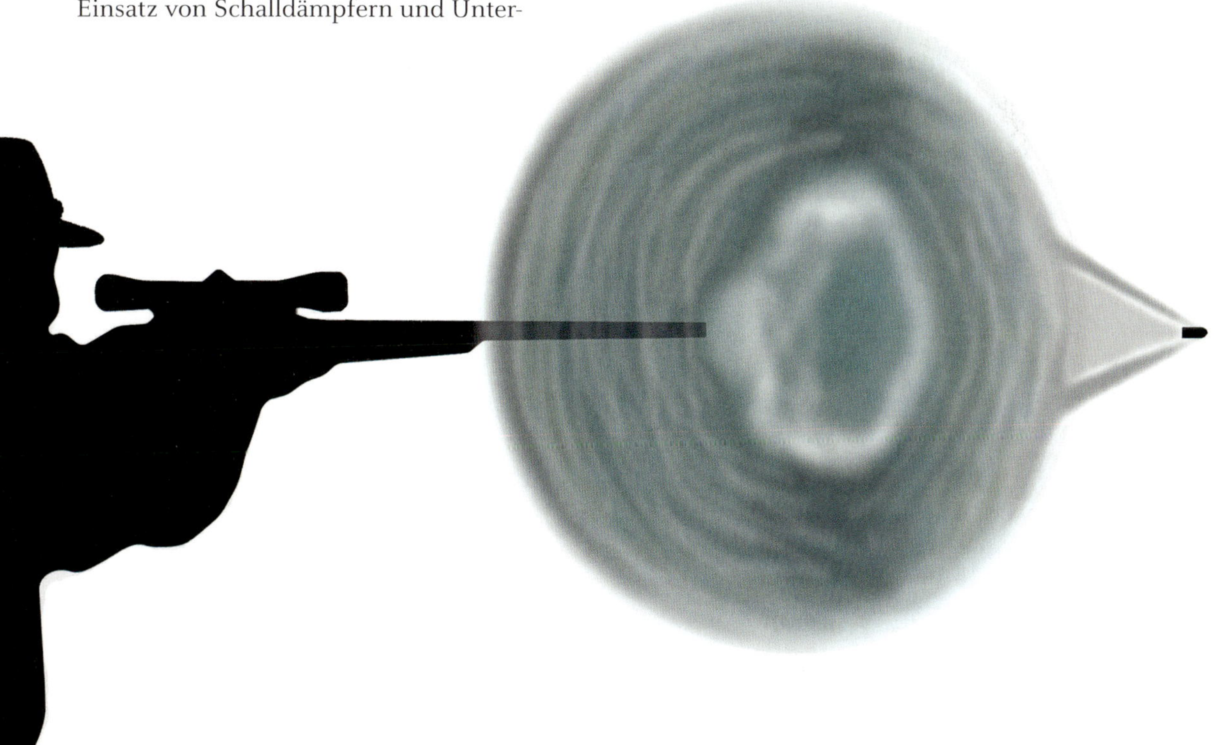

Knall

Ein Knall ist eine plötzliche Druckänderung der Luft. Diese stoßartige Dichteänderung breitet sich als Druckwelle kugelförmig im Raum aus und wird vom Ohr als Schall wahrgenommen.

det. Der dabei entstehende Gasdruck schiebt das Geschoss aus der Patronenhülse heraus und in das Feld-Zug-Profil des Laufes hinein. Der Widerstand beim Einpressen des Geschosses in das Feld-Zug-Profil führt zu Spitzengasdrücken von 3.500 bis 4.500 bar. Je weiter sich das Geschoss vorwärtsbewegt, desto mehr kann sich das komprimierte Gas dahinter entspannen. Bei einem durchschnittlich langen Büchsenlauf wird bei Standardpatronen das Geschoss in Mündungsnähe noch von einem Restdruck von 500 bis 600 bar vorwärtsgetrieben. Sobald das Geschoss die Mündung verlassen hat, entspannt sich dieser hohe Überdruck schlagartig in die Umgebung. Der Effekt ist ähnlich wie beim Entkorken einer Sektflasche, der Druckunterschied jedoch ist um ein Vielfaches größer. Zum Vergleich: Eine Sektflasche hat einen Innendruck von ca. 4 bar, die Differenz zum normalen Umgebungsdruck (1 bar) ist also viel kleiner und der entstehende Knall damit erheblich leiser als der Mündungsknall einer Schusswaffe. Übliche Großkaliber-Jagdpatronen erreichen 1 m neben der Mündung in der Regel Schalldruckpegel von nahezu 170 dB, teilweise sogar darüber hinaus (→ **Abb. 4.2**).

Zur Erinnerung: Ein Presslufthammer erzeugt in 1 m Entfernung einen Schalldruckpegel von ca. 100 dB. Der Schalldruck des Mündungsknalls ist damit über 1.000-mal größer. Eine gigantische, kaum fassbare Differenz, die erahnen lässt, wie sehr das ungeschützte Schießen unser Gehör gefährdet. Der Mündungsknall weist ein sehr breites und relativ ungeordnetes Spektrum an Frequenzen auf. Man spricht daher von einem **chaotischen Lärmereignis** (→ **Abb. 6.7**).

Dass sich der Schuss aus einer Flinte anders anhört als der aus einem Kleinkaliber-Gewehr, ist durch das Verteilungsmaximum im hörbaren Frequenzbereich bedingt. Bei Schrotflinten liegen die dominierenden

Abb. 4.2: *Die Blaser R93 in .308 Winchester mit einem 47,5-cm-Lauf erzeugt mit Remington Premier Match in 1 m Abstand seitlich der Mündung einen Schalldruckpegel von 170 dB(C).*

Messung des Mündungsknalls

Die Messung des Mündungsknalls ist technisch sehr aufwendig, weil es sich um ein ultrakurzes Geräusch mit einer enormen Intensitätsdynamik handelt. Die Anzahl der geeigneten Messinstrumente und -mikrofone ist daher gering und die Technik sehr teuer. Immer wieder werden in der Laienpresse Vergleichsmessungen von Mündungslärm oder Schalldämpfern mit nicht geeigneten Geräten durchgeführt, deren Ergebnisse im Regelfall erheblich zu niedrige Schalldruckpegel aufweisen. Auch der Messaufbau spielt eine extrem wichtige Rolle. Aufgrund der dreidimensionalen Schallausbreitung verringert sich der Schalldruckpegel im Nahbereich der Waffe sehr stark. Es macht also einen erheblichen Unterschied, ob die Messung z. B. 1, 2 oder 5 m im 90°-Winkel seitlich zur Mündung erfolgt oder sogar vor oder hinter der Waffe (→ **Abb. 4.8**). Hinzu kommt, dass die Umgebung, in der die Versuche durchgeführt werden, meist große Unterschiede aufweist. Da die Art des Bodenbelags, Vegetation, Temperatur sowie Luftfeuchtigkeit und Luftdruck erhebliche Einflüsse auf Schallausbreitung, -absorption und -reflexion haben, gleicht kaum ein Versuchsaufbau exakt dem anderen. Als häufig genutzter Standard bei der Messung von Schalldämpfern hat sich der amerikanische Militärstandard MIL-STD-1474D etabliert. Man muss daher vorsichtig sein mit Vergleichsmessungen, was die Schalldruckpegel von Mündungslärm und die absoluten Messwerte der Dämpfungsleistung von Schalldämpfern angeht. Verwertbar sind die Unterschiede zwischen den einzelnen Messungen innerhalb der gleichen Versuchsreihen. Die absoluten Werte müssen ebenso kritisch gesehen werden wie der Vergleich von unterschiedlichen Messungen. Dies erklärt auch, weshalb für den Mündungslärm gleicher Waffen oder für typische Alltagsgeräusche immer wieder differierende Messwerte angegeben werden.

Tonhöhen bei 250–500 Hz, bei Großkaliber-Büchsen und Kurzwaffen bei etwa 1.000 Hz und bei Kleinkaliber-Gewehren bei ungefähr 2.000 Hz (→ **Abb. 4.3**). Dies erklärt auch, warum der dumpfere Flintenknall für unsere Ohren angenehmer erscheint. [34]

Geschossknall

Bewegt sich ein Körper schneller als der Schall, verursacht er einen Überschallknall (*Sonic Boom*), der bei Schusswaffenprojektilen auch Geschossknall genannt wird. Dieser Effekt ist z. B. von Jagdflugzeugen oder auch von dem Überschall-Passagierflugzeug Concorde bekannt (→ **Abb. 4.4**).

Die Schallgeschwindigkeit variiert in der Luft zwischen ungefähr 320 und 350 m/s, weil sie generell abhängig von Temperatur,

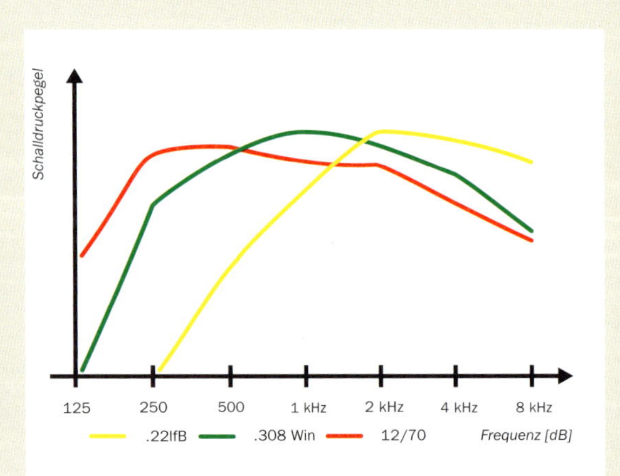

Abb. 4.3: *Frequenzspektren des Mündungslärms verschiedener Waffentypen.*

Abb. 4.4: *Das Überschall-Passagierflugzeug Concorde beim Durchbrechen der Schallmauer.*

Luftdruck und Luftfeuchtigkeit ist. Bei trockener, etwa 20 °C warmer Luft in Meereshöhe beträgt sie ca. 343 m/s. Da die Geschosse von Großkaliber-Langwaffenpatronen mit Mündungsgeschwindigkeiten von 700 bis über 900 m/s den Lauf verlassen, bewegen sie sich auf jagdliche Schussentfernungen über ihre gesamte Flugbahn im Überschallbereich. Die Geschossspitze presst, verdrängt und verdichtet dabei die Luft so plötzlich, dass sich eine Stoßwelle bildet. Diese Wellenfront können wir als Knall hören. Sie breitet sich hinter dem fliegenden Geschoss in Form eines Kegels aus (→ **Abb. 4.5**). Je schneller das Geschoss ist, umso spitzer wird der Kegel. Weil das Geschoss im Laufe des Fluges langsamer wird, nimmt auch der Kegel zunehmend eine stumpfere Form an (→ **Abb. 4.6**). Ähnliche Verdichtungsstöße wie an der Spitze des Geschosses entstehen z. B. auch an Führbändern (erhabene Ringe bei manchen Geschosskonstruktionen, die den Gasdruck senken sollen) und am Geschossheck.

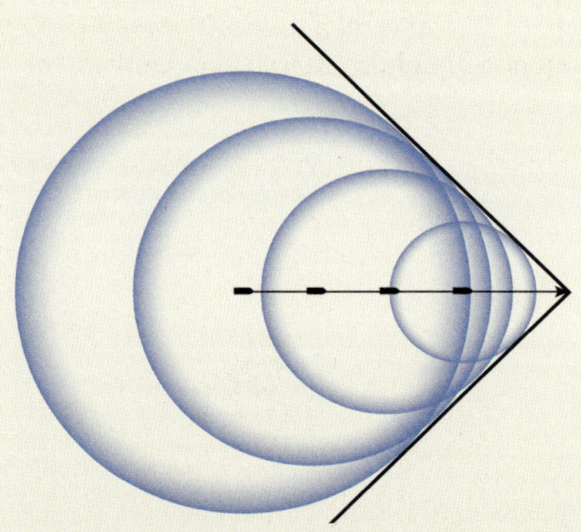

Abb. 4.5: *Machscher Kegel. Das Geschoss verursacht während des gesamten Fluges ein Geräusch. Dieses breitet sich kugelförmig um den jeweiligen Ursprungsort herum aus. Fliegt das Geschoss schneller als der Schall, überlagern sich diese sogenannten Stoßwellenfronten in Flugrichtung: Es entsteht der besonders laute Überschallknall.*

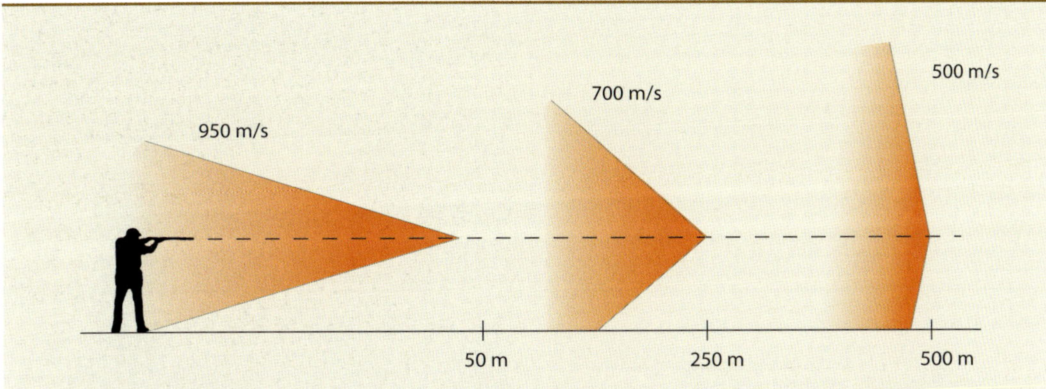

Abb. 4.6: *Entlang seiner Flugbahn wird der Kegelwinkel des Überschallknalls durch die abnehmende Fluggeschwindigkeit immer stumpfer. Die Grafik ist zur Veranschaulichung schematisch dargestellt.*

Sie sind jedoch schwächer ausgeprägt und hinsichtlich unserer Betrachtungen zu vernachlässigen. Das Geschoss knallt quasi permanent, solange es mit Überschallgeschwindigkeit fliegt. Entfernt voneinander stehende Zuhörer hören aber zeitlich versetzt jeweils nur einen kurzen Knall. Der Hörende hat dabei den Eindruck, als entstünde der Knall unmittelbar in seiner Nähe (→ **Abb. 4.7**). Diesen Effekt kann man in einem einfachen Versuchsaufbau gut nachvollziehen. Dazu werden entlang einer

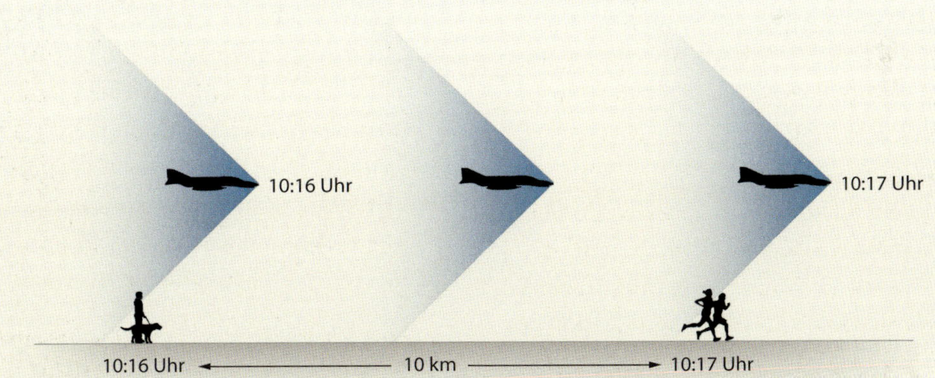

Abb. 4.7: *Ein mit Überschallgeschwindigkeit fliegendes Jagdflugzeug erzeugt fortlaufend einen Mündungsknall. Der um 10:16 Uhr überflogene Spaziergänger mit Hund ist davon überzeugt, dass es genau auf seiner Höhe geknallt hat. Das joggende Paar um 10:17 Uhr nimmt für sich die gleiche Beobachtung in Anspruch.*

Patrone	Laborierung	Waffe	LC_{peak} [dB(C)]
.222 Remington	Hornady V-Max	Sako 85	149,1
.308 Winchester	Remington Premier Match	Blaser R93	151,5
.308 Winchester	Sax KJG	Blaser R93	152,5
.376 Steyr	Hornady Interlock	Steyr Pro Hunter	153,7
12/70	Rottweil Exact FLG	Franchi BF	160,3

Tab. 4.1: *Je größer der Geschossdurchmesser, desto höhere Werte waren 1 m neben der Flugbahn messbar. Die Messung erfolgte ca. 30 m entfernt von der Waffe, sodass der Mündungsknall hier keinen Einfluss mehr hatte.*

Schießbahn in gleichem Abstand zur Flugbahn des Geschosses Mikrofone aufgestellt, die allesamt das von ihnen aufgenommene Signal mit hoher Aufzeichnungsgeschwindigkeit zu dem gleichen Aufnahmegerät liefern. Schießt man nun an der Reihe der aufgestellten Mikrofone vorbei und spielt nachher die entstandene Aufnahme langsam ab, so hört man eine schnelle Folge von Einzelknallen. Ganz ähnlich ist der Effekt, wenn man mit Überschallmunition an einer sehr langen Baumallee entlangschießt. Durch die Reflexion des Knalls an den einzelnen Bäumen entsteht für den Schützen ein Höreindruck, der wie der Feuerstoß eines Maschinengewehrs klingt. [35]
Nun kann man neben jedem der Mikrofone einen Zuhörer postieren. Befragt man nach der Abgabe eines Schusses den einzelnen Beobachter, auf welcher Höhe der Knall entstanden sei, werden alle Zuhörer übereinstimmend berichten, dass dies in der Nähe der eigenen Position der Fall gewesen sei. Schlussendlich haben auch alle gleichermaßen recht, denn der Überschallknall entsteht während der gesamten Flugbahn neu.

Der Überschallknall erreicht nach den in der Literatur gängigen Angaben einen Schalldruckpegel von etwa 130 dB. [36] In Studien des finnischen Arbeitsministeriums wurde im Jahr 1992 etwa 10 m neben der Flugbahn des Geschosses ein Pegel von ca. 138 dB gemessen. [37] Bei von mir selbst durchgeführten Messungen erreichten Vollmantelgeschosse 1 m neben der Flugbahn Schalldruckpegel von etwa 150 dB (→ **Tab. 4.1**). Generalisierbare Werte lassen sich für den Überschallknall von Geschossen nicht angeben. Geschosse größeren Kalibers bzw. mit formbedingt höherem Luftwiderstand erzeugen grundsätzlich auch einen lauteren Knall und minimale Unterschiede in Messaufbau und Umgebungsvariablen können zu nicht unerheblichen Abweichungen führen. Die genannten Werte sind daher als Anhalt zu verstehen.

Der Überschallknall entsteht nicht sofort beim Verlassen des Laufes, sondern erst nach einer kurzen Flugstrecke. Ursächlich dafür ist die Tatsache, dass für die Entstehung des Überschallknalls immer die Geschwindigkeitsdifferenz zwischen dem

Geschoss und dem umgebenden Medium entscheidend ist. Da aus der Mündung zusammen mit dem Geschoss sehr schnell strömende Schwadengase austreten, entsteht zunächst kein Überschallknall, obwohl das Projektil, bezogen auf den Boden, schneller als mit Schallgeschwindigkeit fliegt. Erst wenn die Schwadengase einige Dezimeter vor der Mündung langsam genug geworden sind, dass eine Geschwindigkeitsdifferenz vorliegt, die größer als der Schall ist, bildet sich die knallende Kopfwelle. F. Haller hat diesen Aspekt bei Untersuchungen in den 70er-Jahren bei einer Geschossflugstrecke von ca. 35 cm festgestellt. [38]

Während in der unmittelbaren Umgebung der Mündung der lautere Mündungsknall dominiert, gewinnt der Geschossknall mit zunehmendem Abstand immer mehr an Bedeutung (→ **Abb. 4.8**). Schon nach weniger als etwa 25 m dominiert dann der Überschallknall.

Waffenmechanik

Unter diesem Punkt fasst man alle Geräusche zusammen, die bei der Abgabe von Schüssen durch die Waffenmechanik zustande kommen. Dazu zählen alle Abläufe von der Betätigung des Abzugs bis zum Auftreffen des Schlagbolzens auf das Zündhütchen. Bei Selbstladebüchsen kommt noch der Repetiervorgang hinzu. Die verursachten Geräusche weisen Schalldruckpegel in der Größenordnung von 100 bis 120 dB und mehr auf. So verursachen der Repetiervorgang wie auch das Betätigen des Abzugs bei den meisten Waffen Schalldruckpegel von über 100 dB.

Bei halbautomatischen Waffen werden diese Werte noch deutlich überschritten. Das Verschlussgeräusch beispielsweise einer SIG Sauer P226 oder eines G 3-Klons liegt bei Messung in 1 m Entfernung zur Waffe bei über 120 dB. Bei Kleinkaliber-Waffen mit wirkungsvollem Dämpfer und Unterschallmunition kann dies sogar das dominierende Geräusch darstellen.

Körperschall

Durch den Anprall der Gase an Flächen entsteht ebenfalls ein Geräusch, ähnlich wie beim Anklopfen an eine Tür. Dieses ist schwer zu messen, weil es bei der Schussabgabe von anderen Geräuschen überlagert wird. Der Versuch, den Schussknall durch Benetzen der Innenwand eines Schalldämp-

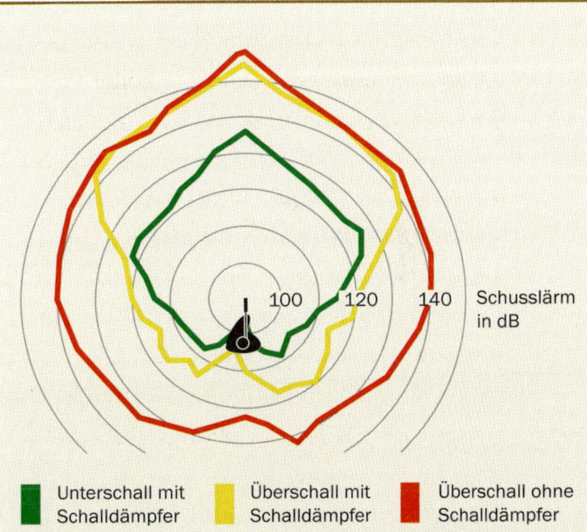

Abb. 4.8: *Messergebnisse in 15 m Abstand rund um die Mündung mit und ohne Schalldämpfer bei der Verwendung von Über- und Unterschallmunition. In Schussrichtung ist deutlich zu sehen, wie der Schalldruckpegel vom Überschallknall dominiert wird. Seitlich und hinter dem Schützen verringert ein Schalldämpfer den Lärm um ca. 20 dB.*

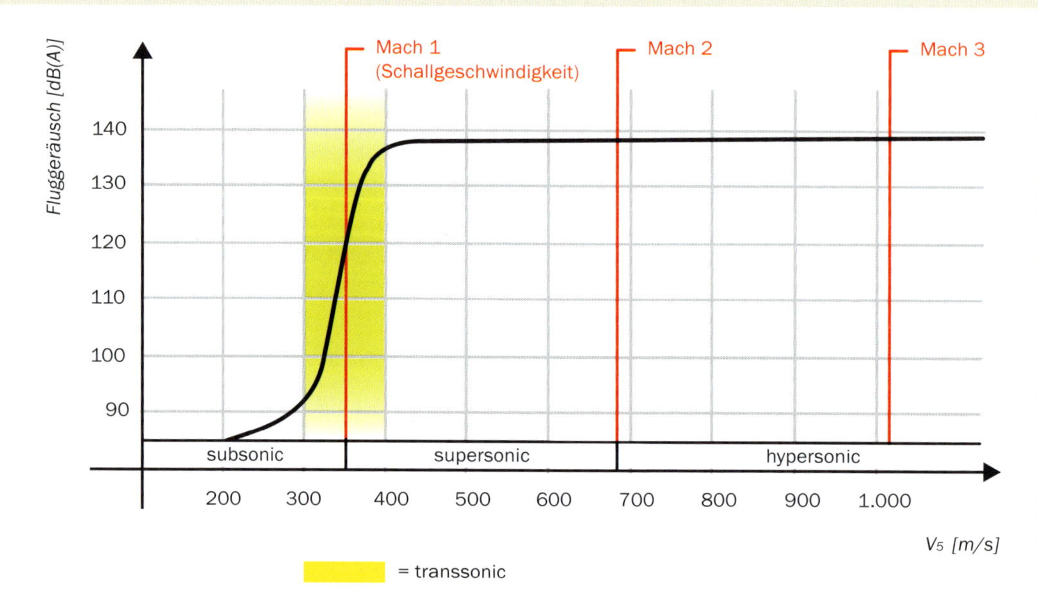

Abb. 4.9: *Fluggeräusch in Abhängigkeit von der Geschwindigkeit, gemessen 10 m seitlich der Flugbahn. Bei Überschallgeschwindigkeit im super- oder hypersonischen Bereich entsteht ein Knall von fast 140 dB(A). Bei unter 300 m/s werden nur 80–90 dB(A) erreicht. Der transsonische Bereich dazwischen (300–400 m/s) weist einen steilen Anstieg auf.*

fers mit Flüssigkeiten zu mindern, zielt unter anderem darauf ab, diesen Anprall zu dämpfen. Ähnliches wird durch ein Umhüllen des Dämpfers mit Neoprenhüllen etc. angestrebt, was hinsichtlich des Mündungsknalls messtechnisch jedoch keinen Vorteil bringt.

Fluggeräusch des Geschosses

Das Fluggeräusch des Geschosses liegt weit unter dem Schalldruckpegel des Überschallknalls. Wirkliche Bedeutung erhält es daher vor allem bei Unterschallmunition. Abbildung 4.9 gibt einen guten Eindruck davon, wie im Bereich der Unterschallgeschwindigkeit nur die Strömungsgeräusche des Projektils mit Pegeln unter 100 dB aufgezeichnet werden. Mit der Annäherung an die Schallmauer steigt der Schalldruckpegel erheblich an und erreicht dann bei Überschallgeschwindigkeit recht stabil ein Niveau von ca. 138 dB. Die Fluggeräusche hängen erheblich vom Strömungswiderstand und von den erzeugten Verwirbelungen ab. Besonders günstig geformte Geschosse mit dünnem Kaliber sind daher deutlich leiser als z. B. ein dickes, eher unförmiges Flintenlaufgeschoss (→ **Kap. 17**).

Kugelschlag

Der Kugelschlag fällt bei den üblichen Schussdistanzen in unserer Wahrnehmung mit dem Schussknall zusammen. Erst bei weiten Schüssen oder beim Schießen mit Schalldämpfer ist er gut wahrnehmbar. Der Schalldruckpegel des Kugelschlages ist stark abhängig vom Zielmaterial und vom Abstand zum Ziel. Beim Schießen in einen Kugelfang aus Watte auf 600 m wird kein Geräusch zu vernehmen sein, während das Auftreffgeräusch auf ein Stahlziel auf kurze Distanzen den Schussknall einer gedämpften Waffe mit Unterschallmunition deutlich überlagert.

Zusammenfassung

- Der Schusslärm setzt sich aus verschiedenen Komponenten zusammen.
- Dominierend sind der Mündungsknall und der Überschallknall des Geschosses auf seinem Flug.
- Alle anderen beim Schuss auftretenden Geräusche erreichen aber ebenfalls nicht unerhebliche Schalldruckpegel von über 100 dB.

KAPITEL 5

Der schallgedämpfte Schuss

»Das Erwartete bleibt gewöhnlich unter der Erwartung.«

August von Kotzebue

Der schallgedämpfte Schuss

Wenn jemandem zum ersten Mal in der Praxis der Unterschied zwischen einem gedämpften und einem ungedämpften Schuss mit Überschallmunition vorgeführt wird, ist derjenige meist völlig überrascht davon, wie laut auch der gedämpfte Schuss noch ist.

Die meisten werden dabei registrieren, dass die teilweise schmerzhafte, sehr intensive »Spitze« des ungedämpften Schusses ausbleibt. Wirklich anders oder deutlich leiser klingt der gedämpfte Schuss jedoch nicht. Dadurch werden die vielfach vorhandenen Bedenken, dass damit Wilderei und anderen Straftaten Tür und Tor geöffnet würde, in aller Regel wie von selbst entkräftet. Hat man die Eindrücke aber erst einmal auf sich wirken lassen, stellt sich häufig die Frage, ob ein Schalldämpfer denn eigentlich wirklich von Nutzen ist. Denn der Knall bleibt ja weiterhin laut – jagdlich ergibt sich also weder Vor- noch Nachteil und das Gehör könnte dennoch geschädigt werden.

Während auf die Bedeutung von Schalldämpfern für die praktische Jagdausübung in Kapitel 18 detailliert eingegangen wird, soll an dieser Stelle der gravierende Irrtum, Schalldämpfer erzeugten keine schützende Wirkung für das Gehör, aufgeklärt werden. Schalldämpfer mindern den Mündungsknall um 20–30 dB, teilweise sogar noch darüber hinaus (→ **Abb. 5.1**, **Abb. 5.2** und **Tab. 5.1**).

Bei Messungen des DEVA-Instituts (Deutsche Versuchs- und Prüf-Anstalt für Jagd- und Sportwaffen e. V.) mit einer Repetierbüchse in .30-06 Springfield zeigte sich eine Reduktion von ca. 25 dB(A), wodurch am Schützenohr Schalldruckpegel von deutlich unter 140 dB erzielt werden konnten. [39] Leider ist unsere Wahrnehmung nicht objektiv in der Lage, diesen Effekt ohne Messin-

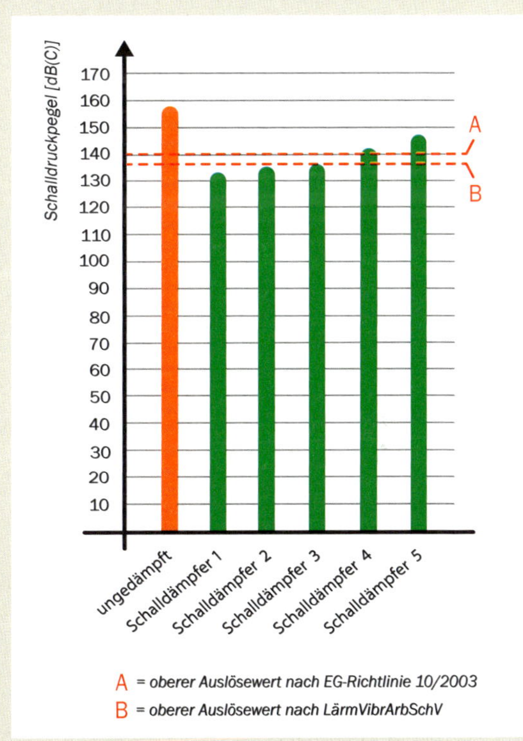

Abb. 5.1: *Eine in den 90er-Jahren durchgeführte Studie des finnischen Arbeitsministeriums mit Schalldämpfern verschiedener namhafter Hersteller zeigte, dass die leistungsfähigeren Exemplare den auf das Ohr des Schützen einwirkenden Schalldruckpegel unter den Auslösewert von 137 dB(C) senken konnten. [40]*

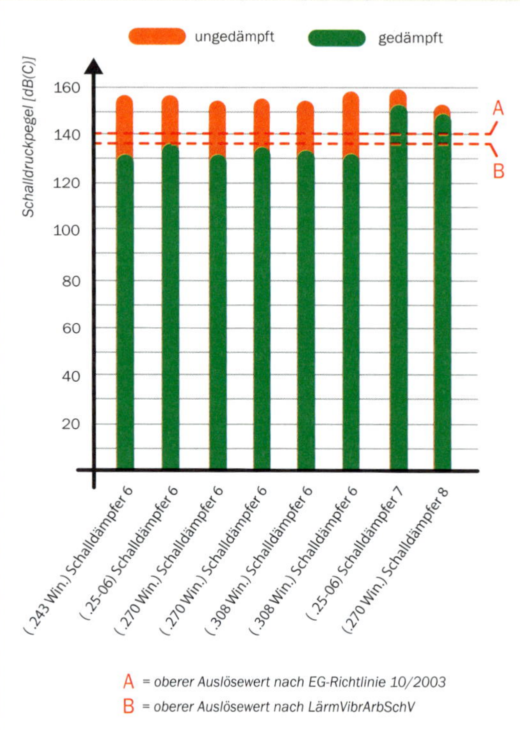

Abb. 5.2: *Auch eine Studie der englischen Berufsgenossenschaften zeigte, dass mit einem guten Schalldämpfer die Grenzwerte des Arbeitsschutzes unterschritten werden können. Wie Dämpfer Nr. 7 und Nr. 8 belegen, gibt es allerdings auch schlechte Konstruktionen mit unzureichender Wirkung. [41]*

strumente zu begreifen. Denn weil der Schussknall ultrakurz ist, klingt er in unseren Ohren viel leiser als etwa Dauerlärm der gleichen Intensität. Dadurch verwischt der subjektive Unterschied zwischen 133 und 155 dB so sehr, dass die Leistungsfähigkeit der Schalldämpfer häufig unterschätzt wird. Was bei der Betrachtung des logarithmisch dimensionierten Schalldruckpegels gering erscheint, ist bei der Betrachtung der absolu-

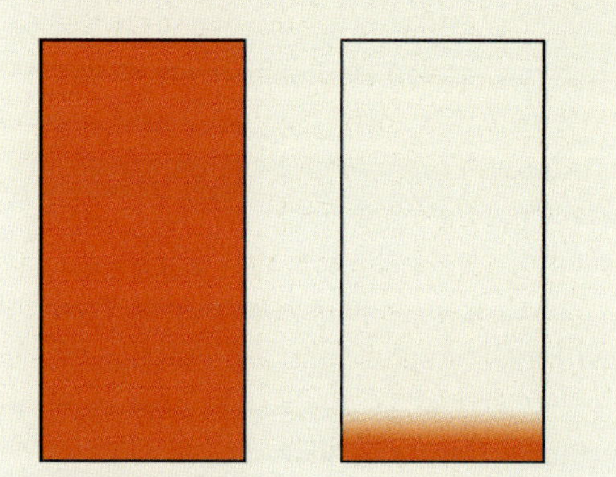

Abb. 5.3: *Eine Reduktion um »nur« 20 dB verringert den Schalldruck um den beeindruckenden Wert von 90 % (rechte Säule)!*

Waffenart	Hersteller	Modell	Patrone	Schusslärm, ungedämpft (MIL-STD)	Schusslärm, ungedämpft (Ohr)	Lärmreduktion Dämpfer (MIL-STD)	Lärmreduktion Dämpfer (Ohr)
Pistole	SIG Sauer	P226	9 mm Luger	160,5	157,7	33,1	28,1
Pistole	Glock	21	.45 ACP	162,5	162,5	30,7	33,9
Sturmgewehr	Colt	M4	.223 Rem.	164,0	155,0	26,6	29,8
Büchse	Remington	700	.308 Win.	165,7	157,2	26,8	26,0

Tab. 5.1: *Schusslärm verschiedener Waffen, gemessen 1 m links von der Mündung (MIL-STD) und am Schützenohr, sowie die durch einen Schalldämpfer erzielte Reduktion des Schalldruckpegels (Angaben in dB). [42]*

SVLFG-Studie

Die Sozialversicherung für Landwirtschaft, Forsten und Gartenbau hat 2018 in Zusammenarbeit mit der Wehrtechnischen Dienststelle 91 der Bundeswehr in einer Messreihe für verschiedene Waffe-Schalldämpfer-Kombinationen bei der Schussabgabe in einer Kanzel die auf das Ohr einwirkenden Schalldruckpegel untersucht. Sie kam zu dem Ergebnis, dass regelmäßig der obere Auslösewert von 137 dB(C) überschritten wurde und daher zusätzlich zum Schalldämpfer zwingend ein Gehörschützer getragen werden müsse. Diese Aussage ist überspitzt formuliert, nicht allgemeingültig und spiegelt auch die Ergebnisse der Untersuchung nicht wirklich wider. Es gibt eine ganze Reihe von Untersuchungen seriöser Institute und Behörden, die durchaus beim weit überwiegenden Anteil der durchgeführten Messungen am Ohr weniger als 137 dB(C) nachgewiesen haben. Beispielhaft soll hier neben den in diesem Buch zitierten Versuchen auch eine Messreihe des DEVA-Instituts genannt werden, die in dem Jagdmagazin »Wild und Hund«, Ausgabe 24/2017, veröffentlicht wurde. Darüber hinaus ist die Grenze von 137 dB(C) keine absolute: Sie beinhaltet einen nicht näher definierbaren Sicherheitspuffer und ist ein national festgelegter Grenzwert. Europaweit wird die Grenze z. B. bei 140 dB(C) gezogen.

Die Studie der SVLFG beinhaltet allerdings zwei Besonderheiten: Zum einen wurde – im Gegensatz zu den allermeisten anderen Untersuchungen – ein simulierter Kanzelaufbau genutzt, in dessen Innerem es durch Reflexion durchaus zu Änderungen im Verlauf des Schalldruckpegels kommen kann. Dieser Aspekt muss bei der Jagd in Kanzeln berücksichtigt werden und man sollte peinlich genau darauf achten, dass sich die Mündung bei der Schussabgabe stets außerhalb der Kanzel befindet.

Zum anderen wurde eine Vielzahl an Waffen genutzt, deren Bauart oder Patronen sich nur mäßig für den Einsatz mit Schalldämpfern eignen. Dass bei Selbstladebüchsen der Lärm am Ohr erhöht ist, ist kein Geheimnis (→ **Kap. 14**). Und die Gasmengen einer .300 Winchester Magnum verdaut ein Schalldämpfer naturgemäß nicht so gut wie die einer .308 Winchester. Die Ergebnisse sollten also Beachtung finden und dabei helfen, nicht zu sorglos mit dem Gehör bei der Jagd umzugehen. Wenn Sie sehr gute Dämpfer mit gut geeigneten Patronen und einer vernünftigen Lauflänge kombinieren, erreichen Sie im Regelfall Werte, die ein Jagen ohne Gehörschützer bedenkenlos erlauben, solange Sie im Bereich üblicher jagdlicher Schusszahlen bleiben. Wer viel schießt, schlecht geeignete Konfigurationen verwendet oder auch einfach nur auf Nummer sicher gehen will, sollte zusätzlich einen Gehörschutz nutzen.

Link zum Abschlussbericht der SVLFG: https://cdn.svlfg.de/fiona8-blobs/public/svlfgonpremiseproduction/286eae6244450780/fb79d05f4726/abschlussbericht-schiesslaerm.pdf ten Werte aber eine Verringerung des auf den Schützen einwirkenden Schalldrucks auf unter 10 % (→ **Abb. 5.3**)!

Es lässt sich unschwer vorstellen, wie sehr unser Gehör von dieser Reduktion profitiert. Schalldämpfer erzielen am Ohr des Schützen damit eine Senkung des einwirkenden Schalldruckpegels auf Werte unterhalb der in Deutschland bei kurzem Impulslärm als kritisch angesehenen Grenze von 137 bzw. in Europa von 140 dB(C).

Das Risiko einer Gehörschädigung wird dadurch erheblich gemindert. Gleichzeitig wird aber auch deutlich, dass ein solcher Schuss alles andere als lautlos ist. Die Wahrnehmung der Wirkung eines Schalldämpfers ist erheblich davon abhängig, ob man sich z. B. als Schütze in unmittelbarer Nähe der Waffe aufhält oder als nicht am Schuss beteiligte Person weit davon entfernt ist.

Bedeutung für den Schützen

Der Mündungsknall hat im Gegensatz zum Überschallknall für den Schützen eine erhebliche Bedeutung, weil sich die Schalldruckwelle von der Quelle aus in alle Richtungen hin ausbreitet. Hier kann der Schalldämpfer effektiv schützen, indem er den Mündungsknall deutlich reduziert. Neben der reinen Dämpfungsleistung hat aber auch der Abstand zum Ohr einen erheblichen Einfluss auf den auf das Ohr einwirkenden Lärm. Denn mit zunehmender Distanz zur Lärmquelle sinkt der Schalldruck. Wird der Dämpfer also an einem 60 cm langen Lauf befestigt, ist der am Ohr ankommende Restknall natürlich kleiner, als wenn sich die Dämpfermündung bei einem 40 cm langen Lauf deutlich näher am Ohr befindet (→ **Abb. 5.4**). Gleiches gilt für unterschiedliche Schalldämpferkonstruktionen: Dämpfer, die sehr lang sind, lassen den Mündungsknall weiter weg vom Ohr entstehen (→ **Kap. 8**).

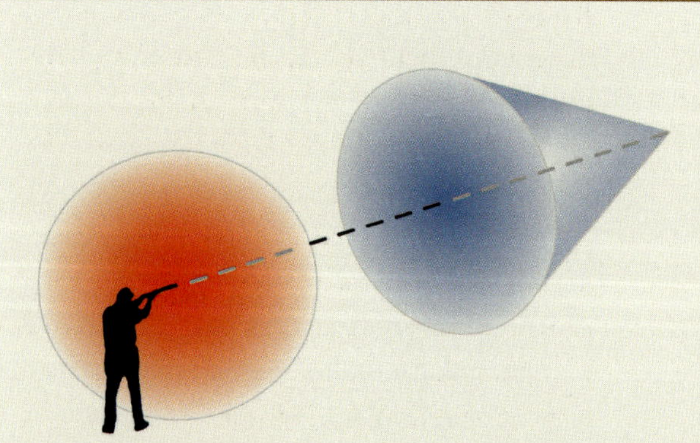

Abb. 5.5: *Der Mündungsknall breitet sich kugelförmig um die Mündung herum aus, also auch nach hinten entgegen der Schussrichtung. Tatsächlich ist der Knall in Schussrichtung aufgrund des Gasstromes etwa 6 dB lauter als hinter der Waffe.*

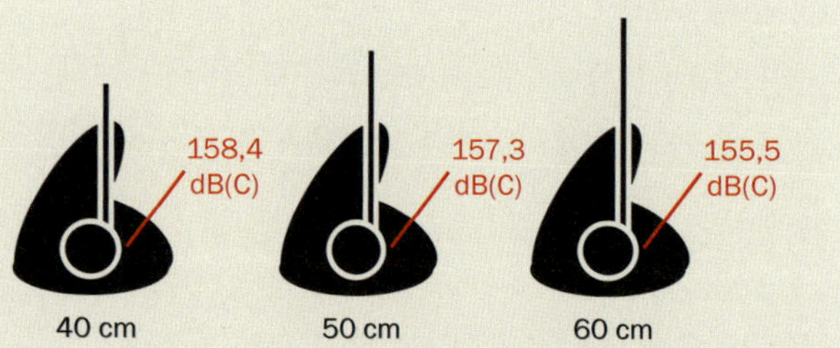

Abb. 5.4: *Einfluss der Gewehrlauflänge auf den auf das Ohr einwirkenden Schusslärm (Messung ohne Dämpfer neben dem Ohr).*

Der Überschallknall wirkt dagegen kaum auf den Schützen ein. Die Kopfwelle des Machschen Kegels breitet sich vom Schützen weg gerichtet entlang der Flugbahn aus. Der

Knall ist also theoretisch vom Schützen überhaupt nicht zu hören (→ **Abb. 5.5**). In der Praxis kommt es natürlich zur Reflexion an Hindernissen in der Umgebung, die den Knall zurück zum Schützen tragen. Der Schalldruckpegel erreicht dann allerdings kaum noch Dimensionen, die gesundheitsschädlich sind. Minimiert man diese Reflexionen, z. B. indem man steil in die Luft schießt (die Kopfwelle breitet sich dann Richtung Himmel aus), klingt der Schuss mit Schalldämpfer und Überschallmunition für den Schützen deutlich leiser.

Bedeutung für den Zuhörer

Hört man aus einiger Entfernung einen abgegebenen Schuss, nimmt man diesen meist als minimal verzögerten Doppelknall wahr: Zuerst erreicht einen der Überschallknall, der dem Geschoss folgt. Mit kurzem zeitlichem Abstand trifft dann der Mündungsknall ein, der dem Geschoss nur mit Schallgeschwindigkeit folgt. Dadurch lässt sich der Ort der Schussabgabe recht gut zuordnen, wenn keine komplexe Schallreflexion vorliegt, wie sie z. B. in den kleinen Tälern Mitteldeutschlands häufig anzutreffen ist. Der Mündungsknall wird mit zunehmender Entfernung vom Ort der Schussabgabe aber schnell leiser und fällt schon nach kurzer Entfernung unter den Schalldruckpegel des Überschallknalls, der bei etwa 130–140 dB liegt (→ **Tab. 5.2**). Der Reviernachbar hört deswegen fast ausschließlich den Überschallknall, da das Geschoss im Flug an der jeweils aktuellen Position ständig einen neuen Knall mit entsprechendem Schalldruckpegel erzeugt. Schüsse mit Überschallmunition sind dadurch immer weithin hörbar, auch wenn ein Schalldämpfer genutzt wird. Durch die Minderung des Mündungsknalls wird auf mittlere Entfernungen die Ortung des Schützen aber erheblich erschwert und die Lautstärke des Schussknalls zeigte sich bei eigenen Messungen insgesamt um etwa 10 dB vermindert. Der Überschallknall lässt sich vor allem mit der Position des Geschosses zum Zeitpunkt des Entstehens der Stoßwelle in Verbindung bringen. Unsere Wahrnehmung spielt uns dabei einen Streich, denn wir vermuten die Lärmquelle immer in einer Ursprungsrichtung von 90° zur Stoßwellenfront (→ **Abb. 18.1**).

Er ist daher kaum hilfreich, um den Ort der Schussabgabe zu bestimmen. Diesen Effekt machen sich militärische Scharfschützen zunutze, wenn sie Schalldämpfer einsetzen (→ **Abb. 5.6**). Der Mündungsknall wird dadurch so verringert, dass er auf die üblichen Einsatzentfernungen von mehreren Hundert

Patrone	Schalldruckpegel, ungedämpft	Schalldruckpegel, gedämpft
.243 Win.	142,5	142,5
.25-06	145,0	143,5
6,5x55	143,5	143,0
.270 Win.	145,0	145,0
.308 Win.	147,0	147,0
.308 Win.	146,5	146,5
.270 Win.	145,5	145,5

Tab. 5.2: *Schalldruckpegelmessung in dB(C) mit verschiedenen Laborierungen in 23 m Entfernung in Schussrichtung vor der Mündung. Es ist deutlich zu erkennen, dass Schalldämpfer in Schussrichtung bei dieser Entfernung kaum noch Einfluss auf den entstehenden Schusslärm haben. [43]*

Abb. 5.6: *Scharfschütze mit schallgedämpfter Waffe.*

Metern kaum mehr wahrgenommen wird. Der noch verbleibende Überschallknall ist zwar weiterhin hörbar, lässt eine genaue Ortung der Stellung des Scharfschützen aber nicht mehr zu. Verwendet der Scharfschütze dagegen einen Schalldämpfer und Unterschallmunition, verringert sich zwar die gesamte Geräuschsilhouette bei Abgabe eines Schusses, weil das auch bei Unterschallgeschwindigkeiten immer vorhandene Fluggeräusch des Geschosses aber nicht mehr vom Überschallknall überlagert wird, kann die Schussrichtung wieder gehört und die Quelle des Schusses damit besser aufgeklärt werden.

Einer der größten Vorbehalte gegen die Verwendung von Schalldämpfern hat deren missbräuchliche Verwendung zur Wilderei zum Gegenstand. Es wird befürchtet, dass durch den Schalldämpfereinsatz die Wahrnehmbarkeit des Schusses erheblich unterdrückt werden könnte. Diese Bedenken sind allerdings weitgehend unbegründet. Natürlich ist es richtig, dass ein Schuss mit Schalldämpfer nicht mehr so weit zu hören ist wie ein ungedämpfter Schuss. Die tatsächliche Entfernung lässt sich jedoch nicht pauschal angeben. Hier spielen zum einen Umgebungs- und Umweltfaktoren eine wesentliche Rolle, weil z. B. durch zwischen Schütze und Zuhörer liegende Höhenzüge oder Wälder ein Teil des Schalls abgelenkt oder durch hohe Luftfeuchtigkeit oder Schneefall absorbiert wird. Auch die Windrichtung hat einen entscheidenden Einfluss. Zum anderen ist natürlich die Schussrichtung wesentlich. Denn während sich der Mündungsknall kugelförmig in alle Richtungen ausbreitet, erfolgt dies beim Überschallknall nur kegelförmig in Flugrichtung. Einen ungefähren Eindruck von den Dimensionen der Dämpfung des Mündungsknalls vermittelt Abbildung 5.7.

Zusammenfassung

- Schalldämpfer können den auf das Ohr einwirkenden Schalldruckpegel auf unter 140 dB senken und damit die Gefahr eines Gehörschadens massiv reduzieren.
- Der Überschallknall des Geschosses wird durch den Schalldämpfer nicht beeinflusst.
- Durch die Reduktion des Mündungsknalls wird die Ortung des Schützen erschwert, der Schuss selbst ist aber immer noch deutlich hörbar.
- Ein schallgedämpfter Schuss ist nicht lautlos.

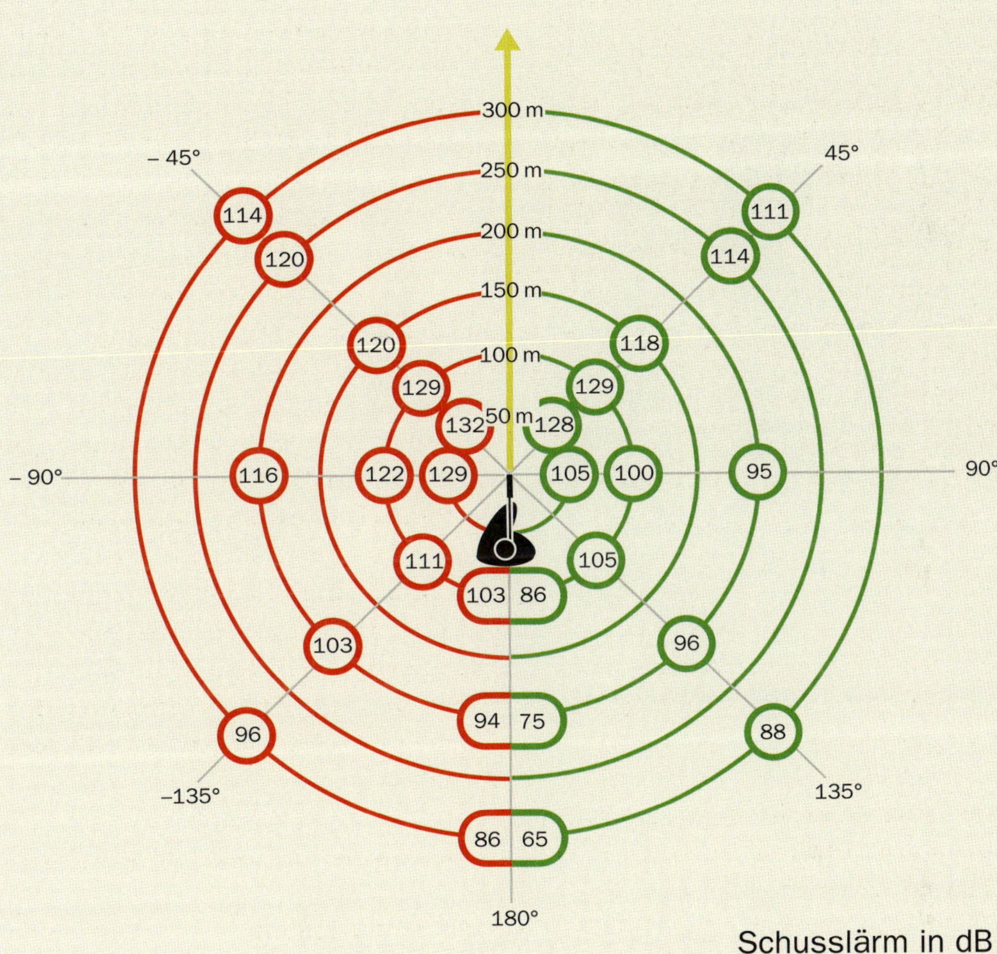

Abb. 5.7: *Diese Beispielmessung zeigt, wie sich der Schalldruckpegel rund um den Standort des Jägers bei einer Schussabgabe mit Schalldämpfer im Vergleich zum ungedämpften Schuss verändert. Rote Bereiche: ohne Schalldämpfer; grüne Bereiche: mit Schalldämpfer.*

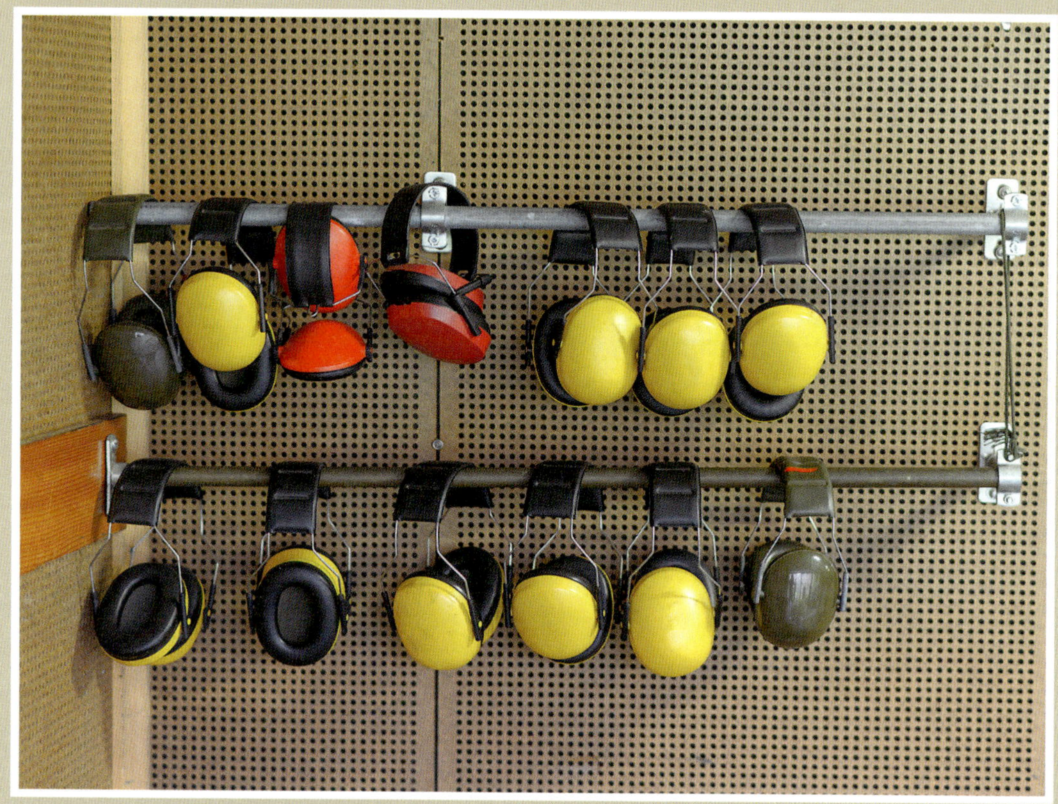

KAPITEL 6

Gehörschutz

»Erwartungen können nur enttäuscht werden,
weil es die falschen waren.«

Helga Schäferling

Gehörschutz

Der Gebrauch von Schusswaffen auf Schießständen ist mittlerweile glücklicherweise untrennbar mit dem Gebrauch von Gehörschutz verbunden.

Wurde früher noch häufig mit völlig ungeschütztem Ohr geschossen, so fordern heutzutage zumindest die Standordnungen zwingend die Nutzung von Gehörschutz – nicht nur beim Schießen, sondern bereits beim reinen Aufenthalt. Nur dort, wo der Jäger fernab der Schießstände die Jagd ausübt, handelt er eigenverantwortlich. Ausnahmen bestehen lediglich im Bereich des Arbeitsschutzes (→ **Kap. 22**).

Die Nutzung von Gehörschutz ist bei der Verwendung von nicht schallgedämpften Lang- und Kurzwaffen alternativlos, die für Patronen oberhalb von .22 lfB eingerichtet sind. Je nach Art und Ausführung ist gut wirkender Gehörschutz schon für wenige Euro zu erwerben. In der Regel sind die Produkte mehrfach verwendbar. Im Gegensatz zu Schalldämpfern, die meist für verschiedene Waffen und Kaliber unterschiedliche Modelle erfordern, kann derselbe Gehörschutz für alle im Bestand befindlichen Waffen genutzt werden. Die Anschaffungskosten fallen somit erheblich geringer aus.

Gehörschutz schützt!

Wem keine Schalldämpfer zur Verfügung stehen, der sollte unbedingt seine Ohren auch bei der Jagdausübung mit Gehörschutz vor Schäden bewahren!

Varianten des Gehörschutzes

Es existieren viele unterschiedliche Typen von Gehörschutz mit verschiedenen Vor- und Nachteilen (→ **Abb. 6.1**). Dabei wird grob zwischen Passiv- und Aktivgehörschutz sowie zwischen Kapselgehörschutz und Gehörschutzstopfen unterschieden:

Passiver Gehörschutz ist die einfachste Form von Gehörschutz. Er dämpft die Umgebungsgeräusche um einen bestimmten Wert, der je nach Frequenz und Charakteristik des Lärms unterschiedlich hoch ist. Die Wahrnehmung auf der Jagd wird damit erheblich eingeschränkt, sodass ein Anlegen meist nur unmittelbar vor dem Schuss in-

Abb. 6.1: *Verschiedene Arten von Gehörschutz: oben links aktiver Kapselgehörschutz, oben rechts passiver Kapselgehörschutz, oben Mitte und unten links passiver Impulsgehörschutz, unten Mitte aktiver In-Ear-Gehörschutz, unten rechts passive Gehörschutzstopfen.*

frage kommt. Zeitkritische Situationen und Jagdfieber führen aber leicht dazu, dass dies nicht möglich ist oder schlichtweg vergessen wird. Für die Jagd ist passiver Gehörschutz daher eher weniger geeignet. Größter Vorteil ist, dass die einzelnen Modelle sehr preisgünstig in jedem Baumarkt, in Apotheken, in Drogerien u. Ä. zu erwerben sind.

Eine Sonderform stellen **nichtlineare Impulsfilter** dar, die leise Geräusche nur wenig dämpfen (um 3–8 dB). Sehr laute Geräusche verlieren in diesen Labyrinth- oder Trichterkonstruktionen jedoch viel von ihrer Energie und werden daher in deutlich größerem Umfang vermindert als leise Geräusche (um 20–30 dB). Für die meisten Jagdarten eignet sich diese Art des Gehörschutzes recht gut, wenn er komfortabel sitzt.

Beispiele für nichtlineare Impulsfilter sind die EarPro EP4-Gehörschutzstopfen, Impulsschall-Gehörschutzstöpsel (ISGS) sowie die Filtereinsätze in entsprechenden trägerfreundlichen Otoplastiken, wie z. B. Impulse ISL oder Elacin ER25.

Bei **aktivem Gehörschutz** nehmen Mikrofone die Umgebungsgeräusche auf und leiten sie bis zu einem Schalldruckpegel von 85 dB über innen verbaute Lautsprecher an das Ohr weiter. Höhere Schalldruckpegel werden durch die Elektronik erkannt und nur mit einer begrenzten Maximallautstärke (meist 85 dB) an den Lautsprecher weitergegeben oder aber ganz abgeriegelt. In diesem Fall ist eine schnelle Reaktionszeit der Elektronik wichtig, damit unmittelbar nachfolgende Geräusche (z. B. Kugelschlag) wieder gehört werden können. Natürlich dringt sehr

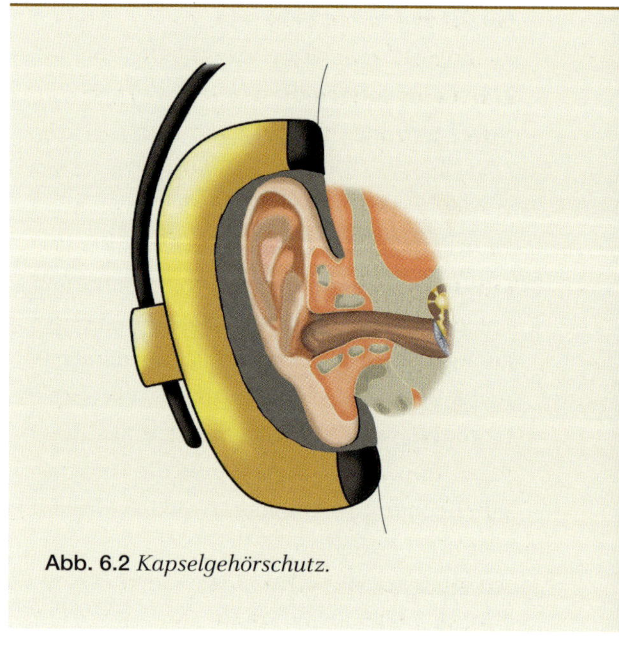

Abb. 6.2 *Kapselgehörschutz.*

lauter Lärm, wie z. B. der Schussknall, auch unabhängig von der Elektronik durch die Dämmung und wird dabei wie bei passivem Gehörschutz um 20–30 dB reduziert. Die häufig getätigte Äußerung, dass Aktivgehörschutz dem Passivgehörschutz aufgrund seiner Dämpfung aller Geräusche auf 85 dB überlegen sei, ist daher falsch.

Unangenehm ist insbesondere bei billigeren Geräten ein ständiges Grundrauschen. Auch Wind in den Mikrofonen ist häufig so störend, dass man die Aktivfunktion freiwillig ausschaltet. Die passive Schutzfunktion bleibt dabei natürlich erhalten – was auch für den Fall leerer Batterien gilt. Manche Geräte bieten eine getrennte Lautstärkeregelung für beide Ohren. Wer auf einer Seite normalerweise ein Hörgerät nutzt, wird dafür dankbar sein. Für alle anderen ist häufiges Nachstellen notwendig, bis auf beiden

Ohren gleich laut gehört wird – ein Quell ständigen Ärgernisses. Hier ist die Einhandbedienung auf einer Seite deutlich praxisgerechter. Ob die Einstellung mittels Knöpfen oder Drehreglern vorgenommen wird, ist letztlich eine Frage des Geschmacks. Knöpfe bieten die Möglichkeit, durch eine bestimmte Anzahl von Betätigungen immer ein gleichbleibendes Verstärkungsniveau einzustellen, während nicht gerastete Drehregler eine besonders feine Abstimmung ermöglichen. Gleichermaßen bieten Drehregler eine händische Überprüfung der Intensitätsstufe.

Jedem Jäger ist vom Schießstand der **Kapselgehörschutz** bekannt, der ähnlich einem Kopfhörer das ganze Ohr bedeckt (→ **Abb. 6.2**).

Durch die Kapsel wird auch der Knochen um das Ohr herum vor unmittelbarer Lärmeinwirkung geschützt. An Wintertagen ist das Ohr damit zudem gut vor Kälte geschützt. Um den Anschlag nicht zu stören, sollte der Jäger eher zu flachen Kapseln greifen. Denn nur ein gut sitzender Gehörschutz entfaltet seine ganze Wirkung, auch wenn die kleinere Kapsel etwas geringere Dämmwerte erreicht. High-End-Produkte bieten teilweise die Möglichkeit, über Klinke oder Bluetooth externe Geräte (z. B. Funkgeräte bei Drückjagden) anzuschließen.

Gehörschutzstopfen sind sozusagen »Ohrkorken« von der Stange. Sie werden in den Gehörgang eingeführt und verringern so den per Luftleitung am Trommelfell ankommenden Schall erheblich (→ **Abb. 6.3**). Die Knochenleitung können sie jedoch kaum beeinflussen. Vor Gebrauch zu formende Modelle (z. B. aus Schaumstoff) sind zeitaufwendiger einzuführen, dichten meist aber besser ab. Fertig geformte Stöpsel (z. B. »Tannenbäume« in Lamellenbauweise) sind schnell und simpel einzuführen. Sie sind teilweise sogar mit Impulsfiltern oder Aktivfiltern ausgestattet, verursachen aber häufig ein störendes Druckgefühl. Durch die Abdichtung des Gehörgangs entsteht eine feuchtwarme Kammer, die gemeinsam mit durch das Einführen der Stopfen bedingten feinsten Hautläsionen hartnäckige Entzündungen begünstigen kann. Wer empfindliche Ohren hat, sollte also eher zu anderen Produkten greifen.

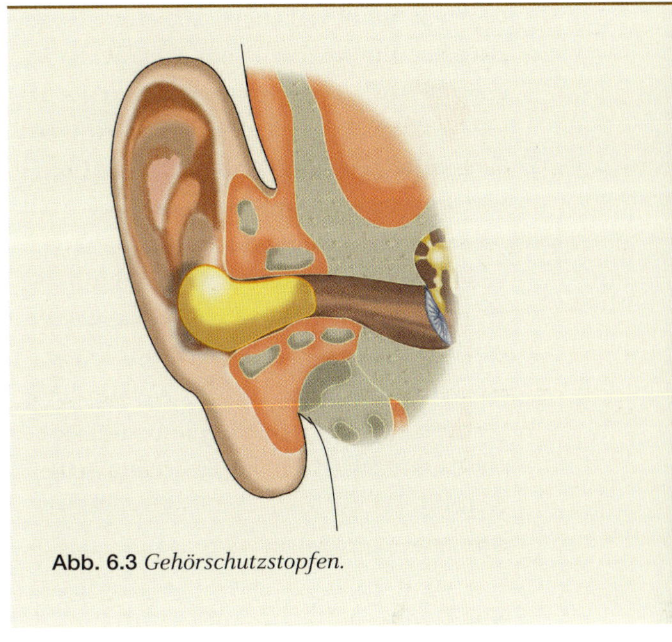

Abb. 6.3 *Gehörschutzstopfen.*

Angenehmer werden meist die bereits angesprochenen **Otoplastiken** empfunden. Es handelt sich dabei um Einzelanfertigungen, die nach Abdrucknahme durch einen Hörgeräteakustiker speziell an das Kundenohr angepasst werden. Sie dichten dadurch gut ab und werden im Vergleich mit Stopfen meist als komfortabler empfunden. Otoplastiken können entweder als Passivgehörschutz mit oder ohne Impulsfilter-Modul oder mit einem Aktivfilter ausgeführt werden. Aufgrund der miniaturisierten Elektronik sind die elektronischen Versionen etwas teurer als aktiver Kapselgehörschutz. Gehörschutz, der als konfektionierter Stopfen oder Otoplastik ausschließlich im Gehörgang getragen wird, wird auch als In-Ear-Produkt bezeichnet.

Nachteile von Gehörschützern

Die Nutzung von Gehörschutz bringt eine Reihe von Nachteilen mit sich, die sich auch in den Richtlinien des Spitzenverbandes der Deutschen Gesetzlichen Unfallversicherung (DGUV Regel 112-194 »Benutzung von Gehörschutz«) nachlesen lassen. [44] Es folgt ein kurzer Überblick:

Richtungshören

Die Evolution hat unserem Körper die Möglichkeit gegeben, beim Hören von Geräuschen deren Ursprungsrichtung sehr genau bestimmen zu können. Der zugrunde liegende Mechanismus besteht darin, dass die Geräusche entweder zeitgleich oder mit einem gewissen Zeitversatz die beiden Innenohre erreichen und dort in Nervenaktivität umgewandelt werden. Erreicht das Geräusch z. B. das linke Ohr etwas früher als das rechte, muss die Quelle sich in Blickrichtung links befinden. Schon früh im Leben lernt der Mensch, anhand der Zeitdifferenz zwischen dem Eintreffen auf beiden Ohren mit relativ großer Genauigkeit die Richtung der Geräuschursache einzuschätzen. Dass dies

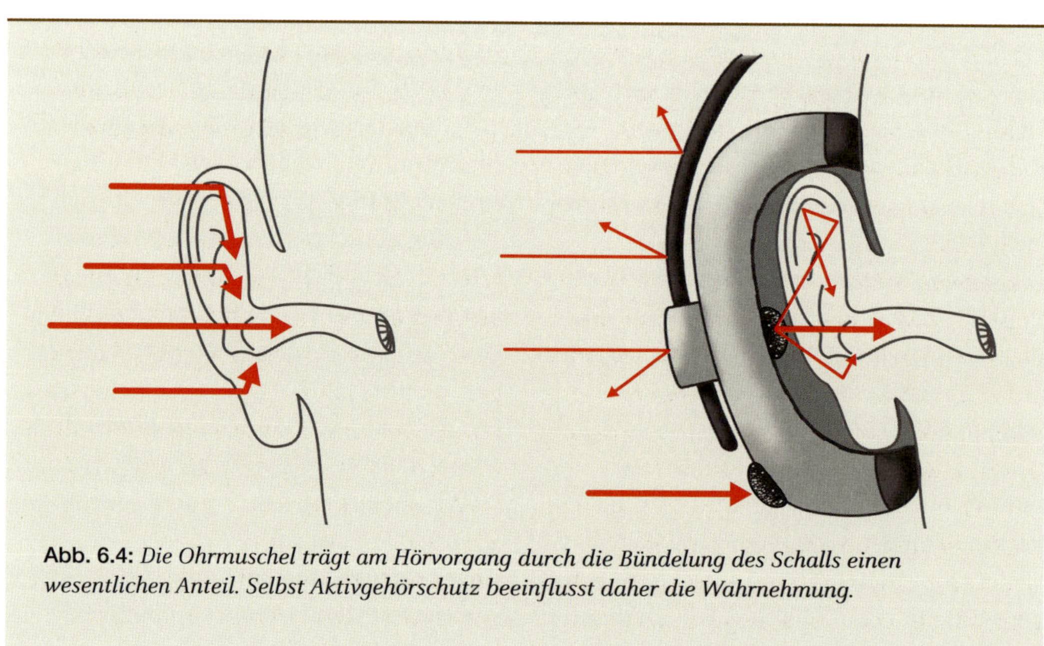

Abb. 6.4: *Die Ohrmuschel trägt am Hörvorgang durch die Bündelung des Schalls einen wesentlichen Anteil. Selbst Aktivgehörschutz beeinflusst daher die Wahrnehmung.*

eine mehr oder weniger simple Rechenleistung des Gehirns ist, merken wir, wenn wir uns im Schwimmbad unter Wasser befinden. Die Schallgeschwindigkeit ist unter Wasser um ein Vielfaches höher als in der Luft und der Zeitabstand zwischen dem Eintreffen der Geräusche in beiden Ohren wird dadurch so klein, dass der erlernte »Rechenalgorithmus« des Gehirns überfordert ist. Die Ursprungsrichtung der Geräusche unter Wasser kann daher nicht mehr sicher zugeordnet werden.

Neben der reinen Zeitdifferenz ist für die Unterscheidung der Ursprungsrichtung von Geräuschen die Funktion der Ohrmuschel von wesentlicher Bedeutung (→ **Abb. 6.4**). Die Ohrmuschel bewirkt richtungsabhängige Schallbildänderungen im oberen Frequenzbereich, unterstützt die Schallrichtungserkennung in der Horizontalebene, komplettiert den Rechts/Links-Eindruck und ermöglicht so die mehrdimensionale Schallquellenortung. Sie bündelt also nicht nur den Schall, sondern verändert auch den Klang in Abhängigkeit von der Einfallsrichtung. Die Ohrmuschel trägt dadurch wesentlich zur Fähigkeit bei, Schallquellen mehrdimensional im Raum orten zu können. Insbesondere die Unterscheidung, ob ein Geräusch von vorn oder hinten kommt, wird durch die Funktion der Ohrmuschel gewährleistet [45]. Diese Richtungserkennung sowohl in der Frontal- als auch in der Horizontalebene wird durch Kapselgehörschutz weitgehend verhindert. In etwas geringerem Maße beeinträchtigen aber auch Gehörschutzstöpsel das räumliche Hören, weil die Ohrmuschel und der Gehörgang akustisch zusammenwirken. [46, 47]

Richtungshören

Die Einschränkung des Richtungshörens, also der Ortung von Schallquellen im Raum, stellt einen der größten Nachteile von Gehörschutz dar.

Diese Einschränkungen treten sowohl bei aktiven als auch bei passiven Modellen auf, bei beiden Varianten wurde in Studien ein um 20 % verschlechtertes Richtungshören nachgewiesen. [48] Bei passiven Kapseln waren die Vorn/Hinten-Fehler dominierend, bei aktiven konnte dagegen häufiger nicht unterschieden werden, ob das Geräusch von rechts oder links kam. [49, 50] Auch die Berufsgenossenschaften sehen aus diesem Grund gerade Kapselgehörschützer grundsätzlich als sicherheitsgefährdend an. Sie werden daher nicht zur Anwendung bei Arbeiten empfohlen, bei denen sichergestellt sein muss, dass herannahende Gefahrenquellen rechtzeitig gehört werden. [51–53]

Entfernungswahrnehmung

Der Mensch hat im Laufe seines Lebens gelernt, das Gehörte zu deuten. Sitzt man beispielsweise an und hört ein Knacken im Wald, so kann man meist nicht nur recht genau sagen, aus welcher Richtung das Geräusch kam, sondern auch wie weit entfernt es ungefähr entstanden ist. Häufig lässt sich auch noch recht treffend mutmaßen, ob ein schwächerer oder stärkerer Ast am Boden gebrochen ist, was wiederum Rückschlüsse auf Gewicht oder Art des verursachenden Stückes zulässt. Bei der Verwendung von herkömmlichem Gehörschutz wird das Geräusch dagegen erheblich gedämpft, zumeist in einer Größenordnung von 25 bis 28 dB. Dies entspricht einer Reduktion des Schalldrucks um mehr als das Zehnfache! Leise Geräusche lassen sich damit kaum noch wahrnehmen. Bei den Geräuschen, die das Jägerohr bei Nutzung herkömmlichen Gehörschutzes noch erreichen, ist es nicht mehr möglich, halbwegs verlässlich die Entfernung einzuschätzen. Auch Aktivgehörschutz bietet hier wenig Abhilfe: Zwar lassen sich durch die Verstärkung auch weit entfernte Geräusche hören, da sich die Lautstärke aber kaum auf das natürliche Empfinden einregeln lässt, ist die Entfernung nur schwer einschätzbar.

Geräuschüberlagerung

Insbesondere bei aktivem Kapselgehörschutz wird die Wahrnehmung von vielen überlagernden Nebengeräuschen beeinträchtigt: Allein das Rascheln der Kleidung ist meist sehr aufdringlich und auch Wind verursacht bereits bei mittleren Geschwindigkeiten ein so starkes Rauschen im Mikrofon, dass kaum noch etwas anderes zu hören ist. Noch gravierender ist der Effekt, wenn Zweige an Gehörschutz oder Ausrüstung entlangstreifen. Bei Pirsch oder Nachsuche überlagern diese Geräusche die akustische Umgebungswahrnehmung nahezu vollständig, sodass die Geräte hier kaum zu tragen sind. In ähnlicher Form gilt dies auch für das Rascheln von Laub oder das Brechen von Ästen beim Gehen.

Infektionen des Gehörgangs

Gehörschutzstopfen aller Art müssen flächig mit der Wand des Gehörgangs abschließen, um ihre Schutzwirkung voll entfalten zu können. Um dies zu erreichen, ist ein mehr oder weniger großer Druck gegen die Gehörgangswand notwendig. In der Folge kommt es häufig zu unangenehmen Druckempfindungen, insbesondere bei häufigen Kopfwendungen, wie sie bei der Jagdausübung regelmäßig vorkommen. Ohrenschmalz und daran gebundene Verunreinigungen können durch den Gehörschutz so tief in den Gehörgang geschoben werden, dass sie sich häufig nur noch durch den Arzt entfernen lassen. Darüber hinaus bildet sich hinter dem Gehörschutzstopfen eine feucht-warme Kammer. Alles in allem also ein ideales Wachstumsklima für Krankheitserreger, das gemeinsam mit durch die Stopfen verursachten Druckstellen und Mikrorissen der Gehörgangshaut günstige Bedingungen für die Entstehung von Gehörgangsentzündungen und Unverträglichkeitsreaktionen bewirkt. Bei Jägern mit engem Gehörgang treten diese Probleme sogar in noch stärkerem Umfang auf. [54]

Lärmbrücken

Kapselgehörschützer können bei Brillen- und Bartträgern häufig nicht optimal abdichten, es bilden sich sogenannte Lärmbrücken an den Brillenbügeln bzw. den Haaren, die die Dämmwerte erheblich verschlechtern. Brillenträger bekommen nicht nur leichter Druckstellen, sondern sind oft auch schlechter gegen Lärm geschützt: Vor allem die einfachen Schaumstoffpolster dichten über den Brillenbügel hinweg nicht perfekt ab. Auch hochwertige Polster aus Silikongel schaffen nur eingeschränkt Abhilfe (→ **Abb. 6.5**). Bei Brillen- und Bartträgern raten die Berufsgenossenschaften daher zu einem kri-

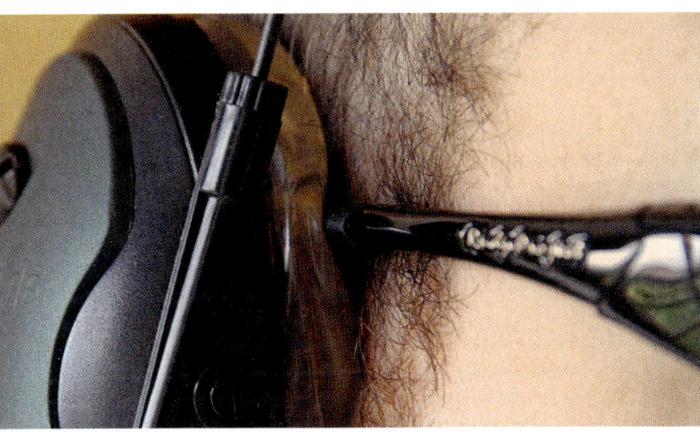

Abb. 6.5: *Auch bei der Verwendung besonders anschmiegsamer Gelpolster bilden sich bei Brillenträgern häufig gefährliche Lärmbrücken infolge schlechter Abdichtung. Dicke Brillenbügel sind dabei gefährlicher als schmale.*

tischen Umgang mit Kapselgehörschützern und empfehlen in Abhängigkeit von der Gesamtsituation eher die Nutzung von Gehörschutzstopfen.

Aber auch andere Ursachen können zu mangelhafter Abdichtung führen: Im dichten Unterholz wird der Kapselgehörschutz schnell verschoben oder sogar abgestreift. Möglicherweise kommt es auch durch den Rückstoß beim Schuss zu einem kurzfristigen Abheben des Polsters aufgrund von wellenförmigen Bewegungen der Haut. Sogar bei Gehörschutzstopfen kann es z. B. durch stark behaarte Gehörgänge zu Abdichtungsproblemen kommen, die die Dämmungswirkung beeinträchtigen.

Kopfschmerzen

Um eine möglichst gute Abdichtung zu erreichen, sind die Bügel von Kapselgehörschützern als Feder ausgeführt, die beide Ohrmuscheln fest an den Kopf drückt. Ein niedriger Anpressdruck ist zwar komfortabler, kann aber infolge einer schlechten Abdichtung zu schlechteren Dämmwerten führen. Ein hoher Anpressdruck schränkt dagegen den Tragekomfort ein und führt bei längerem Tragen insbesondere bei Brillenträgern zu Kopfschmerzen.

Anstoßen

Muss zügig in den Anschlag gegangen werden, kommt es schnell zum Kontakt mit dem Kapselgehörschutz. Dies kann nicht nur ungewollte Geräusche verursachen, sondern auch zu Lärmbrücken durch Verschieben oder Anheben der Kapsel führen (→ **Abb. 6.6**). Selbst das Verwaltungsgericht Minden hat in einer Urteilsbegründung (VG Minden – 8 K 2217/10) Einschränkungen bei der Zuverlässigkeit von Gehörschutz berücksichtigt. Es konnte *»nachvollziehen, dass es beim Nachstellen des Wildes im dichten Unterholz oder Gebüsch leicht zu einem Verschieben des Gehörschutzes kommen kann, so dass dieser seinen Zweck nicht*

Abb. 6.6: *Im Anschlag stößt der Hinterschaft häufig gegen den Kapselgehörschutz und verursacht ein ungewolltes Geräusch. Im schlechtesten Fall bilden sich Lärmbrücken durch Anheben oder Verschieben der Kapsel.*

immer hinreichend erfüllen kann. Wenn dies unbemerkt geschieht, ist bei einer Schussabgabe eine [...] Gehörschädigung vorhersehbar.«

Die für den Schutz des Gehörs wichtige Dämpfung von Geräuschen entkoppelt den Jäger gleichzeitig deutlich von seiner Umgebung. Die Nachteile wiegen in verschiedenen Jagdarten unterschiedlich schwer. Bei der Ansitzjagd verpasst man schnell Chancen, wenn die Wahrnehmung eingeschränkt ist. Viele Jäger, die sich aus Vernunftsgründen für die Verwendung von Gehörschutz entschieden haben, setzen ihn daher erst unmittelbar vor dem Schuss auf. Bei schnellen Schüssen oder im Jagdfieber wird das dann aber häufig vergessen. Gerade bei der Drückjagd ist es besonders unglücklich, anwechselndes Wild (aber auch Hunde oder Treiber!) erst spät zu hören und die Richtung nur schwer einschätzen zu können. Hier ist ein Aufsetzen von Gehörschutz unmittelbar vor dem Schuss aufgrund der dynamischen Situationen eine Illusion. Die Nutzung von Aktivgehörschutz kann diese Nachteile etwas abmildern, aber nicht völlig vermeiden. Was sich bei der Drückjagd eher in einer geringeren Strecke auswirkt, kann bei der Nachsuche wirklich gefährlich werden. Kann der Hundeführer beim Verfolgen der Krankfährte Umgebungsgeräusche nicht richtig wahrnehmen oder zuordnen, erkennt er eine Gefahr durch annehmende Stücke womöglich zu spät oder verpasst Gelegenheiten, seinen Hund zur Hetze zu schnallen. Kluge Hundeführer nutzen daher Gehörschutz, den sie erst unmittelbar vor dem Fangschuss anlegen – wenn die Situation dies noch zulässt. Bei der Schweißarbeit davor dürfte das aber eine echte Rarität sein. Letztlich bringt Gehörschutz immer auf die ein oder andere Art und Weise eine eingeschränkte Wahrnehmung mit sich und wird daher zumeist nicht dauerhaft getragen. Ein Anlegen unmittelbar vor dem Schuss ist in vielen Situationen kaum möglich oder wird im Jagdfieber schlichtweg vergessen. Und dem in der Nähe befindlichen Hund bringt der vom Schützen getragene Gehörschutz ohnehin überhaupt nichts! Die hier im Einzelnen aufgeführten Nachteile von Gehörschützern sind von praktischer Bedeutung und beeinträchtigen nicht nur die Jagdausübung, sondern können sogar sicherheitsrelevant werden.

Wirksamkeit von Gehörschützern

Neben diesen Aspekten existieren in der Fachwelt durchaus Zweifel, ob Gehörschutz auch wirklich all das hält, was er verspricht. Auf den ersten Blick erscheint die Schutzwirkung von Gehörschützern denen von Schalldämpfern durchaus gleichwertig. Die Hersteller beider Produkte geben Dämmwerte bzw. Dämpfungsleistungen im Bereich von 20 bis 30 dB an. Gehörschutz wird nach seinen Dämmwerten in »leichte bis mittlere« (< 20 dB), »mittlere bis starke« (20–30 dB) und »extreme Dämmung« (> 30 dB) unterteilt. Je stärker die Dämmung, umso eingeschränkter ist auch die Wahrnehmung von Umgebungsgeräuschen bzw. die Fähigkeit zur Kommunikation. Diese Dämmwerte werden allerdings für die Dämmwirkung bei Dauerlärm bestimmt, weil dieser im Arbeitsschutz die größte Bedeutung hat. Sie werden unter Laborbedingungen mit reinfrequenten Tönen ermittelt, also z. B. einem tiefen, einem mittleren und einem hohen Ton einer genau definierten Frequenz.

Der Schussknall mit seinen beiden Hauptkomponenten, dem Mündungsknall und dem Geschossknall, stellt dagegen in akustischer Hinsicht ein chaotisches Lärmereignis mit einem sehr breiten Spektrum an Frequenzen dar (→ **Abb. 6.7**). Es stellt sich daher immer wieder die Frage, inwieweit sich die Dämmwerte der Laborbedingungen auf die Praxis übertragen lassen. Schon allein die Tatsache, dass bei der Ermittlung der Dämmwerte zwei verschiedene Messverfahren (DIN EN 352 und ISO 4869) eingesetzt werden, die zu unterschiedlichen Ergebnissen kommen, erscheint fragwürdig. [55] Darüber hinaus kann bei Tests im Labor jederzeit auf einen perfekten Sitz des Gehörschutzes geachtet werden, während dies in der Praxis schon allein aufgrund der unterschiedlichen anatomischen Gegebenheiten der Träger häufig nicht realisierbar ist.

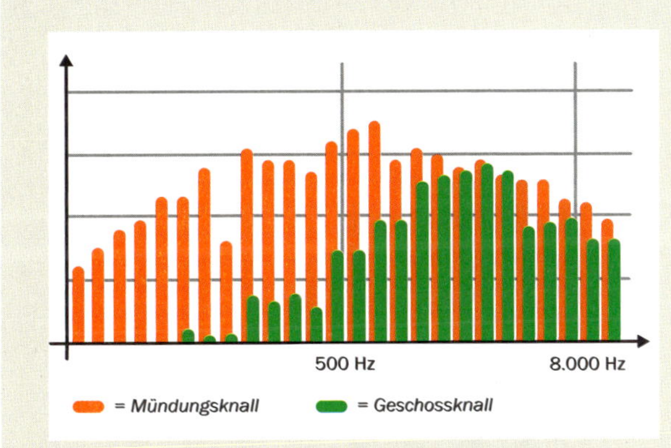

Abb. 6.7: *Das Frequenzspektrum von Mündungs- und Geschossknall ist extrem breit und daher nur eingeschränkt mit den reinfrequenten Testtönen im Prüflabor zu vergleichen.*

Dämmwert

Der Dämmwert auf der Verpackung von Gehörschützern, auch SNR (*signal-to-noise ratio*) genannt, beschreibt die Differenz in Dezibel zwischen dem Lärm vor und hinter dem Gehörschutz. Er wird nach Messvorgaben (wie z. B. DIN EN 352 oder ISO 4869) ermittelt, wodurch ein objektiver Vergleich zumindest innerhalb der jeweiligen Verfahren ermöglicht wird. Einzig für Impulsgehörschutz gibt es noch keine anerkannte vereinheitlichte Prüfnorm. Die große Spannweite bei Angaben wie »Dämmwert: 20–27 dB« führt oftmals zu Irritation. Der Hintergrund dafür ist, dass jeder Gehörschutz bei verschiedenen Frequenzen unterschiedlich gut dämmt (→ **Tab. 6.1**).

Frequenz [Hz]	Dämmwert [dB]
125	22,6
250	24,0
500	26,4
1.000	24,4
2.000	24,4
4.000	27,5
8.000	25,4

Tab. 6.1: *Dämmwerte des Impulsfilters ER25 der Firma Elacin bei Lärm verschiedener Frequenzen. [56]*

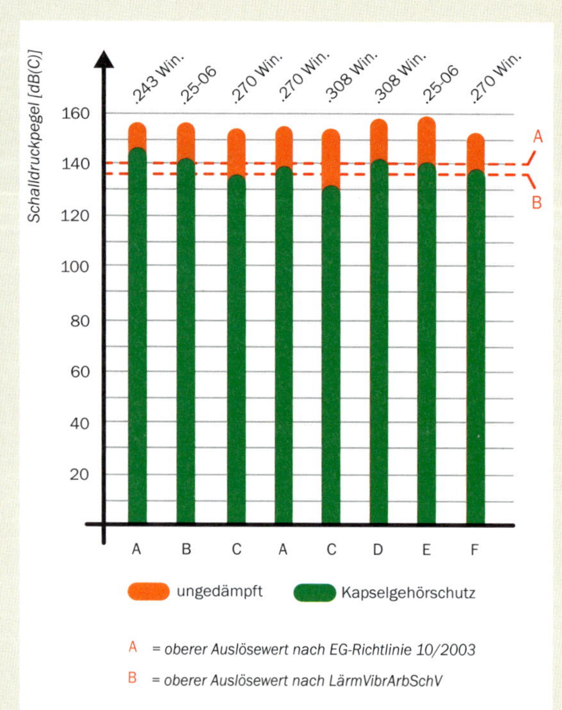

Abb. 6.8: *Messungen des Schalldruckpegels am Schützenohr ohne und mit Kapselgehörschutz. Nur bei einzelnen Kombinationen von Waffe, Munition und Gehörschutzmodell wurden die oberen Auslösewerte innerhalb des Gehörschutzes unterschritten. Getesteter Gehörschutz: A = passiv, flach; B = aktiv, flach; C = passiv, groß; D = passiv, groß; E = passiv, groß; F = passiv, groß. [57]*

Verschiedene unabhängig voneinander durchgeführte wissenschaftliche Untersuchungen werfen konkrete Zweifel auf, ob Gehörschützer im jagdpraktischen Einsatz die vom Hersteller angegebenen Dämmwerte tatsächlich erreichen. Bereits 1996 hat eine Forschungsgruppe um E. Berger daher kritisiert, dass sich die Dämmwerte nicht ohne Weiteres auf die Praxis übertragen lassen. Die US-amerikanischen Messstandards erwiesen sich dabei als unzuverlässig: Die meisten Produkte erreichten bei Schussabgabe unter Feldbedingungen nicht einmal die Hälfte der auf der Packung angegebenen Dämmwerte. Kapselgehörschutz konnte durchschnittlich eine Schalldruckpegelreduktion von nur ca. 15 dB erzielen. [58] Auch bei den 2004 durchgeführten Messungen der britischen *Health and Safety Executive* (englische Berufsgenossenschaft) wurde die Schutzwirkung von Kapselgehörschützern überprüft. Dabei wurde festgestellt, dass allein mit Kapselgehörschutz in vielen Fällen keine Reduktion des einwirkenden Lärms unterhalb der oberen Auslösewerte des Arbeitsschutzes zu erreichen war (→ **Abb. 6.8**). [59] Im direkten Vergleich mit der durchschnittlichen Dämpfungsleistung der gut wirksamen Schalldämpfermodelle war der bei den getesteten Kapselgehörschützern auf das Gehör einwirkende Lärm um einen Mittelwert von etwa 7 dB(C) größer. Aufgrund der logarithmischen Einheit dB stellt dies eine Zunahme des Schalldrucks um den Faktor 2,3 dar. Diese Erkenntnisse konnten in einer Untersuchung aus dem Jahr 2011 erhärtet werden. Sie kam zu dem Ergebnis, dass die Minderung des auf das Ohr einwirkenden Lärms durch Dämpfer meist mehr als anderthalbmal so groß ist wie durch Gehörschutz. Auch in dieser Studie konnte durch den Einsatz von Gehörschützern keine Reduktion des Schalldruckpegels direkt am Ohr auf unter 140 dB(C) erreicht werden (→ **Abb. 6.9**). Ursächlich war auch hier die Tatsache, dass die Gehörschützer unter realistischen Bedingungen nicht annähernd die im Labor gemessenen Dämmwerte erreichen konnten (→ **Abb. 6.10**). [60]

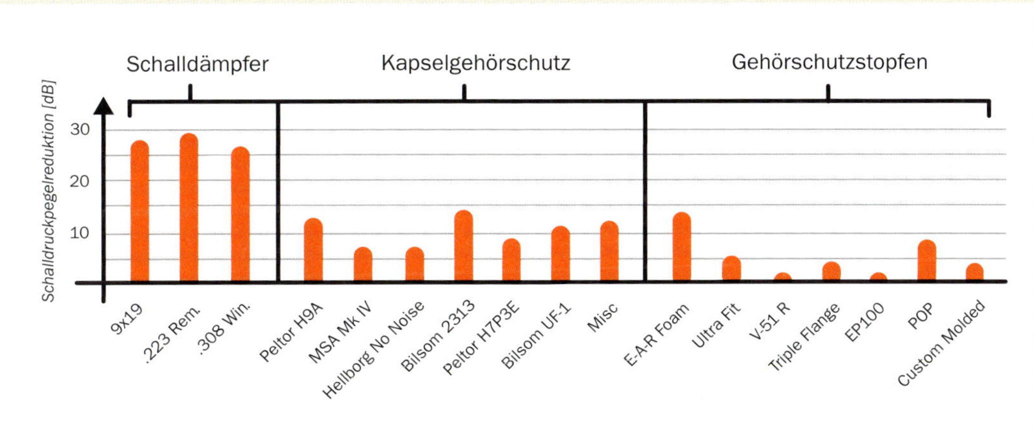

Abb. 6.9: *Vergleich der Lärmreduktion am Ohr durch Schalldämpfer und Gehörschützer: Während gedämpfte Schüsse am Ohr zwischen 27 und 32 dB geringere Schalldruckpegel aufwiesen, konnten Kapselgehörschützer wie auch Gehörschutzstopfen den auf das Ohr einwirkenden Lärm nicht einmal um 15 dB reduzieren.*

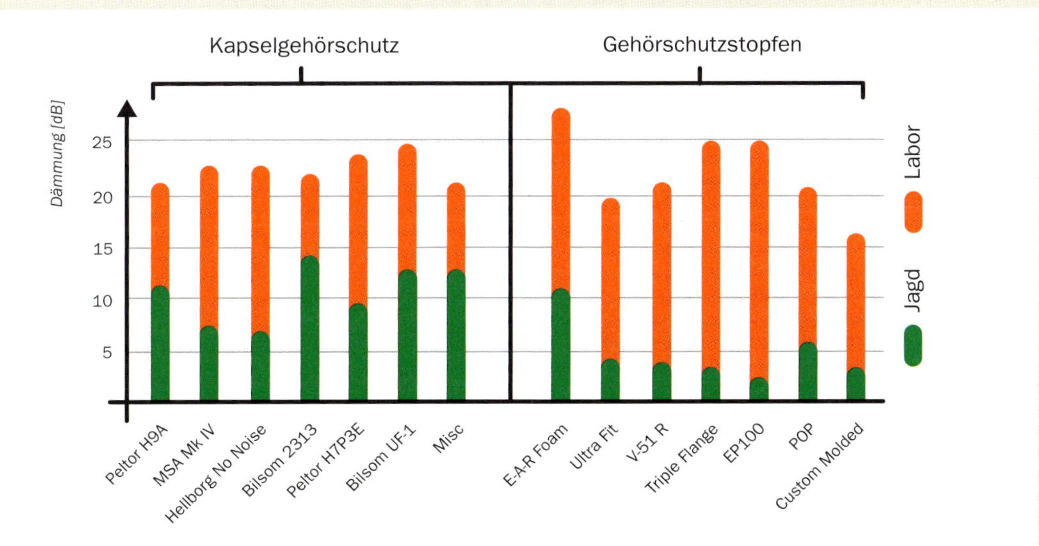

Abb. 6.10: *Bei den Dämmwerten von Gehörschützern gibt es erstaunlich hohe Unterschiede zwischen den Angaben auf der Verpackung und den unter realistischen Bedingungen erzielten Werten. Keines der getesteten Produkte erreichte annähernd eine Dämmung von 20 dB.*

Andere Studien zeigen dagegen, dass der Schussknall auch unter Feldbedingungen durchaus in Größenordnungen der offiziellen Herstellerangaben gedämpft werden kann. [61, 62] In weiteren Studien konnten nach dem Schutz des Gehörs mit In-Ear-Lösungen beim Schießen keine bedenklichen Beeinträchtigungen der Hörleistung festgestellt werden. [63] Einzelstudien mit Aktivkapselgehörschutz zeigten eine Dämpfung unterhalb des Auslösewertes von 137 dB. [64]

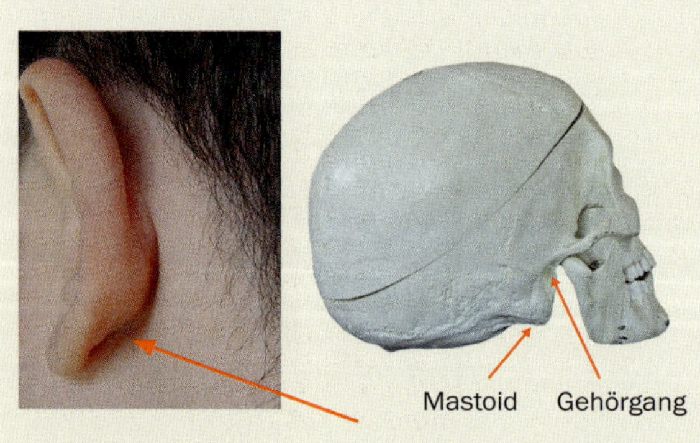

Abb. 6.11: *Das Mastoid, der sogenannte knöcherne Warzenfortsatz hinter dem Ohr, ist hohl und steht mit dem Mittelohr über eine Öffnung in Verbindung.*

Schalldämpfer besser als Gehörschutz?

Aufgrund der Tatsache, dass die Messaufbauten der einzelnen wissenschaftlichen Studien nicht exakt identisch sind und auch die Stichprobenumfänge eher gering und damit statistisch gesehen nicht hochgradig zuverlässig sind, wird eine korrekte Interpretation erschwert. Es lässt sich also nicht sicher sagen, ob Gehörschützer hinsichtlich der Schutzwirkungen den Schalldämpfern gleichzusetzen sind oder nicht. Es bleiben aber auf jeden Fall berechtigte Zweifel bestehen, ob Gehörschützer wirklich gleichwertig sind oder sogar besser schützen. Sicherheitshalber sollte daher grundsätzlich eine gewisse Vorsicht hinsichtlich der auf den jeweiligen Verpackungen angegebenen Dämmwerte an den Tag gelegt werden.

Knochenleitung

Häufig werden Empfehlungen ausgesprochen, dass Kapselgehörschutz den Gehörschutzstopfen vorzuziehen sei, weil Letztere das Mastoid nicht abdecken (→ **Abb. 6.11**). Der Schall treffe somit ungedämpft dort auf. Da sich in diesem Warzenfortsatz viele luftgefüllte Höhlen mit Verbindung zum Mittelohr befinden, wird angenommen, dass auf diesem Umweg die Schutzwirkung der Gehörschutzstopfen umgangen werden könnte und der Lärm infolgedessen direkt auf das ovale Fenster bzw. das Innenohr wirkt. Dies trifft jedoch faktisch nicht zu und entsprechende Bedenken sind unbegründet. Die Ursache dafür liegt im immens hohen Widerstand, den der Schädel den auftreffenden Luftschallwellen entgegensetzt. Es bedarf einer erheblichen Energie, um den aus steifem Knochen bestehenden Schädel zu entsprechenden Wellenbewegungen anzuregen. Dadurch wird der Schalldruckpegel so stark gedämpft, dass das Geräusch mit einer

Reduktion um 40–60 dB im Innenohr ankommt. Die Knochenleitung schützt damit das Innenohr effektiver vor Schäden, als es alle marktverfügbaren Gehörschützer vermögen. [65, 66] Nicht umsonst wird an Arbeitsplätzen mit extremer Lärmbelastung, die dieses Dämpfungsvermögen überschreitet, mit Lärmschutzhelmen oder sogar Lärmschutzanzügen gearbeitet, die nahezu den gesamten Schädel bzw. Körper abdecken (→ **Abb. 6.12**).

Die Annahme, dass der Schalldruckpegel ungedämpft per Knochenleitung über das Mastoid zum Innenohr transportiert würde, beruht also nicht auf Fakten und hat kein wissenschaftliches Fundament. Dies kommt auch klar in den Empfehlungen der Deutschen Gesetzlichen Unfallversicherung (BGR/GUV-R 194) zum Ausdruck:

»Hinsichtlich der Schalldämmung sind beide Gehörschützerarten im Grundsatz gleichwertig […]. Ob Kapselgehörschützer oder Gehörschutzstöpsel auszuwählen sind, richtet sich daher nicht nach der Schalldämmung, sondern nach der Arbeitssituation und Arbeitsumgebung.«

Abb. 6.12: *Lärmschutzhelm der Bundeswehr für Arbeiten in unmittelbarer Nähe von Luftfahrzeugen. Wer die Knochenleitung wirksam mindern will, muss zu solch einer Ausrüstung greifen.*

Zusammenfassung

- Gehörschützer sind unverzichtbar zur Vermeidung von Gehörschäden, wenn keine Schalldämpfer verfügbar sind.
- Gehörschützer weisen eine Reihe von Nachteilen bei der Jagdausübung auf, insbesondere durch Einschränkung der natürlichen Wahrnehmung. Gefährlich kann insbesondere die Beeinträchtigung beim Erkennen von Gefahrenquellen sein.
- Es ist wissenschaftlich umstritten, ob Gehörschützer die angegebenen Dämmwerte auch bei Schusslärm erreichen. Damit bleibt ein gewisses Restrisiko bestehen.

Hornady
AMMUNITION
Accurate. Deadly. Dependable.
20 CARTRIDGES
308 WIN
168 gr BTHP
8097
AMMO 308 WIN 168GR
10 BOXES/CARTON
200 Rounds/Carton

AMMUNITION
HORNADY MANUFACTURING CO
3625 OLD POTASH HWY
GRAND ISLAND, NE 68803
GROSS QTY: 5.45 KG
NET QTY: 5.23 KG
NEQ: .57 KG
Hornady
HORNADY MFG. INC. - GRAND ISLAND, NE
MADE IN THE U.S.A.
8097
AMMO 308 WIN 168GR BTHP MATCH
Hornady

KAPITEL 7

Wirkungsprinzipien von Schalldämpfern

»Zähmen sollen sich die Menschen, die sich gedankenlos der Wunder der Wissenschaft und Technik bedienen und nicht mehr davon geistig erfaßt haben als die Kuh von der Botanik der Pflanzen, die sie mit Wohlbehagen frißt.«

Albert Einstein

Wirkungsprinzipien von Schalldämpfern

Schalldämpfer mindern den Mündungsknall durch eine Kombination verschiedener Wirkmechanismen.

Dabei sind die wichtigsten Wirkmechanismen zur Reduzierung des Mündungsknalls im Einzelnen:

- Entspannung des Gasdrucks
- Abkühlung der Gastemperatur
- Verwirbelung des Gasstromes
- Drosselung der Gasstromgeschwindigkeit
- Frequenzmodulation des Schussknalls

Im Schwerpunkt geht es darum, den plötzlichen Austritt von hochgespannten Gasen an der Mündung zeitlich auszudehnen. Dadurch sinkt die absolute Differenz zwischen dem Spitzengasdruck an der Dämpferöffnung und dem Umgebungsdruck, und der Schalldruckpegel des Mündungsknalls verringert sich entsprechend.

Wichtig zum Verständnis der Vorgänge in einem Schalldämpfer sind die Gasgesetze.

Die **allgemeine Gasgleichung** beschreibt das Verhältnis von Druck p, Volumen V und Temperatur T unter Berücksichtigung der Gasmasse m und der spezifischen Gaskonstante R:

$$p \times V = m \times R + T$$

Man kann daraus ableiten, dass sich der Mündungsgasdruck p durch eine Verringerung von Temperatur oder eine Vergrößerung des Volumens verringern lässt. Um nicht zu tief in die Physik einsteigen zu müssen, nutzen wir im Folgenden Spezialfälle des Gasgesetzes, um das Verständnis zu erleichtern.

Entspannung

Das **Gesetz von Boyle-Mariotte** sagt aus, dass (bei gleichbleibender Temperatur und Stoffmenge) der Druck umgekehrt proportional zum Volumen ist:

$$p \times V = \text{konst.}$$

Solange also die im betrachteten Gas enthaltene Teilchenmenge gleich bleibt (was wir für unsere Überlegungen hier als richtig annehmen) und die Temperatur konstant ist (was nicht zutrifft, dazu später mehr), bewirkt eine Verdoppelung des Volumens eine Halbierung des Gasdrucks, eine Vergrößerung des Volumens auf das Achtfache die Senkung des Gasdrucks auf ein Achtel etc.

Gasvolumen

Jedes Gramm Nitrozellulose-Pulver erzeugt beim Abbrennen etwa einen Liter Gas unter Normaldruck. Dies macht deutlich, dass Patronen mit großvolumigen Hülsen schwerer zu dämpfen sind als solche, die mit weniger Treibladung auskommen.

Abb.7.1: *Mit viel Volumen lässt sich gut dämpfen. Wer bei gleicher Dämpfung mit weniger Volumen auskommen will, muss Expansionsraum durch eine bessere Innenkonstruktion kompensieren. Der ältere A-TEC (links) setzt stärker auf Volumen als das neuere Modell aus dem gleichen Hause (rechts).*

Die Entspannung der an der Mündung austretenden Gase ist daher wahrscheinlich der wichtigste Wirkungsmechanismus eines Schalldämpfers. Wenn das Geschoss das Ende des Laufes erreicht, herrscht im Inneren der Waffe ein bestimmter Gasdruck. Vereinfacht gesagt verteilt sich das Gas zu diesem Zeitpunkt gleichmäßig auf das ihm zur Verfügung stehende Volumen, nämlich Patronenlager und Lauf.

Es hat dabei in der Regel einen Gasdruck von 500 bis 600 bar, der auch vom nie ganz zu vermeidenden Gasschlupf nicht wesentlich beeinträchtigt wird. Tritt das Geschoss aus dem Lauf heraus, entweicht der Mündungsgasdruck unmittelbar als scharfer Knall in die Umgebung. Wird aber ein Schalldämpfer an der Waffe montiert, so befindet sich vor der Mündung ein relativ großer Hohlraum, aus dem die Gase nur durch die etwas mehr als kalibergroße Öffnung am Ende des Dämpfers entweichen können (→ **Abb. 7.1**). Bis diese erreicht ist, dehnt sich das Gas im neu zur Verfügung stehenden Volumen des Dämpfers aus. Gemäß dem Gesetz von Boyle-Mariotte sinkt dabei in gleichem Maße der Gasdruck, wie das Volumen steigt. Wenn die Gase dann aus der Öffnung des Schalldämpfers in die Umgebung entweichen, liegt ein viel niedrigerer Gasdruck an. Die Differenz zum normalen Umgebungsdruck in der Luft fällt also geringer aus und der daraus resultierende Knall wird erheblich leiser. Der Effekt ähnelt sehr dem Entweichen von Luft aus einem Luftballon: Bringt man ihn zum Platzen, entsteht ein lauter Knall. Öffnet man ihn aber und lässt die Luft über einen längeren Zeitraum entweichen, ist der Lärm deutlich reduziert.

Die Beziehung zwischen dem Volumen eines Schalldämpfers und seiner Wirkung ist dabei aber keineswegs so durchgehend linear, wie man aufgrund des Gesetzes von Boyle-Mariotte erwarten dürfte. Es kann durch Reflexion der Schallwellen und anschließende Überlagerung oder durch Verlängerung des Impulses ab einer bestimmten Größe oder bei unglücklicher Innenkonstruktion sogar wieder zu einem Lautstärkeanstieg kommen.

Temperaturminderung

Das andere relevante Gasgesetz ist das **Gesetz von Amontons**, auch 2. Gesetz von

Abb. 7.2: *Diese gesinterten Metallblenden eines Prototyps der Firma Liemke senken den Mündungsgasdruck durch Wärmeentzug.*

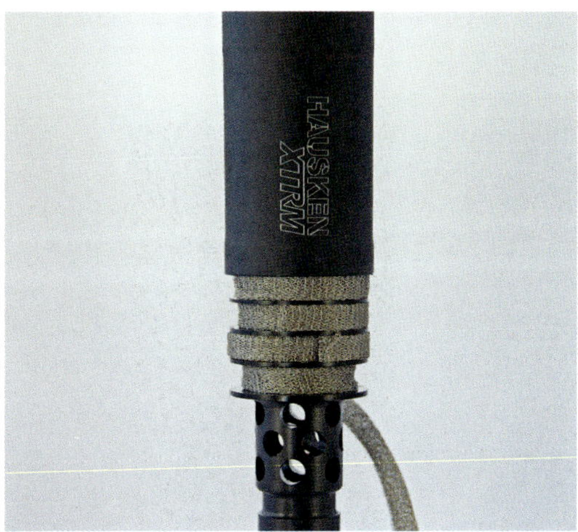

Abb. 7.3: *Die Firma Hausken nutzt in ihrer XTRM-Serie Stahlwolle in den Kammern, um Energie aufzunehmen.*

Gay-Lussac genannt. Es beschreibt, dass bei gleichbleibender Stoffmenge und konstantem Volumen der Druck proportional zur Temperatur ist:

p / T = konst.

Wird die Temperatur halbiert, halbiert sich demzufolge auch der Druck des Gases, solange das Volumen konstant bleibt. Als Faustregel lässt sich also sagen, dass die Abkühlung eines Gases auch zum Absinken des Drucks führt. Diesen Effekt machen sich viele Schalldämpferkonstruktionen zunutze, die im Inneren des Schalldämpfers eine große Oberfläche aus gut wärmeleitendem Material aufweisen (→ **Abb. 7.2** und **7.3**). Geben die aus dem Lauf austretenden heißen Gase Wärme daran ab, sinkt dadurch auch der Gasdruck ab (→ **Abb. 7.4**). Auch das Benetzen der Dämpferinnenseite mit Wasser wirkt über die Verdunstung temperaturmindernd (→ **S. 127 f.**).

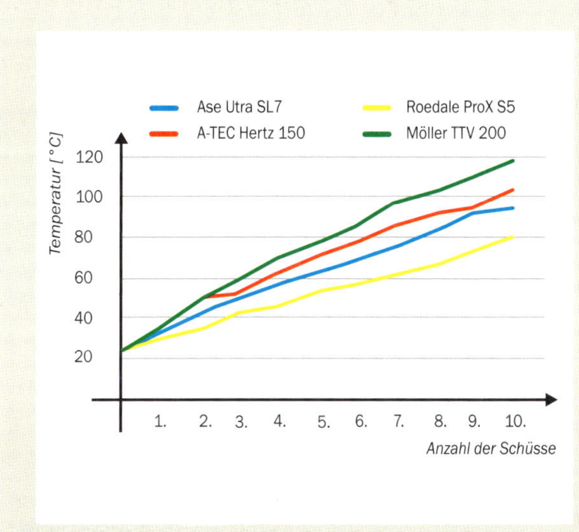

Abb. 7.4: *Schalldämpfer erhitzen sich beim Schießen und reduzieren dadurch den Gasdruck. Messung: zehn Schuss .308 Winchester RWS KS im Abstand von je 30 Sekunden, gemittelter Wert nach Messung Vorder-/Hinterteil des Dämpfers mittels emissionsadaptierten Laserthermometers (Lauflänge: 47 cm).*

Abb. 7.5: *Strömungsverhalten von Gasen in einem Schalldämpfer.*

Verwirbelung/Drosselung

Ein Schalldämpfer verzögert immer die naturgemäß explosionsartige Ausbreitung der Schallwelle. Zwar strömt durch die Ausgangsöffnung des Dämpfers annähernd das gleiche Gasvolumen wie aus der ungedämpften Laufmündung, aber über einen viel längeren Zeitraum. Das Strömungsverhalten von Gasen kann man sich ähnlich wie das Fließen von Wasser vorstellen. Die Öffnungen in den Blenden bilden Engstellen, die den Gasfluss verlangsamen und diesen verzögernden Effekt erheblich verstärken. Ähnlich wie Buhnen in Flüssen oder an Küsten bricht sich der Gasfluss an ihnen, umschlägt sie und verwirbelt dahinter (→ **Abb. 7.5**). Für das Strömungsverhalten des Gases spielt dessen Temperatur eine wesentliche Rolle: Heißere Gase strömen zäher, was eine Ursache des lauteren Erstschussknalls ist (→ **Kap. 10**). Auch der Anprall an die Blenden nimmt dem Gasstrom letztlich ebenso Geschwindigkeit wie die Volumenausdehnung und die Temperaturminderung. Diese Effekte führen dazu, dass Teile des Gases etwas später aus dem Schalldämpfer austreten können und so der Schallwelle die Spitze nehmen. Werden zu viele Blenden verbaut, sinkt das im Dämpfer zur Verfügung stehende Expansionsvolumen aber irgendwann so weit, dass die Wirkung wieder abnimmt.

Frequenzmodulation

Das menschliche Gehör kann bestimmte Frequenzbereiche besser wahrnehmen als andere. Dies drückt sich z. B. auch in der unterschiedlichen Lautstärkegewichtung der A- bzw. C-Bewertungsfilter aus (→ **Kap. 2**). Manche Schalldämpfer dämpfen den messbaren Schalldruckpegel deutlich weniger als andere, hören sich aber trotzdem vergleichbar leise oder sogar noch leiser an. Die Erklärung liegt hier in der Modulation der Geräuschfrequenzen. Manche Konstruktionen bewirken deren Verschiebung in andere Bereiche, die vom menschlichen Ohr nicht mehr so sensibel wahrgenommen werden. Würde z. B. ein »idealer Mündungsknall« mit einer Frequenz (Tonhöhe) von 1.000 Hz und einem Schalldruckpegel von 160 dB so moduliert werden, dass er bei Austritt aus dem Schalldämpfer eine Frequenz von 100 Hz aufwiese, hätte er im D-Bewertungsfilter nur noch einen relativen Schalldruckpegel von 150 dB. Dieses Beispiel dient nur der Veranschaulichung. Ein Schussknall stellt nämlich niemals einen reinfrequenten Ton dar, sondern ist ein völlig ungeordnetes Geräusch aus einer Vielzahl unterschiedlich frequenter Töne, meist im Bereich von 30 bis 8.000 Hertz. Diese chaotischen Geräusche werden zusätzlich noch massiv durch unterschiedliche Waffen, Laborierungen, Umgebungsbedingungen etc. beeinflusst. Es gibt zwar den Erfahrungswert, dass der üppige Resonanzraum von Dämpfern mit großem Volumen häufig einen als angenehmer empfundenen dumpfen Klang erzeugt. Darüber hinaus lässt sich dieser Effekt aber kaum planbar beeinflussen. Ein Schalldämpfer, der erfolgreich durch Frequenzmodulation einen Schuss gut maskiert, ist also mehr oder weniger ein Zufallsprodukt und funktioniert auch nicht auf jeder Waffe gleichermaßen. Auch muss der für den Menschen geänderte Höreindruck nicht automatisch auf das relevante Frequenzspektrum des Wildes übertragbar sein und ein Schussknall dürfte auch im Ultraschallbereich für den Jagdhund ebenso schädlich sein. Der Effekt erklärt aber recht gut, warum die gerätetechnisch messbaren Schalldruckpegel sich manchmal recht deutlich vom Höreindruck unterscheiden.

Senkung des Mündungsgasdrucks

Auch ohne Schalldämpfer lässt sich der Mündungsgasdruck verringern, wenn Patronen mit schwächerer Ladung und geringeren Mündungsgeschwindigkeiten eingesetzt werden. Typische Unterschall-Laborierungen

Jarrett-Dämpfer

In den 1950er-Jahren hat William J. Jarrett in den USA eine Schalldämpferkonstruktion patentieren lassen, die von der üblichen Bauweise eines Hohlkörpers abweicht. Nach dem Prinzip der »lautlosen« Hundepfeifen sollte die Frequenz der austretenden Gase in den Ultraschallbereich verschoben werden und damit der Mündungsknall für das menschliche Gehör unhörbar gemacht werden. Die Leistungsfähigkeit dieses Frequenzmodulations-Dämpfers konnte aber nicht überzeugen und setzte sich daher nicht durch (→ **Abb. 7.6**).

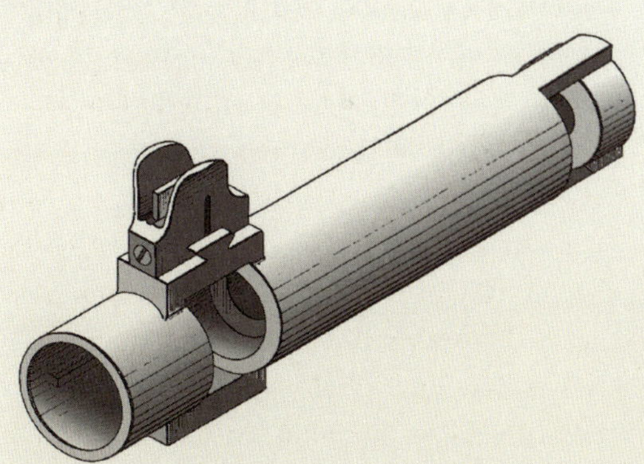

Abb. 7.6: *Der Jarrett-Dämpfer hat wenig erfolgreich versucht, den Mündungsknall wie eine überdimensionierte Hundepfeife in den für Menschen nicht hörbaren Ultraschallbereich zu verschieben.*

weisen beim Verschießen in durchschnittlich langen Standardläufen häufig einen Mündungsgasdruck auf, der unter 100 bar liegt. Durch die sehr viel geringere Differenz zum Umgebungsdruck entsteht ein deutlich geringerer Mündungsknall. Entsprechende Vergleichsmessungen zwischen normaler Fabrikmunition und vergleichbarer Unterschallmunition in .308 Winchester führen z. B. zu einer Reduzierung des Mündungsknalls um 10–12 dB. Dieser Effekt hat nichts mit dem Wegfall des Überschallknalls bei dieser Munition zu tun, sondern tritt unabhängig davon auf. [67, 68]

Körperschalldämpfung

Die mit hoher Geschwindigkeit in den Dämpfer einströmenden Gase prallen dabei an die Wände des Hohlkörpers. Dieser Anprall verursacht ein Geräusch, sinnbildlich gesprochen »klopft« das Gas an. Um diese zusätzliche Lärmquelle zu verringern, werden manche Dämpfer innen mit puffernden Materialien ausgeschlagen. Da diese nicht entflammbar sein dürfen, werden häufig Nomex-Vliese o. Ä. genutzt. Weitere Alternativen sind eine doppelwandige Konstruktion oder das Benetzen des Dämpferinneren mit Flüssigkeit (→ **S. 127 f.**). Auch die Körperschallabstrahlung kann durch Hüllen aus Werkstoffen wie Neopren oder Nomex vermindert werden. Eine messbare Reduktion des Schalldruckpegels bringt dies zwar nicht mit sich, teilweise hört sich der Klang jedoch etwas dumpfer an, sodass durchaus ein günstiger frequenzmodulierender Effekt möglich ist. In jedem Fall verhindert ein solcher Überzug aber ein lautes Geräusch, wenn man mit dem Dämpfer in der Kanzel aneckt!

Zusammenfassung

- Schalldämpfer minimieren den Mündungsknall durch eine Reduzierung des Mündungsgasdrucks.
- Die verschiedenen Dämpfungsmechanismen werden bei den meisten Konstruktionen miteinander kombiniert.

F320 Titanium • NO
cal. max 8mm • F250 Titanium • NO
BoT
13-20586

KAPITEL 8

Konstruktionsprinzipien von Schalldämpfern

»Form follows function.«

Louis Sullivan

Konstruktionsprinzipien von Schalldämpfern

Neben dem technischen Design kommt bei Schalldämpfern auch dem Werkstoff eine besondere Bedeutung zu.

Da außer dem Druck auch hohe Temperaturen und Impulse auf den Schalldämpfer einwirken, ist Metall der absolute Platzhirsch unter den Werkstoffen.

Material

Stahl ist der Standard bei den meisten Herstellern. Als bewährtes waffentechnisches Material kombiniert er eine hohe mechanische und thermische Widerstandsfähigkeit mit einem vergleichsweise hohen Gewicht von ca. 500 g (→ **Abb. 8.1**). Bei Erwärmung dehnt sich der Dämpferstahl in ähnlichem Ausmaß wie der Laufstahl, sodass ein Festsetzen des Dämpfers im Gewinde auch bei höheren Schussfolgen sehr unwahrscheinlich ist. Ganzstahlkonstruktionen haben zumeist eine lange Lebensdauer, solange sie ausreichend vor Rost geschützt werden. Eine höhere Korrosionsbeständigkeit wird durch den Einsatz von Edelstahl erreicht. Das hohe Gewicht trägt effektiv zur Rückstoßdämpfung bei, macht die Waffe aber auch kopflastiger. Die ausgeprägte Wärmeaufnahmefähigkeit von Stahl führt über die Abkühlung der Gase zu einer deutlichen Reduktion des Mündungsknalls.

Abb. 8.1: *Sehr leistungsfähige Modelle aus Stahl: Jet-Z (oben) und SL7 von Ase Utra (unten).*

Aus **Aluminium** lassen sich dagegen sehr leichte Schalldämpfer von deutlich unter 500 g herstellen (→ **Abb. 8.2**). Sie verschleißen allerdings bei mechanischer oder thermischer Belastung schneller als solche aus Stahl. Für halb- und vollautomatische Waffen mit hohen Schussfolgen eignen sie sich daher weniger. Durch den Einsatz von

Dämpfer im Schießkino

Stahldämpfer halten extremer Hitze stand. Die thermischen Belastungen im Schießkino verkraften sie problemlos. Aluminiumdämpfer sollten dagegen nicht heißer als 200 °C geschossen werden, weil das Material sonst stark beansprucht wird und es zu Schäden bis hin zur Zerlegung kommen kann (→ **Abb. 8.3**). Wie viele Schüsse in schneller Folge abgegeben werden können, bevor ein bedenklicher Wert erreicht wird, ist vor allem abhängig von der Wandstärke der einzelnen Konstruktionen.

Abb. 8.2: *Aluminiumdämpfer wie der Hausken JD 224 bieten eine hervorragende Kombination aus Gewicht, Dämpfung und Preis.*

Die sehr glatte Oberfläche des Metalls reduziert das Festsetzen von Schmauch auf ein Minimum und lässt sich vergleichsweise leicht reinigen. Titan hat eine geringe Wärmeleitfähigkeit, nimmt Hitze also nur langsam auf. Das Material ist teuer und schwer zu bearbeiten, woraus hohe Anschaffungskosten resultieren.

Für besondere Anwendungen kommen auch andere Materialien zur Anwendung. Im Behördenbereich werden teilweise besonders hitze- und korrosionsstabile Aluminiumlegierungen (in der Regel 7075, das auch für die Fertigung von Verschlussgehäusen verwendet wird) lassen sich ebenso wie durch verschiedene Härtungsverfahren die Temperaturbeständigkeit und Durchschlagfestigkeit deutlich erhöhen. Mittels Eloxierung kann eine besonders harte und kratzfeste Oberfläche erzeugt werden. Diese Schicht ist allerdings hauchdünn und verliert ihre Funktion, wenn sie von Kratzern durchdrungen wird. Aluminium hat den großen Vorteil, dass es nicht rostet. Aus diesem Material hergestellte Modelle kombinieren in der Regel einen moderaten Preis mit einem geringen Gewicht. Die im Vergleich höhere Verschleißanfälligkeit fällt bei den üblichen jagdlichen Schusszahlen kaum ins Gewicht.

Schalldämpfer aus **Titan** weisen ein ähnlich geringes Gewicht wie Alu-Dämpfer auf und rosten ebenfalls nicht (→ **Abb. 8.4**). Die gute Temperaturbeständigkeit ermöglicht es, die Wandstärke im Vergleich zu Aluminium dünner zu wählen.

Abb. 8.3: *Ergebnis unsachgemäßer Belastung: Bei diesem Hausken JD 184 XTRM führten im Schießkino schnelle Schussfolgen ohne Pausen zur Zerstörung des Dämpfers. Außerdem wurde eine Neoprenhülle auf dem Dämpfer belassen, die zusätzlich ihren Teil zum Hitzestau beitrug. Schalldämpfer sollten nur gemäß den Herstellerangaben im Schießkino belastet werden, zudem sollte darauf geachtet werden, Schutzhüllen stets zu entfernen. Wer auf Nummer sicher gehen will, kauft für das Schießkino einen günstigen Dämpfer aus Stahl.*

Speziallegierungen, wie z. B. die Nickelbasislegierung Inconel, verwendet. Inconel ist extrem schwer zu verarbeiten und die daraus gefertigten Produkte sind entsprechend teuer.

Schalldämpfer mit einem Körper aus **Carbon** gibt es z. B. von den Firmen A-TEC und SAI. Um die hohe Belastung durch Druck und Temperatur überstehen zu können, werden die Blenden und Teile des Rohrkörpers auch bei diesen Dämpfern aus Metall gefertigt (→ **Abb. 8.5**).

Eine Teilfertigung aus Carbon bringt damit nur dort spürbare Vorteile, wo die Kohlenstofffasern zur Ummantelung eines größeren Expansionsvolumens eingesetzt werden. Für intensive Schussbelastungen mit hohen Temperaturentwicklungen sind sie eher ungeeignet (→ **Abb. 8.6**).

Abb. 8.4: *Titandämpfer wie der F 280 von Freyr & Devik sind leicht wie Aluminiumdämpfer, zugleich aber widerstandsfähiger.*

Abb. 8.5: *Dieser zerlegte Prototyp des Carbon Hunter von SAI zeigt deutlich, dass große Teile des Dämpfers weiterhin aus Metall bestehen (unten). Die mögliche Gewichtsersparnis ist daher im Vergleich zu Leichtmetall eher gering.*

Außenkonstruktion

Das grundlegende Konstruktionsprinzip nahezu aller Schalldämpfer ist ein Hohlkörper, der gasdicht an der Laufmündung befestigt wird und am entgegengesetzten Ende eine Öffnung aufweist, durch die das Geschoss wieder austreten kann. Das Volumen des Körpers dient der Gasdrucksenkung durch Expansion. Aufgrund der einfacheren Herstellung und der gleichmäßigen Druckverteilung wird der Hohlkörper für gewöhnlich als Rohr ausgeführt. Als Faustregel beträgt die Länge von Schalldämpfern etwa das Fünfzehn- bis Dreißigfache des Patronenkalibers. Der Durchmesser orientiert sich etwa am Vier- bis Fünffachen des Patronenkalibers, bei besonders gasdruckstarken Patronen kann er noch größer werden. Da aus Gründen der praktischen Handhabbarkeit heute nur noch selten Dämpfer konstruiert werden, die die Mündung mehr als 20 cm überragen, muss das notwendige Expansionsvolumen dann bei Bedarf über den Durchmesser gewonnen werden. Limitierend ist hier letztlich nicht nur das Gewicht, sondern auch die zunehmende Beeinträchtigung der Visierachse. Der Schalldämpferkör-

Lebensdauer von Schalldämpfern

Die Lebensdauer von Schalldämpfern ist schwer zu bemessen und hängt von verschiedenen Faktoren ab. Neben dem Mündungsgasdruck spielen natürlich auch das verwendete Material, die Konstruktion und die Häufigkeit von größeren Schnellfeuerserien eine wesentliche Rolle. Je heißer und gespannter die Gase an der Mündung austreten, umso stärker belasten sie die Blendenbohrungen. Wer häufig lange schnelle Serien schießt, die den Dämpfer stark erhitzen, verlangt ihm mehr ab als mit einzelnen Schüssen.

Die Lebensdauer von Aluminiummodellen beträgt je nach Werkstoff und Nutzung zumindest viele Hundert bis hin zu einigen Tausend Schuss, bei Stahl viele Tausend Schuss – in beiden Fällen also ausreichend für ein Jägerleben. Dieser Erfahrungswert bezieht sich im Wesentlichen auf die hochbelastete erste Blende.

Eine verschleißbedingte Erweiterung des Blendenbohrungsdurchmessers (das sogenannte Aufbrennen) bewirkt aber keinen Defekt des Dämpfers. Es handelt sich um einen schleichenden Prozess, der nicht in Unbrauchbarkeit resultiert, sondern lediglich die Dämpfungsleistung zunehmend verschlechtert. Kann die betroffene Blende bei zerlegbaren oder modularen Dämpfern ausgetauscht werden, steht einer weiteren Verwendung des Dämpfers mit guter Wirkung nichts im Wege (→ **Abb. 8.7**).

per kann entweder zerlegbar oder versiegelt gestaltet sein. Zerlegbare Versionen bieten den Vorteil, dass sie sorgfältig gereinigt werden können, erodierte oder beschädigte Blenden einfach ausgetauscht und sie gegebenenfalls auch modulartig erweitert oder verkürzt werden können. Da versiegelte Varianten nicht zerlegbar sind, sind ein falsches Zusammenbauen und eventuell daraus resultierende Blendenkontakte durch Geschosse ausgeschlossen.

Abb. 8.6: *A-TEC versieht seinen CarbonO2 mit einem Sicherheitsfeld, das eine Überhitzung anzeigt. Verfärbt sich das »STOP USE«-Feld, ist die Carbonhülle irreparabel geschädigt und muss ausgetauscht werden.*

Einfache Schalldämpferkonstruktionen werden mittels eines Gewindes am Ende des Laufes befestigt. Sie ragen damit in ihrer gesamten Länge über den Lauf hinaus (→ **Abb. 8.8**). Damit wird nicht nur der Schwerpunkt der Waffe nach vorn verlagert, auch ihre Gesamtlänge steigt deutlich an. Gerade in engen Kanzeln oder im dichten Bewuchs kann das zum Problem werden.

Abb. 8.7: *Auch wenn es bei der massiven Wandstärke kaum nötig sein dürfte: Modulare Dämpfer wie Pro X und Ultralight von Roedale Precision ermöglichen den einfachen Austausch verschlissener Elemente.*

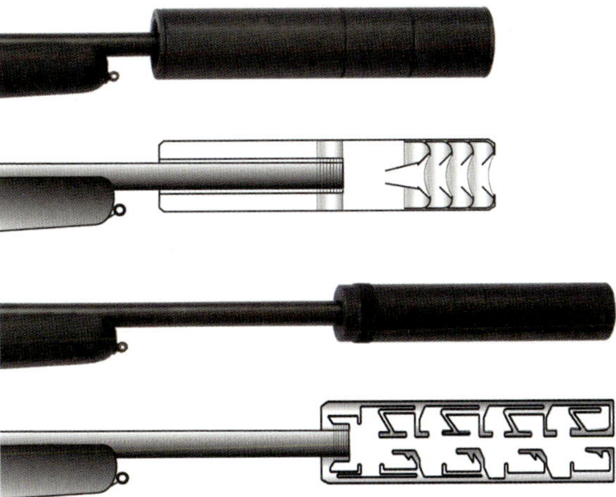

Abb. 8.8: *Einfache Dämpferkonstruktionen (unten) erhöhen die Gesamtlänge in einem größeren Umfang als Teleskopdämpfer (oben).*

Teleskopdämpfer sind aufwendiger konstruiert, um die Gesamtlänge der Waffe nicht unnötig zu verlängern. Dabei befindet sich nur ein Teil des Schalldämpfers vor der Mündung, der mehr oder weniger große Rest stülpt sich bildlich gesprochen über den Lauf (→ **Abb. 8.8**). Aus dem englischen

Bei den leichten Schalldämpfern aus Aluminium oder Titan ist die Schwerpunktverlagerung im Gegensatz zu den schwereren Stahldämpfern kaum merklich. Bei besonders kurzen Läufen verbessert sich der Schwerpunkt der Waffe mitunter sogar. Der größte Vorteil ist die unkomplizierte Montage an Waffen mit Laufgewinde. Lediglich das Gewinde muss fluchten und die Gewindegröße passend sein, die Dimensionen des Laufes selbst sind im Gegensatz zu Teleskopdämpfern unerheblich.

Abb. 8.9: *Ein Klassiker unter den Teleskopdämpfern: Tuote Reflex 8 Scout des finnischen Herstellers BR-Tuote.*

Abb. 8.10: *Schnittbild eines BR-Tuote TX4 Reflexdämpfers.*

Sprachgebrauch übernommen, werden sie auch **Over-Barrel-Dämpfer** genannt. Ähnlich wie »Brenneke« als Synonym für Flintenlaufgeschosse in der Jägerschaft weite Verbreitung gefunden hat, wird oft in Anlehnung an die Teleskopdämpfer des finnischen Herstellers BR-Tuote (→ **Abb. 8.9**) der Begriff **Reflexdämpfer** verwendet. Fachlich gesehen ist der Begriff aber falsch, weil ein Gasstrom fließt und nicht wie Sonnenlicht reflektiert werden kann.

Das Funktionsprinzip besteht darin, dass ein wesentlicher Teil des an der Mündung austretenden Gasstromes durch entsprechend beschaffene Blenden zum Expansionsraum hin umgeleitet wird, der sich um den Lauf schließt (→ **Abb. 8.10**). Auf diese Art wird die ohnehin erfolgende Ausdehnung unterstützt. Da sich die Richtung des Gasstromes aber nicht ohne Weiteres plötzlich um 180° drehen lässt, wird der Over-Barrel-Anteil des Dämpfers schlechter genutzt als der vor der Mündung liegende. Dies lässt sich auch gut an der unterschiedlichen Erwärmung dieser Dämpferbereiche beim Schießen erkennen.

Da die den Lauf umschließende Innenwand des Teleskopdämpfers meist so konstruiert ist, dass sie auch die dickeren Matchläufe aufnehmen kann, bleibt bei dünneren Läufen zwischen dem Lauf und der Innenwand des Dämpferkörpers etwas ungenutzter Raum, der als Expansionsvolumen verloren

Überstand hilft dem Ohr

Bei der Auswahl des Dämpfers wird aus Gründen der Praktikabilität von den meisten Jägern ein möglichst kurzer Überstand des Dämpfers über den Lauf hinaus angestrebt. Die sich daraus ergebende Nettolänge der Waffe, also ihre faktische Verlängerung, ist natürlich wichtig hinsichtlich ihrer Führigkeit. Gleichzeitig bringt eine geringe Nettolänge aber als Nachteil auch immer eine größere Lärmbelastung des Gehörs mit sich: Je größer der Überstand des Schalldämpfers ist, umso weiter rückt die Auslassöffnung des Dämpfers als Quelle des Mündungsknalls weg vom Ohr. Ein schlechter wirksamer Dämpfer mit großem Überstand kann am Ohr also durchaus ähnliche Schalldruckpegel verursachen wie ein gut wirksamer Dämpfer mit sehr kurzem Überstand.
Das Gleiche gilt natürlich auch für die Lauflänge:
Je länger der Lauf, umso niedriger die Lärmeinwirkung am Ohr, weil sich die Lärmquelle weiter entfernt.

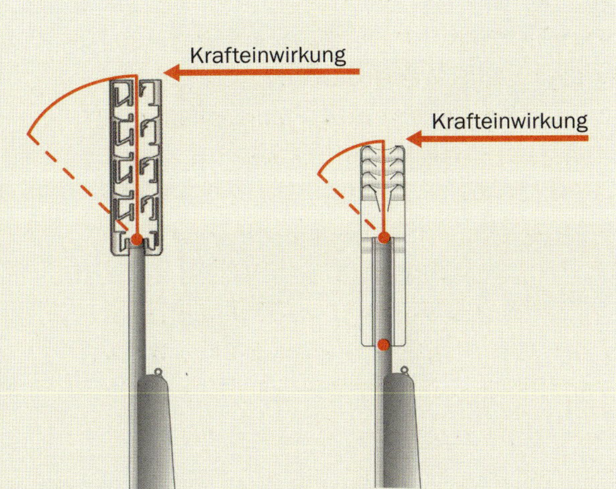

Abb. 8.11: *Bei Teleskopdämpfern hat eine an der Waffenmündung einwirkende Kraft einen kürzeren Hebelarm, zusätzlich stützt auch die Führungsscheibe den Dämpfer am Lauf ab, wenn sie passend abgedreht ist. Dieser Effekt wird vor allem dann wirksam, wenn der Dämpfer sich beim Schießen etwas im Gewinde lockert: Hier verhindert die Führungsscheibe grobe Fluchtungsfehler.*

geht. Zumindest theoretisch ist in diesem Fall ein Teleskopdämpfer besser, der speziell auf den dünnen Lauf abgestimmt ist und damit das Expansionsvolumen maximiert. In der Praxis ist der Unterschied allerdings meist zu vernachlässigen. Im Verhältnis zum Volumen sind Teleskopdämpfer aufgrund ihrer doppelwandigen Konstruktion meist etwas schwerer als normale Dämpfer.

Am schützenseitigen Ende sind die Teleskopdämpfer mit einem auswechselbaren Führungsring ausgestattet. Dieser ist meist aus Kunststoff gefertigt und muss an den Laufdurchmesser angepasst werden. Er schützt den Lauf beim Aufschieben des Dämpfers vor Beschädigungen und bildet bei engen Toleranzen (üblich sind 10 µm) eine weitere Abstützung bei einwirkenden Kräften (→ **Abb. 8.11**).

Alternativ kann die Öffnung im Führungsring auch so vergrößert werden, dass kein Laufkontakt mehr zustande kommt. In diesem Fall schützt er lediglich den Lauf vor Kratzern, die durch die Metallteile des Dämpfers entstehen können (→ **Abb. 8.12**).

Konsequent zu Ende gedacht, ergibt sich das Prinzip des **Integraldämpfers**. Hierbei handelt es sich um eine konstruktiv fest verzahnte Einheit aus Schusswaffe und Schalldämpfer ab Werk, die auch **Schallabsorberbüchse** genannt wird. Weil es sich dabei in der Regel um spezialisierte Waffen für die Verwendung mit Unterschallmunition handelt, können sie von Anfang an konsequent auf den Schalldämpfereinsatz ausgelegt werden. Um ein möglichst großes Expansionsvolumen zu schaffen, wird der Schalldämpfer auf der gesamten Länge um den Lauf herumgezogen, sodass die Waffe vermeintlich über einen extrem schweren, dicken Lauf verfügt (→ **Abb. 8.13**).

Abb. 8.12: *Blaser stattet seine Silencer ab Werk mit Führungsringen aus, die als reiner Schutz vor Verkratzen gedacht sind.*

Abb. 8.13: *Integralgedämpfte Version des Scharfschützengewehrs TPG-3 A4 der bayerischen Präzisionswaffenschmiede Unique Alpine. Was wie ein dicker Matchlauf aussieht (oben), entpuppt sich in demontiertem Zustand als Schalldämpferkörper (das sogenannte Hüllrohr) für den nur 40 cm langen Lauf (unten).*

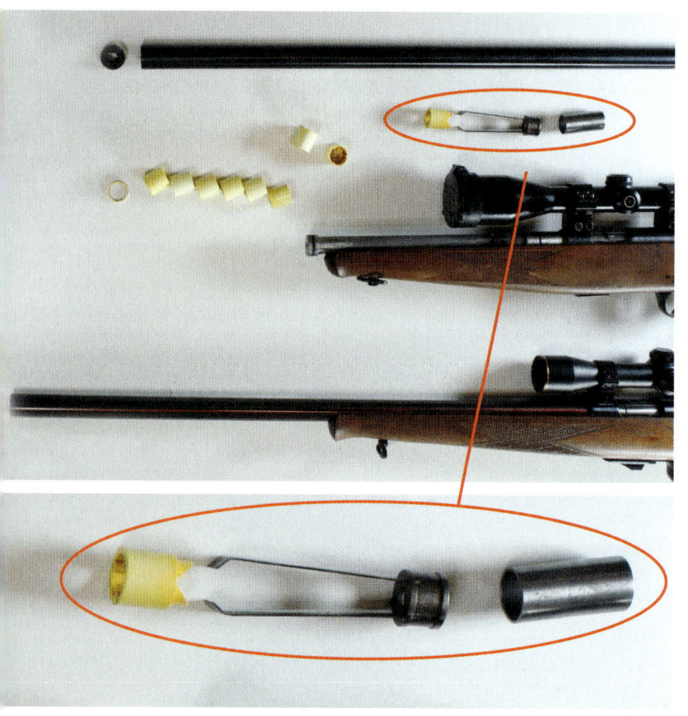

Abb. 8.14: *Von der Firma Kitzmann zur Schallabsorberbüchse umgebautes Kleinkaliber-Gewehr. Im Hüllrohr befindet sich eine bewegliche Gaszange, die nach dem Durchtritt des Geschosses die Rohrmündung temporär verschließt. Der dadurch erheblich verlangsamte Gasabstrom macht das KK-Gewehr erstaunlich leise.*

Durch das vergleichsweise große Expansionsvolumen lassen sich hervorragende Dämpfungsergebnisse erzielen, zudem tritt nur ein geringes Nachblasgeräusch auf. Um der Reibungsproblematik bei Unterschallmunition gerecht zu werden, wird ein kurzer Lauf mit einem passenden kurzen Drall verbaut (→ **Kap. 17**).

Zur Optimierung der Dämpferleistung wird häufig der Lauf noch mit Ports versehen, also mit Gasentlastungsbohrungen, die bereits für ein Abströmen des Gases aus dem Lauf in den Schalldämpfer sorgen, während sich das Geschoss noch im Lauf befindet. Diese Waffen stellen meist das Optimum des technisch Machbaren dar, sind aber in der Regel Spezialisten für den Einsatz mit Unterschallmunition (→ **Abb. 8.14**).

Innenkonstruktion

Die Innenkonstruktion ist das eigentliche Herzstück des Dämpfers. Sie entscheidet darüber, ob Spitzenleistungen erzielt werden können oder die vermeintliche »Flüstertüte«

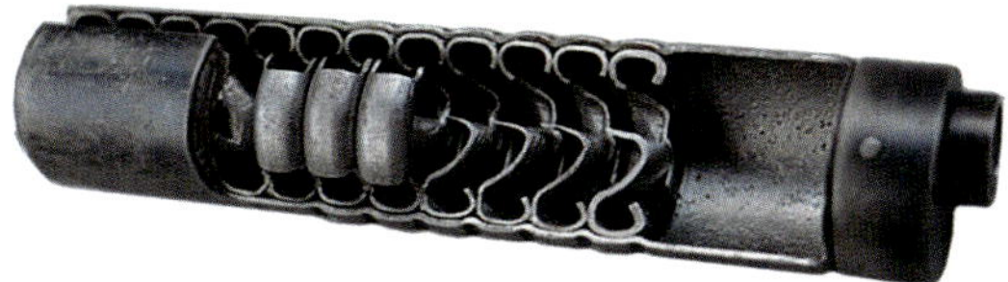

Abb. 8.15: *Schnittbild eines Maxim Model 1910. Auch wenn die Konstruktion bereits über 100 Jahre alt ist, zählt die Dämpfungsleistung immer noch zur Riege der Spitzengruppe.*

in der waffentechnischen Bedeutungslosigkeit versinkt (→ **Abb. 8.15**). Von einigen grundlegenden Konstruktionsprinzipien abgesehen, lässt sich der optimale Dämpfer nicht einfach am Reißbrett oder am Computer planen. Nach wie vor müssen die Hersteller viele Arbeitsstunden und etliches an Material in umfangreiche Versuche investieren, bevor ein Dämpfer seine Marktreife erreicht. Diese Entwicklungskosten erklären auch die teilweise recht hohen Preise im Vergleich zu den reinen Produktionskosten. Schalldämpfer werden nicht immer homogen aus einem Material konstruiert. Bei manchen Modellen wird für die Innenkonstruktion zu anderen Werkstoffen als für den Körper gegriffen. Gerade für Patronen mit niedrigeren Gasdrücken werden häufig zunächst mündungsseitig Blenden aus Stahl verbaut, um dann mit abnehmender Belastung auf das leichtere Aluminium auszuweichen. Solche Kombinationen können Probleme verursachen. Das unterschiedliche Ausdehnungsverhalten bei Erhitzung ist ein typisches Beispiel dafür: Dehnt sich ein Werkstoff stärker als der andere aus, können Rillen bzw. Fugen entstehen oder, sollten sie bereits bestehen, sich vergrößern. So kann sich z. B. in Gewinden oder zwischen Körper und Blenden Schmauch einlagern und beim Erkalten zu Spannungen und erhöhtem Reinigungsaufwand führen. Bei der Kombination von zwei Metallen kann durch galvanische Reaktionen außerdem eine starke Korrosion verursacht werden. Um dies zu verhindern, werden z. B. Aluminiumoberflächen mit Kontakt zu Stahl eloxiert.

Die einfachste Innenkonstruktion eines Schalldämpfers besteht aus planen Blenden mit einem mittigen Loch, zwischen die Distanzstücke verbaut werden, die für einen gleichbleibenden Abstand sorgen (→ **Abb. 8.16** und **Abb. 8.17**).

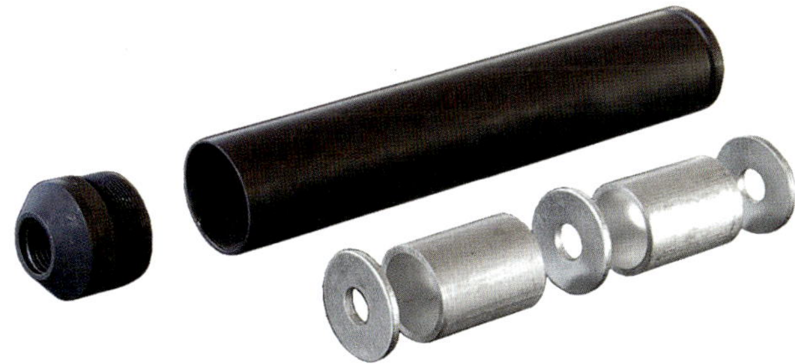

Abb. 8.16: *Einfache Schalldämpferkonstruktion, bestehend aus einem Rohr und Unterlegscheiben als Blenden. Distanzstücke zwischen den Blenden fixieren diese im gewünschten Abstand.*

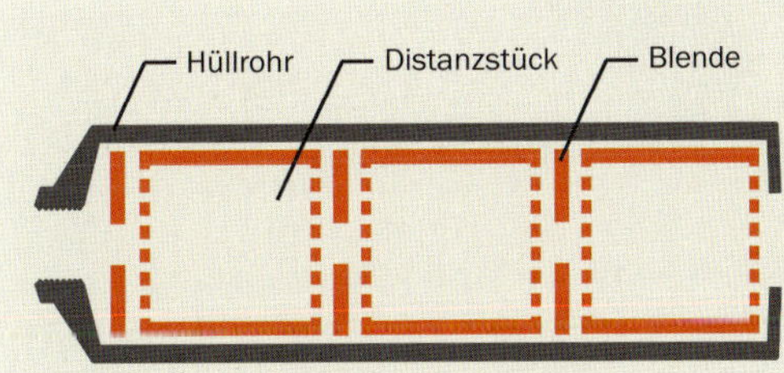

Abb. 8.17: *Schematische Darstellung eines sehr einfach konstruierten Schalldämpfers mit Planblenden und Distanzstücken.*

Abb. 8.18: *Ausgetriebene Blenden (rechts) im Vergleich mit Planblenden (links).*

Abb. 8.19: *Querschnitt eines SL7 von Ase Utra mit aufwendiger Blendentechnologie.*

Diese Planscheibendämpfer sind unter Verwendung von Material wie Unterlegscheiben und passenden Rohren einfach zu fertigen und zeigen eine brauchbare Dämpfungsleistung bei der Verwendung mit Überschallmunition. Häufig werden sie am Rand noch ausgetrieben, um durch die infolgedessen entstehende Delle Verwirbelungen zu provozieren und so die Dämpfung zu verbessern (→ **Abb. 8.18**).

Neben solchen einfachen, streng symmetrischen Lochblenden gibt es eine nahezu unüberschaubare Vielzahl von teilweise extrem aufwendig konstruierten Blenden (→ **Abb. 8.19**).

Die einfachste Variante ist eine Schrägblende, einen schon etwas aufwendiger zu fertigenden Klassiker stellt die Kegelblende dar. Wesentlich komplexer sind z. B. die

Abb. 8.20: *Der Schweizer Hersteller Brügger & Thomet hat mit seinen Blendenkonstruktionen den Schalldämpfermarkt wesentlich beeinflusst. Von links nach rechts: Kegelstumpfblende, Kegelstumpfblende (ausgeklinkt), K-Blende einfach, K-Blende mit verstärktem Boden, K-Blende mit verstärktem Boden und Distanzstützelement, Schrägflächenblende mit Distanzkegel, Turbinenblende, Sternblende mit Distanzstück, Sternblende (ausgeklinkt). Im Vordergrund monolithischer Einsatz aus einem Impuls-IV-Kurzwaffendämpfer.*

Z-Blenden von Ase Utra oder die berühmten Blenden von Brügger & Thomet (→ **Abb. 8.20**).

Ein symmetrischer Innenaufbau ist im Vergleich zu einem asymmetrischen Aufbau (z. B. Schrägblenden) deutlich belastbarer, was hohe Gasdrücke anbelangt. Auch Dämpfer mit einer komplexen asymmetrischen Konstruktion weisen daher meist im mündungsnahen Teil zunächst einen symmetrischen Bereich auf, bis die Gasdruckspitzen abgeklungen sind. Zum Ende des Dämpfers hin liegen geringere Drücke an, sodass viele Hersteller hier einen kürzeren Blendenabstand bzw. kleinere Kammern verwenden. Häufig lassen sich so ein geringeres Gewicht und eine kürzere Baulänge erreichen, ohne relevante Leistungsverluste bei der Dämpfung hinnehmen zu müssen. Erfahrungsgemäß führen zu kleine Kammern am Ende des Dämpfers aber oft dazu, dass sich die Dämpfung des Mündungsfeuers verschlechtert. Dies trifft insbesondere auf Patronen mit großem Hülsenvolumen zu. Teilweise werden auch Blenden mit kleineren Bohrungen versehen, die außerhalb der zentralen Geschossflugbahn liegen. Diese sollen einen Störstrahl erzeugen, der den Haupt-Gasstrom durch die große zentrale Blendenbohrung verwirbelt und dadurch verlangsamt. Diese Bohrungen weisen häufig etwa den halben Kaliberdurchmesser auf.

Monolithische Innenkonstruktionen, die als fest zusammengefügter Block in das Schalldämpfergehäuse eingebracht werden, bezeichnet man nicht als Blende, sondern als **Einbaukörper** (→ **Abb. 8.21**).

Abb. 8.21: *Die Innenkonstruktion des Feuerschluckers FS8 von Lutz Möller ist ein aus zwei Teilen verschraubter Einbaukörper.*

Konsequent umgesetzt wurde das Prinzip der Verwirbelung in den Spiraldiffusordämpfern, die eine wendeltreppenartig gewundene Innenkonstruktion aufweisen (→ **Abb. 8.22**).

Abb. 8.22: *Einbaukörper nach dem Prinzip eines Spiraldiffusordämpfers.*

Keine Experimente!

Experimentieren Sie nicht mit Schalldämpfern und Kalibern, für die der Dämpfer nicht ausdrücklich vorgesehen ist, ohne sich zuvor eingehend vom Fachmann beraten zu lassen!

Schalldämpfer für Subsonic-Munition werden mit anderen Anforderungen konfrontiert als Schalldämpfer, die für die Verwendung von Überschallmunition konstruiert sind. Wesentlichster Unterschied ist der Mündungsgasdruck, der durchaus um mehr als eine ganze Zehnerpotenz geringer sein kann. Echte Spitzenleistungen hinsichtlich der Lärmreduktion sind nur durch Konstruktionen zu erzielen, die als Spezialisten entweder für Supersonic- oder Subsonic-Munition optimiert sind. Viele Dämpfer für Überschall brauchen den hohen Gasdruck, um optimal arbeiten zu können. Werden sie zusammen mit Unterschallmunition eingesetzt, enttäuscht ihre Schalldruckreduktion im Vergleich gesehen häufig. Umgekehrt sind viele für Subsonic ausgelegte Schalldämpfer nicht in der Lage, einen Beschuss mit deutlich höheren Mündungsgasdrücken und Temperaturen dauerhaft zu überstehen.

Damit die Geschosse den Dämpfer passieren können, befinden sich in den Blenden Öffnungen, auch Bohrungslöcher genannt. Das Loch muss dabei groß genug sein, um ein Streifen des Projektils an den Blenden sicher auszuschließen, zum anderen so eng sein, dass eine bestmögliche Verlangsamung des Gasstromes die Folge ist, solange das Geschoss die Bohrung beim Hindurchfliegen weitgehend sperrt (Stopfen-Effekt). Die naheliegende Vermutung, dass der kleinste mögliche Bohrungsdurchmesser automatisch eine sehr gute Dämpfung ergibt, kann allerdings täuschen. Die Dämpfungsleistung verbessert sich der Erfahrung nach, wenn noch so viel Platz zwischen Geschoss und Blende verbleibt, dass bereits etwas Gas in die nächste Kammer strömen kann. Ist der verbleibende Spalt nämlich zu klein, um dies zu ermöglichen, wird manchmal ein Effekt im Sinne eines »Entkorkungs-Knalls« beschrieben, ähnlich dem Entkorken einer Sektflasche.

Als Faustregel für eine sichere Bohrungsgröße sollte die Öffnung etwa das 1,25-Fache

Kaliber und Geschoss

Grundsätzlich verschlechtert ein größerer Durchmesser der Blendenöffnung die Dämpfung des Mündungsknalls. Daher sinkt mit steigendem Kaliber in der Regel die erzielbare Schallreduktion. Während das Geschoss durch die Blendenbohrungen fliegt, kann nur wenig Gas durch sie entweichen. Bei der Auswahl der Geschosse gilt: Je länger das Geschoss, desto länger hält dieser Effekt an. Daher verbessern längere Geschosse und kleinere Kaliber bei angepasster Größe der Blendenbohrungen grundsätzlich die Dämpfungsleistung.

Abb. 8.23: *Beschädigter Dämpferkörper.*

Abb. 8.24: *Durch Geschosskontakt beschädigte Blende eines A-TEC Maxim.*

des Geschosskalibers betragen. Zugunsten einer möglichst hohen Dämpfungsleistung weisen die meisten Schalldämpfer mittlerweile Blendenbohrungen auf, die nur noch das 1,12-Fache des Geschossdurchmessers oder sogar weniger ausmachen. Dies erhöht das Risiko von Blendenkontakten bei nicht exakt fluchtenden oder beim Mündungsabgang ungenügend stabilisierten Geschossen.

Im Vergleich zu Büchsen sind bei Kurzwaffen die Abstände zwischen den Blenden aufgrund der kurzen und dicken Geschosse kleiner. Unter allen Umständen muss vermieden werden, dass Geschosse beim Durchfliegen in Kontakt mit dem Dämpfer kommen. Die Folge wären zumindest schwer wiegende Beschädigungen der Blenden bis hin zur völligen Zerstörung des Dämpfers durch abgelenkte oder sich quer stellende Geschosse (→ **Abb. 8.23** und **Abb. 8.24**). Theoretisch kann es durch Gasdrucksteigerungen im System sogar zur Verletzung des Schützen kommen. In den allermeisten Fällen verlaufen Blendenkontakte aber relativ glimpflich und äußern sich lediglich darin, dass sich die Schussleistung katastrophal verschlechtert (→ **Abb. 8.25**). In Serienfertigung entstandene Produkte weisen daher meist recht großzügige Abstände auf. Um minimale Bohrungsgrößen verwirklichen zu können, müssen Lauf und Dämpfer perfekt fluchten und es muss ein stabiles Geschossverhalten nach dem Verlassen der Mündung garantiert sein (→ **Kap. 9**, Schussleistung). Nur wenn Munition, Drall, Lauflänge und die Montage des Dämpfers aufeinander abgestimmt sind, können bestimmte Toleranzen unterschritten werden.

Soll ein Dämpfer auf mehreren Waffen verwendet werden, ist dies bei gleichem Kaliber meist ohne Weiteres möglich. Lediglich beim Wechsel von Standardpatronen auf Magnum-Patronen mit besonders großem Gasvolumen (oder andersherum) kann die Dämpfungsleistung etwas eingeschränkt sein, weil die Konstruktion dafür nicht optimiert ist. Sollen dagegen verschiedene Kaliber mit einem einzigen Schalldämpfer bedient werden, müssen meist spürbare Einbußen bei der erreichbaren Lärmreduktion hingenommen werden. Es versteht sich von

Abb. 8.25: *Beschädigte Blende eines Delta Ultralight von Roedale Precision. Versehentlich wurde der Dämpfer für 6,5 mm auf einer Waffe in .308 Winchester montiert und mehrfach durchschossen.*

Synergie-Effekte nutzen

Für einen möglichst effektiven Schutz der Ohren sollte man zu Patronen greifen, bei denen ein möglichst kleiner Geschossdurchmesser (= kleinere Blendenbohrungen) mit einem möglichst kleinen Hülsenvolumen (= weniger zu bewältigendes Gasvolumen) kombiniert ist. Patronen wie die .308 Winchester eignen sich hervorragend für schallgedämpfte Waffen mit kurzem Lauf. Die 8x57 I(R)S lässt sich ebenfalls sehr gut dämpfen. Die aufgrund des minimal größeren Geschossdurchmessers erforderlichen etwas größeren Blendenbohrungen werden aufgrund des niedrigeren Maximalgasdrucks der Patrone im Vergleich zur .308 Winchester kompensiert.

selbst, dass z. B. ein für das Kaliber 8 mm ausgelegter Dämpfer nicht auf einer Büchse in 9,3x62 verwendet werden darf – die Gefahr einer Blendenberührung wächst dadurch erheblich! Ist die Waffe dagegen eine .308 Winchester, kann die »Flüstertüte« mit einer noch recht passablen Leistung genutzt werden. Auf einer .223 Remington ist dann von einer vergleichsweise schlechten Dämpfung auszugehen, weil in den Blendenbohrungen der am Geschoss vorbeiführende, *Blow-by* genannte Gasstrom immer mehr zunimmt. Einen Anhalt für die auftretenden Größenordnungen gibt eine Messreihe in Tabelle 8.1.

Nasse Dämpfer

Viele Dämpfer können innen angefeuchtet werden, um so eine bessere Dämpfungsleistung zu erzielen. Das Benetzen der Innenflächen bewirkt zum einen eine Minderung des Körperschalls beim Anprall der Gase, zum anderen verursacht insbesondere Wasser durch das Entstehen von Verdunstungskälte eine Druckminderung mittels Abkühlung der Gase.

Das Schießen mit nassen Dämpfern reduziert das Phänomen des *First Loud Shot,* auch *Loud*

Hersteller	Modell	Kaliber	LC_{peak} [dB(C)]	Differenz
A-TEC	Hertz 150	.30	139,6	4,7
A-TEC	Hertz 150	.338	144,2	
Hausken	JD 224	6,5 mm	138,4	4,2
Hausken	JD 224	.30	142,6	
Stalon	Compact	6,5 mm	145,3	3,8
Stalon	Compact	.30	149,1	

Tab. 8.1: *Schalldruckpegel LC_{peak} einer 6,5x55 in Kombination mit verschiedenen Dämpfern für unterschiedliche Kaliber. Es zeigt sich ein Leistungsverlust in der Größenordnung von etwa 4 dB(C) pro Kalibersprung.*

First Shot genannt (→ **Kap. 10**, Erstschussknall), meist erheblich. Gängige Mittel zum Anfeuchten des Dämpfers sind Wasser, Öl oder auch gelartige Substanzen, wie z. B. Ultraschallgel oder Gleitgel. Welche Substanzen grundsätzlich in Verbindung mit dem eigenen Dämpfer genutzt werden können, sollte im Zweifelsfall beim Hersteller erfragt werden, ebenso wie das optimale Vorgehen beim Befüllen. Öl hat häufig den angenehmen Nebeneffekt, dass sich Schmauch weniger fest an der Dämpferinnenkonstruktion anlagert und die Reinigung damit erleichtert wird. Werden wasserhaltige Substanzen bei Stahldämpfern genutzt, müssen diese zur Vermeidung von Korrosion anschließend gut getrocknet werden.

Beim Einbringen jeglicher Substanzen in den Dämpfer muss bei der Kombination mit Selbstladewaffen immer damit gerechnet werden, dass Lauf und System durch Mitnahme beim Gasrückstrom entsprechend verschmutzt werden können.

Zusammenfassung

- Schalldämpfer können aus verschiedenen Materialien hergestellt werden, die spezifische Vor- und Nachteile aufweisen.
- Einfache Schalldämpfer bauen vom Mündungsgewinde an komplett nach vorn und erlauben so eine einfache Montage, erhöhen aber auch die Gesamtlänge.
- Teleskopdämpfer führen einen erheblichen Teil ihres Expansionsvolumens um den Lauf herum und ermöglichen so eine kurze Gesamtlänge der Waffe.
- Fest mit der Waffe verbundene Konstruktionen werden als Integraldämpfer bezeichnet, die gesamte Waffe als Schallabsorberbüchse oder integral gedämpfte Büchse.
- Schalldämpfer dürfen nur auf Waffen montiert werden, für deren Kaliber die Blendenbohrungen ausreichend groß sind.

www.hausken.no
FOR CIVIL USE ONLY

Blaser SILENCER BY A-TEC
QB00670

KAPITEL 9

Vorteile von Schalldämpfern

»Schlecht weht der Wind,
der keinen Vorteil bringt.«

William Shakespeare

Vorteile von Schalldämpfern

Der Einsatz von Schalldämpfern bei der Jagdausübung bringt eine Reihe von Vorteilen mit sich.

Der wichtigste positive Effekt des Schalldämpfers ist sein konstruktiver Sinn: die Minderung des Mündungsknalls.

Dämpfung des Mündungsknalls

Wenig bekannt ist, dass der erste in größeren Stückzahlen produzierte Schalldämpfer ursprünglich für Sport- und Hobbyschützen gedacht war. Dieser von der amerikanischen Firma Maxim Silent Firearms Company im Jahr 1910 auf den Markt gebrachte Urvater aller kommerziell hergestellten Dämpfer sollte dazu dienen, im eigenen Haus oder Garten schießen zu können, ohne durch die damit einhergehende **Lärmbelästigung** den Unmut der Nachbarn auf sich zu ziehen (→ **Abb. 9.1**). Der Konstrukteur Hiram Percy Maxim (→ **Abb. 9.2**) war damit schon vor über 100 Jahren seiner Zeit weit voraus.

Abb. 9.1: *Die Maxim-Dämpfer wurden lange mit dem Slogan »The gentlemen's way of target shooting« unter dem Logo »Dr. Shush« beworben.*
Abb. 9.2: *Hiram Percy Maxim.*

Schalldämpfer-Pioniere

Das erste bekannte Patent für eine Vorrichtung zur Dämpfung des Mündungsknalls wurde 1894 dem Schweizer C. A. Aeppli erteilt. Fünf Jahre später folgte ein Patent von Jacob Børresen in Norwegen. Erst 1908 und 1909 wurden Maxims Konstruktionen patentiert.

Noch entscheidender, als eine Lärmbelästigung unserer Umwelt zu vermeiden, ist der Vorteil bei der Verwendung eines Schalldämpfers, die Entstehung von **Gehörschädigungen** des Schützen zu verhindern. Auch sich in der Nähe aufhaltende Personen oder Hunde können so vor einem Knalltrauma bewahrt werden. Die Reduktion des Mündungsknalls um 20 bis zu teilweise über 30 dB ist häufig ausreichend dafür, dass der Schütze auf Gehörschutz verzichten kann. Eine ausreichende Schalldruckpegelreduktion für den Schutz des Gehörs wird von den meisten Standardschalldämpfern erreicht. Für perfekte Dämpfungswerte muss dagegen ein extremer Aufwand betrieben werden: Die Konstruktion des Dämpfers muss auf Patrone und Waffe abgestimmt werden, die Laborierung hinsichtlich des Pulverbrennschlusses und des Mündungsgasdrucks exakt auf die Gewehrlauflänge abgestimmt sein und das gewählte Geschoss hinsichtlich Form und Länge optimal zur Blendengeometrie passen.

Durch die erhebliche Reduktion des Schalldruckpegels verringern Schalldämpfer bei vielen Jägern auch die Tendenz zum **Mucken** deutlich. Nicht nur die Angst vor dem Rückstoß führt zum Verreißen der Waffe und damit des Schusses, auch die Angst vor dem Knall trägt wesentlich dazu bei. Viele Menschen verfügen über einen ausgeprägten Hornhautreflex (→ **Abb. 9.3**): Die Druckwelle des Mündungsknalls bewirkt einen mechanischen Reiz auf der Hornhaut, woraufhin sofort reflexartig ein Lidschlag erfolgt, der dem Schutz des Augapfels dient. Dieser Reflex, der häufig mit einer Abwehr-/Ausweichreaktion kombiniert ist, ist kaum kontrollierbar und bei vielen stark muckenden Schützen der Grund für die schlechten Schießergebnisse. Durch die Minderung des Mündungsknalls ist es darüber hinaus wesentlich häufiger möglich, den **Kugelschlag**, also das Geräusch des auf den Wildkörper auftreffenden Geschosses, zu vernehmen. Mit etwas Erfahrung liefert das wertvolle Hinweise für eine eventuell erforderliche Nachsuche und trägt damit dem Gedanken waidgerechter Jagdausübung Rechnung.

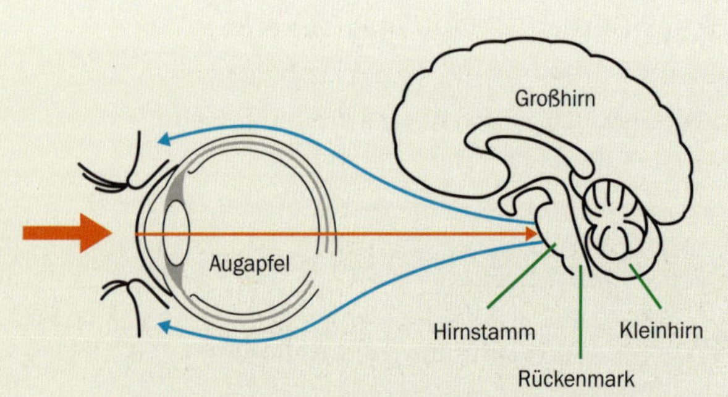

Abb. 9.3: *Hornhautreflex: Trifft die Schalldruckwelle auf die Hornhaut, wird diese Information zum zentralen Nervensystem weitergeleitet, das daraufhin sofort ein Schließen der Augenlider zum Schutz des Augapfels einleitet.*

Schussleistung

Schalldämpfern wird oft unterstellt, die Schussleistung der Waffe zu verschlechtern. Dies trifft für sogenannte **Dichtscheibendämpfer**, bei denen das Projektil eine oder mehrere Gummischeiben penetrieren muss, auch durchaus zu. Sie finden daher nur bei Kurzwaffen für Schüsse auf kurze Entfernungen Verwendung. Bei Kleinkaliber-Dämpfern zeigt sich bisweilen eine schlechtere Schussleistung, wenn der Dämpfer nach mehreren Schüssen mit Rauch gefüllt ist. Bläst man ihn mit Pressluft leer, verbessert sich die Präzision wieder.

Alle anderen Dämpfertypen haben allerdings nahezu immer einen ausgesprochen positiven Effekt auf die Schussleistung (→ **Abb. 9.4**). Sie wirken wie ein Laufgewicht an der Mündung, das die bei jedem Schuss auftretenden Laufschwingungen dämpft – der gleiche Effekt, der auch durch den Einsatz besonders dicker (und damit steifer) Matchläufe erzielt werden soll. Darüber hinaus verhindern sie aber auch, dass das Geschoss unmittelbar nach dem Austritt aus der Laufmündung von der nachfolgenden Gaswolke erreicht und überholt wird. Diese prallt gegen das Geschossheck und verwirbelt rund um das Geschoss und beeinflusst dadurch die Außenballistik durch Beeinflussung der Nutation (→ **Abb. 9.5**).

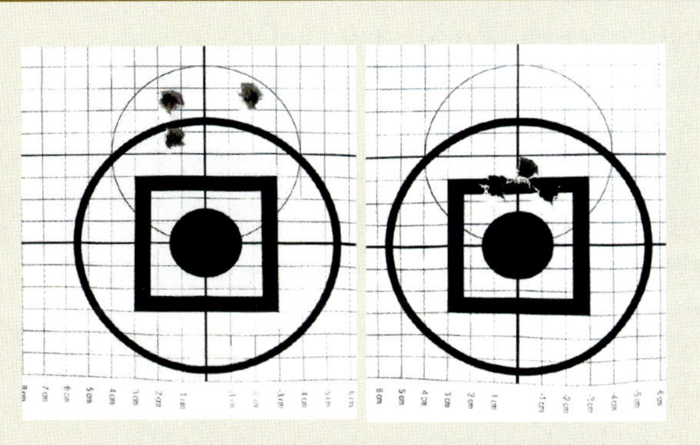

Abb. 9.4: *Ein fachgerecht montierter Schalldämpfer verbessert fast immer die Schussleistung der Waffe (links ohne, rechts mit Dämpfer).*

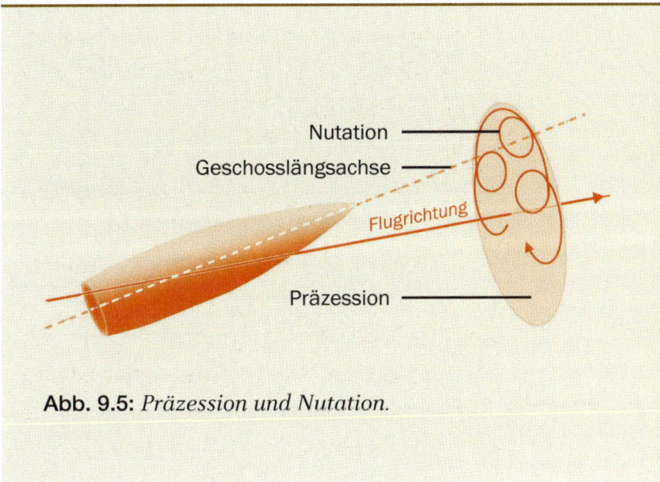

Abb. 9.5: *Präzession und Nutation.*

Ein Schalldämpfer glättet die Einwirkung der Gaswolke auf das Projektil, sodass sich die Nutation in den meisten Fällen verringert und die Streukreise sich spürbar verkleinern (→ **Abb. 9.6**).

Wird die Präzision durch das Anbringen eines Dämpfers dagegen deutlich verschlechtert, liegt das meist daran, dass das Geschoss die Blenden streift. Ursächlich dafür können zu enge Blendenbohrungen (→ **Kap. 8**), ein nicht achsgerecht montierter Dämpfer (→ **Kap. 11**) oder unterstabilisierte Geschosse sein.

Bei minderwertig konstruierten Modellen kann sich der Schalldämpfer durch ungleichmäßige Materialausdehnung oder zu enge Toleranzen verziehen und dadurch Blendenkontakte provozieren. Gerade beim Einsatz von Unterschallmunition mit sehr schweren Geschossen ohne Verwendung eines Laufes mit geeigneter Dralllänge (→ **Kap. 17**) tritt dieses Problem häufig auf, kann aber grundsätzlich auch bei Überschallmunition vorkommen. Vor allem längere oder sehr schnelle Geschosse taumeln gerne etwas stärker nach dem Verlassen der Mündung (→ **Abb. 9.5**, Präzession), werden letztlich

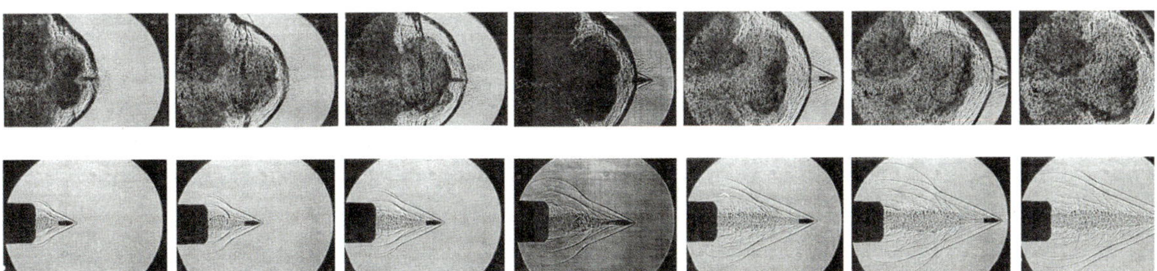

Abb. 9.6: *Schlierenfotos von Schüssen mit Überschallmunition aus einem Sturmgewehr ohne (oben) und mit (unten) montiertem Schalldämpfer.*

Prüfung der Geschossstabilisierung

Mit einer einfachen Methode lässt sich gut überprüfen, ob eine Unterstabilisierung vorliegt: Man platziert ein Stück Pappe wenige Meter vor der Mündung und schießt mehrere Schuss mit der Waffe ohne Dämpfer darauf. Sind die Löcher in der Pappe allesamt rund, ist das Geschoss ausreichend stabilisiert. Sobald auch nur ein Teil der Löcher leicht oval geformt ist, riskiert man Blendenkontakte und sollte die Waffe mit der getesteten Laborierung nicht mit einem Schalldämpfer nutzen.

durch den Drall aber ausreichend stabilisiert. Was ohne Schalldämpfer kein Problem darstellt, kann mit montierter »Flüstertüte« zum Blendenkontakt führen. Dadurch kann das Geschoss im günstigsten Fall bei minimaler Berührung erheblich von seiner Flugbahn abgelenkt werden. Im schlechtesten Fall kommt es im Dämpfer zu einer stärkeren Ablenkung mit Zerstörung von Blenden oder sogar des Gehäuses.

Geschossenergie

Nach dem Austritt aus der Laufmündung wirkt der Gasdruck noch etwas auf das Geschoss ein und beschleunigt es dadurch weiter. Dieser als **Gasdrucknachwirkung** bezeichnete Effekt erzielt Geschwindigkeitszuwächse von 0,5–1,5 % der Mündungsgeschwindigkeit. Wird ein Schalldämpfer montiert, wird die Nachwirkung des Gasdrucks erhöht. Der Geschwindigkeitszuwachs kann sich dadurch sogar auf 1–3 % erhöhen. Entgegen der häufigen Annahme, dass Dämpfer die Geschossleistung negativ beeinflussen, erhöhen sie also faktisch sogar die kinetische Energie des Geschosses.

Bleibelastung

Bei der Verwendung von Geschossen mit freiliegendem Bleikern schlagen sich durch die Abkühlung der heißen Mündungsgase Blei und Verbrennungsrückstände im Dämpfer nieder. Dadurch wird der Eintrag von to-

Gefügeänderungen

Wird eine Waffe mit guter Schussleistung mit einem Dämpfer ausgestattet, verengen sich die Streukreise fast immer zu einem sehr guten Schussbild. Schraubt man bei der nun warmgeschossenen Waffe den Dämpfer ab und kontrolliert die Treffpunktlage, öffnen sich bei manchen Waffen die Schussgruppen deutlich. Die nun viel schlechter als zu Beginn schießende Waffe lässt dann Befürchtungen aufkommen, dass sie durch den Dämpfer beschädigt worden ist. Diese Sorge ist aber unnötig. Durch die Erwärmung in Kombination mit der Wirkung des Dämpfers als Laufgewicht kommt es zu Gefügeänderungen im Lauf. Diese sind jedoch elastisch – sobald der Lauf erkaltet ist, zeigt sich wieder das gewohnt präzise Schussbild mit geringen Streukreisen.

xischen Substanzen in die Umwelt verringert. Der Schütze atmet weniger Blei ein. Was jagdlich weniger relevant ist, erlangt auf Schießständen durchaus Bedeutung. Bei der Verwendung in halbautomatischen Waffen kann es zusätzlich zu einem vermehrten Austritt von bleihaltigen Gasen aus dem Patronenauswurffenster kommen und damit zu einer erhöhten Schwermetallbelastung des Schützen.

Reduktion von Rückstoß

Schalldämpfer reduzieren auf zwei Arten den Rückstoß von Waffen. Zum einen erhöhen sie das Gewicht der Waffe um 250–500 g. Gemäß Impulserhaltungssatz verringert eine Erhöhung der Waffenmasse durch den Dämpfer die Rückstoßgeschwindigkeit. Dieses Prinzip macht sich z. B. auch die Firma Blaser mit ihrem im Hinterschaft integrierten Kickstop-Einsatz zunutze, der wie eine Art Rückstoßbremse funktioniert. Zum anderen wirkt ein Schalldämpfer wie eine gekapselte Mündungsbremse. Der Anprall der Gasdruckwolke an den Schalldämpferblenden verleiht der Waffe – ähnlich den Anprallflächen einer Mündungsbremse – einen Impuls in Schussrichtung und verringert so den Rückstoß nach Messungen der englischen Berufsgenossenschaft um 20–30 % (→ **Abb. 9.7**). [69, 70] Eine finnische Untersuchung konnte belegen, dass im Testaufbau (Dämpfer und Bremse von BR-Tuote) die Rückstoßenergie sowohl beim Schalldämpfer als auch bei der Mündungsbremse um 35 % verringert wurde. [71]

Durch die Minderung des Rückstoßes und die Verlagerung des Gewichtsschwerpunktes zur Mündung hin wird das Hochschlagen der Waffe im Schuss reduziert. Dadurch ist der Schütze im Regelfall schneller wieder im Ziel, kann das Verhalten des beschossenen Stücks besser beobachten und gegebenenfalls einen Folgeschuss abgeben.

Mündungsbremsen

Mündungsbremsen mindern den Rückstoß meist nicht so effektiv wie Schalldämpfer. Sie erhöhen aber die Lärmbelastung am Schützenohr erheblich um Werte von 6 dB und mehr, weil die austretenden Gase nach hinten »umgeleitet« werden. Waffen mit Mündungsbremse sollten daher nie ohne Gehörschutz geschossen werden!

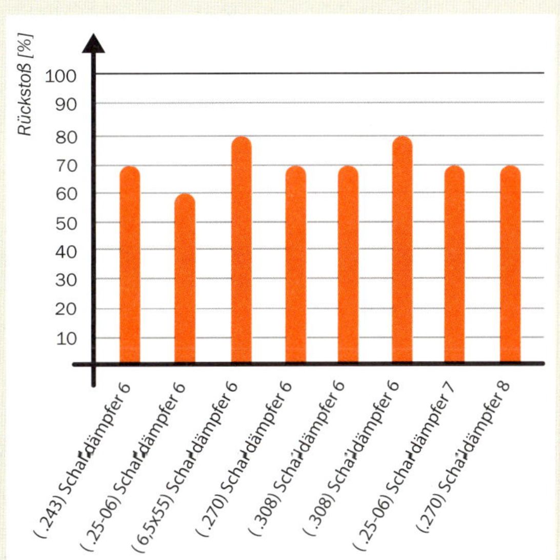

Abb. 9.7: *Verbleibender Rückstoß nach Montage eines Schalldämpfers – Rückstoß ohne Dämpfer = 100 %. [72]*

Bei Patronen mit sehr großer Treibladung (z. B. 338 .Lapua Magnum, .50 BMG) sind dagegen Mündungsbremsen häufig etwas effektiver in der Rückstoßreduktion als Schalldämpfer. Ursache dafür ist vermutlich der Effekt, dass die entstehende Schwadengasmenge den Dämpfer ab einem gewissen Zeitpunkt vollständig befüllt hat, während sie in der Bremse weiterhin frei abströmen und wirken kann.

Abb. 9.8: *Mündungsfeuer mit (oben) und ohne (unten) Schalldämpfer. Beide Fotos wurden in der Dunkelheit aufgenommen.*

Minderung des Mündungsfeuers

Was im militärischen Bereich erhebliche Vorteile bei der Verschleierung des eigenen Standorts während des Gefechts in der Dunkelheit bringt, ist auch für die Jagd in Dämmerung und Nacht Gold wert: Schalldämpfer verschlucken nahezu das gesamte Mündungsfeuer (→ **Abb. 9.8**). Jeder Jäger kennt das Problem, dass man beim nächtlichen Sauenansitz nach der Abgabe eines Schusses für gewöhnlich erst einmal völlig geblendet ist. Schuld daran ist der Pupillenreflex des Auges, der ähnlich der Blende an einem Kameraobjektiv immer versucht, die Pupillengröße des Auges so zu justieren, dass weder ein über- noch ein unterbelichtetes Bild auf der Netzhaut des Auges ankommt. Der helle Blitz des Mündungsfeuers führt daher zum maximalen Zusammenziehen der Pupille. Bis das Gehirn realisiert hat, dass es die Pupille aufgrund der Dunkelheit erneut maximal weiten muss, vergehen einige Sekunden, während derer man kaum etwas sehen kann. Neben der recht zeitnah erfolgenden Pupillenreaktion verfügt das Auge aber

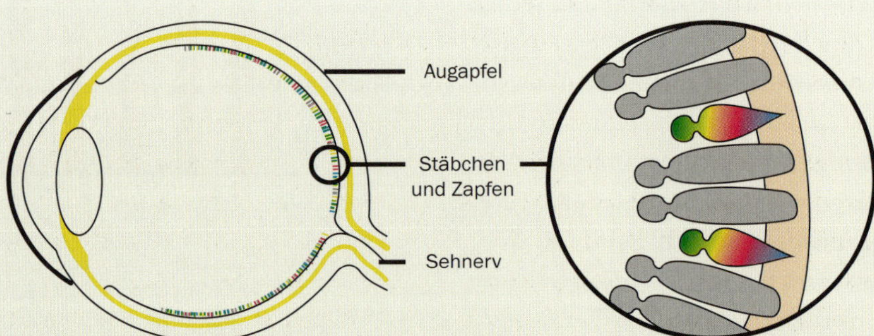

Abb. 9.9: *Die auf der Netzhaut des Auges liegenden Stäbchen und Zapfen wandeln einfallendes Licht in Nervenimpulse um, die dann von unserem Gehirn verarbeitet werden. Die Stäbchen sind sehr lichtempfindlich, aber nur zu Schwarz-Weiß-Wahrnehmung in der Lage. Die weniger lichtempfindlichen Zapfen können dagegen Farben erkennen.*

Zapfen und Stäbchen

In der Netzhaut liegen zwei Arten von Rezeptoren, die Lichteinfall erkennen: Zapfen und Stäbchen. Die Zapfen können die Farben des Lichts wahrnehmen, sind allerdings nicht sehr lichtempfindlich. Während des Tages ist ausreichend Licht vorhanden, sodass wir unsere Umgebung vor allem mit den Zapfen wahrnehmen und farbig sehen. Bei fortgeschrittener Dämmerung reicht das Licht jedoch nicht mehr aus, um von den Zapfen wahrgenommen zu werden. Der Körper verlagert die Wahrnehmung dann auf die Stäbchen, die sehr empfindlich für Helligkeit, nicht jedoch für Farbe sind (→ **Abb. 9.9**). Diese Tatsache ist der Grund dafür, warum wir nachts »alle Katzen grau« sehen.
Dieser Effekt lässt sich mit einem kleinen Experiment eindrucksvoll nachvollziehen: Wenn man nachts beim Ansitz die jeweils interessante Stelle nicht unmittelbar anschaut, sondern mit dem Blick eher »umkreist«, sieht man sie plötzlich heller. Grund dafür ist, dass die größte Dichte an Stäbchen sich nicht an der Stelle des schärfsten Sehens, also in der Mitte unseres Blicks, befindet, sondern etwas abseits davon. Fällt in der Dunkelheit plötzlich Licht in das Auge, wird die Wahrnehmung wieder auf die Zapfen umgeschaltet. Schon der kurze Blitz des Mündungsfeuers ist ausreichend, um die optimale Nachtsehfähigkeit zu verlieren. Bis das sehr träge System dann wieder vollständig auf die Stäbchen-Rezeptoren umgestellt hat, vergehen 15–30 Minuten. In dieser Zeit ist die Fähigkeit, im Dunkeln etwas sehen zu können, deutlich eingeschränkt.
Wer schlau ist, macht sich eine Ausnahme von dieser Regel zunutze: Auf Rotlicht reagieren die Zapfen nämlich kaum.
Wer also nachts die Taschenlampe mit Rotlichtfilter anschaltet oder auf das Display des Mobiltelefons eine rote Folie auflegt, verursacht nur das vergleichsweise schnell wieder korrigierbare Zusammenziehen seiner Pupillen, während die Stäbchen ihre volle Leistungsfähigkeit behalten.

noch über ein weiteres, sehr träge reagierendes System zur Optimierung der Nachtsehfähigkeit: den Wechsel von Zapfen auf Stäbchen (→ **Kasten »Zapfen und Stäbchen«**).

Das Mündungsfeuer verringert also für die wichtigen ersten Minuten nach dem Schuss das Sehvermögen drastisch. Wird die Blendung jedoch durch die Verwendung eines Dämpfers vermieden, kann das Verhalten des Wildes nach dem Schuss erheblich besser beobachtet werden und ein eventuell erforderlicher Nachschuss wird dadurch überhaupt erst möglich.

Zusammenfassung

- Schalldämpfer reduzieren den Mündungsknall, schonen somit das Gehör und ermöglichen das Hören des Kugelschlags.
- Schalldämpfer reduzieren den Rückstoß und verringern die Gefahr des Muckens.
- Schalldämpfer verbessern die Präzision und helfen so beim waidgerechten Jagen.
- Schalldämpfer mindern das Mündungsfeuer erheblich und reduzieren so nächtliche Blendung.

KAPITEL 10

Nachteile von Schalldämpfern

»Du sollst den Vorteil nicht vor dem Nachteil loben!«

Ernst Ferstl

Nachteile von Schalldämpfern

Natürlich entstehen durch die Montage eines Schalldämpfers auch Nachteile, die in die Entscheidung zur Anschaffung miteinbezogen werden müssen.

Die wesentlichen Nachteile sind durch Größe und Gewicht des Dämpfers bedingt.

Schwerpunktverlagerung

Schalldämpfer verlagern den Schwerpunkt einer Waffe immer zur Mündung hin. Bei gut ausgewogenen Waffen kann dieser Effekt durch die Wahl eines sehr leichten Dämpfers so klein wie möglich gehalten werden. Es ist daher empfehlenswert, Waffen mit einem kurzen Lauf zu erwerben und auf dickere Läufe (*Semi Weight, Match*) zu verzichten.

Abb. 10.1: *Größenvergleich von drei Schalldämpfern mit einem Zielfernrohr (von oben: Kahles Helia CB 3-12x56, BR-Tuote T8, Roedale Precision Delta Ultralight V, SAI Phantom long).*

Gewichtserhöhung

Das Gesamtgewicht einer Waffe wird durch die Anbringung eines Dämpfers erhöht. Konstruktionen aus Stahl bringen hier einen Zuwachs von um die 500 g, während Aluminium oder Titan das zusätzliche Gewicht auf unter 300 g reduzieren können. Was beim längeren Tragen der Waffe, z. B. beim ausgedehnten Pirschen oder bei der Gebirgsjagd, ein erheblicher Nachteil sein kann, kann durch die Reduktion von Rückstoß und Hochschlagen beim Ansitz oder auch durch ein stabileres Verhalten beim Schwingen auf einer Drückjagd durchaus auch als Vorteil gesehen werden.

Verlängerung der Waffe

Schalldämpfer erhöhen immer die Gesamtlänge der Waffe. Bei Teleskopdämpfern beschränkt sich der Zuwachs auf 10–15 cm. Klassische Konstruktionen, die sich von der Mündung aus nach vorn in Schussrichtung erstrecken, bringen dagegen eher eine Erhöhung der Gesamtlänge von 15–20 cm mit sich (→ **Abb. 10.1**). Wer auch mit aufgesetztem Dämpfer auf eine dennoch führige Waffe Wert legt, kann zu einem Modell mit kurzem Lauf greifen oder den Lauf einer vorhandenen Waffe kürzen lassen (→ **Kap. 13**). Der Geschwindigkeitsverlust bei kürzeren Läufen ist im Regelfall niedriger als erwartet, sodass die daraus resultierende Veränderung der Außenballistik und der Geschossenergie für die in Deutschland üblichen jagdlichen Distanzen vernachlässigbar erscheint (→ **Abb. 10.2**).

Problematisch ist bei kurzen Läufen allerdings, dass der Brennschluss des Pulvers

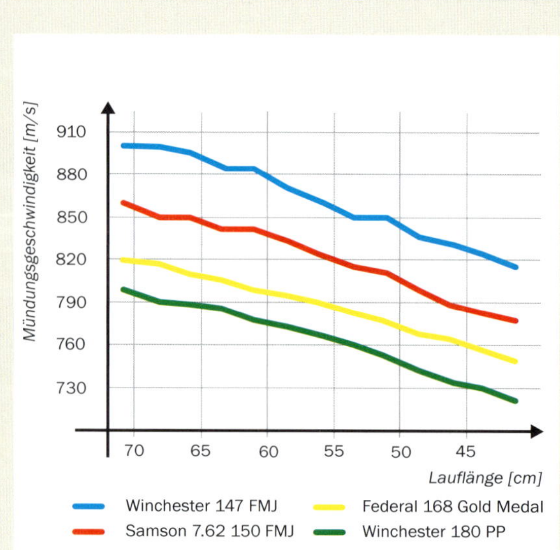

Abb. 10.2: *Veränderung der Mündungsgeschwindigkeit in Abhängigkeit von der Lauflänge bei verschiedenen Laborierungen. Eine Kürzung von 50 auf 45 cm resultiert in einer um etwa 20 m/s verringerten Mündungsgeschwindigkeit. Der Treffpunkt wandert dadurch auf 200 m um etwa 1 cm tiefer, die Geschossenergie in 100 m Entfernung von der Laufmündung (E 100) reduziert sich um 150 Joule. Die Auswirkungen im jagdlichen Alltag sind damit vernachlässigbar!*

Abb. 10.3: *RWS bietet mit der Munitionsreihe »Short Rifle« Jagdpatronen an, deren Brennschluss speziell auf kurze Läufe abgestimmt ist.*

häufig vor der Mündung liegt und es damit zu einer höheren Belastung des Dämpfers mit entsprechendem Verschleiß kommt. Der Wiederlader hat hier die Möglichkeit, die Treibladung auf die Lauflänge abzustimmen. Mittlerweile adaptieren sich Munitionshersteller an den Trend hin zu kürzeren Läufen (→ **Abb. 10.3**).

Geräuscherhöhung

Das Anstoßen mit der Waffe am Hochsitz ist immer ärgerlich, geschieht es doch meist im ungünstigsten Moment und hat schon so manche Sau abspringen lassen. Die Verlängerung der Büchse durch einen Schalldämpfer macht das nicht unwahrscheinlicher. Darüber hinaus macht der aus Metall bestehende Hohlkörper auch noch lautere Geräusche als ein Anprall mit Lauf oder Schaft. Ein guter Lösungsansatz, um diesen Quell ständigen Ärgernisses zu entschärfen, ist die Verwendung von Schalldämpferhüllen (→ **Abb. 10.4**).

Erstschussknall

Werden mit Dämpfern mehrere Schüsse hintereinander abgegeben, erreicht der erste Schuss höhere Schalldruckpegel als die folgenden. Dieses Phänomen wird im Englischen auch als *Loud(er) First Shot (LFS)* oder *First Round Pop (FRP)* bezeichnet. Verschiedene Prinzipien tragen zu diesem Effekt bei. Zunächst ist der Dämpfer mit Umgebungsluft gefüllt. Der enthaltene Sauerstoff führt mit den in den Dämpfer austretenden Reaktionsprodukten der Treibladung (sogenannte **Schwadengase**) und unverbrannten Pulverresten zu einer Verpuffungsreaktion. Bei direkt anschließend abgegebenen Folgeschüssen befinden sich

Abb. 10.4: *Neoprenhüllen reduzieren nicht nur die Geräuschentwicklung, wenn der Dämpfer irgendwo anstößt, sie schützen ihn auch vor Beschädigungen. Eine messtechnisch erfassbare Minderung des Schalldruckpegels bewirken sie allerdings nicht.*

statt des Sauerstoffs dann nur noch gasförmige Verbrennungsprodukte im Dämpfer. Ein weiterer Grund für den Erstschussknall ist die Tatsache, dass Gase sich hinsichtlich ihres Strömungsverhaltens umso mehr wie Flüssigkeiten verhalten, je heißer sie werden. Diese zunehmende Zähigkeit hat zur Folge, dass mehr Druck notwendig wird, um das Gas durch ein Röhrensystem zu schieben. Bei Folgeschüssen treten aufgrund der Erwärmung der Waffe höhere Gastemperaturen auf, die durch das veränderte Strömungsverhalten des Gases die Wirksamkeit des Dämpfers steigern. Wird nach einigen Schüssen eine kritische Temperatur des Dämpfers überschritten, kann der Schalldruckpegel des gedämpften Mündungsknalls wieder etwas ansteigen, weil die eigentlich durch Abkühlungseffekte im Dämpferinneren erreichbare Gasdruckreduktion nicht mehr stattfindet.

Beim Erstschussknall dreht es sich um eine Schalldruckpegeldifferenz, die je nach Dämpfer in einer Größenordnung von unter 1–5 dB liegt. Für jagdliche Zwecke im Sinne des Gehörschutzes ist diese Größenordnung vernachlässigbar, wenn die Kombination aus Waffe, Laborierung und Dämpfer eine entsprechend große Reserve bis zum Unterschreiten des gehörschädlichen Niveaus *Hearing Safe* (137–140 dB) hat (→ **Kap. 22**, oberer Auslösewert).

Für den Jäger kommt dem Erstschussknall eine hohe Bedeutung zu, weil auf der Jagd in der Regel einzelne Schüsse abgegeben werden. In vielen Fällen relativieren sich bei einem ausgeprägten Erstschussknall deswegen die hohen durchschnittlichen Dämpfungswerte mancher Schalldämpfer im Vergleich zu etwas weniger leistungsstarken Produkten, die aber keinen relevanten Erstschussknall aufweisen: Ein Dämpfer, der ab dem ersten Schuss gleichbleibend mit 28 dB dämpft, ist jagdlich günstiger als ein Modell, das zwar eine durchschnittliche Dämpfungsleistung bei den ersten fünf Schuss von 28 dB aufweist, beim ersten Schuss allerdings nur 20 dB dämpft und bei den Folgeschüssen dann jeweils 30 dB.

Der Erstschussknall kann durch Einbringen von Flüssigkeiten oder Verdrängung des Sauerstoffs im Dämpfer durch andere Gase reduziert werden. Hier folgt ein kurzer Überblick:

Flüssigkeiten

Wird das Innere des Dämpfers vor dem Schuss mit Flüssigkeiten benetzt, führt das durch Verdampfungsvorgänge bei der Schussabgabe zu einer Abkühlung und damit zum Sinken des Gasdrucks. Auch der

Gleitgel & Co.

Wer wasserbasierte Medien zur Dämpfung des Erstschussknalls verwendet, sollte wegen der hohen Korrosionsgefahr neben dem Dämpfer auch die Waffe möglichst zeitnah nach dem Schießen intensiv reinigen bzw. trocknen.

Abb. 10.5: *Typische Qualmwolke eines Dämpfers nach Einbringen von Öl.*

mechanische Anprall der Gasmoleküle an der Dämpferwand wird dadurch gemindert und gleichzeitig wird dem Gasstrahl Strömungsenergie entzogen. Man kann hierzu Wasser oder Spucke ebenso nutzen wie spezielles Ultraschallgel oder wasserbasiertes Gleitgel.

Auch die Verwendung von Öl ist möglich, erfordert allerdings entsprechende Fachkenntnis bei der Auswahl, um eine sekundäre Verbrennung zu vermeiden. Die Verwendung von Öl zieht zudem die Bildung einer deutlich sichtbaren Rauchwolke nach sich (→ **Abb. 10.5**). Auch wasserbasierte Flüssigkeiten oder Gels spritzen gerade beim ersten Schuss aus dem Dämpfer heraus und verdampfen ebenfalls zu einer respektablen Wolke. Bei Halbautomaten dringen die Flüssigkeiten beim Repetiervorgang oft auch durch die Öffnung des Verschlusses in die Waffenmechanik und in das Magazin ein. Je nach verwendetem Medium reichen die Folgen von der einfachen »Sauerei« bis hin zu manifesten Funktionsstörungen.

Stickstoff

Das Befüllen von Lauf und Dämpfer mit Stickstoff verdrängt den Sauerstoff und verhindert damit die typische Verpuffung beim

Lautere Folgeschüsse

Häufig werden die Folgeschüsse beim »nassen Dämpfer« im Vergleich wieder etwas lauter, weil die Flüssigkeitsbenetzung im Dämpfer in der Zwischenzeit getrocknet oder herausgeblasen worden ist.

Gefährlich!

Es versteht sich von selbst, dass dieses Vorgehen aufgrund der fertig geladenen Waffe gegen alle Sicherheitsbestimmungen verstößt und daher höchst gefährlich ist – Nachahmung wird nicht empfohlen!

ersten Schuss. Hierzu muss zum einen eine Patrone ins Patronenlager eingeführt werden und zum anderen der Verschluss geschlossen sein, um die Waffe rückwärtig abzudichten. Beim Dämpfer sollte das Loch an der Vorderseite z. B. mit einem Schusspflaster verschlossen werden, um die Stickstoffbefüllung für mehrere Stunden bewahren zu können. Anschließend können der Lauf und der Dämpfer mit einer Stickstoff-Spraydose mehrere Sekunden lang befüllt und anschließend aufgeschraubt werden.

Überfunktion bei Halbautomaten

Bei Halbautomaten kann es in Verbindung mit Schalldämpfern zu einer Überfunktion kommen. Diese Problematik wird ausführlich in Kapitel 14 erläutert.

Treffpunktverlagerung

Wird ein Dämpfer auf eine Waffe montiert, beeinflusst sein nicht unerhebliches Eigengewicht am Laufende die Abgangsballistik. Die Treffpunktlage sinkt durch das Anbringen eines Dämpfers fast immer nach unten mit nur minimaler Seitabweichung und steigt wieder auf den Ausgangspunkt, wenn der Dämpfer entfernt wird. Typische Abweichungen für einen klassischen Stahldämpfer mit etwa 500 g Gewicht liegen auf 100 m bei einer Treffpunktverlagerung um 5–10 cm nach unten (→ **Abb. 10.6**). Bei sehr leichten Dämpfern und steifen Läufen geht die Abweichung teilweise sogar in der Schützenstreuung unter. Neben dem Gewicht und der Nettolänge des Dämpfers kommt auch dem Lauf eine große Bedeutung zu: Je kürzer und dicker dieser ist, umso steifer ist er. Die Treffpunktverlagerung fällt dann grundsätzlich kleiner aus (→ **Abb. 10.7**).

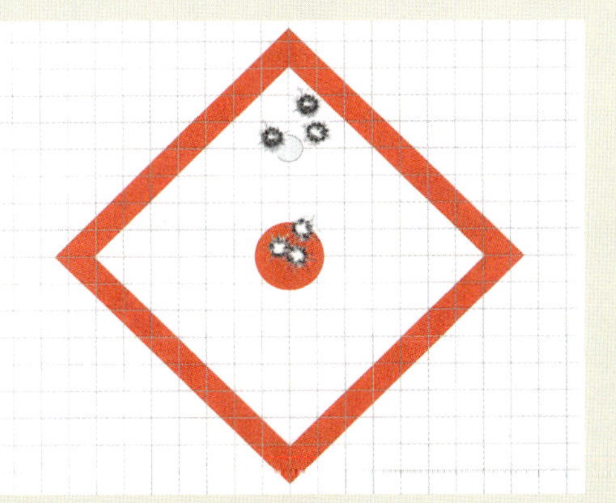

Abb. 10.6: *Typische Treffpunktverlagerung einer Blaser R93 mit (unten) und ohne (oben) montiertem A-TEC Maxim.*

Unglückliche Kombination

In extrem seltenen Einzelfällen harmoniert der Dämpfer mit dem Schwingungsverhalten des Laufes so schlecht, dass die Schussleistung der Waffe darunter deutlich leidet. Besserung bringt hier meistens der Tausch gegen ein Modell mit einem anderen Gewicht oder im Zweifelsfall eine Kürzung des Laufes. Wer sichergehen will, vereinbart vor dem Kauf des gewünschten Dämpfertyps ein Probeschießen mit der dafür vorgesehenen Waffe.

Offene Visierung

Die Nutzung von Kimme und Korn mit einem größeren Schalldämpfer ist im Regel-

Abb. 10.7: *Der kurze, dicke Lauf der Haenel Jaeger 10 Compact SD soll die Treffpunktverlagerung minimieren und die Waffe so mit und ohne Schalldämpfer gleichermaßen nutzbar machen, ohne sie jeweils neu einschießen zu müssen. Die Visierung ist abnehmbar, darunter liegt das Mündungsgewinde.*

fall nicht möglich, weil der Durchmesser des Dämpfers die Visierlinie deutlich überragt (→ **Abb. 10.8**). Je höher Kimme und Korn ausgeführt sind und je dünner der Durchmesser des Schalldämpfers ist, umso größer ist die Wahrscheinlichkeit, dass über die offene Visierung geschossen werden kann (→ **Abb. 10.9**). Wer für die Nutzung der Waffe ohne Schalldämpfer nicht auf die offene Visierung verzichten will, muss dies bei der Auswahl des Dämpfers berücksichtigen. Denn während es bei normalen Dämpferkonstruktionen, die vom Mündungsgewinde aus nach vorn bauen, noch relativ einfach möglich ist, den Kornsattel nach hinten zu verschieben, wird es bei einem weit nach hinten bauenden Teleskopdämpfer platzmäßig eng für die Montage des Korns. Einen guten Kompromiss stellt hier ein Reflexvisier (z. B. Docter Sight, Aimpoint) dar (→ **Abb. 10.10**). Auch wenn dessen Visierlinie vom Schalldämpferkörper verdeckt sein sollte, hat man mit beiden Augen offen das volle Gesichtsfeld und der Rotpunkt wird wie von Zauberhand mitten ins Bild projiziert. Der Schalldämpfer wird nur noch als Schatten im Gesichtsfeld wahrgenommen (→ **Abb. 10.11**). Wer diesen Effekt einmal überprüfen will, deckt sein Reflexvisier mündungsseitig ab, sodass kein Hindurchsehen mehr möglich ist, und schlägt dann mit beiden Augen offen an.

Bei Kurzwaffen-Schalldämpfern wird versucht, das Problem mit einer exzentrischen Bauweise zu lösen. Derart konstruierte

Abb. 10.9: *Dämpfer mit 40 mm Durchmesser erlauben in der Regel die Nutzung der offenen Visierung.*

Abb. 10.8: *Die Visierlinie von Kimme und Korn wird in den meisten Fällen vom Schalldämpfer überragt.*

Abb. 10.10: *Reflexvisiere sind eine brauchbare Lösung, wenn Dämpfer die Visierlinie verdecken.*

Abb. 10.11: *Wird mit beiden Augen offen geschossen, wird der mit dem rechten Auge wahrgenommene rote Punkt in das freie Sichtfeld eingeblendet. Zu einer Änderung der Treffpunktlage kommt es dadurch bei parallaxefreien Reflexvisieren, wie z. B. Aimpoint oder EOTech, nicht.*

Dämpfer bauen oben nur so hoch, dass die Visierlinie nicht verdeckt wird. Das nötige Expansionsvolumen wird durch eine Ausdehnung des Dämpfers nach unten hin geschaffen. Um die Positionierung justieren zu können, besitzen fast alle exzentrischen Dämpfer konstruktiv die Möglichkeit zum Drehen und Fixieren der Gewindeaufnahme. Auch für Langwaffen wurden solche Modelle konstruiert (→ **Abb. 10.12**).

Hitzeflimmern

Erhitzt sich der Lauf beim Schießen, kommt es durch das Aufsteigen von erwärmter Luft zu einem Hitzeflimmern oberhalb des Laufes. Dieser auch **Mirage** genannte Effekt führt zu einem verschwommenen, wabernden Bild im Zielfernrohr. Bei Schalldämpfern kommt es durch die starke Erwärmung bei der Schussabgabe zu einem im Vergleich zum Lauf früher eintretenden und stärker ausgeprägten Hitzeflimmern. Während der Effekt bei der Jagdausübung nicht relevant ist, kann er beim Übungsschießen mit größeren Schusszahlen gerade bei höheren Vergrößerungen extrem störend sein. Durch hitzeresistente Schalldämpferüberzüge, z. B.

Abb. 10.12: *Oben: SAI ASYMETRIC22, unten: Impuls IV von Brügger & Thomet an einer Steyr M9.*

Abb. 10.13: *Hüllen aus Nomex oder anderen hitzeresistenten Materialien sollen das Auftreten von Mirage verzögern (links: Manta Suppressor Sleeve, rechts: Ase Utra Heat Cover). Bei der RWS Quick Sleeve (Mitte) soll eine Cordura-Verstärkung an der Oberseite durch Ableitung der Hitze zur Seite hin den gleichen Effekt erzielen.*

aus Nomex, kann das Hitzeflimmern zeitlich hinausgezögert werden (→ **Abb. 10.13, 10.14** und **10.15**).

Abb. 10.14: *Stalon bietet für seine Dämpfer ein Hüllrohr aus Carbon an, das durch einen schmalen Spalt zwischen Dämpfer und Hüllrohr das Auftreten von Hitzeflimmern deutlich verzögern soll.*

Abb. 10.15: *Eine gelungene Kombination aus Tradition und Moderne ist der Schalldämpfer-Überzug von KEILER GEAR aus Loden (Außenseite) und Cordura (Innenseite).*

Riemenbügelöse

Parallel zu der Problematik hinsichtlich der offenen Visierung können weit vorn am Lauf angebrachte Riemenbügelösen insbesondere bei der Nutzung von Teleskopdämpfern im Weg sein. Sie müssen dann entweder nach hinten versetzt oder durch eine Öse am Vorderschaft ersetzt werden. Was bei der üblichen Pirsch- oder Ansitzbüchse eher lästig ist, wird bei Nachsuchenbüchsen zum echten Problem. Hier ist die Befestigungsmöglichkeit des Trageriemens nahe der Mündung sinnvoller Standard, um im dichten Unterholz nicht ständig mit dem Laufende hängen zu bleiben. Dies ist bei der Nutzung eines Schalldämpfers nicht ohne Weiteres möglich, weil die Riemenbügelöse zwangsläufig immer nur hinter dem Dämpfer befestigt werden kann (→ **Abb. 10.16**). Der Schalldämpfer überragt also stets in voller Länge den Riemenbefestigungspunkt. Dadurch werden Nachsuchen in schwieriger Vegetation erheblich erschwert und die Gefahr einer Beschädigung des Dämpfers oder Gewindes ist durchaus gegeben. Eine Lösung bietet hier die Anbringung einer

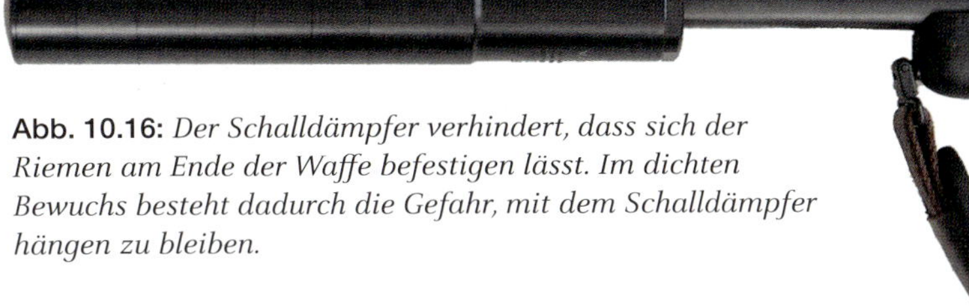

Abb. 10.16: *Der Schalldämpfer verhindert, dass sich der Riemen am Ende der Waffe befestigen lässt. Im dichten Bewuchs besteht dadurch die Gefahr, mit dem Schalldämpfer hängen zu bleiben.*

Riemenbügelöse an einem ausreichend stabilen Schalldämpfer (→ **Kap. 19**).

Optikschatten

Die große Silhouette des Schalldämpfers stört nicht nur bei der Verwendung der offenen Visierung, sondern ist bei niedriger Vergrößerung auch im Zielfernrohr teilweise deutlich als Schatten wahrnehmbar (→ **Abb. 10.17**). Bei höheren Vergrößerungen tritt dieser Effekt nicht mehr auf.

Abb. 10.17: *Bei niedriger Vergrößerung ist der Schalldämpfer meist als Schatten im Zielfernrohr zu sehen.*

Zusammenfassung

- Schalldämpfer erhöhen das Gewicht und machen die Waffe vorderlastiger.
- Schalldämpfer erschweren den Gebrauch einer offenen Visierung oder machen ihn sogar unmöglich.
- Schalldämpfer verlängern die Waffe und machen sie damit unhandlicher.
- Schalldämpfer verändern die Treffpunktlage der Waffe.
- Schalldämpfer beeinträchtigen das Anbringen einer Riemenbügelöse am vorderen Waffenende.

KAPITEL 11

Mündungsgewinde

»Verbunden werden
auch die Schwachen mächtig.«

Friedrich Schiller

Mündungsgewinde

Zur Befestigung von Schalldämpfern hat sich als Standard für Büchsen in jagdlich brauchbaren Kalibern die Nutzung eines Mündungsgewindes durchgesetzt.

Selbstverständlich müssen dafür die Gewindegrößen des Schalldämpfers und des Laufes übereinstimmen. Führt man also eine Büchse mit einem bereits vorhandenen Mündungsgewinde, muss der Schalldämpfer mit dem gleichen Gewindetyp beschafft werden. Die Gewindetypen sind bei den allermeisten Schalldämpferherstellern im Rahmen der konstruktiven Möglichkeiten frei wählbar und müssen bei der Bestellung angegeben werden.

Metrische Gewinde

In Europa hat sich das metrische ISO-Feingewinde als Standard für Mündungsgewinde etabliert. Bei Gewinden unterscheidet man nach Außen-, Flanken- und Kerndurchmessern und nach der Steigung (→ **Abb. 11.1**). Ein typischer Vertreter ist das M15x1 (→ **Tab. 11.1**). Die 15 bezeichnet dabei den Außendurchmesser, die 1 die Entfernung in Millimetern von Gewindegang zu Gewindegang, auch Steigung genannt.

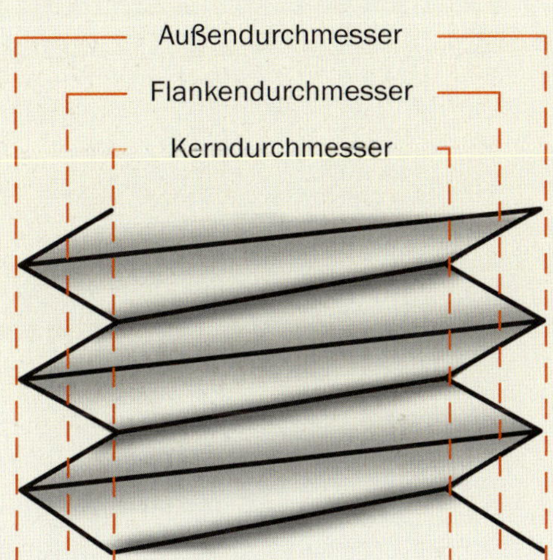

Abb. 11.1: *Bei Gewinden unterscheidet man Außen-, Flanken- und Kerndurchmesser.*

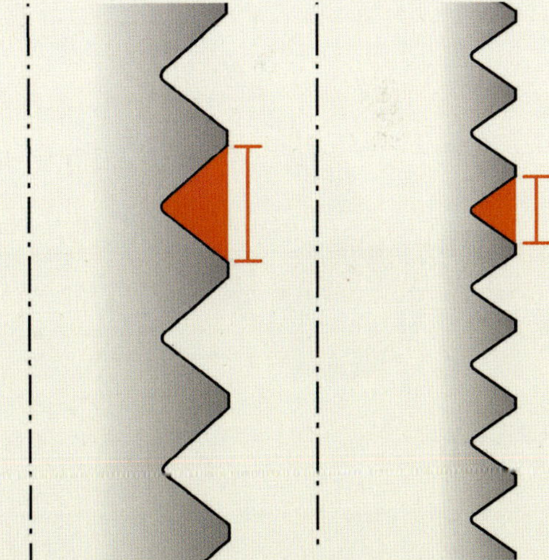

Abb. 11.2: *Der Abstand von einem Gewindegang zum nächsten wird als Steigung bezeichnet. Sie beträgt 1,5 mm bei Regelgewinden (links) und 1 mm bei Feingewinden (rechts).*

Klemmmontage

Für Luftgewehre werden auch einfache Klemmmontagen angeboten. Für Schusswaffen mit heißen Gasen bieten diese jedoch keine ausreichende Festigkeit.

Bezeichnung	Außen-Ø	Flanken-Ø	Kern-Ø
M13x1	13,00	12,35	11,77
M14x1	14,00	13,35	12,77
M15x1	15,00	14,35	13,77
M18x1	18,00	17,35	16,77

Tab. 11.1: *Typische Mündungsgewinde (Angaben in mm).*

Feingewinde weisen eine geringere Steigung als Regelgewinde auf, besitzen also einen kleineren Abstand von Gewindegang zu Gewindegang (→ **Abb. 11.2**). Bei gleicher Anzugskraft wirken durch die weniger steilen Gänge höhere Druckkräfte auf die Flanken. Sie sind dadurch kraftschlüssiger, lösen sich also weniger leicht bei Belastung. Weil die Gänge bei einem Feingewinde weniger tief ausgeführt werden, bleibt eine höhere Belastbarkeit des Laufes durch einen stärkeren Kerndurchmesser bestehen. Regelgewinde sind nicht grundsätzlich ungeeignet als Mündungsgewinde, kommen aber selten vor. Bei den üblicherweise für Mündungsgewinde genutzten Gewindegrößen erkennt man die größere Steigung von Regelgewinden an der Bezeichnung **x1,5**, während Feingewinde eine kleinere Steigung von **x1** aufweisen.

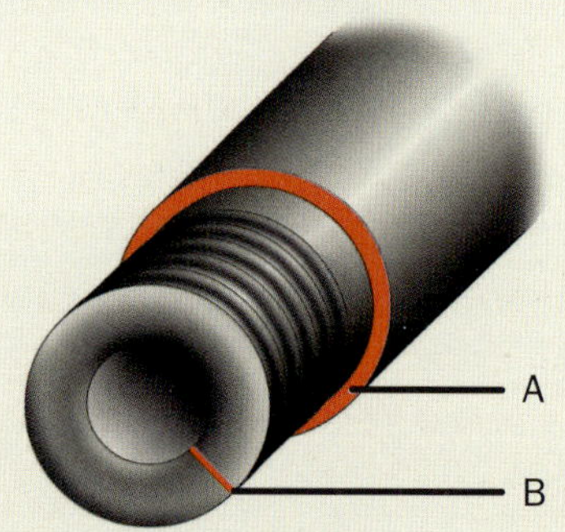

Abb. 11.3: *Der Durchmesser eines Gewindes muss so passend zur Laufstärke gewählt werden, dass einerseits eine ausreichende Schulter für die Zentrierung des Dämpfers entsteht (A), andererseits die Wandstärke des Laufes (B) aber nicht zu stark verringert wird.*

Die Auswahl des Gewindes für die Mündung muss sich an Kaliber und Laufstärke orientieren (→ **Abb. 11.3**). Dabei sind zwei Grundregeln zu beachten:

1. Das Gewinde muss einen Kerndurchmesser haben, der so groß ist, dass ausreichend Material rund um die Laufseele stehen bleibt. Große Kaliber erfordern daher auch größere Gewindetypen!
2. Das Mündungsgewinde muss einen Durchmesser haben, der klein genug ist, um eine Schulter stehen zu lassen, an der sich der Dämpfer zentrieren kann.

Für gewöhnlich wird das Gewinde etwa so lang wie der Durchmesser ausgeführt, als

Freistich

Der Freistich darf keinesfalls deutlich dünner als der Kerndurchmesser ausgeführt werden. Andernfalls stellt er eine Sollbruchstelle dar, die bei entsprechender Schussbelastung zum Abbrechen des Gewindes führen kann!

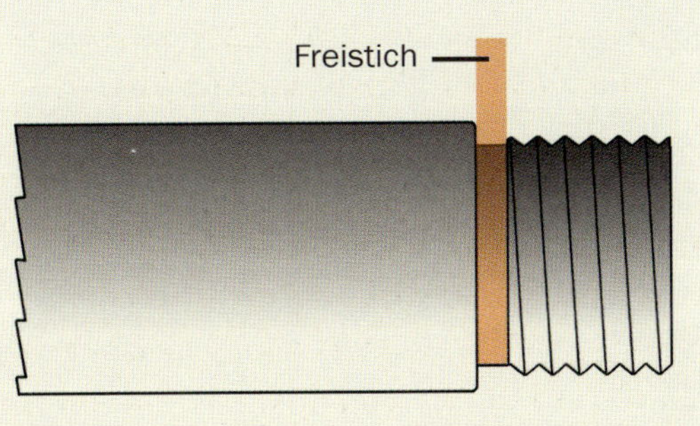

Abb. 11.4: *Skizzenhafte Darstellung eines Freistichs.*

Gewindeschutzmutter

Das Mündungsgewinde ist die Achillesferse bei der Nutzung von Schalldämpfern an Schusswaffen. Dreck im Gewinde sollte unbedingt vermieden werden, ebenso eine Beschädigung durch Anstoßen oder Herunterfallen. Um das Gewinde schützen zu können, sollte man sich daher immer eine zum Gewinde passende Abdeckmutter fertigen lassen. Diese schützt die empfindlichen Gewindegänge, wenn kein Dämpfer montiert ist (→ **Abb. 11.5**).

Minimum gelten vier Umgänge. Um eine möglichst gute Fluchtung zwischen Dämpfer und Lauf sicherzustellen, lässt man meist nach einem Freistich von ein bis zwei Umgängen am Ende des Gewindes eine Schulter im rechten Winkel als Anschlag stehen. Freistich wird ein Bereich genannt, bei dem der Lauf auf einen Durchmesser abgedreht ist, der ca. 0,2 mm kleiner als der Kerndurchmesser des Gewindes ist. Er weist also keine Gewindegänge mehr auf (→ **Abb. 11.4**).

Bei der Neuanschaffung eines Gewehres sollte man am besten eine Version mit werkseitig angebrachtem Mündungsgewinde wählen. Während Mündungsgewinde an jagdlichen Repetierbüchsen in der Vergangenheit kaum üblich waren, werden diese mittlerweile bei fast allen am Markt erhältlichen und für Schalldämpfer geeigneten Waffen als Standardoption angeboten.

Beim nachträglichen Anbringen eines Mündungsgewindes muss meist das Korn mitsamt Kornsattel entfernt oder nach hinten versetzt werden. Einfache Dämpferkonstruktionen, die vom Gewinde aus nur vorwärts in Schussrichtung bauen, erfordern lediglich ein Versetzen um wenige Zentimeter. Bei Teleskopdämpfern muss das Korn dagegen so weit nach hinten versetzt werden, dass sich infolgedessen die Visierlinie erheblich verkürzt und damit die Nutzbarkeit der offe-

Abb. 11.5: *Mündungsgewinde mit/ohne Schutzmutter.*

Rechtsgewinde

Mündungsgewinde werden grundsätzlich als Rechtsgewinde ausgeführt. Es gibt allerdings auch Linksgewinde. Sie werden mit einem hinten angefügten L gekennzeichnet. Typischer Anwendungsbereich sind Pistolen mit Rechtsdrall, bei denen sich erfahrungsgemäß der Dämpfer bei längeren Schussserien durch die gleichsinnigen Impulse lockern kann. Kurzwaffen werden daher meist mit einem M13,5x1 L-Gewinde ausgestattet.

nen Visierung infrage gestellt wird. Mittlerweile sind am Markt auch Lösungen verfügbar, bei denen der Kornsattel optional für die Schalldämpfernutzung entfernt werden kann (→ **Abb. 11.6**).

Auswahl der Gewindegröße

Für den Lauf einer .223 Remington mit einer Mündungsstärke von 15 mm bietet sich ein Gewinde mit einem Außendurchmesser von 13 mm an, um eine genügend breite Schulter als Zentrierungsfläche sicherzustellen. Beim Kerndurchmesser muss nach Ab-

Abb. 11.6: *Die i-Sight-Visierung der Firma Haenel erlaubt die wahlweise Nutzung der Waffe mit Schalldämpfer ohne Korn oder ohne Schalldämpfer mit Korn.*

Abb. 11.7: *Mündungsgewinde durch Aufkleben einer Hülse; eine Arbeit des ehemaligen Mauser-Ingenieurs Otto Repa.*

zug des Laufinnendurchmessers (entspricht dem Kaliber der Patrone) auf beiden Seiten noch genügend Material stehen bleiben. Geht man von einem Innendurchmesser des Laufes von 5,68 mm aus, würden bei einem M13x1 mit 11,7 mm Kerndurchmesser noch ca. 3 mm Wandstärke übrig bleiben.

Für die .223 Remington passt ein M13x1 also recht gut, weswegen es sich um ein gängiges Gewinde für diese Patrone handelt. Bei gasdruckstarken Patronen und sehr starken Läufen sollte man darauf achten, kein zu kleines Gewinde zu wählen. Durch den hohen Materialabtrag und die im Vergleich zum restlichen Lauf geringe Wandstärke kann es insbesondere bei gehämmerten Läufen beim Schießen sonst nämlich zu einer Mündungsweitung kommen, die die Präzision verschlechtern und das Auf-/Abschrauben des Dämpfers erschweren kann.

Um dieses Risiko auszuschließen, kann eine Hülse mit Gewinde auf den Lauf aufgeklebt oder gelötet werden (→ **Abb. 11.7**). Diese Lösung bietet zudem den Vorteil, dass die Waffe nicht erneut beschossen werden

Gewindegröße

In der Praxis sollte man ein Gewinde auswählen, das einen 2 mm kleineren Durchmesser als der Lauf in Mündungsnähe hat. Zu einem 17-mm-Lauf passt also ein M15x1, zu einem 19-mm-Lauf ein M17x1.

muss. Allerdings richtet sich die Hülse naturgemäß an der Außenkontur des Laufes aus, sodass hier peinlich auf ein korrekt fluchtendes Mündungsgewinde geachtet werden muss!

Jagdwaffen für die .223/5,6-Geschossfamilie werden meist mit M13 x 1-Gewinden versehen. Ab 6 mm wird zu M14 x 1 oder M15 x 1 gegriffen. Bei etwas stärker ausgeführten Läufen (z. B. Matchläufen) oder Kalibern von 8 mm bis .40 eignen sich M17 x 1 oder M18 x 1 gut. Für noch größere Geschossdurchmesser stehen M20x1, M22x1 und M24x1 zur Verfügung.

Kaliber	Metrische Gewinde	UTS-Gewinde
.222–.243	M13x1	½« x 20 UNF, ½« x 28 UNEF
.243–8 mm	M14x1, M15x1	5/8« x 18 UNF, 5/8« x 24 UNEF
.243–.40 (Matchlauf)	M17x1 (19 mm Laufdurchmesser), M18x1 (ab 20 mm)	

Tab. 11.2 *Empfehlenswerte Gewindegrößen.*

Bei der Auswahl muss darauf geachtet werden, dass eine ausreichend große Schulter für die Zentrierung des Dämpfers entsteht. Als Faustregel empfiehlt es sich, dass die Laufstärke mindestens 1,5 mm größer sein sollte als der Gewindedurchmesser. Für ein M15x1-Gewinde sollte der Mündungsdurchmesser dementsprechend zumindest 16,5 mm betragen (→ **Tab. 11.2**).

Zöllige Gewinde

Amerikanische Waffen sind ab Werk in der Regel mit zölligen Gewinden versehen. Diese werden gemäß Unified Thread Standard (UTS) ausgeführt. Der erste Wert der Typbezeichnung beschreibt den Außendurchmesser in Zoll, der zweite Wert die Steigung in Gängen pro Zoll. Hier wird durch Anfügen von UNF (*fine*) oder UNEF (*extra fine*) zwischen feinen und extrafeinen Gewindesteigungen unterschieden. Das Standardgewinde mit dem Außendurchmesser 5/8" gibt es dementsprechend als UNF-Ausführung mit 18 Gängen pro Zoll oder als UNEF-Ausführung mit 24 Gängen pro Zoll. Typische amerikanische Gewinde sind ½" x 28 UNEF bei Gewehren im Kaliber .223

Abb. 11.8: *Gewindeadapter ermöglichen es, eine Gewindegröße auf eine andere umzusetzen. Um eine saubere Fluchtung von Dämpfer und Laufseele zu erreichen, müssen die Adapter sehr sorgfältig gefertigt werden. Nicht alle Gewindegrößen und Läufe sind miteinander kombinierbar.*

(z. B. die AR-15-Familie). Jagdliche Mittelkaliber werden meist mit 5/8" x 24 UNEF ausgestattet. Für Kleinkaliber-Waffen ist ½" x 20 UNF üblich. Sofern nicht eine Waffe oder ein Dämpfer bereits ab Werk mit einem UTS-Gewinde ausgestattet ist und damit entsprechende Fakten geschaffen sind, spricht wenig dafür, in Mitteleuropa auf diese Norm zurückzugreifen (→ **Abb. 11.8**). Auf eine detaillierte Auflistung der Gewindenormen wird daher an dieser Stelle verzichtet.

Gewindeprüfung

Wichtig: Das Beschussamt prüft nicht, ob das Gewinde gerade oder schief angebracht worden ist. Ein neu beschossenes Gewinde garantiert daher nicht, dass der Schalldämpfer richtig fluchtet!

Anbringen von Gewinden

Das Ändern wesentlicher Teile einer Schusswaffe ist rechtlich der Waffenherstellung gleichgestellt. Hierfür ist eine Erlaubnis nach § 21 oder § 26 Waffengesetz (WaffG) erforderlich. Ohne Waffenherstellungserlaubnis darf das – wie sach- und fachgerecht auch immer durchgeführte – Anbringen des Gewindes also nicht in Heimarbeit erfolgen, sondern gehört in die Hände eines fähigen Büchsenmachers.

Beschuss

Wird ein Gewinde angebracht und die Waffe zum Beschuss gegeben, wird dabei auch der Verschlussabstand geprüft. Werden die dafür zulässigen Toleranzen überschritten, wird daraufhin der Beschuss der Waffe so lange verweigert, bis sie instandgesetzt ist. Bei deutlichen Abweichungen sollte man den Sicherheitsgewinn durch die Prüfung wertschätzen. Gerade bei älteren Waffen, deren einstige Fertigung höheren Toleranzen unterlag und die die Grenzwerte häufig nur minimal überschreiten, kann dies jedoch ärgerlich sein und zum wirtschaftlichen Totalschaden der Waffe führen. Wer dieses Risiko nicht eingehen will, kann auch eine Hülse mit Gewinde auf den Lauf kleben lassen (→ **Abb. 11.7**).

Da es sich hierbei auch um eine Änderung eines höchst beanspruchten Teiles handelt, muss der Lauf anschließend gemäß § 3 Beschussgesetz (BeschG) neu beschossen werden. Die Kosten dafür sind sehr überschaubar, variieren aber von Bundesland zu Bundesland. In der – leider nicht mehr verbindlichen – Kostenverordnung zum Waffengesetz (WaffKostV) in der Fassung vom 10.01.2000 wird in der »Anlage Gebührenverzeichnis« in Abschnitt II Nr. 28.2 für den Beschuss von bis zu fünf Langwaffen eine Gebühr von 19 D-Mark je Waffe vorgegeben. Erfahrungsgemäß berechnen die Beschussämter derzeit 20–50 € pro Waffe. Wer Geld sparen will und in der Nähe eines Beschussamtes wohnt, kann dort durchaus auch als Privatperson die Waffe zum Beschuss persönlich vorbeibringen. Der

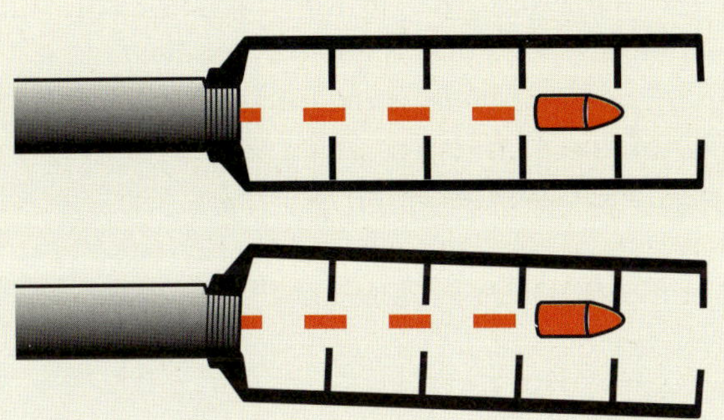

Abb. 11.9: *Fluchtet der Schalldämpfer nicht mit der Laufseele, kann es zu Blendenkontakten kommen. Die Ursache kann nicht nur ein schief geschnittenes Gewinde sein. Auch eine Lockerung des Dämpfers während des Schießens kann ursächlich dafür sein.*

Fluchtung des Gewindes

Um Blendenkontakte des Geschosses sicher zu vermeiden, muss die Fluchtung des Gewindes unbedingt an der Seelenachse und nicht an der Außenkontur des Laufes ausgerichtet werden. Bereits Abweichungen von weniger als 0,2° führen aufgrund der meist sehr eng gehaltenen Blendenbohrungen aktueller Dämpfer zwangsläufig zu Blendenkontakten und einer damit einhergehenden massiven Verschlechterung der Schussleistung oder Beschädigung des Dämpfers!

Versand ist nämlich oft teurer als der eigentliche Beschuss.

Mündungsgewinde spielen eine zentrale Rolle bei der Nutzung von Schalldämpfern. Bereits geringe Abweichungen von der Seelenachse beim Mündungsgewinde oder bei seinem Gegenstück im Dämpfer können zu nicht ausreichend fluchtenden Dämpfern führen (→ **Abb. 11.9**). Bei manchen Waffen fluchten die Außenkontur und die Seelenachse des Laufes nicht perfekt, was beim einfachen Gewindeschneiden entlang der Außenkontur zu gefährlichen Abweichungen der Lauf- und Dämpferachse führt. Auch beim Gewinde des Schalldämpfers kommen Fertigungsfehler mit schiefen Gewinden vor, sind aber deutlich seltener.

Je länger der Schalldämpfer ist, umso größer wird die Gefahr eines Blendenkontaktes bei schiefem Sitz. Besonders kurze Dämpfer oder Teleskopdämpfer verzeihen daher kleine, kaum merkliche handwerkliche Fehler beim Anbringen von Gewinden besser.

In jedem Fall gehört das Anbringen von Mündungsgewinden in die Hände eines erfahrenen und gewissenhaften Büchsenma-

Blendenkontakt

Leichte Blendenkontakte können die Schussleistung extrem verschlechtern, ohne eine offensichtliche Beschädigung zu verursachen. Besteht der Verdacht dahingehend, bestreichen Sie die Blenden mit Nagellack oder Lippenstift, und geben Sie anschließend einen weiteren Schuss ab. Ein Blendenkontakt wird so leichter erkennbar.

Abb. 11.10: *Führungsring: links zum Einschrauben, rechts mittels Sprengring gesichert.*

chers. Besonderes Augenmerk muss beim Anbringen eines Gewindes darauf gelegt werden, die Mündungskrone nicht zu beschädigen. Andernfalls kann die Schussleistung der Waffe leiden. Wird der Lauf im Rahmen der Gewindefertigung gekürzt, sollte die Mündung neu angesenkt werden.

Zweipunktmontage

Um eine bessere Fluchtung zu erzielen und die am Gewinde wirkenden Hebel der häufig recht schweren Dämpfer möglichst gering zu halten, wird gerade bei schweren oder langen Dämpfern häufig eine **Zweipunktmontage** gewählt. Hierzu wird auf das Prinzip des Teleskopdämpfers zurückgegriffen. Das Gewinde zur Aufnahme befindet sich bei den einfacheren Konstruktionen tief im Dämpfer und wird um einen weiteren Anlagepunkt am hinteren Ende ergänzt. In der Regel wird dieser durch einen in der Basis des Dämpfers eingelegten Führungsring (meist aus Kunststoff) gebildet, der gleichzeitig den Lauf beim Aufsetzen des Dämpfers vor Kratzern schützt. Er wird auf den Durchmesser des Laufes abgedreht und liegt dann mit geringen Toleranzen (ca. 1/10 mm) an (→ **Abb. 11.10**). Damit passt der Dämpfer spezifisch auf diese Waffe.

Soll er jedoch auch zusammen mit Waffen verwendet werden, die eine andere Laufgeometrie aufweisen, müssen weitere entsprechend dimensionierte Kunststoffringe zum Auswechseln angefertigt werden. Solange der Dämpfer fest im Gewinde zentriert ist, ist der Führungsring ohne Bedeutung. Kommt es jedoch zu einer Lockerung, wie sie häufig bereits nach Abgabe weniger Schüsse auftritt, verhindert der Führungsring ein relevantes Verkippen des Dämpfers in den Gewindegängen und sorgt so für die Beibehaltung der Fluchtung. Das schafft ein gewisses Sicherheitspolster. Eine noch hö-

Schlechte Schussleistung mit Teleskopdämpfer

Bei manchen Waffen führt ein passend abgedrehter und damit am Lauf anliegender Führungsring zu einer deutlichen Verschlechterung der Schussleistung. In diesem Fall sollte der Dämpfer ohne diesen Ring montiert und Probe geschossen werden. Verbessert sich die Präzision deutlich, kann der Ring weiter abgedreht werden, um dem Lauf ein freies Schwingen zu ermöglichen. Er dient dann nur noch dem Schutz des Laufes vor Kratzern beim Aufschieben des Dämpfers.

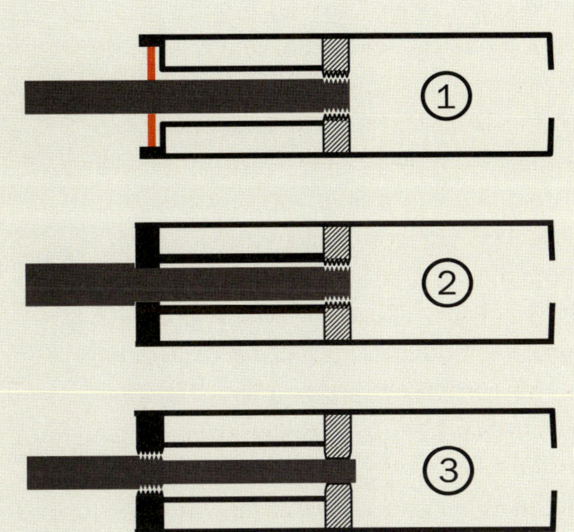

Abb. 11.11: *Schematische Darstellung einer Zweipunktmontage. Dabei kann das Gewinde an der Mündung angebracht sein, die hintere Abstützung bildet dann ein auswechselbarer Führungsring (1) oder ein passend abgedrehtes Führungsteil am Lauf auf Höhe der Bodenkappe (2). Alternativ sind auch ein Gewinde im Bereich der Bodenkappe und ein Führungsteil an der Mündung möglich (3). Die Nutzung eines Führungsteils/-rings anstelle von zwei Gewinden ist wichtig, um bei hitzebedingter Materialdehnung eine axiale Verschiebbarkeit zu ermöglichen.*

here Stabilität erreichen Teleskopdämpfer, für deren zweiten Anlagepunkt der innerhalb der »Flüstertüte« liegende Teil des Laufes abgedreht wird. Das Mündungsgewinde kann dabei entweder im Bereich der Mündung oder an der Basis des Dämpfers angebracht sein. Der jeweils ohne Gewinde ausgeführte Teil dient als Anschlagpunkt und Zentrierzapfen (→ **Abb. 11.11**). Diese Modelle sind Einzelkonstruktionen, die spezifisch für eine entsprechend angepasste Waffe konstruiert und angefertigt werden (→ **Abb. 11.12**).

Abb. 11.12: *Steyr SSG 69 PIV. Das Schnittbild zeigt die Zweipunktmontage mit Führungsteil.*

Führungsteil

Als sinnvoller Kompromiss zwischen Aufwand und Nutzen haben sich **Mündungsgewinde mit Führungsteil** bewährt. Dabei wird hinter den Gewindegängen ein weiteres Stück des Laufes auf den Außendurchmesser des Gewindes glatt abgedreht (→ **Abb. 11.13**), auf den ein hinten am Dämpfer

Abb. 11.13: *Mündungsgewinde mit Führungsteil (rechts). Daneben ein normales Feingewinde, bei dem sich der Dämpfer an der Schulter zentrieren muss.*

Abb. 11.14: *Schalldämpfer für ein normales Gewinde (links) und für ein Gewinde mit Führungsteil (rechts).*

Abb. 11.15: *Beim BoreLock-System greift nach dem Aufschrauben ein federbelasteter Sperrhebel in eine Vertiefung. Dadurch kann sich der Dämpfer beim Schießen nicht mehr lockern – ein erheblicher Sicherheitsgewinn!*

angebrachtes Rohr mit engen Toleranzen passt (→ **Abb. 11.14**). Dieses Führungsteil (engl.: *Spigot*) sorgt dafür, dass der Schalldämpfer sauber zentriert wird und auch bei lockerem Sitz nicht abkippen kann. Das Gewinde selbst sichert dann nur noch den festen Sitz und muss keine Hebelkräfte mehr aufnehmen. Die Variante mit Führungsteil bietet eigentlich nur Vorteile und ist gerade aufgrund der mit ihr verbundenen Sicherheitsreserven besonders empfehlenswert. In Kombination mit Teleskopdämpfern ist sie die robusteste Variante, einen abnehmbaren Dämpfer anzubringen.

Mündungsfeuerdämpfer und -bremsen

Manche Hersteller bieten spezifisch geformte Mündungsfeuerdämpfer (MFD) oder Mündungsbremsen als Montagebasis für ihre Schalldämpfer an. Dabei werden die MFD auf das Mündungsgewinde des Laufes geschraubt. Sie können dort fest verbleiben, mindern das Mündungsfeuer bzw. verringern den Rückstoß, auch wenn kein Dämpfer aufgesetzt ist, und schützen die Gewindegänge vor Beschädigung. Wird der Schalldämpfer aufgesteckt, verschwindet der Mündungsfeuerdämpfer in einer entsprechenden Aussparung im Dämpfer, sorgt für eine ausreichende Zentrierung und wird meist im Sinne einer portierten Laufverlängerung in die Innenkonstruktion des Dämpfers einbezogen. Der Schalldämpfer findet dann durch ein außen auf dem Mündungsfeuerdämpfer angebrachtes Gewinde (→ **Abb. 11.15**) oder durch einen Verriegelungsmechanismus Halt (→ **Abb. 11.16**). Diese Montagelösung setzt eine besonders sorgfältige Herstellung voraus, da neben dem Mündungsgewinde auch die Aufnahme des Schalldämpfers auf dem MFD bzw. der Bremse eine zweite mögliche Fehlerquelle für die korrekte Fluchtung des Dämpfers darstellt.

Wechselgewinde

Soll ein Schalldämpfer auf mehreren Waffen mit verschiedenen Mündungsgewindegrößen genutzt werden, muss ein Adapter eingesetzt werden. Verschiedene Hersteller verwenden in ihren Schalldämpfern Gewindeadapter, um die Produktion wirtschaftlicher zu machen. Neben dem Tiger von Brügger &

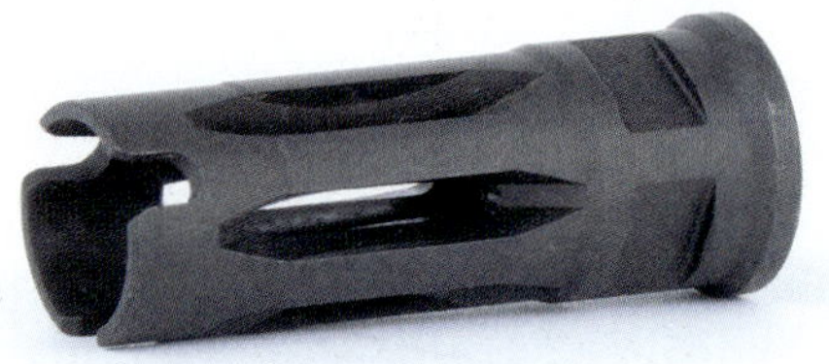

Abb. 11.16: *Mündungsfeuerdämpfer zur schnellen Befestigung von Schalldämpfern der Baureihe Rotex.*

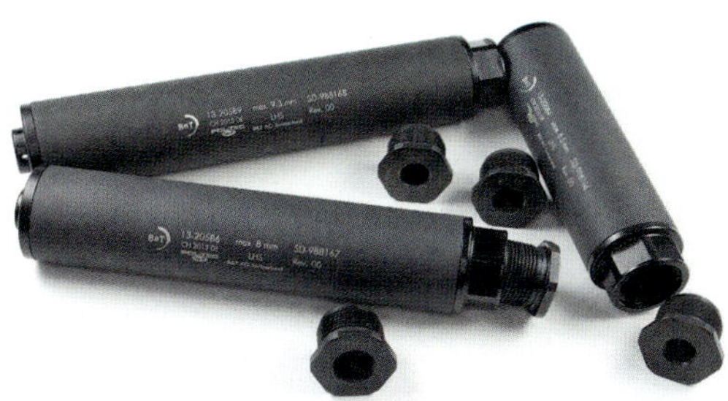

Abb. 11.17: *Der Schalldämpfer Tiger von B&T ist als Baukastensystem mit drei Blendenbohrungsgrößen und Wechselbodenkappen zum Gewindetausch konzipiert.*

Abb. 11.19: *Der aimZonic Predator lässt sich durch Austausch der Bodenkappe für verschiedene Gewindegrößen nutzen.*

Thomet ist das z. B. auch bei vielen Schalldämpfern der Firmen Hausken, aimSport und Roedale Precision der Fall (→ **Abb. 11.17, Abb. 11.18** und **Abb. 11.19**). Um zu verhindern, dass die Gewindeadapter beim Entfernen des Schalldämpfers von der Waffe nicht im Dämpfer stecken bleiben, müssen diese aber in der Regel mit einem größeren Drehmoment festgezogen oder festgeklebt werden. Hierdurch ist ein einfaches Wechseln dann nicht mehr möglich. Von Gewindeadaptern profitiert daher vor allem der Hersteller durch eine wirtschaftlichere Fertigung.

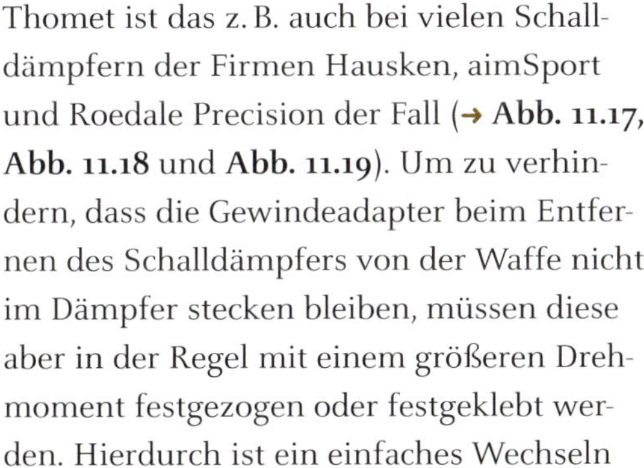

Systeme zum schnellen Aufsetzen oder Abnehmen eines Schalldämpfers waren in der Vergangenheit vor allem für behördliche Anwendungen vorgesehen. Sie nutzen zumeist einen Mündungsfeuerdämpfer oder eine Mündungsbremse als Adapter. Klassische Behördenprodukte, die auch auf dem zivilen Markt verfügbar sind und sich vor allem durch ihre Robustheit und Zuverlässigkeit auszeichnen, sind z. B. die BoreLock-Reihe des finnischen Herstellers Ase Utra, die Mündungsfeuerdämpfer bzw. -bremsen von

Abb. 11.18: *Roedale Precision Delta Ultralight mit und ohne Wechselgewinde.*

Kompatibilität

Selbstverständlich müssen bei allen Herstellern das Kaliber und die Blendenbohrungsgröße kompatibel mit dem Kaliber der genutzten Waffe sein!

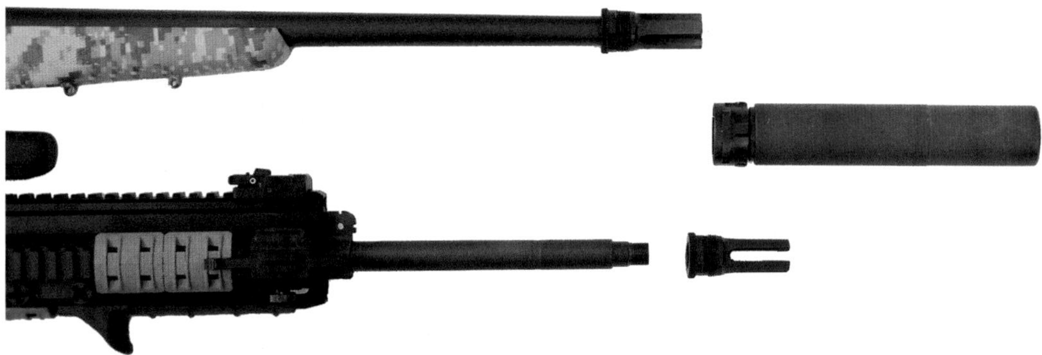

Abb. 11.20: *Mithilfe der BoreLock-Mündungsfeuerdämpfer lässt sich ein Schalldämpfer von Ase Utra auf Waffen mit verschiedenen Gewindegrößen nutzen.*

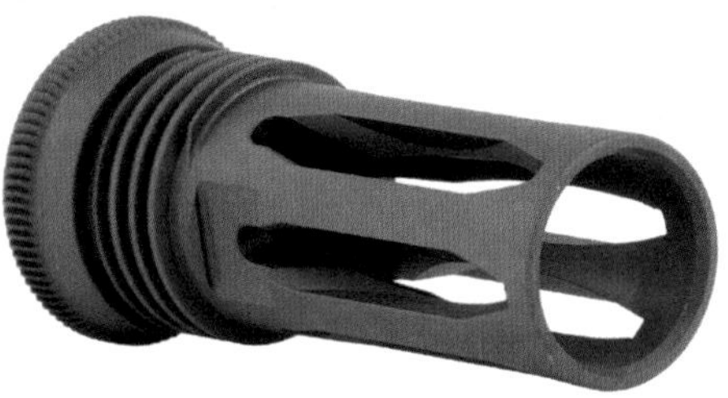

Abb. 11.21: *Der abgebildete Mündungsfeuerdämpfer ist für die Aufnahme des M.A.R.S.-QD-Dämpfers von B&T konstruiert.*

Brügger & Thomet und die vergleichsweise neue Dragon-Reihe der norwegischen Firma A-TEC (→ **Abb. 11.20, 11.21** und **11.22**).

In den letzten Jahren werden zunehmend Schnellkupplungen auch für die jagdliche Anwendung angeboten, die ein mühsames

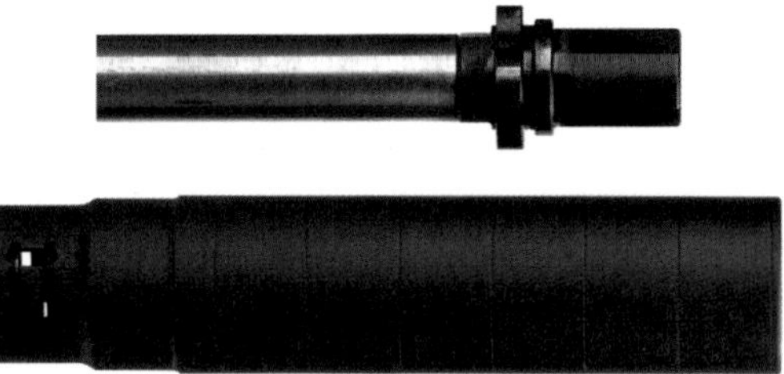

Abb. 11.22: *Schnellkupplung des A-TEC Dragon.*

Auf- und Abschrauben über viele Gewindegänge ersparen. Sie erlauben es, den Schalldämpfer mit einer Handdrehung auf- und abzusetzen. Nach dem A-LOCK mini von A-TEC hat auch Recknagel mit dem ERA LOC einen solchen Adapter mit durchbrochenem Gewinde auf den Markt gebracht (→ **Abb. 11.23** und **Abb. 11.24**). Es ist zu erwarten, dass sich solche Systeme aufgrund des höheren Anwenderkomforts immer weiter durchsetzen werden.

Auch die für behördliche oder jagdliche Anwendung hergestellten Schnellkupplungen müssen auf dem Mündungsgewinde der Waffe entweder mit einem hohen Drehmoment festgezogen oder mit einem geeigneten Kleber festgeklebt werden, um nicht bei Abnahme des Dämpfers in diesem stecken zu bleiben. Wer einen Dämpfer also auf mehreren Waffen nutzen will, ist letztlich gezwungen, für jede Waffe einen eigenen Gewindeadapter bzw. eine Schnellkupplung anzuschaffen und fest zu montieren. Beim Kleben sollten Metallkleber gewählt werden, die einerseits die notwendige Temperaturstabilität aufweisen, um bei einem erhitzten

Abb. 11.23: *Der Adapter A-LOCK mini von A-TEC.*

Abb. 11.24: *Der Adapter ERA LOC der Firma Recknagel.*

Abb. 11.25: *Beim BoreLock-System von Ase Utra ist der Mündungsfeuerdämpfer HiPer (oben) nur mit dem Schalldämpfer Jet-Z kompatibel. Die SLi-Baureihe benötigt für die kürzer bauenden Modelle entweder die Mündungsbremse (Mitte) oder den Mündungsfeuerdämpfer Birdcage (unten).*

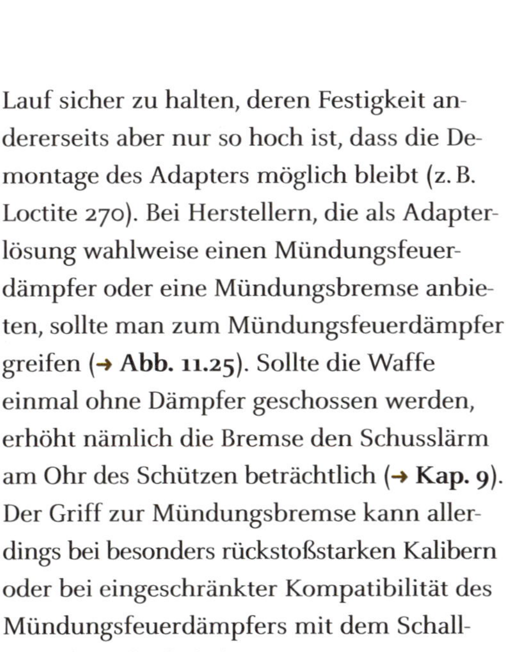

Lauf sicher zu halten, deren Festigkeit andererseits aber nur so hoch ist, dass die Demontage des Adapters möglich bleibt (z. B. Loctite 270). Bei Herstellern, die als Adapterlösung wahlweise einen Mündungsfeuerdämpfer oder eine Mündungsbremse anbieten, sollte man zum Mündungsfeuerdämpfer greifen (→ **Abb. 11.25**). Sollte die Waffe einmal ohne Dämpfer geschossen werden, erhöht nämlich die Bremse den Schusslärm am Ohr des Schützen beträchtlich (→ **Kap. 9**). Der Griff zur Mündungsbremse kann allerdings bei besonders rückstoßstarken Kalibern oder bei eingeschränkter Kompatibilität des Mündungsfeuerdämpfers mit dem Schalldämpfer erforderlich sein.

Zusammenfassung

- Mündungsgewinde müssen passend zu Laufkontur und Kaliber ausgewählt werden.
- Gewinde mit Führungsteil bieten mehr Sicherheitsreserven.
- Ein exakt zur Laufseelenachse fluchtendes Gewinde ist extrem wichtig.
- Bei nicht montiertem Dämpfer sollte das Gewinde immer mit einer Mutter vor Beschädigung geschützt werden.
- Das nachträgliche Anbringen eines Gewindes bedarf eines erneuten Beschusses.

KAPITEL 12

Pflege von Schalldämpfern

»Wer reinigt, entfernt nichts,
sondern verteilt nur anders.«

Marc Kraft

Pflege von Schalldämpfern

Die Frage, ob und wie Schalldämpfer gepflegt werden müssen, hat nahezu philosophischen Charakter.

Gegner einer regelmäßigen Reinigung sind überzeugt davon, dass die Ablagerungen im Dämpfer den Anprall der Gase abfedern und so den Körperschall mindern (→ **Abb. 12.1**). Sauberkeits-Enthusiasten verweisen dagegen auf die Korrosionsgefahr durch ebendiese aggressiven Ablagerungen und empfehlen eine regelmäßige Reinigung. Fakt ist: Wer einen Dämpfer aus Stahl nur nutzt und nicht putzt, der wird erleben, dass er über kurz oder lang so stark verrostet, dass Funktion und Sicherheit gefährdet werden (→ **Abb. 12.2**).

Abb. 12.1: *Blende eines A-TEC Maxim nach ca. 30 Schuss (in grob gereinigtem Zustand).*

Abb. 12.2: *Massiv korrodierter Stahldämpfer als Resultat fehlender Pflege.*

Feuchtigkeit ist Gift

Feuchtigkeit ist Gift für Stahl! Aus diesem Material gefertigte Dämpfer sollten nach der Verwendung unbedingt sorgfältig getrocknet und mit Öl vor Korrosion geschützt werden.

Aber auch bei nicht rostendem Material wie Aluminium und Titan sollte der Dämpfer nicht dauerhaft auf der Waffe belassen werden. Die aggressiven Treibladungsrückstände und das hygroskopisch daran gebundene Wasser führen auch hier schnell zu Erosionen (→ **Abb. 12.3**). Nicht nur Mündung und Gewinde sind hiervon betroffen, sondern auch sowohl im Lauf als auch im Patronenlager können schwere Schäden auftreten. Beispielsweise bei Teleskopdämpfern bildet sich infolge der auftretenden Temperaturdifferenzen zudem häufig im Hohlraum zwischen dem Lauf und dem darübergestülpten Dämpfer korrosionsförderndes Kondensationswasser.

Wird sehr viel ohne zwischenzeitliche Reinigung geschossen, kann es zu massiven Schmauchablagerungen kommen. Dadurch wird irgendwann nicht nur der Expansionsraum verkleinert und die Geometrie im Dämpfer verändert, sondern es kann auch zum Festsetzen beweglicher Teile oder zum

Waffenreinigung

Entfernen Sie vor dem Durchziehen der Waffe immer den Dämpfer, um Beschädigungen der Blenden zu vermeiden!

Abb. 12.3: *Werden Dämpfer dauerhaft auf der Waffe belassen, kommt es meist auch an der Laufmündung zu Schäden.*

Wirkungsverlust von Entlastungsbohrungen kommen. Bei beweglichen Innenkonstruktionen, wie z. B. der eines Kitzmann-Schallabsorbergewehrs, kann es sogar zu Beschädigungen kommen, wenn sich die Gaszange aufgrund einer funktionsgehemmten Feder nach dem ersten Schuss am Hüllrohrende in geschlossenem Zustand festsetzt (→ **Abb. 8.14**).

Interessanterweise scheint allerdings bei einem fabrikneuen Dämpfer die Verschmutzung in vielen Fällen während der ersten paar Hundert Schuss die Dämpfungsleistung sogar zu steigern (→ **Abb. 12.4**). Erklären lässt sich dieser Effekt damit, dass die sich an den Blenden und im Dämpferkörper niederschlagenden Verbrennungsrückstände die Oberfläche vergrößern und Energie aufnehmen. Im weiteren Verlauf kommt es dann jedoch bei kontinuierlich zunehmender Verschmutzung zu einer sinkenden Dämpfungsleistung, die vermutlich am ehesten durch eine Verkleinerung des Dämpfervolumens bedingt ist.

Bei modularen Dämpfern stellt das regelmäßige Zerlegen und Reinigen sicher, dass sich keine Ablagerungen in den Gewinden sammeln, die das Zerlegen behindern.

Um die Gewinde gut gängig zu halten, sollten sie mit hitzebeständigem Fett geschmiert

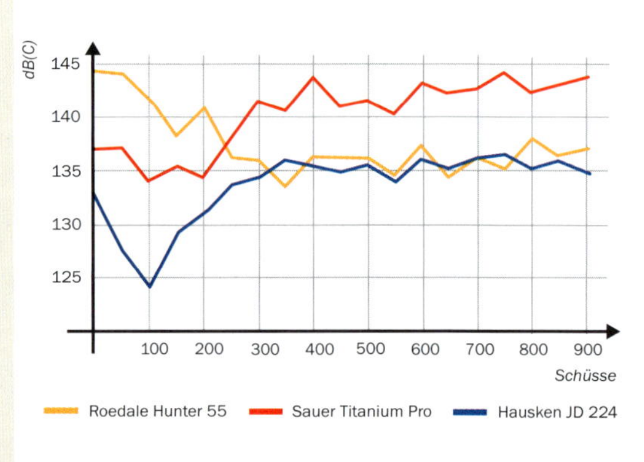

Abb. 12.4: *Eine Studie der Universität Göttingen konnte zeigen, dass sich die Dämpfungsleistung von Schalldämpfern in Abhängigkeit von der Schussbelastung verändert. Bei den meisten fabrikneuen Dämpfern verbessert sich durch die ersten 100 bis 150 Schuss die Dämpfung. Dies liegt vermutlich daran, dass sich Verbrennungsrückstände im Dämpferinneren ablagern und so die Oberfläche vergrößern. Bei vielen Modellen sinkt die Dämpfung dann aber wieder ab, teilweise wird sie sogar schlechter als im fabrikneuen Zustand. Dies könnte mit einer zunehmenden Verringerung des Dämpfervolumens zusammenhängen. Manche Modelle weisen sogar eine anhaltende Verbesserung der Dämpfungsleistung auf. [73]*

Problemfälle zerlegen

Bei modular aufgebauten Schalldämpfern setzen sich beim Schießen die Gewinde schnell fest. Will man den Dämpfer zerlegen, empfiehlt sich ein Schraubstock mit Lederbacken, in den man das Hinterteil einklemmt. Manche Hersteller bieten auch Lösungen ab Werk an (→ **Abb. 12.5** und **Abb. 12.6**).

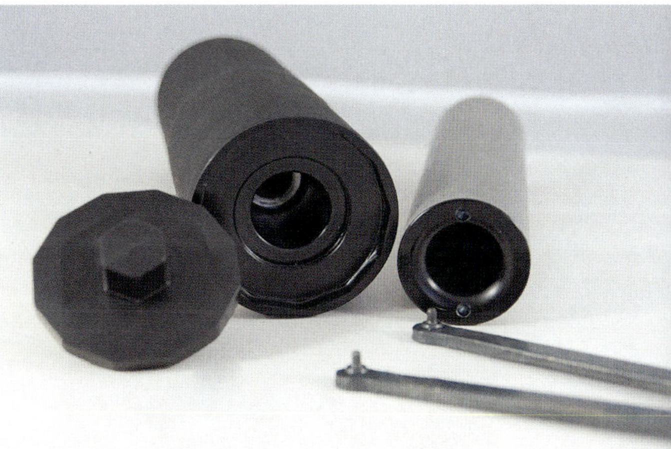

Abb. 12.6: *Dämpfer mit monolithischer Konstruktion sind leichter zerlegbar. Hier nutzen Hersteller häufig Stirnlochschlüssel (rechts: Lutz Möller) oder bieten Spezialwerkzeuge an (links: Hausken).*

Abb. 12.5: *Ein geniales Hilfsmittel zum Zerlegen seiner Dämpfer bietet Roedale Precision an: Das eigens gefertigte Bit greift in die Geometrie der Blenden. Mithilfe einer Ratsche und eines Schraubstocks lassen sich die Module einfach zerlegen.*

Zerlegbare Dämpfer können in herkömmlicher Weise analog zu den Waffen gereinigt werden, auf die Nutzung von Metallbürsten kann und sollte dabei allerdings grundsätzlich verzichtet werden. Bewährt hat sich Seifenlauge zur Reinigung. Hartnäckig anhaftende Verkrustungen können mit Kriechöl werden. Gleiches gilt für das Mündungsgewinde der Waffe. Reinigen Sie die Gewinde an der Mündung und am Dämpfer regelmäßig. Gute Dienste leistet dabei eine (Zahn-)Bürste. Verunreinigungen der Gewinde sollten unbedingt vermieden werden, um einer Beschädigung vorzubeugen.

Produktempfehlungen

Für die Reinigung und Konservierung von Schalldämpfern empfehlen sich Kriechöle, wie z. B. Rivolta T.R.S. Plus oder WD-40. Hartnäckigem Schmutz kann man bei zerlegbaren Dämpfern auch mit Bremsenreiniger begegnen. Zur Pflege der Gewinde bewähren sich hochtemperaturfeste Fette, wie z. B. OKS 1140 oder Molykote G-Rapid Plus (→ **Abb. 12.8**).

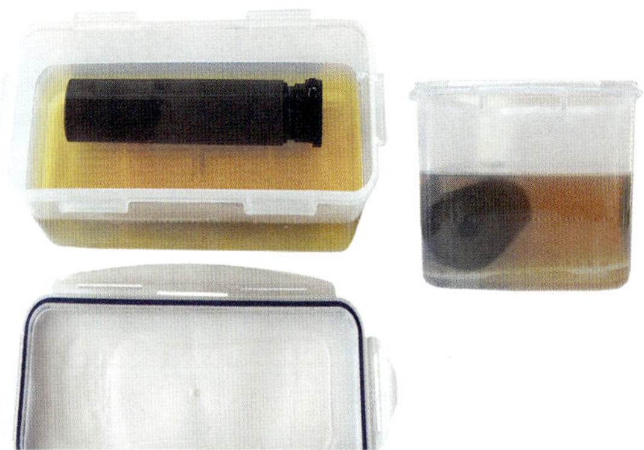

Abb. 12.7: *Tauchbad mit einem Kriechöl in einer handelsüblichen Frischhaltebox. Durch den Klickverschluss lässt sich das Öl darin sicher vor Verschütten für die nächste Nutzung aufbewahren.*

Kontrolle

Aus Sicherheitsgründen muss der Dämpfer nach der Reinigung immer auf Durchgängigkeit kontrolliert werden!

oder Bremsenreiniger gelöst werden. Mittlerweile gibt es auch erste spezielle Reinigungslösungen für Schalldämpfer auf dem Markt, z. B. von Ballistol, Hagopur und SchleTek. Ob diese den zuvor genannten Mitteln überlegen sind, wird die Zeitachse zeigen.

Dämpfermodelle, die nicht zerlegbar sind, können auch über Nacht in ein Tauchbad aus Kriechöl (→ **Abb. 12.7**) gestellt bzw. gelegt werden. Nach Entnahme lässt man das Öl aus dem Dämpfer sorgfältig ins Tauchbad zurücklaufen und reibt die Außenseite des Dämpfers mit einem Lappen trocken. Der innen verbleibende, leichte Ölfilm sorgt für einen guten Korrosionsschutz und vermindert zudem das *Loud First Shot*-Phänomen, allerdings muss dafür meist eine respektable Qualmwolke beim ersten Schuss in Kauf genommen werden (→ **S. 126 ff.**, Erstschussknall). Bei diesem Schuss lösen sich oftmals auch vom Öl unterwanderte bzw. angelöste Schmauchablagerungen und werden aus dem Dämpfer herausgeschleudert. Um die Qualmwolkenbildung auf ein Minimum zu reduzieren, empfiehlt sich das Durchblasen des Dämpfers mit Pressluft, nachdem man ihn aus dem Ölbad genommen hat.

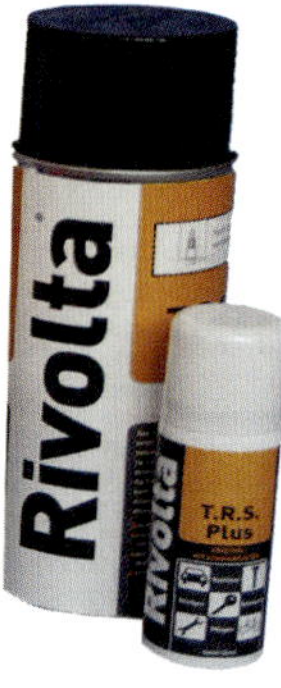

Abb. 12.8: *Kriechöle, wie WD-40 oder Rivolta T.R.S. Plus, eignen sich hervorragend zur Reinigung von Dämpfern. Für die Gewindepflege sollten hochtemperaturfeste Fette, wie z. B. OKS 1140 oder Molykote G-Rapid Plus, verwendet werden.*

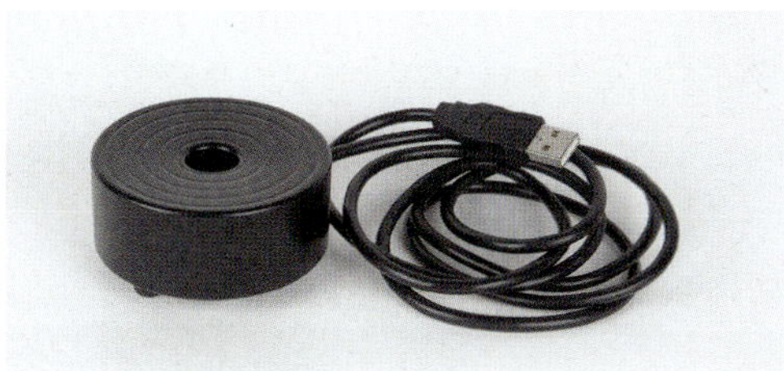

Abb. 12.9: *Akkubetriebener Ventilator Drylencer zur Trocknung des Schalldämpfers.*

Abb. 12.10: *Einen Schalldämpferhalter, der mittels Magnet im Waffenschrank befestigt wird und der einen Lüfter wie den Drylencer aufnehmen kann, bietet die Firma Masimo an.*

Besonders gründlich lassen sich Blenden auch im Ultraschallbad reinigen. Übertreiben Sie es aber nicht mit der Reinigung. Intervalle von 50 bis 200 Schuss sind im Regelfall völlig ausreichend, wenn mit der Waffe häufiger geschossen wird. Wer nur gelegentlich einen Schuss abgibt, verkürzt die Intervalle entsprechend. Soll der Schalldämpfer länger aufbewahrt werden, empfiehlt es sich, diesen innen und außen durch Benetzen mit Öl zu konservieren. Selbstverständlich lassen sich Schalldämpfer auch im Öltauchbad lagern.

Besonderer Wert sollte darauf gelegt werden, dass der Dämpfer vor der Lagerung im Waffenschrank vollständig getrocknet ist. Gerade nach dem Ansitz bei hoher Luftfeuchtigkeit oder niedrigen Außentemperaturen schlägt sich häufig Feuchtigkeit nicht nur auf dem, sondern auch im Dämpfer nieder und erhöht so das Risiko für Korrosion erheblich. Idealerweise lässt man den Dämpfer nach der Jagd auf der Heizung trocknen. Aus waffenrechtlichen Gründen sollte dies nicht ohne unmittelbare Aufsicht des Besitzers erfolgen. Wer gezwungen ist, den Dämpfer nach der Jagd unmittelbar in den Waffenschrank einzuschließen, sollte ausreichend leistungsfähige Feuchtigkeitsabsorber nutzen und diese regelmäßig tauschen. Eine gute Ergänzung kann eine aktive Durchlüftung des Schalldämpfers darstellen (→ **Abb. 12.9** und **Abb. 12.10**).

Zusammenfassung

- Nachlässiger Umgang mit dem Schalldämpfer kann zu Beschädigungen an Waffe und Dämpfer führen.
- Entfernen Sie Ihren Schalldämpfer nach dem Gebrauch immer von der Waffe und trocknen Sie ihn.
- Sprühen Sie etwas Öl von beiden Seiten in den Dämpfer.
- Wischen Sie Mündung und Mündungsgewinde nach dem Schießen sauber und fetten Sie das Gewinde mit etwas Hochtemperaturfett.
- Schützen Sie das Gewinde bei abgenommenem Schalldämpfer immer mit einer Mutter vor Beschädigung.

KAPITEL 13

Schalldämpfer für Büchsen

»Gut sind die Waffen, ist nur die Absicht, die sie führt, gerecht.«

William Shakespeare

Schalldämpfer für Büchsen

Repetierbüchsen und Kipplaufbüchsen bieten sich für die Montage eines Schalldämpfers geradezu perfekt an.

Ein Mündungsgewinde lässt sich einfach und kostengünstig anbringen und es bestehen nicht die technischen Schwierigkeiten bei der Konstruktion der Dämpfer wie bei mehrläufigen Waffen. Für Büchsen geeignete Schalldämpfer werden von vielen verschiedenen Firmen hergestellt und sind problemlos am Markt erhältlich und für jeden Geldbeutel erschwinglich. Im Gegensatz zu mehrläufigen Waffen, die individuelle technische Lösungen erfordern, lassen sich Büchsenschalldämpfer bei gleichem Gewinde auch problemlos für mehrere Waffen verwenden (→ **Abb. 13.1**).

Die am häufigsten gestellte Frage im Rahmen der Anschaffung eines Schalldämpfers ist die nach der optimalen **Lauflänge** der zugehörigen Waffe. Da der Schalldämpfer die Gesamtlänge vergrößert, ist eine deutliche Laufkürzung natürlich reizvoll, um die Führigkeit möglichst wenig zu beeinträchtigen. Gleichzeitig werden dann aber erhebliche Einschnitte bei der außenballistischen Leistung befürchtet. Die Auswirkung der Lauflänge auf die ballistische Flugbahn wird jedoch erfahrungsgemäß häufig überschätzt. Als Faustregel kann man sagen, dass innerhalb der jagdlich üblichen Lauflängen eine Kürzung um 5 cm die Mündungsgeschwindigkeit um ca. 2 % verringert (→ **Tab. 13.1**).

Diese Differenz ist außenballistisch kaum zu bemerken und macht bei Schüssen auf übliche jagdliche Entfernungen praktisch keine Korrekturen des Haltepunktes notwendig. Kürzere Läufe werden steifer und verbessern durch ein besseres Schwingungsverhalten meist die Schussleistung der Waffe. Relevanter sind dagegen die Zunahme von

Abb. 13.1: *Für Repetierbüchsen sind im Handel Schalldämpferlösungen erhältlich, die vom Kunden nur noch zusammengeschraubt werden müssen. Die abgebildete Repetierbüchse Savage 10 PC verfügt bereits werkseitig über ein Mündungsgewinde, für das nahezu alle Dämpferhersteller passende Modelle (hier: Ase Utra Jet-Z) anbieten. Aber auch das nachträgliche Anbringen von Gewinden ist an einläufigen Büchsen problemlos möglich, wie die hier abgebildete Blaser R93 mit einem Roedale Delta Ultralight V-Schalldämpfer zeigt.*

Lauflänge	35	40	45	50	55	60	65
Abweichung	–12 %	–9 %	–6 %	–4 %	–2 %	0	+2 %
v5 [m/s]	726	752	774	793	809	824	837

Tab. 13.1: *Typisches Beispiel von Veränderungen der Geschwindigkeit 5 m vor der Mündung (v5) bei gleicher Patronenlaborierung in Abhängigkeit von der Lauflänge.*

Mündungsknall, Rückstoß und Mündungsfeuer: Je länger der Lauf ist, umso geringer ist der Mündungsgasdruck. Wenn man den Lauf also kürzt, nimmt der Mündungsgasdruck zu (→ **Abb. 13.2**).

Je länger der Lauf ist, desto vollständiger kann die ganze Treibladung noch im Lauf abbrennen. Kürzt man den Lauf, verbrennt mehr Treibladung vor der Mündung und das Mündungsfeuer verstärkt sich. Auch der Rückstoß nimmt zu. Ursächlich ist dafür nicht nur das (wenn auch marginal) geringere Waffengewicht, sondern auch der zunehmende Raketeneffekt.

Brennschluss

Eine .300 Winchester Magnum mit einem 50-cm-Lauf zu kombinieren, weil die Waffenlänge mit Dämpfer sonst zu groß wird, ist unsinnig. Die Kombination einer Patrone mit großem Hülsenvolumen mit einem sehr kurzen Lauf lässt letztlich nicht nur die Außenballistik leiden, sondern führt auch zu einer erheblich höheren Belastung des Dämpfers durch die Verbrennung großer Treibladungsanteile vor dem Lauf – und damit im Dämpfer!

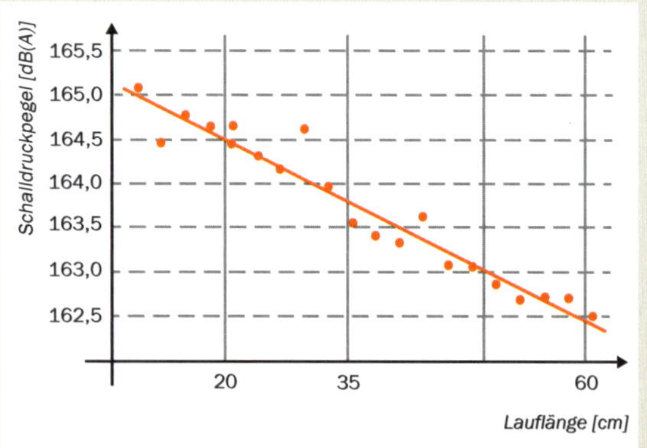

Abb. 13.2: *Eine Laufkürzung um 10 cm erhöht bei Mittelpatronen den Mündungsknall nicht nur um ca. 1 dB, sondern bringt die Mündung auch näher ans Ohr, sodass der Schalldruckpegel dort allein durch die geringere Distanz ansteigt.*

Im Gegensatz zu Selbstladebüchsen ist bei Repetierern oder Kipplaufbüchsen kein erhöhter Reinigungsaufwand bei der Verwendung der Waffe mit Schalldämpfern zu befürchten. Da der Verschluss während des Schusses vollständig geschlossen bleibt, strömt kein Gas mit Verbrennungsrückständen in den Verschluss bzw. das Gehäuse, wie das bei Selbstladebüchsen der Fall ist (→ **Kap. 14**). Solange ein Dämpfer genutzt wird, werden die negativen Auswirkungen

Raketeneffekt

Raketen werden beschleunigt, indem sie Verbrennungsgase herausschleudern. Die Rakete erhält dabei den gleichen Impuls in der Gegenrichtung. Die an der Mündung ausströmenden Schwadengase bewirken denselben Effekt bei der Waffe. Je kürzer der Lauf, umso stärker wird der Raketeneffekt.

eines kurzen Laufes aber kompensiert: Der Schalldämpfer reduziert Mündungsknall und -feuer ebenso wie den Rückstoß in einem deutlich größeren Maße, als diese Faktoren durch eine Laufkürzung zunehmen. Die Frage, wie stark der Lauf gekürzt werden darf, hängt also in erster Linie von der Frage ab, ob die Waffe künftig ausschließlich mit Schalldämpfer genutzt werden soll. In diesem Fall ist eine Lauflänge von 50 cm im Hinblick auf Mündungsfeuer und Rückstoß unproblematisch. Für die Vermeidung von Gehörschäden spielt die Lauflänge aber durchaus eine größere Rolle, als die Erhöhung des Mündungsknalls infolge einer Laufkürzung für sich betrachtet vermuten ließe (→ **Kasten »Je länger, desto besser ...«**).

Im Zweifelsfall kann die Waffe durchaus auch noch weiter gekürzt werden. Steht aber auch eine Verwendung ohne Dämpfer an, sollte man sich bei der Auswahl der Lauflänge in erster Linie an diesem ungedämpften Einsatz orientieren. Andernfalls hat man zwar eine sehr führige, ohne Schalldämpfer aber auch eine sehr laute Waffe mit erheblichem Mündungsfeuer und Rückstoß.

Soll Unterschallmunition verschossen werden, darf dagegen eine gewisse Lauflänge nicht überschritten werden (→ **Kap. 17**).

Je länger, desto besser ...

Die Entfernung zwischen dem Ursprungsort des Mündungsknalls und dem Ohr des Schützen hat erheblichen Einfluss auf den einwirkenden Schalldruckpegel. Auch wenn der Mündungsknall durch eine Laufkürzung nur wenig lauter wird, verringert sich durch die Kürzung dennoch die Distanz zum Ohr. Beide Effekte addieren sich.

Die üblicherweise seitlich der Mündung erfolgende Messung des Schalldruckpegels macht die Dämpfungsleistung der einzelnen Produkte zwar gut vergleichbar, dabei wird allerdings vernachlässigt, dass ein 20 cm nach vorn bauender Dämpfer den Ursprungsort des Mündungsknalls 10 cm weiter weg vom Ohr verlegt, als dies bei einem Dämpfer mit 10 cm Nettolänge der Fall ist. Daher muss die Führigkeit der Waffe immer gegen den Schutz des Gehörs abgewogen werden. Je länger der Lauf und je größer die Nettolänge des Dämpfers, desto mehr sinkt das Risiko von Gehörschäden.

Empfehlung

Wer nichts falsch machen will, greift zu einer Repetierbüchse in .308 Winchester oder 8x57 IS mit 50 cm Lauflänge. Beide Patronen eignen sich aufgrund ihres mäßigen Geschossdurchmessers, des kleinen Hülsenvolumens und der guten Kurzlauftauglichkeit hervorragend. Wenn die Waffe nahezu ausschließlich mit Schalldämpfer genutzt werden soll, sind auch 45 cm gut möglich. Bei der Laufkontur empfehlen sich Durchmesser von 17, höchstens 19 mm. Das Mündungsgewinde sollte möglichst ab Werk angebracht sein. Wer Teleskopdämpfer nutzen will, sollte die Waffe ohne offene Visierung bestellen.

Abb. 13.3: *Massiv unterstabilisierte Geschosse, die quer auf der Scheibe einschlagen.*

Für die Verwendung einer Waffe mit Schalldämpfer ist kein besonderer Drall vonnöten. Wichtig ist lediglich, dass der Drall zu Patrone und verladenem Geschoss passt. Eine Über- oder Unterstabilisierung durch zu langen bzw. zu kurzen Drall sollte unbedingt vermieden werden, um keine Kollision des Geschosses mit den Dämpferblenden zu provozieren (→ **Abb. 13.3**). Bei Überschallpatronen in Verbindung mit handelsüblichen Waffen ist dies in der Regel unproblematisch. Wer seine normale, gut schießende Jagdwaffe mit der gewohnten Jagdmunition mit einem Dämpfer ausrüsten will, muss nichts Besonderes beachten. Bei Unterschallmunition ist dagegen ein sehr kurzer Drall notwendig, um die nur langsam fliegenden und meist schweren Geschosse ausreichend zu stabilisieren. Soll die Waffe für Patronen eingerichtet werden, die Laborierungen im Über- wie auch Unterschallbereich abdecken sollen (z. B. .300 Whisper), muss bei der Dralllänge ein Kompromiss gefunden werden, was wiederum das Spektrum der verwendbaren Geschossgewichte einschränkt (→ **Kap. 17**). Soll eine offene Visierung an der Waffe angebracht und genutzt werden, beeinflusst dies die Auswahl von Dämpfer und Gewinde.

Zusammenfassung

- Büchsen lassen sich technisch relativ problemlos und sehr effizient dämpfen.
- Kurze Läufe von 45 bis 50 cm machen die Waffe trotz Dämpfer führig.
- Es bieten sich kurzlauftaugliche Patronen wie die .308 Winchester oder 8x57 IS an.

3M
90-11
db (A)

KAPITEL 14

Schalldämpfer für Selbstladebüchsen

»Es genügt eben nicht, daß Technik gut funktioniert. Sie muß auch in die Welt passen.«

Gero von Randow

Schalldämpfer für Selbstladebüchsen

Selbstladebüchsen erlauben nicht nur einen zweiten oder dritten Schuss, ohne aus dem Anschlag zu gehen, sondern zeigen konstruktionsbedingt auch einen geringeren Rückstoß.

Schalldämpfer verringern den Mündungsknall nicht nur so weit, dass in der Regel auf Gehörschutz verzichtet und somit die Umgebung normal wahrgenommen werden kann, sondern reduzieren auch den Rückstoß um etwa ein Drittel. Für viele Jäger stellt sich daher die Frage, ob sich die Kombination aus Selbstladebüchse und Dämpfer wirklich so hervorragend für Drückjagden eignet, wie es auf den ersten Blick den Anschein macht. Grundsätzlich lassen sich Selbstladebüchsen auf die gleiche Art und Weise mit einem Dämpfer ausstatten, wie es bei Repetierbüchsen der Fall ist. Leider gestaltet sich die Zusammenarbeit zwischen Dämpfer und Selbstlader aufgrund der Waffenkonstruktion nicht so problemlos wie bei einer Repetierbüchse. Um den Sachverhalt zu verstehen, sind technische Grundkenntnisse von halbautomatischen Waffen erforderlich. Diese werden bei der Waffensachkunde bei der Jägerausbildung in dieser Form nicht vermittelt, sodass sie kurz dargestellt werden sollen: Selbstladewaffen nutzen den durch den Abbrand der Treibladung entstehenden Druck, um den Repetiervorgang durchzuführen. Man unterscheidet bei (halb-)automatischen Waffen zwischen **Rückstoßladern** und **Gasdruckladern**.

Rückstoßlader

Bei Rückstoßladern wird der direkt im Patronenlager auf den Verschluss wirkende Gasdruck genutzt, um den Verschluss zurückzuführen. Damit dies nicht unmittelbar nach dem Zünden der Patrone passiert, sondern lange genug verzögert wird, um den Gasdruck zunächst für die Beschleunigung des Projektils nutzen zu können, wird der Verschluss zur Ausnutzung der Masseträgheit recht massiv ausgeführt und in der Regel mit einer Verriegelung kombiniert, die den Rücklauf erst verzögert freigibt. Die meisten Pistolen sind Rückstoßlader, bei Langwaffen wird dieses Funktionsprinzip eher selten genutzt. Ein bekannter Vertreter ist z. B. das ehemalige Sturmgewehr G3 der Bundeswehr oder dessen nicht mehr produzierte jagdliche Version, die HK 770.

Gasdrucklader

Gasdrucklader erlauben niedrigere Verschluss- und damit auch Waffengewichte. Nahezu alle jagdlichen Selbstladewaffen nutzen daher dieses Konstruktionsprinzip. Egal, ob Sauer 303, Merkel SR1, Haenel SLB 2000+, Browning BAR, Winchester SXR oder Benelli Argo: Während des Schusses wird über eine Bohrung im Lauf Gas entnommen, das über ein neben dem Lauf liegendes Gasrohr in Richtung Verschlussgehäuse zurückgeleitet wird und den Verschluss direkt oder indirekt entriegelt. Bei den meisten Systemen bewegt der Gasdruck den Verschlussträger etwas nach hinten, wodurch der Verschlusskopf mit seinen Verriegelungswarzen

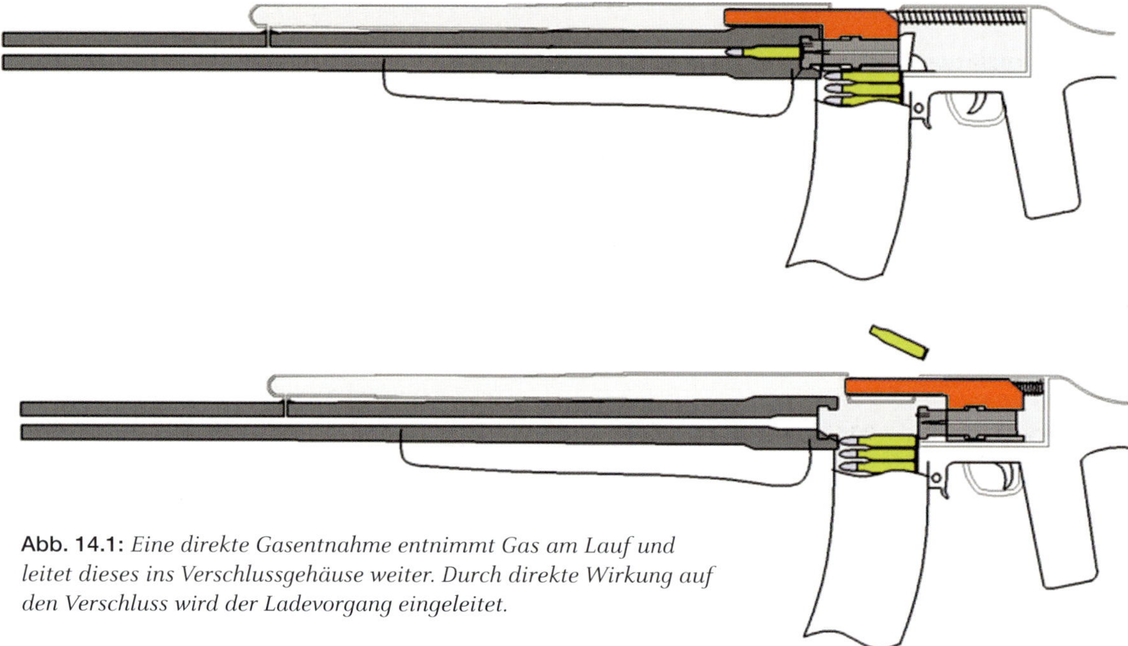

Abb. 14.1: *Eine direkte Gasentnahme entnimmt Gas am Lauf und leitet dieses ins Verschlussgehäuse weiter. Durch direkte Wirkung auf den Verschluss wird der Ladevorgang eingeleitet.*

zwangsgesteuert gedreht und so der gesamte Verschluss entriegelt wird. Der in dieser Phase im Lauf noch herrschende Gasdruck bewirkt anschließend den kompletten Rücklauf des Verschlusses, wodurch gleichzeitig die Hülse der abgefeuerten Patrone ausgezogen und ausgeworfen wird. Die durch den Rücklauf zusammengeschobene Schließfeder schleudert den Verschluss dann wieder nach vorn, wodurch eine Patrone zugeführt und die Waffe erneut gespannt wird. Bei den Gasdruckladern werden zwei Bauweisen unterschieden:

Bei **direkten Gassystemen** mündet das Gasrohr unmittelbar im Verschlussgehäuse und wirkt auf den Verschluss, sodass die heißen Gase die Verschlussentriegelung direkt auslösen (→ **Abb. 14.1**). Direkte Gassysteme haben den Nachteil, dass das heiße Gas in das Verschlussgehäuse geleitet wird. Dadurch kommt es schnell zu erheblicher Verschmutzung durch Verbrennungsrückstände, was bei höheren Schusszahlen Ladehemmungen mit sich bringen kann. Die starke Erwärmung des Verschlusses lässt dabei außerdem das für die Funktionssicherheit notwendige Waffenöl verbrennen. Typische Vertreter für direkte Gassysteme sind die amerikanischen Sturmgewehre AR-15/M16/M4, deren Konstruktionsprinzipien sich auch in vielen zivilen Halbautomaten wiederfinden.

Bei **indirekten Gassystemen** wird das entnommene Gas dagegen nicht bis ins Verschlussgehäuse geleitet, sondern trifft auf einen Gaskolben. Dieser überträgt die Kraft über ein Gasgestänge auf den Verschluss und leitet dadurch die Entriegelung ein. Ein Teil der indirekten Konstruktionen beschränkt sich dabei darauf, dem Verschluss-

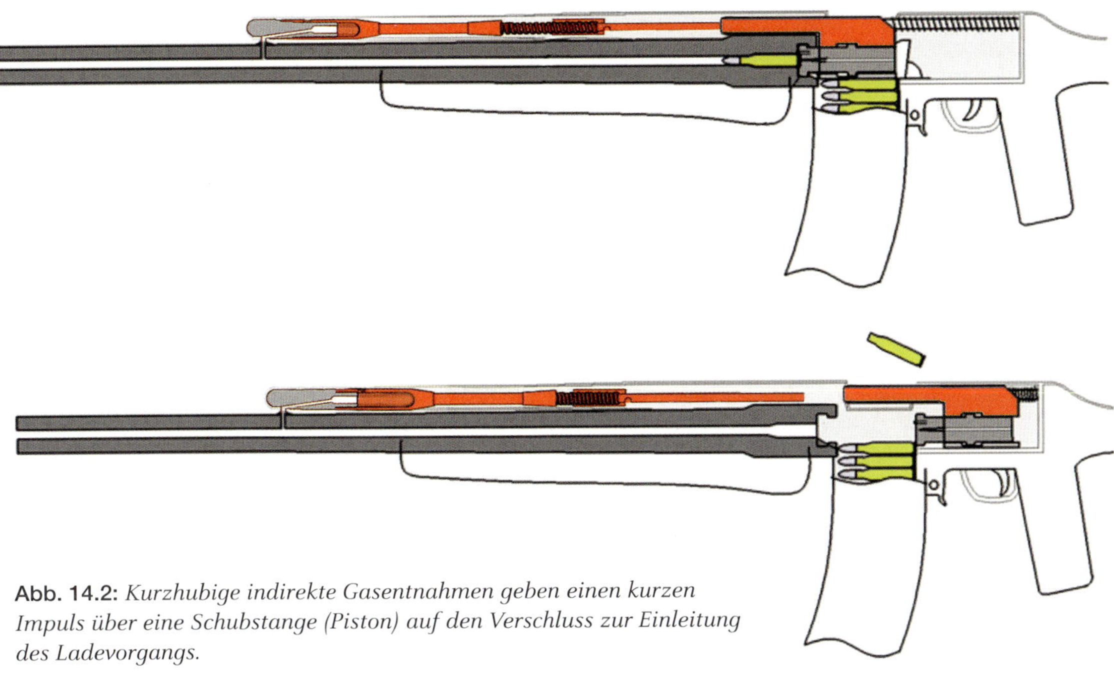

Abb. 14.2: *Kurzhubige indirekte Gasentnahmen geben einen kurzen Impuls über eine Schubstange (Piston) auf den Verschluss zur Einleitung des Ladevorgangs.*

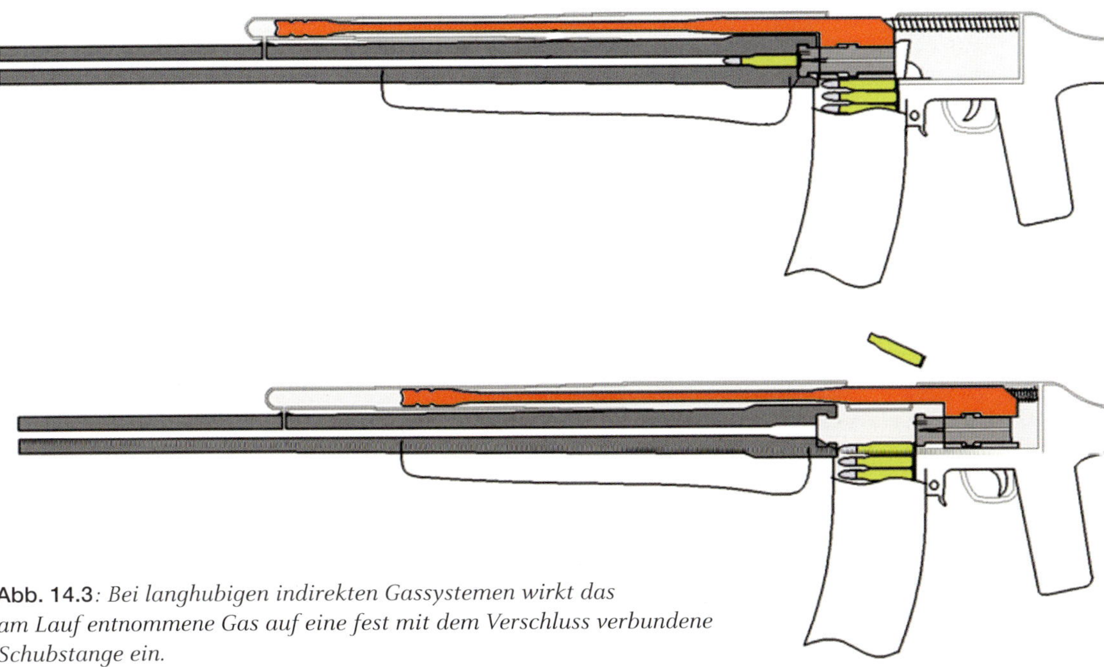

Abb. 14.3: *Bei langhubigen indirekten Gassystemen wirkt das am Lauf entnommene Gas auf eine fest mit dem Verschluss verbundene Schubstange ein.*

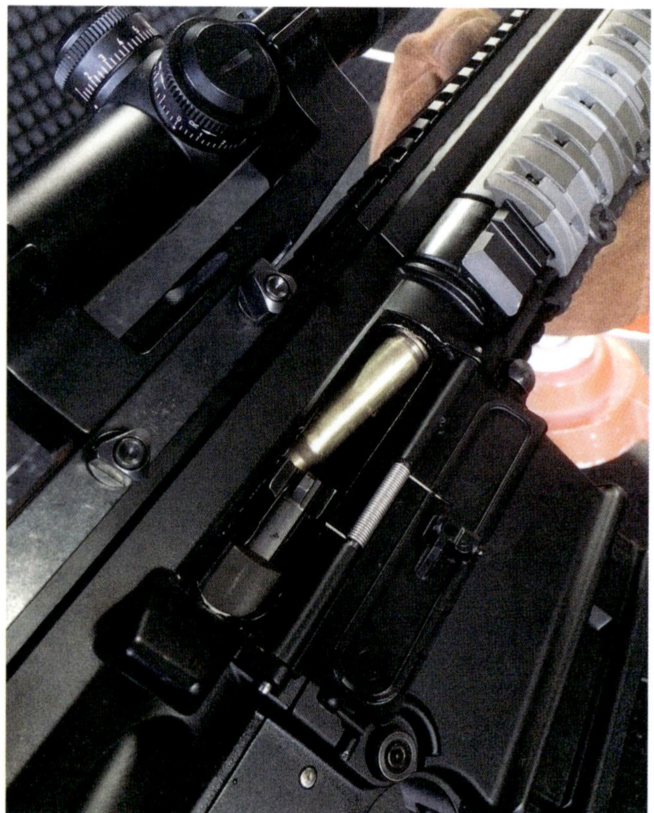

Abb. 14.4: *stovepipe: Funktionsstörung durch Überfunktion.*

träger nur einen kurzen Stoß zu geben, der die Entriegelung einleitet (→ **Abb. 14.2**). Der eigentliche Repetiervorgang wird dann durch die Wirkung des in dieser Phase im Lauf noch herrschenden Gasdrucks auf den entriegelten Verschluss sichergestellt. Zu diesen kurzhubigen Gassystemen (auch *short stroke gas system* genannt) gehören z. B. G36, HK 416/417 und Remington ACR. Bei den langhubigen Gassystemen (auch *long stroke gas system* genannt) sorgt dagegen ein länger anhaltender Stoß der Schubstange (Piston) für den kompletten Repetiervorgang (→ **Abb. 14.3**). Diese Konstruktion kommt z. B. bei den AK-Sturmgewehren der Kalaschnikow-Familie oder der schweizerischen SIG 55 X-Serie zur Anwendung.

Indirekte Gassysteme gelten als besonders funktionssicher, weniger munitionsfühlig und wartungsärmer als direkte. Nachteilig ist, dass durch die abrupte Beschleunigung des Gaskolbens ein Laufbiegemoment auftritt, das das Schwingungsverhalten des Laufes und somit das Präzisionspotenzial der Waffe negativ beeinflussen kann.

Wird an die Waffe ein Schalldämpfer montiert, ändert sich der Gasdruckverlauf. Normalerweise sinkt der Gasdruck in dem Moment, in dem das Geschoss die Mündung verlässt, plötzlich ab. Weil der Schalldämpfer das Gas aber nur nach und nach abströmen lässt und der auf den sich öffnenden Verschluss einwirkende Druck dadurch länger erhalten bleibt, kommt es zur sogenannten **Überfunktion**: Die Verschlussrücklaufgeschwindigkeit erhöht sich, woraus häufig Funktionsstörungen resultieren. So kann die abgeschossene Hülse mit so viel Impuls ausgestoßen werden, dass sie sich mit hoher Geschwindigkeit so weit dreht, dass der Hülsenhals wieder in das Auswurffenster ragt und sich beim Vorlaufen des Verschlusses verklemmt (auch als *stovepipe* bezeichnet) (→ **Abb. 14.4**).

Der Rückstoß kann durch den schnelleren Verschlussrücklauf bei Selbstladebüchsen im Vergleich zur ungedämpften Schussabgabe deutlich zunehmen! Weil auch die Vorlaufgeschwindigkeit erhöht wird, kann es vorkommen, dass die Verschlussgruppe die nächste Patrone im Magazin einfach überfährt, ohne sie mitzuführen (der sogenannte *bolt overrun*).

Durch den veränderten Gasdruckverlauf in Verbindung mit einem veränderten Druckniveau, einer erhöhten Verschlussrücklaufgeschwindigkeit und entsprechend stärkerem Verschlussanprall steigt die Materialbelastung. Neben dem zu erwartenden erhöhten Verschleiß von Schließfeder und Puffer werden auch Verschluss, Gehäuse und Gassystem stärker belastet. Die Steuerkurve (Steuerkopf/Verschlussträger) weist bei intensivem Gebrauch häufig erhöhte Verschleißzeichen auf, im Extremfall kann es sogar zum Reißen oder Brechen von Steuerkopf oder Kulissenbolzen kommen. Durch ein erhöhtes Kippmoment nutzt sich bei indirekten Gassystemen die Verschlussbeschichtung stärker ab. Die Prallflächen des Gasgestänges werden deutlich größeren Kräften ausgesetzt, sodass sich im Extremfall sogar die Schubstange verbiegen kann. Langhubige Gassysteme verursachen konstruktionsbedingt aufgrund ihrer größeren Funktionsreserven auch mehr Überfunktionseffekt, sind andererseits aber materialseitig zumeist auch stärker dimensioniert und damit belastbarer als kurzhubige Gassysteme. Insgesamt treten diese Probleme bei auf militärischen Konstruktionen beruhenden Selbstladern erst bei sehr hohen Schusszahlen auf, die im jagdlichen Bereich kaum erreicht werden dürften. Speziell für die jagdliche Anwendung konstruierte Halbautomaten sind hingegen aus Gründen der Gewichtsoptimierung oftmals für geringere Belastungen ausgelegt, sodass in Verbindung mit Schalldämpfern durchaus nicht nur Funktionsstörungen, sondern auch ein

Funktionssicherheit

Selbstladebüchsen benötigen bestimmte Gasdruckverläufe, um Funktionssicherheit zu garantieren. Die meisten handelsüblichen Halbautomaten vertragen eine sehr große Bandbreite an Laborierungen, ohne Störungen aufzuweisen. Wird ein Schalldämpfer montiert, ändern sich die Gasdruckverläufe während des Schusses allerdings gravierend. Auch eine verstellbare Gasentnahme kann bei den indirekten Gassystemen letztlich nur regulieren, wie viel Druck auf den Verschluss zur Einleitung des Repetiervorgangs einwirkt, der Verlauf des Gasdrucks selbst wird dadurch allerdings nicht normalisiert. Aufgrund des hochkomplexen Systems und der Vielzahl verfügbarer Laborierungen mit teils deutlich unterschiedlichen Treibladungen und Geschossgewichten können Hersteller daher in der Regel keine Garantien für die Funktionssicherheit bzw. die Eignung ihrer Waffen mit Schalldämpfer geben. Schalldämpfer an nicht speziell darauf abgestimmten Halbautomaten werden immer ein Kompromiss bleiben, da es sich um einen gravierenden Eingriff in den Gasdruckverlauf handelt!

erhöhter Verschleiß mit nachfolgendem Ausfall von Baugruppen denkbar ist. Hier fehlen derzeit noch langfristige Erfahrungswerte für die einzelnen am Markt befindlichen Modelle.

Für den Behördenbereich gibt es eine Reihe von Lösungen für das Problem der Überfunktion. Für Selbstlader, die ausschließlich mit Schalldämpfern betrieben werden, bietet sich der Einbau einer stärkeren Schließfeder an, die dem Verschluss einen höheren Widerstand entgegensetzt und ihn so ausreichend abbremst. Eine Verwendung ohne Dämpfer ist dann allerdings nicht mehr möglich, weil der Gasdruckverlauf für den Repetiervorgang nicht mehr ausreichend ist. Die Beanspruchung des Verschlusses wird ebenfalls nicht reduziert, sondern lediglich die Funktionssicherheit verbessert.

Gasdrucklader, die für eine Nutzung sowohl mit als auch ohne Dämpfer ausgelegt sind, begrenzen die auf den Verschluss einwirkende Kraft. Die Waffen der AK-Familie und das G36 verfügen dazu über ein automatisches Überdruckventil. Bei den Modellen 55X, 516 und 716 von SIG, dem AUG von Steyr und dem HK 416/417 sind verstellbare Gasentnahmen verfügbar. Auch der umfangreiche Markt der Nachbauten der AR-15/M16/M4-Familie bietet diese von verschiedenen Herstellern an. Bei den verstellbaren Gasentnahmen kann eine Einstellung für die Nutzung mit Schalldämpfern gewählt werden, die die Menge des entnommenen Gases so verringert, dass es zu keiner Überfunktion mehr kommt. Der vermehrte Ausstrom von Gas über das Hülsenauswurffenster mit entsprechendem Schmutzaustritt in

Abb. 14.5: *Gasentnahme einer Browning BAR.*

Richtung Gesicht des Schützen lässt sich aber auch mit verstellbarer Gasentnahme nicht vermeiden. Ebenso kommt es weiterhin zu einer stärkeren Verschluss- bzw. Gehäuseverschmutzung, da bei Öffnung des Verschlusses im Lauf noch ein höherer Druck anliegt, der vermehrt Schmauch nach hinten trägt.

Während für die meisten Halbautomaten mit militärischen Wurzeln geeignete verstellbare Gasentnahmen problemlos auf dem Zubehörmarkt verfügbar sind, haben sich die Hersteller jagdlicher Selbstladebüchsen in der Vergangenheit offenbar konstruktiv noch nicht eingehend mit der Verwendung von Schalldämpfern befasst. Anfragen von interessierten Jägern werden von den Herstellern in der Regel damit beantwortet, dass die Waffen nicht für die Verwendung mit Schalldämpfern gedacht seien und daher keine Garantie für die Funktionssicherheit gegeben werden könne. Grundsätzlich liegt es also auf der Hand, zu entsprechend ausgestatteten Halbautomaten militärischer Abstammung zu greifen, die konstruktiv häufig für den Dämpferbetrieb vorgesehen sind.

Bei vielen Jagdherren kommt man mit einem *Black Rifle*, also einem Sturmgewehr-Klon, allerdings nicht gut an. Wer auf jagdliche Optik Wert legt, kann sich bei entsprechender Auswahl aber auch eine zuverlässig mit Dämpfer funktionierende Selbstladebüchse eines Jagdwaffenherstellers zulegen.

Prädestiniert für die Verwendung mit Dämpfern ist die BAR (Browning Automatic Rifle) von Browning. Die Waffe verfügt serienmäßig über eine verstellbare Gasentnahme, sodass sie für den Dämpferbetrieb angepasst werden kann (→ **Abb. 14.5**). Konstruktiv identisch ist die Gasentnahme der Winchester SXR. Einziger Nachteil der BAR-Gasentnahme ist die Tatsache, dass die Justierung mittels einer Madenschraube erfolgt, die sich schlecht gegen eine Lockerung sichern lässt.

Abb. 14.6: *Modifizierte Sauer-303-Gasentnahme für den Dämpferbetrieb von Stalon.*

Ältere Baureihen der Benelli Argo wiesen ein federgesteuertes automatisches Überdruckventil auf, das die Waffe gut mit Schalldämpfern nutzbar machte. Vermutlich aus patentrechtlichen Gründen wurde diese Konstruktion für die aktuellen Modelle Argo E allerdings verändert, sodass hier die

Justierung der BAR-Gasentnahme

Nach Abnahme des Vorderschaftes liegt der Gasblock frei. Hier befindet sich eine rot markierte Madenschraube, die die Gasentnahme aus dem Lauf reguliert. Zur Justierung wird die Schraube komplett im Uhrzeigersinn in den Gasblock hineingeschraubt und dann wieder zweieinhalb Umdrehungen gegen den Uhrzeigersinn gelöst. Mit montiertem Schalldämpfer wird dann ein Probeschuss abgegeben. Wird die Hülse nach vorn ausgeworfen, ist der Gasdruck zu hoch. Die Schraube wird nun viertelumdrehungsweise erneut im Uhrzeigersinn hineingeschraubt und es wird jeweils ein Probeschuss gemacht, bis die Hülse korrekt im 90°-Winkel zur Schussrichtung ausgeworfen wird. Wird die Hülse nach hinten ausgeworfen, ist der Gasdruck zu niedrig und die Schraube muss viertelumdrehungsweise gegen den Uhrzeigersinn herausgedreht werden, bis der Auswurf im gewünschten 90°-Winkel erfolgt. Diese Einstellung ist genau auf die verwendete Kombination aus Dämpfer und Laborierung zugeschnitten und muss für andere Kombinationen gegebenenfalls angepasst werden (→ **Abb.14.7**).

Kombination mit einem Dämpfer problematisch sein kann.

Sauer gibt auf Nachfrage an, dass sein Modell 303 nicht für den Dämpferbetrieb geeignet ist. In der Tat wird von Anwendern immer wieder von Problemen mit der werkseitigen Gasentnahme berichtet. Das schwedische Unternehmen Stalon bietet eine speziell für die Sauer 303 modifizierte Gasentnahme an, die nach herstellereigenen Angaben eine zuverlässige Funktion mit Dämpfer sicherstellt (→ **Abb. 14.6**).

Die Selbstladebüchsen SR1 von Merkel und die Haenel SLB 2000+ sind hinsichtlich der Gasentnahme eng verwandt und entsprechen der alten SLB 2000 von Heckler & Koch. Auch hier findet sich keine Möglichkeit, Justierungen an der Gasentnahme vorzunehmen. Stalon fertigt für die SR1/SLB 2000+ ebenfalls eine für den Dämpferbetrieb optimierte Modifikation für die Gasentnahme.

Abb. 14.7: *Die Justierschraube der Gasentnahme einer BAR ist werkseitig rot markiert.*

Rollenverschlüsse, wie sie im Heckler & Koch-Sturmgewehr G3 Verwendung fanden, weisen im Schalldämpferbetrieb ebenfalls das Problem der Überfunktion auf. Es kommt dadurch zu Zuführungsstörungen und bei entsprechender Verwendungsdauer zu Materialbrüchen bei Bauteilen. Aufgrund der Bauart des Verschlusses lässt sich ein Umbau für den Dämpferbetrieb nur durch Anpassung der Steuerstücke erreichen. Heckler & Koch bietet keine entsprechende Umrüstung an und rät von der Kombination des Rollenverschlusses mit Schalldämpfer ab. Auch die Tatsache, dass vor dem Einsatz von Halbautomaten wie der HK 770 oder SL6 ohne Schalldämpfer jedes Mal der Verschluss zurückgebaut werden müsste, erscheint wenig praxistauglich.

Auch dämpferseitig kann die Überfunktion reduziert werden, indem Modelle mit vergleichsweise großer Blendenöffnung verwendet werden. Nicht umsonst hat z. B. der für Selbstladebüchsen konstruierte Brügger & Thomet Rotex-II im Kaliber .30 Blendenöffnungen von fast 10 mm. Dadurch kann vermehrt Gas neben dem Geschoss abströmen und so den Gasdruckverlauf im Hinblick auf Überfunktion günstig beeinflussen.

Neben der Funktionssicherheit kann jedoch noch eine Reihe anderer Probleme auftreten, die sich im jagdlichen Gebrauch als nachteilig auswirken. Der längere Staudruck im Lauf führt auch dazu, dass beim Rücklauf des Verschlusses vermehrt Gas ins Verschlussgehäuse strömt. Dieser *blow back* mit seinen verbrannten Treibladungsresten verunreinigt nicht nur Verschlussgehäuse

Messkonfiguration	Mündung	Ohr
ungedämpft	169,3	159,6
Ase Utra SL7i	144,8	146,2
aimZonic Compact	157,15	149,65

Tab. 14.1: *Schalldruckpegel [dB(C)] in 1 m Abstand zur Mündung im 90°-Winkel und am rechten Ohr des Schützen (Waffe: MR308 mit 42-cm-Lauf; Munition: Hornady BTHP Match .308 Winchester).*

und Magazin, sondern tritt auch durch das Hülsenauswurffenster aus und kann ins Gesicht des Schützen schlagen. Viele Jäger nutzen bei der Verwendung eines Halbautomaten mit Dämpfer daher eine Schutzbrille. Bei Linksschützen tritt dieses Problem in noch viel stärkerem Umfang auf, da sich das Hülsenauswurffenster bei Selbstladebüchsen in der Regel rechtsseitig befindet und die Augen dadurch dem entweichenden Gasstrom sehr viel stärker ausgesetzt sind. Je nach Kombination aus Waffe, Lauflänge, Dämpfer und Patrone kann der Gasaustritt am Hülsenauswurffenster so stark sein, dass am Ohr sogar höhere Schalldruckpegel zu messen sind als 1 m neben der Mündung (→ **Tab. 14.1**). Generell sind die bei Halbautomaten auftretenden Lärmbelastungen am Ohr höher als bei Repetierbüchsen. Das Tragen eines Gehörschutzes ist also grundsätzlich empfehlenswert!

Zusammenfassung

- Nicht speziell für die Verwendung mit Schalldämpfern eingerichtete Selbstladebüchsen weisen bei deren Einsatz meist eine deutliche Überfunktion auf.
- Zur Adaptation an einen Schalldämpfer ist bei Gasdruckladern eine verstellbare Gasentnahme erforderlich.
- Der Rückstoß kann sich bei Verwendung eines Schalldämpfers an Selbstladebüchsen verstärken.
- Schalldämpfer können bei Selbstladebüchsen den Gasaustritt am Hülsenauswurffenster verstärken und dadurch eine erhöhte Lärmeinwirkung am Ohr verursachen.
- Durch Schalldämpfer kommt es bei Selbstladebüchsen zu einem erhöhten Auswurf von Schmutzpartikeln in Richtung des Schützen.
- Schalldämpfer mit großen Blendenöffnungen können dabei helfen, die Überfunktion zu reduzieren.

KAPITEL 15

Schallgedämpfte Flinten

»Die Flinte ins Korn zu schmeißen, dazu ist immer noch Zeit.«

Theodor Fontane

Schallgedämpfte Flinten

Es gibt sie tatsächlich: schallgedämpfte Flinten. Die Investitionen in die Forschung sind allerdings eher verhalten und bahnbrechende neue Entwicklungen bleiben bislang aus.

Zum einen herrscht seitens des Militärs nur geringes Interesse, da Flinten hier vor allem als Öffnungswerkzeuge für Türen eingesetzt werden. Zum anderen ist die Nachfrage auf dem zivilen Markt recht überschaubar. Selbst die beiden nicht ganz unbedeutenden Firmen Heckler & Koch und Dynamit Nobel haben mit der »Rottweil Sonic« seinerzeit eine schallgedämpfte Flinte produziert, die die Lärmemission auf Flintenständen in den Griff kriegen sollte. Sie konnte sich mangels Nachfrage aber nie auf dem Markt etablieren und insgesamt handelt es sich bei solchen Waffen um absolute Exoten. Lediglich in Frankreich hat sich die Modellfamilie Swing Trap der Firma Laporte einen treuen Kundenkreis erobern können (→ **Abb. 15.1**).

Die Reduzierung des Schusslärms stellt die Schalldämpferkonstrukteure bei Flinten vor andere Herausforderungen als bei Büchsen. Bei einläufigen Flinten kann theoretisch ähnlich wie bei Büchsen ein zylindrischer Dämpfer vor der Mündung angebracht werden. In der Praxis stößt man dabei aber schnell auf typische Probleme:

Durch den großen Laufinnendurchmesser ist die Blendenbohrung des Dämpfers vergleichsweise weit. Die Austrittsöffnung muss aufgrund der Tendenz der Schrotgarbe, unmittelbar nach Verlassen der Mündung bereits einige Millimeter auseinanderzudriften, sogar noch größer als das ohnehin große Kaliber ausgeführt werden. Durch den entstehenden erheblichen *Blow-by* von Gas wird die Reduktion des Mündungsknalls deutlich ineffektiver als bei Büchsendämpfern.

Die Wandstärke bei Flintenläufen beträgt nur wenige Millimeter. Das Anbringen eines Gewindes ist daher technisch schwierig. Selbst wenn genügend Material vorhanden ist, um ein Gewinde schneiden zu können, bleibt meist keine ausreichend starke Schulter stehen, um den Dämpfer daran zentrieren zu können.

Schrotpatronen sind mit einem Zwischenmittel versehen, das die Treibladung von der Schrotladung trennt und einen gleichmäßigen Vortrieb im Lauf sicherstellen soll. Früher wurden dafür Filzpfropfen genutzt, heute greift man zu Plastikbechern, die nicht nur den Gasschlupf verringern, sondern auch die Streuung der Schrotgarbe beein

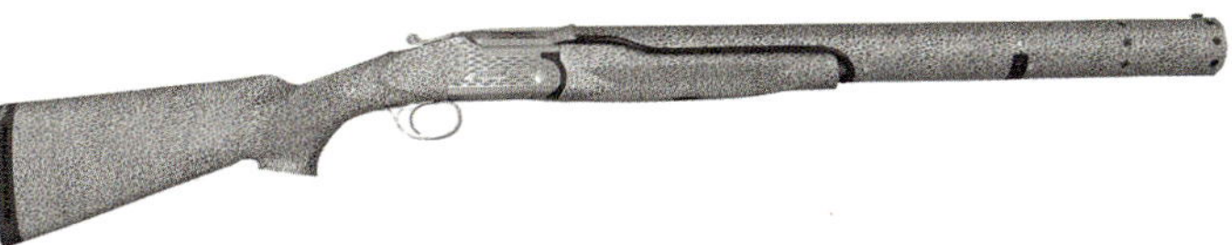

Abb. 15.1: *Schallabsorberflinte Swing Trap des Herstellers Laporte.*

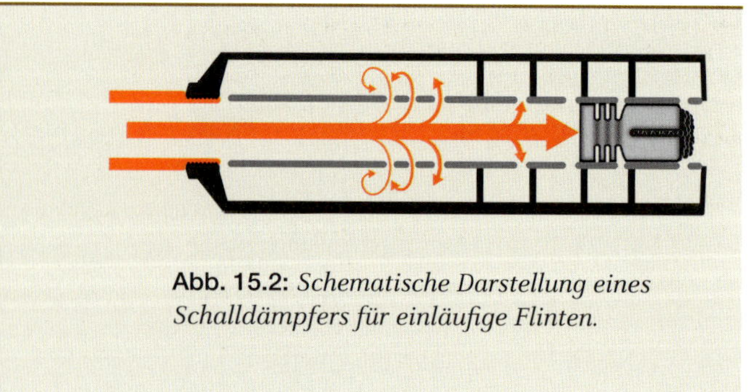

Abb. 15.2: *Schematische Darstellung eines Schalldämpfers für einläufige Flinten.*

flussen sollen. Nach Verlassen der Mündung wird der Becher durch den Luftwiderstand entlang seiner Längsschlitze aufgespreizt, trennt sich von der Schrotgarbe und fällt herunter. Nutzt man bei einer Flinte eine übliche Schalldämpferkonstruktion für Büchsen, beginnt dieser Vorgang bereits im Dämpferkörper. Der sich aufspreizende Becher kann dann den Dämpfer beschädigen oder darin sogar komplett hängen bleiben und beim Folgeschuss für gefährliche Gasdrucksteigerungen sorgen.

Schalldämpfer für Flinten weisen daher etwas abweichende Konstruktionsprinzipien auf. Aufgrund der Problematik des sich spreizenden Schrotbechers kann es konstruktionsbedingt keine Dämpfer ohne innere Führung geben. Diese erstreckt sich also bei allen gängigen Konstruktionen nahezu bis zum Ende des Schalldämpfers. Die Expansionskammern des Dämpfers werden durch Bohrungen im Rohr, eine sogenannte **Portierung**, für die heißen Gase zugänglich gemacht, damit diese sich dort entspannen können → **Abb. 15.2**).

Die finnische Firma BR-Tuote hat beispielsweise einen Reflexdämpfer entwickelt, der aus einer Verlängerung des Laufes mit Portierungsbohrungen und einem umhüllenden Körper besteht, der das Expansionsvolumen bereitstellt (→ **Abb. 15.3**). Dies löst nicht nur das Problem des Schrotbechers. Durch die verlängerte Führung wird die Schrotgarbe auch bis zur Austrittsöffnung zusammengehalten, sodass diese mit einem kleinen Durchmesser ausgeführt werden kann. Diese Möglichkeit eignet sich für einläufige Flinten. Bei Bock- oder Doppelflinten wäre aufgrund der Vielzahl der unterschiedlichen Modelle und der daraus resultierenden notwendigen Anpassungen ein »Zwillingsdämpfer« wohl nicht wirtschaftlich herstellbar.

Da eine abnehmbare Lösung also nicht verfügbar ist, bleibt nur der Festumbau bzw. die Fertigung als spezialisierte Schalldämpferflinte. Hier gibt es grundsätzlich zwei Konstruktionsprinzipien:

1. **Ein Hüllrohr** umschließt das Laufbündel. Die Läufe werden mit Portierungsbohrungen

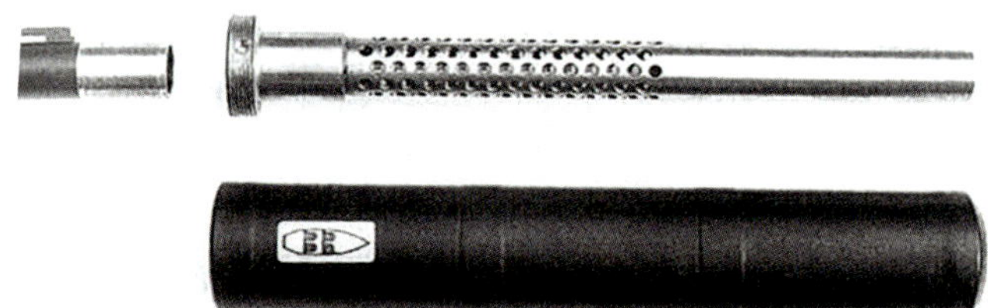

Abb. 15.3: *XRS-Dämpfer der Firma BR-Tuote.*

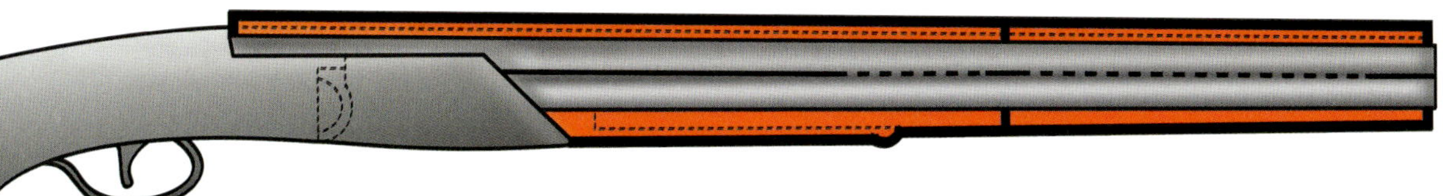

Abb. 15.4: *Von Dynamit Nobel in Zusammenarbeit mit Heckler & Koch auf Basis einer Rottweil 700 konstruierte »Rottweil Sonic«, die zur Reduzierung des Schießlärms auf Flintenständen gedacht war. Der Gasdruck kann sich nicht nur in das Hüllrohr, sondern auch über Verbindungslöcher in den Nachbarlauf hinein entspannen.*

versehen, durch die die gespannten Gase hinter dem Zwischenmittel aus dem Lauf heraus in das Hüllrohr entweichen und sich dort entspannen können. Durch eine Unterteilung des Rohres mit Blenden läuft die Expansion kontrolliert in Etappen ab. Bei einigen Modellen weist das Hüllrohr zudem kleine Gasentlastungsbohrungen an der Außenseite auf. Dadurch kann eine geringere Materialstärke gewählt werden, was ein niedrigeres Gesamtgewicht ermöglicht.

2. Zusätzlich zum Hüllrohr kann auch der **zweite Lauf als Expansionsraum** genutzt werden. Durch Löcher, die beide Läufe miteinander verbinden, kann beim Schuss Gas aus dem abgefeuerten Lauf hinter dem Schrotbecher in den Nachbarlauf entweichen und sich dort entspannen (→ **Abb. 15.4**).

Mündungsseitig endet das Hüllrohr in der Regel knapp vor dem Laufende mit einer sogenannten **Brille** (→ **Abb. 15.5**), die konstruktiv wie das Ende eines Reflexdämpfers ausgeführt ist und die Aufgabe hat, einen möglichst großen Teil des an der Mündung austretenden Gasstromes nach hinten in das Hüllrohr umzuleiten. Die meisten Hersteller kombinieren die Nutzung des Expansionsvolumens im Nachbarlauf mit einem Hüllrohr. Durch die Portierung entsteht dabei kein dramatischer Abfall der Mündungsgeschwindigkeit des Schrotes, weil das Gasdruckmaximum bereits nach kurzer Strecke überschritten wird und ab 30–40 cm steil abfällt (→ **Abb. 15.6**). Für eine vo (Geschossgeschwindigkeit beim Verlassen der Mündung) von 300 m/s ist daher nur eine kurze Lauflänge erforderlich. [74] Die übliche vo bei Standard-Flintenmunition liegt im Vergleich bei lediglich 380–400 m/s. Der absolute wie auch relative Geschwindigkeitsverlust im Vergleich mit Subsonic-Munition liegt bei Flinten also deutlich niedriger als bei Büchsen.

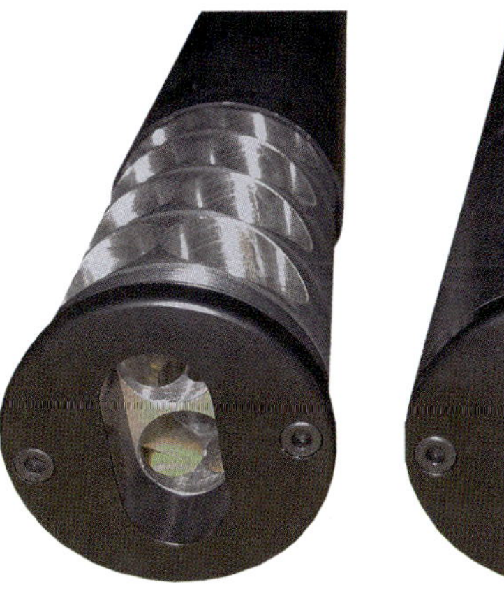

Abb. 15.5: *Mündung einer schallgedämpften Flinte der britischen Firma Hushpower.*

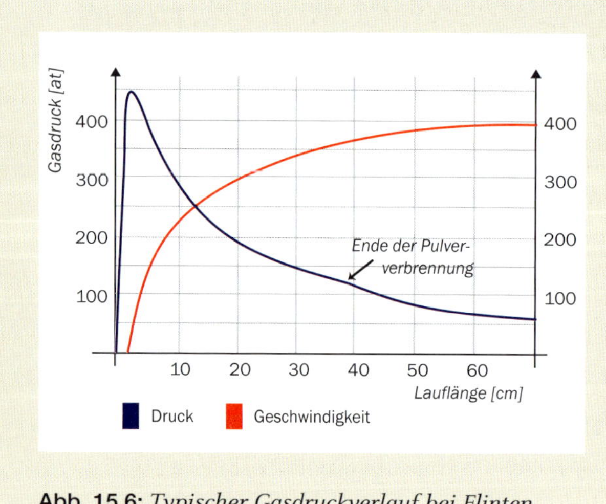

Abb. 15.6: *Typischer Gasdruckverlauf bei Flinten.*

Laborierung	Patrone	LC_{peak} [dB(C)]
Kettner Jagd 2,75 mm	12/70	159,8
Saga High Speed 2,75 mm	12/70	159,5
Rottweil Subsonic Trap 2,4 mm	12/70	155,9

Tab. 15.2: *Schalldruckpegelwerte verschiedener Flintenmunitionen 1 m neben der Mündung. Eigene Messungen (Neitzel/Burth), Messkonfiguration: LC_{peak}-Messung 1,5 m über Grasboden, 1 m rechts von der Mündung im 90°-Winkel. Lauflänge 70 cm.*

Der Mündungsgasdruck liegt beim Verschießen von Überschallmunition aus Flinten nur bei etwa 50 bar und damit deutlich niedriger als bei Büchsen. [75] Referenzmessungen haben beispielsweise bei einer Lauflänge von 20 Zoll (ca. 50 cm) 40–55 bar, bei 30 Zoll (ca. 77 cm) 16–30 bar Druck an der Flintenmündung ergeben. [76–78] Neben den ohnehin niedrigeren Gasdrücken (→ **Tab. 15.1**) und dem sehr offensiven und damit lange vor Erreichen der Mündung vollständig verbrannten Pulver trägt auch das im Vergleich zu Büchsen sehr große Rohrvolumen viel zum niedrigen Mündungsgasdruck bei.

Kaliber	Gasdruck [bar]
12	400–500
16	450–550
20	550–650

Tab. 15.1: *Übliche Spitzengasdrücke deutscher Schrotpatronen. [79]*

Wie zu erwarten, entsteht ein deutlich leiserer Mündungsknall als bei Büchsenmunition (→ **Tab. 15.2**): Die Messwerte bewegen sich im Vergleich zu großkalibrigen Büchsenpatronen bei der Messung 1 m neben der Mündung in einem Bereich von etwa 160 dB(C). Sie sind also ungefähr 10 dB niedriger, sodass sich der Schalldruck auf etwa ein Drittel verringert. Der entstehende Lärm liegt damit aber immer noch deutlich im gesundheitsgefährdenden Bereich!

Der Schalldruckpegel beim Flintenschießen wird in der Literatur stiefmütterlich behandelt. Es existieren erheblich mehr Messungen bei Waffen mit gezogenen Läufen. Bei den wenigen in öffentlich zugänglichen Quellen gelisteten Messergebnissen fehlen nahezu durchweg Angaben zum Messaufbau. Dabei werden Schalldruckpegel in einer

Laborierung	Patrone	LC_{peak} [dB(C)]	LCI_{max} [dB(C)]
Kettner Jagd 2,75 mm	12/70	152,1	130,2
Saga High Speed 2,75 mm	12/70	151,2	130,0
Rottweil Subsonic Trap 2,4 mm	12/70	151,1	128,7

Tab. 15.3: *Schalldruckpegel am rechten Ohr des Schützen bei verschiedenen Flintenmunitionen. Eigene Messungen (Neitzel/Burth), Messkonfiguration: LC_{peak}-Messung am rechten Ohr über Grasboden. Lauflänge 70 cm.*

Größenordnung von 137 bis 161 dB genannt. [80, 81–83] Ohne Angabe der Distanz zwischen Mündung und Mikrofon, der Messrichtung relativ zum Lauf und der verwendeten Messmodi und Bewertungsfilter sind diese Angaben eigentlich wertlos.

Die einzige in der Fachliteratur veröffentlichte Messung mit nachvollziehbarem Aufbau erfolgte im Rahmen einer Untersuchung des Bayerischen Landesamtes für Umwelt (LfU) in Zusammenarbeit mit der Dynamit Nobel AG (DNAG) zur möglichen Schallreduktion bei Flintenständen im Jahr 1992. Dort wurde im 90°-Winkel zur Schussrichtung in 2 m Höhe über dem Boden in 10 m Abstand von der Mündung ein mittlerer Schalldruckpegel von 112,8 dB(A) bei der Verwendung von normaler Überschalltrapmunition gemessen. [84] Hier wurde allerdings ein zeitbewerteter Pegel im Impulsmodus mit A-Gewichtung (LAI_{max}) gemessen, dessen Höhe deutlich unter dem Spitzenschalldruckpegel (L_{peak}) liegt (→ **Kap. 24**).

Für den Jäger ist das Schießen mit der Flinte ohne entsprechenden Schutz hochgradig gesundheitsschädlich. Es sollte daher auch bei der Jagdausübung grundsätzlich ein Gehörschutz getragen werden. Auch der jagende Hund wird im unmittelbaren Umfeld des Schützen durch die Lärmeinwirkung gefährdet (→ **Kap. 19**). Wird Subsonic-Munition genutzt, lässt sich der entstehende Mündungsknall um wenige Dezibel verringern (→ **Tab. 15.2**). Am Ohr des Schützen lässt sich dadurch jedoch keine Reduktionen des Spitzenschalldruckpegels in den unbedenklichen Bereich erzielen (→ **Tab. 15.3**).

Auch der Einsatz schallgedämpfter Waffen kann insbesondere bei den großkalibrigeren Flinten keine Reduktion der Schalldruckpegel auf ein gesundheitlich unbedenkliches Niveau erreichen: Die erzielbare Dämpfung liegt bei unter 10 dB. Die Deutsche Versuchs- und Prüf-Anstalt für Jagd- und Sportwaffen e. V. (DEVA) hat bei einer Swing-Trap-Flinte in 12/70 eine Minderung von 3 dB feststellen können, bei der Nutzung von Unterschallmunition von 5 bis 6 dB. [85] Diese Angaben sind grob vergleichbar mit denen der Firma BR-Tuote, die für ihren Flintendämpfer eine Dämpfung von 5 bis 6 dB bei der Verwendung von Überschallmunition verspricht, mit Subsonic-Schrot sei die Dämpfung »akzeptabel« – was auch immer das heißen mag. Bei der weiter oben bereits angespro-

Munition	LAI_{max} [dB]
Überschall	113
Unterschall	103
Unterschall + Dämpfer	98

Tab. 15.4: *Zeitbewerteter A-gewichteter Schalldruckpegel für Impulslärm (LAI_{max}) in 10 m Abstand von der Mündung auf 2 m Höhe über Grasboden im 90°-Winkel zur Schussrichtung. [86]*

chenen Untersuchung des Bayerischen Landesamtes für Umwelt im Jahr 1992 wurden auch die schallgedämpfte Flinte »Rottweil Silencer« und die Unterschallschrotpatrone »Rottweil Subsonic« der Dynamit Nobel AG (DNAG) zur Prüfung einer möglichen Lärmreduktion an Flintenständen getestet. Dabei konnte im Vergleich zu Überschalltrapmunition eine Reduktion der LAI_{max} von 10 dB durch das Verschießen der »Rottweil Subsonic« und von ca. 15 dB durch die Kombination mit der gedämpften Flinte erreicht werden (→ **Tab. 15.4**). [87]

Die Firma Tactical Operations Inc. wirbt damit, mit ihrer Flinte »Clandestine 12« mit speziell abgestimmter Munition das Lärmniveau eines Kleinkaliber-Gewehrs zu erreichen. Von der Flintenfamilie Swing Trap behauptete der Hersteller ebenso vollmundig eine Schalldruckpegelreduktion um bis zu 25 dB. Diese Herstellerangaben sind grundsätzlich infrage zu stellen, weil sie häufig interessengesteuert sind.

Ohne die Verwendung von Unterschallmunition ist die bei Flinten mögliche Dämpfung also vergleichsweise gering. Auch wenn die Geschwindigkeitsdifferenz zwischen der bei Flinten meist knapp 400 m/s schnellen Überschallmunition und der etwa 80 m/s langsameren Unterschallmunition nicht so gravierend ist wie bei Büchsen, hat ihre Verwendung dennoch Auswirkungen auf die jagdliche Verwendbarkeit (→ **Kap. 17**).

Zusammenfassung

- Der Schalldruckpegel des Mündungsknalls von Flinten liegt am Schützenohr bei knapp 160 dB und damit im gesundheitsgefährdenden Bereich.
- Durch den Einsatz von schallgedämpften Flinten in Kombination mit Unterschallmunition lässt sich die Lärmeinwirkung am Ohr nicht sicher in den ungefährlichen Bereich reduzieren.
- Der Mündungsknall einläufiger Flinten lässt sich mit einem vorgeschalteten Dämpfer reduzieren, allerdings weniger effizient als bei Büchsen.
- Mehrläufige Schrotflinten werden als integral gedämpfte Schallabsorberflinten hergestellt oder zu solchen umgebaut.

KAPITEL 16

Schalldämpfer für andere Waffen

»Die Pistole ist eines der wichtigsten Navigationsmittel der modernen Luftfahrt.«

Jerry Lewis

Schalldämpfer für andere Waffen

Natürlich ist auch bei anderen Waffenarten die Ausstattung mit Schalldämpfern wünschenswert. Leider lassen sich nicht an allen Typen von Schusswaffen ohne Weiteres Schalldämpfer anbringen.

Die Vielfalt sonstiger Waffenkonstruktionen macht es unmöglich, im Rahmen dieses Buches auf alle entsprechenden Möglichkeiten zur Nutzung eines Schalldämpfers einzugehen. Daher folgt hier nur ein kurzer Überblick.

Abb. 16.1: *Diese Fotomontage der Hessenschau bleibt eine Illusion: Einen Dämpfer kann man leider nicht so ohne Weiteres auf einen Drilling schrauben.*

Kombinierte Waffen

Die Dämpfung mehrläufiger Waffen ist technisch problematisch (→ **Abb. 16.1**). Die Läufe liegen nah beieinander und erfordern daher eine exzentrische Bauweise von Schalldämpfern. Die konstruktiven Möglichkeiten sind dadurch deutlich eingeschränkt. Das komplexe Zusammenspiel des Schwingungsverhaltens des Laufbündels mit dem als Laufgewicht fungierenden Schalldämpfer wird spätestens bei verlöteten Laufbündeln und thermisch bedingter Materialausdehnung nach den ersten Schüssen problematisch. Besondere Schwierigkeiten verursachen kombinierte Waffen, da sich Flintenläufe aufgrund der großen Mündungsöffnung nicht so wirkungsvoll dämpfen lassen. Auch die Tatsache, dass die Konstruktion von Schalldämpfern aufgrund der Vielzahl verschiedener Waffentypen eigentlich eine Einzelanfertigung erfordert, macht diese Art von Lärmreduktion sehr teuer. Es besteht daher bislang kein wirklicher Markt für diese Produkte.

Die für mehrläufige Flinten genutzten Lösungen (→ **Kap. 15**) eignen sich grundsätzlich auch für die Verwendung bei mehrläufigen bzw. kombinierten Waffen: Ein Hüllrohr wird als Expansionsraum um das Laufbündel gezogen und eine Abdeckkappe am Ende (Brille genannt) versucht, möglichst viel von den austretenden Mündungsgasen in das Hüllrohr zurückzuleiten. Ein anderes Konstruktionsprinzip nutzt den benachbarten Flintenlauf durch Portierung, also Löcher im Lauf, als Expansionskammer. Beide Varianten erreichen allerdings nicht die Leistungsfähigkeit von Schalldämpfern für einläufige Büchsen. Grundsätzlich kann bei doppelläufigen kombinierten Waffen ein Kugellauf mit einem Gewinde versehen werden. Otto Repa, ehemaliger Mauser-Ingenieur, hat hier z. B. die Technik ent-

Abb. 16.2: *Eine pfiffige Idee für die Umrüstung von kombinierten Waffen: Anbringen einer geschlitzten Hülse mit Gewinde – die Langzeiterfahrung damit fehlt allerdings noch.*

wickelt, eine mit Gewinde versehene geschlitzte Hülse hochfest anzukleben. Hierdurch lässt sich zwar ein Dämpfer vor dem Kugellauf positionieren, der zweite Lauf muss aber natürlich für die Dauer der Nutzung stillgelegt werden (→ **Abb. 16.2**), womit man die Waffe letztlich zur einläufigen Kipplaufbüchse degradiert.

Kurzwaffen

Die Dämpfung von Kurzwaffen ist ein komplexes Thema und soll hier nur am Rande behandelt werden. Da der Mündungsknall von Kurzwaffen ähnlich laut wie der von Langwaffen ist (→ **Tab. 16.1**), gilt hinsichtlich der Gefahr von Gehörschäden sinngemäß das Gleiche. Da Kurzwaffen meist mit der offenen Visierung genutzt werden, hat das Verdecken durch den Dämpfer eine sehr viel größere Bedeutung als bei Langwaffen. Entweder muss man zu exzentrischen Dämpfern greifen (→ **Abb. 10.12**), oder es wird ein Rotpunktvisier montiert.

Bei **Pistolen** führt das vergleichsweise hohe Gewicht eines Dämpfers am Lauf sehr häufig dazu, dass aufgrund der Masseträgheit ein rechtzeitiges Entriegeln des Verschlusses verhindert und keine weitere Patrone zugeführt wird. Infolgedessen muss nach jedem Schuss von Hand durchgeladen werden, was für viele jagdliche Situationen inakzeptabel ist. Die kritische Gewichtsgrenze wird bei Pistolendämpfern bei ca. 200 g gezogen, darunter funktioniert der Repetiervorgang bei den meisten Pistolen. Die zumeist für behördliche Einsätze konzipierten Dämpfer sind jedoch aufgrund der notwendigen Robustheit in der Regel deutlich schwerer. Hier schafft dann ein sogenannter Impulsgeber Abhilfe, der den Rückstoß verstärkt und dadurch den Ladevorgang unterstützt.

Für Kurzwaffen mit montiertem Schalldämpfer gibt es kaum geeignete Holster. Zudem erhöht sich die Gesamtlänge auf ein Maß, das das Mitführen mitunter zum Prob-

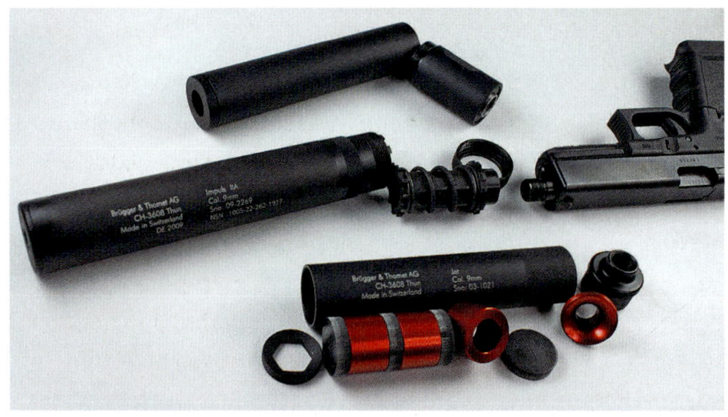

Abb. 16.3: *Ein Dichtscheibendämpfer (unten) ist besonders kompakt, verschlechtert aber die Präzision. Konventionelle Dämpfer mit Impulsgeber (Mitte oben) erhöhen das Gewicht und die Gesamtlänge erheblich und relativieren damit die Vorteile von Kurzwaffen.*

H&K P8C	Mündung [dB(C)]	Ohr [dB(C)]	Hund [dB(C)]
ungedämpft	161,9	154,5	153,7
A-TEC PMM-6	130,9	136,4	128,7

Tab. 16.1: *Messwerte einer Pistole Heckler & Koch P8C mit und ohne Dämpfer. Messaufbau:* LC_{peak}*. Mündung: 1 m rechts von der Mündung im 90°-Winkel, Grasboden. Ohr: rechtes Ohr des Schützen. Hund: 70 cm über Grasboden am rechten Knie des Schützen.*

lem machen kann. Wird der Dämpfer dagegen demontiert mitgeführt, ist er im Zweifelsfall nicht schnell genug an der Waffe. Ein bei Kurzwaffen gängiges Konstruktionsprinzip sind Dichtscheibendämpfer. Bei diesen sind statt aus Metall bestehender Lochblenden Gummischeiben verbaut, die in der Mitte eine Stanzung aufweisen. Man durchschießt diese Gummischeiben, sodass eine enge Abdichtung gegeben ist und das Gas in den einzelnen Kammern sehr gut zurückgehalten wird. Dadurch ist eine ausgesprochen kompakte Bauweise möglich, die allerdings stark zulasten der Präzision geht und einen regelmäßigen Austausch des Verschleißteils »Gummiblende« notwendig macht (→ **Abb. 16.3**).

Die Besitzer von **Revolvern** haben leider nicht die Möglichkeit, ihre Kurzwaffe mit einem Dämpfer zu versehen. Die Revolvertrommel ist konstruktionsbedingt nicht ausreichend abgedichtet, sodass hier ein erheblicher Gasaustritt mit entsprechender Lärmbildung erfolgt. Die einzige Ausnahme stellt der Nagant-Revolver dar.

Brennschluss Nagant-Revolver

Der Nagant-Revolver ist gasdicht, was ihn für die Verwendung mit Schalldämpfern geeignet macht. Beim Spannen des Hahnes wird die Revolvertrommel nach vorn an das hintere Laufende gedrückt. Die Patronenhülse der 7,62 x 38 R ragt etwas aus der Trommel hervor und wird so in das konusartig erweiterte hintere Laufende geschoben. Beim Schuss lidert sich die Hülse im Lauf an und dichtet so nach hinten ab. Im Gegensatz zu herkömmlichen Revolvern entweicht dadurch kein Gas aus dem Spalt zwischen Trommel und Lauf.

Zusammenfassung

- Die Dämpfung von kombinierten bzw. mehrläufigen Waffen ist nur eingeschränkt möglich.
- Der Einsatz von ungedämpften Kurzwaffen z. B. beim Fangschuss bedeutet für das Gehör eine vergleichbar starke Belastung wie der von ungedämpften Langwaffen.
- Pistolen erfordern Dichtscheibendämpfer oder Impulsgeber, um zu repetieren.
- Revolver sind in der Regel nicht sinnvoll dämpfbar, da nicht gasdicht.

KAPITEL 17

Unterschallmunition

»Alles Schall und Rauch.«

Frei nach Johann Wolfgang von Goethe

Unterschallmunition

Als Unterschall- oder Subsonic-Munition werden Patronen bezeichnet, bei denen die Treibladung so abgestimmt ist, dass die Mündungsgeschwindigkeit des Geschosses unterhalb der Schallgeschwindigkeit liegt.

Dadurch entfällt der Überschallknall des Projektils, sodass der Schuss insgesamt leiser wird. Weil zum Erreichen von Unterschallgeschwindigkeit niedrigere Gasdrücke als bei Überschallpatronen notwendig sind, werden auch deutlich geringere Mündungsgasdrücke erreicht. Dadurch verringert sich der Mündungsknall schon ohne Dämpfer in der Größenordnung von etwa 10 bis 12 dB. Der Effekt tritt unabhängig von der Waffenart sowohl bei Büchsen als auch bei Flinten auf. [88–89, 90]

Die Schallgeschwindigkeit hängt von den Umgebungsbedingungen Temperatur, Luftdruck und Luftfeuchtigkeit ab und variiert daher zwischen 320 und 350 m/s (→ **Kap. 4**). Da Subsonic-Munition Mündungsgeschwindigkeiten im Unterschallbereich erzeugt und damit den Überschallknall zuverlässig vermeiden soll, wird sie mit einem ausreichenden Sicherheitsabstand zum Ausgleich von Schwankungen bei diesen Umgebungsbedingungen ausgelegt. Professionelle Produkte weisen daher nur selten eine Mündungsgeschwindigkeit von deutlich über 300 m/s auf.

Durch die Eliminierung des Überschallknalls und den geringeren Mündungsgasdruck reduziert der Einsatz von Subsonic-Munition den Schusslärm ganz erheblich. Völlig lautlos kann das Abfeuern der Waffe aber dennoch nicht erfolgen. Es lassen sich nur in Ausnahmefällen und mit hohem Aufwand Schalldruckpegel von unter 120 dB in Waffennähe erreichen – und das auch nur bei Kleinkaliber-Waffen. 100 dB entsprechen dem Lärm, den ein großer Discolautsprecher in 1 m Entfernung erreicht. Das uns der Schuss aus diesen Waffen dennoch um ein Vielfaches leiser vorkommt, liegt in der psychoakustischen Wahrnehmungsbeeinflussung bei sehr kurz andauernden Geräuschen (→ **Kap. 1**). Großkalibrige Waffen sind auf dieses Niveau kaum herunterzudämpfen und der Schusslärm bleibt zumindest im Nahbereich immer deutlich vernehmbar. Wer also glaubt, mit dem »lautlosen Plopp« durch den Einsatz von Unterschallmunition reichlich Ernte an der Kirrtrommel halten zu können, wird in der Praxis schnell eines Besseren belehrt.

Besonderheiten von Unterschallmunition

Die Verwendung von Unterschallmunition bei Büchsen hat erhebliche Auswirkungen in der Praxis, wie im Folgenden erläutert wird.

Außenballistik

Für den Abfall eines Geschosses während seines Fluges ist vor allem die Flugzeit maßgeblich. Sie bestimmt, wie lange die Erdanziehungskraft auf das Geschoss einwirken und es in Richtung Erdmittelpunkt herab-

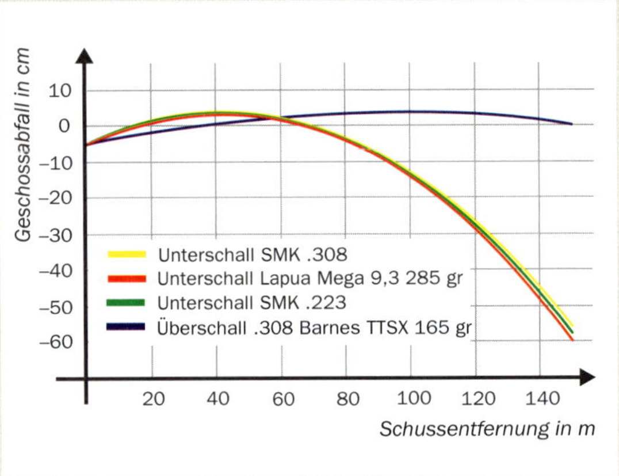

Abb. 17.1: *Die Flugbahnen bei Unterschall-Laborierungen unterscheiden sich nur marginal.*

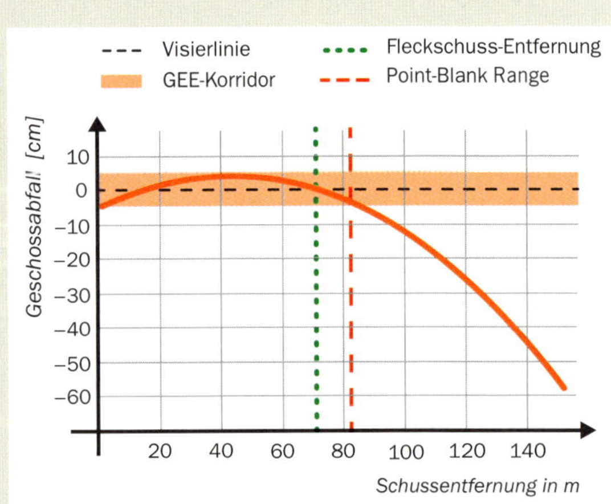

Abb. 17.3: *Bis zur Point-Blank Range kann ohne Haltepunktkorridor geschossen werden. Der Treffer liegt dann innerhalb des berühmten »Bierfilzes«, also nicht mehr als 4–5 cm über oder unter der Visierlinie. Dies entspricht dem GEE-Korridor.*

ziehen kann. Aus diesem Grund haben rasante Patronen eine gestrecktere Flugbahn. Die Geschosse benötigen nämlich weniger Flugzeit bis zum Erreichen des Zieles und setzen sich dadurch kürzer der Gravitation aus. Beim Einsatz von Unterschallmunition wird unabhängig von Patrone und Geschoss eine relativ homogene Mündungsgeschwindigkeit von ca. 300 m/s erreicht. Aus diesem Grund unterscheiden sich die Flugbahnen

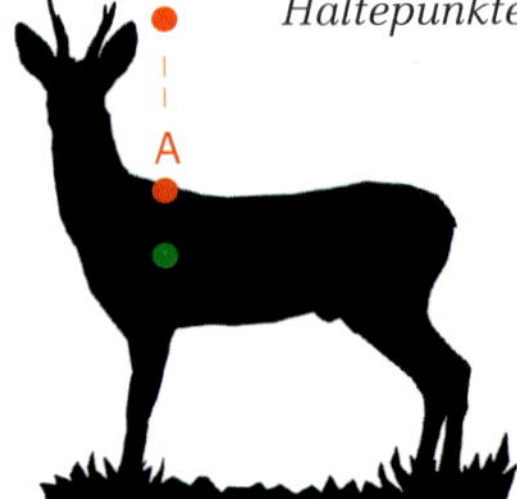

Abb. 17.2: *Ohne Korrektur am Zielfernrohr müssten bei Unterschallmunition extreme Haltepunkte gewählt werden:*

Grün = Treffpunkt
A = Haltepunkt auf 100 m
B = Haltepunkt auf 150 m
C = Haltepunkt auf 200 m
D = Haltepunkt auf 300 m

verschiedenster Laborierungen im Unterschallbereich auch nur unwesentlich (→ **Abb. 17.1**). Wie man der Grafik entnehmen kann, erfordert der massive Geschossabfall für das Schießen auf mittlere und weitere Entfernungen schnell erhebliche Korrekturen. Schon auf bei der Feldjagd übliche Entfernungen von über 100 m liegen die erforderlichen Haltepunktveränderungen schnell außerhalb des Wildkörpers (→ **Abb. 17.2**).

Bei einer GEE (günstigste Einschießentfernung) von ca. 70 m quer durch alle Unterschall-Laborierungen verwundert dies kaum. Die weiteste Entfernung, um den Bierdeckel ohne Haltepunktkorrektur treffen zu können (*Point-Blank Range*, auch als Kernschussweite bezeichnet), liegt bei ca. 80 m (→ **Abb. 17.3**). Weiter sollte man daher nur dann schießen, wenn man die Entfernung mittels

Laserentfernungsmesser sicher bestimmen kann, das Wild sich ruhig verhält und die Distanz nicht verändert und man sichere Kenntnisse der Geschossflugbahn hat. Wer auf Distanzen jenseits von weit über 100 m schießen will, kommt schnell mit seiner Zielfernrohrverstellung an den Anschlag. Tabelle 17.1 zeigt den ungefähren Geschossabfall auf weitere Distanzen. Wer auf weitere Entfernungen treffen will, kommt um den Begriff **MOA** nicht herum. Die Abkürzung steht für *minute of angle*, also eine Winkel- oder Bogenminute. Ein Kreis hat 360°. Der Winkel von einem Grad wird wiederum in 60 Winkelminuten (MOA) aufgeteilt (→ **Abb. 17.4**). Führt man die Schenkel des Winkels bis zu einer Entfernung von 100 m fort, so findet sich ein Abstand von 2,91 cm zwischen ihnen. Je weiter die Entfernung, desto größer wird der Abstand zwischen beiden Schenkeln: Auf 200 m sind es 5,82 cm, auf 400 m dann 11,64 cm etc. (→ **Abb. 17.5**). Man kann den Geschossabfall also nicht nur in Zentimetern relativ zum Haltepunkt ausdrücken, sondern auch in MOA.

Entfernung [m]	Geschossabfall [cm]	MOA
100	–13	4,5
200	–132	23,0
300	–370	43,0
400	–745	64,0

Tab. 17.1: *Typischer Geschossabfall einer Unterschall-Laborierung in Zentimetern relativ zum Haltepunkt sowie in »minutes of angle« (MOA).*

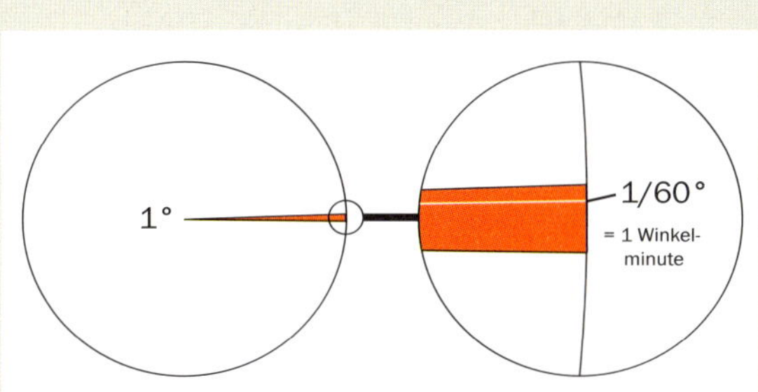

Abb. 17.4: *Ein MOA ist ein Sechzigstel eines Grades.*

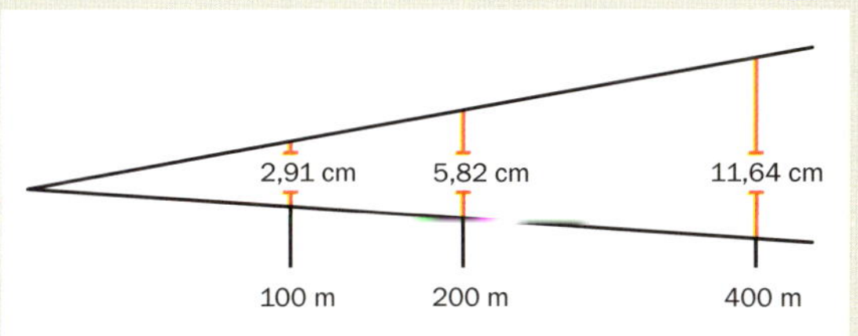

Abb. 17.5: *Dimension einer Winkelminute bei verschiedenen Entfernungen.*

Tabelle 17.1 zeigt in der dritten Spalte, wie viel MOA der Geschossabfall entspricht. Bei der Jagd übliche Zielfernrohre weisen einen Verstellbereich auf, der sich je nach Ausführung meist in einer Größenordnung von jeweils 20 bis 40 MOA nach oben bzw. unten bewegt. Dieser Verstellbereich wird zum Einschießen genutzt. Wenn wir davon ausgehen, dass Systemhülse, Lauf, Montage und Zielfernrohr mit mittig stehendem Absehen absolut exakt fluchtend ausgeführt sind, müssen wir den Verstellbereich zum Einschießen so gut wie nicht ausnutzen und haben die vollen 20 MOA nach unten zur Verfügung. Wenn nun auf 200 m ein Stück Rehwild gestreckt werden soll, müssten wir in Scharfschützenmanier das Fadenkreuz nach unten klicken, um den Geschossabfall von 132 cm zu kompensieren und das Geschoss im Ziel landen zu lassen.

Wie Tabelle 17.1 zeigt, sind dafür 23 MOA Höhenkorrektur erforderlich, was bei Zielfernrohren mit 1 cm pro Klick insgesamt 66 Klicks erfordern würde. Sicherlich könnte man hier auch versuchen, einen etwa 130 cm höheren Haltepunkt zu wählen. Spätestens auf 300 m ist dies bei einer Haltepunktkorrektur von weit über 3 m jedoch eine Illusion und es muss das Absehen verstellt werden. Nun kommen die meisten Zielfernrohre mit einer notwendig werdenden Korrektur von über 40 MOA aber an die Grenze ihres Verstellbereiches. Einfachere Gläser haben schon deutlich früher ihr Limit erreicht. Um auch auf größere Entfernungen noch mit dem Fadenkreuz ins Ziel gehen zu können, wurden vorgeneigte Schienen oder Montagebasen konstruiert. Sie fallen zur Mündung hin ab, sodass das Fadenkreuz bereits beim Einschießen des Zielfernrohres weit nach oben geklickt werden muss (→ **Abb. 17.6**). Dadurch wird ein nach unten hin deutlich vergrößerter Verstellbereich gewonnen. Übliche Vorneigungen liegen in einer Größenordnung von 20 MOA. Wer auf sehr weite Distanzen mit Unterschallmunition schießen will, kommt sogar mit dieser Vorneigung nicht aus. Noch stärker vorgeneigte Schienen lassen aber häufig kein Schießen auf normale Entfernungen zu, weil die

MilDot-Absehen

Da sich die ballistischen Kurven von Unterschallmunition relativ laborierungsunabhängig ähneln, sind einfache Hilfsmittel zur Haltepunktkorrektur nutzbar. Wer z. B. ein Zielfernrohr mit MilDot-Absehen benutzt und dieses mit seiner Überschallmunition auf 100 m Entfernung Fleck eingeschossen hat, kann für Unterschallmunition im Regelfall das dritte MilDot nach unten als Hilfsmarke für 50 m Schussentfernung und das vierte MilDot für 100 m nutzen. Diese Faustregel liefert mit den meisten Waffen brauchbare Treffpunktlagen, vor dem Schuss auf Wild muss dies jedoch zwingend auf dem Schießstand kontrolliert werden!

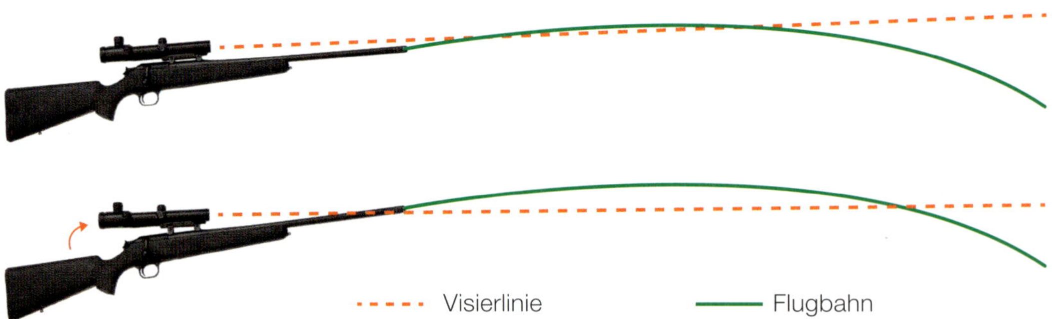

Abb. 17.6: *Vorgeneigte Schienen (unten) erlauben es, auch auf größere Entfernungen noch im Verstellbereich des Zielfernrohres zu arbeiten.*

Abb. 17.7: *MOA-Montage der Firma Recknagel.*

Entfernung [m]	Treffpunkt-verlagerung [cm]
100	29,1
200	58,2
300	87,3
400	116,4

Tab. 17.2: *Die Tabelle zeigt, welchen Geschossabfall eine Erhöhung um 10 MOA auf die gegebene Entfernung kompensiert.*

Visierlinie zu sehr nach unten geneigt ist. Als Lösung dieses Problems bietet sich eine Blockmontage der Firma Recknagel an, die die Einstellung verschiedener Vorneigungen zulässt. Es können in 10-MOA-Schritten Vorneigungen von 0 bis 70 MOA eingestellt werden, sodass man problemlos mit der gleichen Waffe und Optik sowohl Über- als auch Unterschallmunition auch auf sehr weite Entfernungen verschießen kann, ohne an die Grenzen des Verstellbereiches des Zielfernrohres zu kommen (→ **Abb. 17.7**). Tabelle 17.2 zeigt, welche Haltepunktkorrekturen mit der Montage durch jeweils einen 10-MOA-Schritt erzielt werden können.

Präzision

Unterschallmunition hat häufig den Ruf, unpräzise zu sein. Diese Beobachtung ist insbesondere dann zutreffend, wenn aus eigentlich für Überschallpatronen eingerichteten Waffen Subsonic-Patronen verschossen werden. Zum einen macht es das unnötig große Hülsenvolumen sehr schwer, ein Treibladungsmittel zu finden, das eine zuverlässige und gleichmäßige Abbrandcharakteristik aufweist, ohne gefährliche Druckspitzen zu riskieren (→ **S. 203 ff.**, Handladen). Zum anderen werden meist verhältnismäßig schwere Geschosse verladen, für die die vorhandene Dralllänge regelmäßig zu lang ist und das Geschoss unterstabilisiert. Bessere Ergebnisse lassen sich mit angepassten Dralllängen und bei Verwendung spezieller Unterschallpatronen oder Laborierungen mit Reduzierhülsen (→ **Abb. 17.8**) erreichen. Sie weisen ein deutlich kleineres, der beabsichtigten Mündungsgeschwindigkeit angepasstes Hülsenvolumen auf, sodass sich gut harmonisierende Pulver einfacher finden lassen.

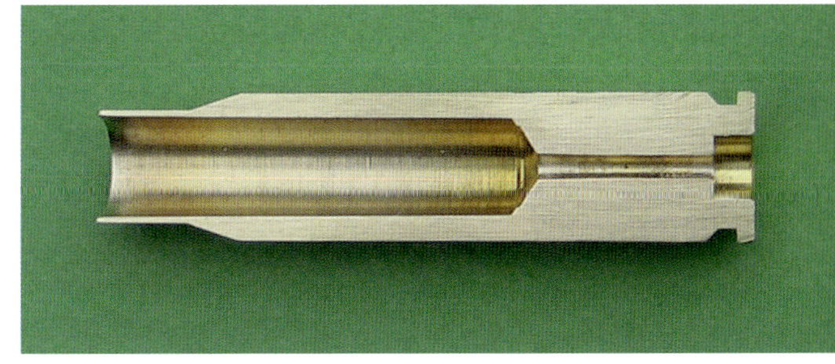

Abb. 17.8: *Querschnitt einer Reduzierhülse der Firma Samereier.*

Unterfunktion bei Halbautomaten

Aufgrund des geringeren Gasdrucks kann es zur Unterfunktion bei halbautomatischen Waffen kommen. In der Regel äußert sich der zu geringe Verschlussrücklauf dann darin, dass keine neue Patrone zugeführt wird. Im schlechtesten Fall kann bei einigen Konstruktionen eine neue Patrone zugeführt werden, während der Verschluss aber nicht vollständig schließt. Beim Zünden der Treibladung läuft der Verschluss zurück und der Großteil des Gasdrucks entweicht nach hinten über das Hülsenauswurffenster, während das Geschoss nahe dem Patronenlager im Lauf stecken bleibt.
Die Verwendung von Unterschallmunition in halbautomatischen Waffen sollte daher dem Fachmann vorbehalten bleiben.
Bei Waffen mit Schließhilfe (Forward Assistent, z. B. AR-10) empfiehlt es sich, diese vor jedem Schuss zu betätigen.
Magazine sollte man ausschließlich mit wenigen Patronen laden, um durch die nur gering gespannte Magazinfeder den Energiebedarf für das Zuführen zu minimieren.

Stimmen diese Voraussetzungen, sind durchaus akzeptable Streukreise von 30 bis 50 mm auf 100 m möglich. Nur in Ausnahmefällen sind deutlich bessere Resultate zu erzielen. Echte schießtechnische Spitzenwerte in Benchrest-Qualität sind das natürlich nicht und durch die längere Flugzeit erhöht sich ohnehin der Einfluss von Faktoren, wie z. B. Wind. Unterschallmunition ist für den präzisen Einzelschuss auf Entfernungen von über 100 m aus diesen Gründen eher ungeeignet.

Lauflänge

Bei Subsonic-Munition ist der das Geschoss vorantreibende Gasdruck erheblich geringer als bei Überschallmunition, sodass sich geringfügige Unterschiede stark auswirken können. Gängige Überschall-Laborierungen in jagdlichen Mittelkalibern arbeiten mit Spitzengasdrücken, die sich um etwa 3.800 bar bewegen. Das Geschoss wird in das Feld-Zug-Profil gedrückt, folgt dem Drall und wird deutlich beschleunigt. Je weiter es im Lauf vorangetrieben wird und Geschwindigkeit aufnimmt, umso mehr vergrößert sich auch das Volumen hinter dem Geschoss, in dem das Gas sich ausbreiten kann. Nahe der Mündung ist der Gasdruck hinter dem Geschoss bei Standard-Lauflängen dadurch auf 500 bis 1.000 bar gefallen. [91, 92] Damit wirken noch vorwärtstreibende Kräfte in einer Größenordnung von etwa 3.000 Newton, während die Reibung des Geschosses im Lauf eine Bremskraft von 300 bis 500 Newton entgegensetzt. Weil der Gasdruck hier deutlich überwiegt, wird das Geschoss zuverlässig aus dem Lauf getrieben.

Bei Unterschall-Laborierungen sieht das ganz anders aus. Die Bandbreite des möglichen

Spitzengasdrucks ist groß, da der Spielraum für die Kombination der Ladekomponenten erheblich ist. Viele Laborierungen liegen weit unter dem höchstzulässigen Druck. Aus Wiederladesicht mag dies günstig erscheinen, um z. B. das Hülsenmaterial zu schonen. Andererseits reicht ein niedriger Gasdruck in halbautomatischen Waffen häufig nicht aus, um den Verschluss zuverlässig zurückzuführen, sodass es zu Funktionsstörungen kommen kann. Viele Unterschallpatronen für den Behördenmarkt werden daher absichtlich so konfiguriert, dass Gasdrücke auf zumindest mittlerem Niveau erreicht werden. Der Munitionshersteller Metallwerk Elisenhütte GmbH (MEN) gibt für seine Unterschallmunition in .308 Winchester z. B. einen Gasdruck von etwa 1.500 bar an. Die Advanced Armament Corp. (AAC) produziert die .300 AAC Blackout, eine spezielle Unterschallpatrone für die Sturmgewehr-Plattform AR-15/M4, ebenfalls mit einem Gasdruck von ca. 1.500 bar, um eine sichere Verschlussfunktion zu gewährleisten. Die üblicherweise bei Unterschallmunition verwendeten schweren Geschosse und offensiven Pulver lassen den Spitzengasdruck im Regelfall aber nicht unter dieses Niveau abfallen.

Abhängig von der jeweiligen Laborierung werden also im Vergleich zu Überschallmunition nicht nur deutlich niedrigere Spitzengasdrücke erreicht. Auch über den gesamten weiteren Geschossweg im Rohr zeigt sich dadurch ein deutlich geringerer Gasdruckverlauf (→ **Abb. 17.9**).

Wird Subsonic-Munition aus Waffen mit normal langen Läufen verschossen, kann der Gasdruck an der Mündung daher auf Werte unter 100 bar fallen. Was durchaus gewünscht ist, um den Mündungsknall bestmöglich zu dämpfen, wird durch die Laufreibung problematisch. Weil die das Geschoss vorwärtstreibende Kraft bei so niedrigen Gasdrücken auf deutlich unter 500 Newton sinkt und damit geringer als die bremsende Reibungskraft werden kann, besteht die sehr reelle Gefahr von im Lauf stecken bleibenden Geschossen (→ **Abb. 17.10**). Der Reibungswiderstand, der dem Geschoss im Lauf entgegengesetzt wird, ist dabei nicht exakt vorherzusagen. Er hängt von der Beschaffenheit und Sauberkeit der Oberfläche der Feld-Zug-Profile, aber auch von den Toleranzen beim Innendurchmesser des Laufes ab. Dadurch unterscheidet er sich von Lauf zu Lauf. Auch die Geschosse unterliegen Fer-

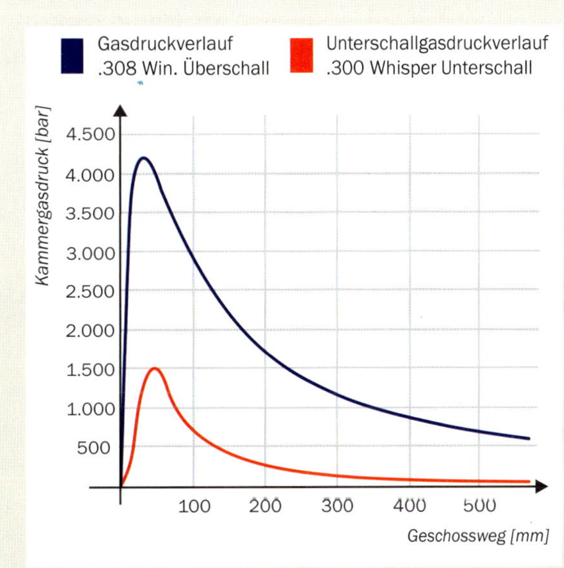

Abb. 17.9: *Typische Gasdruckverläufe bei Über- und Unterschallpatronen im Kaliber .30 im Vergleich.*

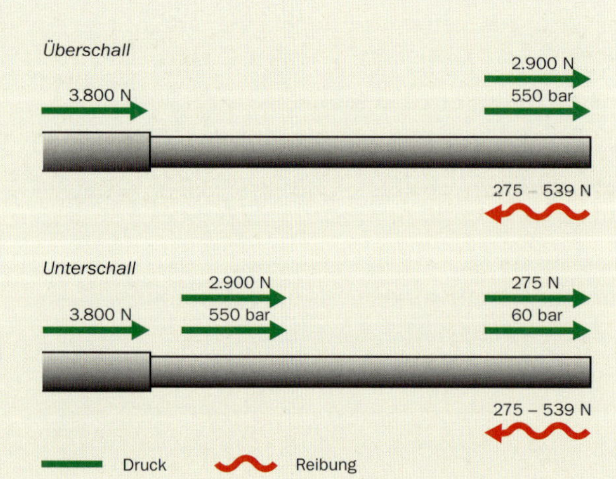

Abb. 17.10: *Während bei Überschall-Laborierungen der Gasdruck das Geschoss mit ausreichend Kraft gegen die Reibung des Laufes vorantreibt, ist der kritische Wert bei Unterschall-Laborierungen schnell unterschritten und das Geschoss bleibt stecken.*

Geschossstecker

Wird Subsonic-Munition aus einer nicht speziell dafür eingerichteten Waffe verschossen, muss immer mit stecken gebliebenen Geschossen gerechnet werden. Dies trifft insbesondere für Lauflängen über 50 cm zu! Die richtige Auswahl aller Komponenten spielt beim Schießen mit Unterschallmunition eine überragende Rolle und trotz geringerer Gasdruckspitzen darf man die Gefahr nicht unterschätzen. Halten Sie sich daher immer an folgende Regeln:

1. Bestehen Zweifel, ob das Geschoss tatsächlich den Lauf verlassen hat, muss vor dem nächsten Schuss zwingend durch den Lauf geschaut werden!
2. Ziehen Sie die Waffe möglichst vor jedem Schuss durch, um eine erhöhte Reibung durch Verschmutzung auszuschließen.

tigungs- und Materialtoleranzen. Aus diesen Gründen ist es ausgesprochen gefährlich, Unterschallmunition aus Waffen mit Standardläufen zu verschießen. Bleibt ein Geschoss nämlich unbemerkt stecken, droht beim nächsten Schuss die Waffensprengung! Aber auch wenn das steckende Geschoss bemerkt wird, lässt es sich meist nur vom Büchsenmacher mittels Aufbohren entfernen. Der Aufwand und damit die Kosten dafür sind erheblich. Neben der häufig schlechten Präzision aufgrund ungeeigneter Dralllängen verbietet es insbesondere das Problem von steckenden Geschossen, normale Waffen ohne echte Fachkenntnis mit Unterschallmunition zu betreiben. Dieser Sachverhalt ist von nicht unerheblicher Bedeutung für die Beurteilung der Gefahr von Jagdwilderei infolge der Genehmigung eines Schalldämpfers.

Wer auf Nummer sicher gehen will, sollte Subsonic-Munition nur aus Läufen verschießen, die kürzer als 50 cm sind. Speziell auf die Nutzung mit Unterschallmunition ausgerüstete Läufe sind meist nur 30 cm lang. Dies ist vollkommen ausreichend, um Mündungsgeschwindigkeiten nahe der Schallgeschwindigkeit erzielen zu können.

Bei Lauflängen von deutlich über 50 cm kommt oftmals ein weiteres Problem hinzu:

Die Mündungsgeschwindigkeit des ersten Schusses bei kaltem Lauf kann erheblich von der der Folgeschüsse differieren, was im Regelfall eine veränderte Treffpunktlage bedeutet. Mutmaßlich ist dafür der bei der Erwärmung von Lauf und Kammer entstehende Energieverlust ursächlich, der für den Vortrieb des Geschosses nicht mehr zur Verfügung steht. Bei Überschallmunition fällt aufgrund der deutlich größeren wirkenden Kräfte dieser Anteil kaum ins Gewicht, sodass der Einfluss auf die Mündungsgeschwindigkeit nicht relevant ist.

Abb. 17.11: *Unterschallpatronen von Swiss Munition. Auffällig ist der Fettring des Geschosses. Das blau lackierte Zündhütchen wird häufig als Markierung für Subsonic-Munition genutzt.*

Um die Reibung der Geschosse im Lauf möglichst klein zu halten und somit die Gefahr von Geschosssteckern zu minimieren, werden industriell hergestellte Unterschallpatronen häufig mit Fettringen versehen (→ **Abb. 17.11**). Bei Handladungen versucht man, den Effekt durch Einfetten oder Moly-Beschichtung des Geschosses zu erreichen.

Dralllänge

Geschosse werden üblicherweise durch Drall stabilisiert. Die im Büchsenlauf vorhandenen spiralartig angeordneten Felder und Züge versetzen das Geschoss in eine Rotation um die Längsachse, den Drall. Wie bei einem Kreisel stabilisiert er das Geschoss im Flug. Der Effekt ist komplex und wird von vielen Variablen beeinflusst. Als Dralllänge bezeichnet man die Strecke, in der das Geschoss sich einmal komplett um seine eigene Längsachse gedreht hat. Je kürzer die Dralllänge ist, umso steiler ist die Spirale und umso schneller dreht sich das Geschoss bei gleicher Fluggeschwindigkeit (→ **Abb. 17.12**). Je schwerer und damit länger das Geschoss ist, umso kürzer muss die Dralllänge für eine ausreichende Stabilisierung sein. Laborierungen, bei denen Geschossgewichte am unteren Ende des Patronenspektrums verladen sind, profitieren also eher von einem längeren Drall, bei schweren Gewichten erzielen kürzere Dralllängen die bessere Schussleistung. Wird ein zu langer Drall gewählt, fängt das Geschoss im Flug an zu taumeln. Dieser

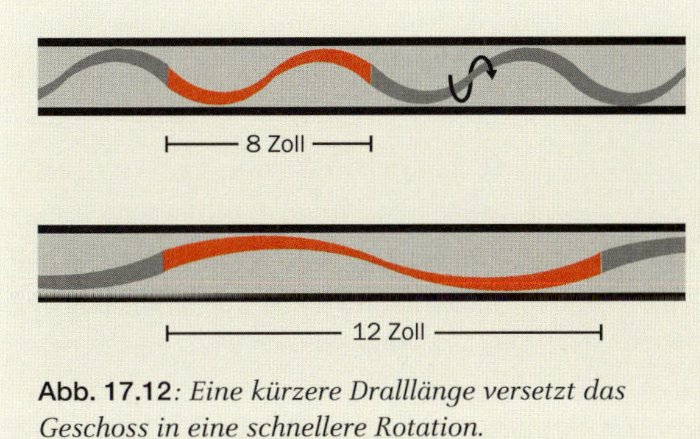

Abb. 17.12: *Eine kürzere Dralllänge versetzt das Geschoss in eine schnellere Rotation.*

stark präzisionsmindernde Effekt wird Unterstabilisierung genannt. Eine Überstabilisierung dagegen tritt bei zu kurzer Dralllänge auf. Dabei stellt sich das Geschoss mit seiner Längsachse im Verlauf des Fluges immer schräger zur Flugbahn, weil es die ursprüngliche Richtung beizubehalten versucht. Im Extremfall und bei fragilen Geschossen kann eine Überstabilisierung sogar dazu führen, dass sich das Projektil im Flug zerlegt. Für das Erzielen einer guten Schussleistung ist die Auswahl eines Laufes mit passender Dralllänge also eine Grundvoraussetzung.

Einen guten Anhaltswert dafür bietet die *Greenhill-Formel* (modifiziert nach Albrecht für das metrische System): [93]

$$\text{Drall [Zoll]} = \frac{\text{A} \times \text{Geschossdurchmesser [mm]}^2}{\text{Geschosslänge [mm]}}$$

A ist ein Faktor, der für Geschosse mit einem Durchmesser ≤ 7 mm den Wert 7 hat, für Geschosse > 7 mm den Wert 6.

Beispiel: RWS Doppelkern-Geschoss 165 gr in .308 Winchester*, Länge 28 mm:

$$\text{Empfohlener Drall} = \frac{6 \times 7{,}82^2}{28} = 13{,}1 \text{ Zoll} = 33{,}3 \text{ cm}$$

Für diese Laborierung sollte die Waffe also idealerweise über einen 13-Zoll-Drall verfügen. Das deckt sich mit den Empfehlungen der Firma Shilen Rifles, Inc., denen zufolge im Kaliber .308 für Geschossgewichte bis 170 gr ein Drall von 12 bis 14 Zoll geeignet ist. Für deutlich schwerere Geschosse wird dagegen ein Drall von 8 bis 10 Zoll empfohlen. Es ist bemerkenswert, dass als Variable in die Formel die Geschosslänge statt des Geschossgewichtes eingeht. Richtigerweise müsste man also bei der Beurteilung von Dralllängen nicht von Geschossgewicht, sondern von der Geschosslänge reden. Grundsätzlich geht mit einer Gewichtssteigerung auch eine entsprechende Längensteigerung einher, sodass man in der Praxis beides recht problemlos gleichsetzen kann – zumindest, solange es sich um Bleigeschosse handelt. Greift man nämlich zu Kupfer, steigt bei gleichem Geschossgewicht im Vergleich zum Bleigeschoss die Geschosslänge aufgrund der niedrigeren Dichte des Kupfers deutlich an. Kupfergeschosse fliegen daher zumeist aus Läufen mit kürzerem Drall besser als ihre bleihaltigen Gegenstücke mit gleichem Geschossgewicht. Oder andersherum gesehen: Bei Umstellung auf bleifreie Munition sollte zu einem etwas leichteren Geschoss gegriffen werden, um die gleiche Drallstabilisierung des Geschosses aus der Waffe zu erreichen.

Die Greenhill-Formel bezieht sich grundsätzlich auf die Stabilisierung von Geschossen, die mit Überschallgeschwindigkeit den Lauf verlassen. Bei Unterschallmunition ist sie nicht gleichermaßen zuverlässig anwendbar. Die Stabilisierung durch den Drall hängt letztlich ja davon ab, wie häufig sich das Geschoss in einer bestimmten Zeit um die eigene Achse dreht. Ein Geschoss, das mit Unterschallgeschwindigkeit aus einer Waffe fliegt, dreht sich aufgrund der nur etwa 1/3 so hohen Geschwindigkeit auch nur 1/3-mal so häufig um die eigene Achse wie

* *Beim Kaliber .30 weist das Geschoss den Zugdurchmesser von 7,82 mm, nicht den Felddurchmesser von 7,62 mm auf.*

Spezialisierte Unterschallbüchse oder Dual Use?

Wer im Kaliber .30 ausschließlich Unterschallmunition verschießen will (z. B. Gatterbesitzer), fährt mit einer Waffe mit einem sehr kurzen Lauf (30 cm) und einem kurzen Drall von 1:8 Zoll am besten. Durch diese Zusammenstellung wird das Risiko von Geschosssteckern weitgehend eliminiert, während auch überschwere Geschosse noch vernünftig fliegen. Wer sich alle Optionen offenhalten will, sollte zu einem Kompromiss greifen, der Über- und Unterschallmunition vernünftig bewältigen kann. Lauflängen zwischen 40 und 50 cm sind jagdlich voll brauchbar und die Nachteile, wie vermehrter Rückstoß und Mündungsfeuer, werden durch den Schalldämpfer aufgefangen. Eine Dralllänge von 1:10 Zoll stabilisiert im Kaliber .30 mit Ausnahme überschwerer Geschosse von mehr als 200 gr auch im Unterschallbereich ausreichend, ohne dass dies bei Überschallmunition mit normalen Geschossgewichten zu spürbaren Einbußen bei den erzielbaren Streukreisen führt. Im Kaliber .223/5,56 mm eignet sich ein Drall von 1:7 oder 1:8 Zoll gut als Kompromiss für das Verschießen von Über- und Unterschallmunition.

eines mit Überschallgeschwindigkeit. Daher kommt es bei Subsonic-Munition eher zu Unterstabilisierung und Geschosstaumeln. Unterschallmunition verlangt also schon allein aufgrund der niedrigen Mündungsgeschwindigkeit nach einem relativ kurzen Drall, was durch die bei diesen Patronen zumeist sehr schweren Geschosse noch verstärkt wird. Für spezialisierte Subsonic-Waffen empfehlen sich daher Dralllängen von 7 oder 8 Zoll (→ **Tab. 17.3**).

Geschossgewicht

Die Geschwindigkeit des Geschosses hat einen erheblich größeren Einfluss auf dessen kinetische Energie als seine Masse:

Geschossenergie =
1/2 × Geschossmasse × Geschossgeschwindigkeit²

Verdoppelt sich die Geschossmasse, verdoppelt sich auch die Energie. Verdoppelt sich dagegen die Geschossgeschwindigkeit, vervierfacht sich die Energie. Ein riesiger Unterschied, der bei Unterschallmunition dazu führt, dass nur eine geringe Geschossenergie zur Verfügung steht. Am Beispiel eines .30-Geschosses mit einem Gewicht von 165 gr/10,69 g lässt sich das gut nachvollziehen. Aus einer

	Subsonic	Über-/ Unterschall
1:7 Zoll = 17,78 cm	++	–
1:8 Zoll = 20,32 cm	++	–
1:10 Zoll = 25,4 cm	+	+
> 1:10 Zoll	–	++

Tab. 17.3: *Geeignete Dralllängen für .30-Geschosse.*

stramm geladenen .308 Winchester erreicht es eine Mündungsenergie von über 3.500 Joule:

Geschossenergie =
1/2 × 0,01069 kg × (840 m/s)² = 3.772 Joule

Wird es nun mit einer Mündungsgeschwindigkeit von ca. 300 m/s verschossen, um die Schallgeschwindigkeit sicher zu unterschreiten, ergibt sich ein dramatischer Verlust an Geschossenergie:

Geschossenergie =
1/2 × 0,01069 kg × (300 m/s)² = 481 Joule

Abb. 17.13: *Für hochwildtaugliche Unterschallmunition werden Geschosse von fast 50 g benötigt. Das eigentlich für die Patrone .50 BMG (linke Hülse) gedachte 750 gr Hornady A-MAX (links vorn) erfüllt diese Voraussetzung und kann z.B. aus einer .510 Whisper-Hülse (Mitte links/rechts) auf Unterschallgeschwindigkeit gebracht werden. Zum Größenvergleich: rechts eine .308 Winchester-Hülse und rechts vorn ein 165 gr Hornady InterBond im Kaliber .30.*

Dass mit dieser Laborierung die für den Schuss auf Rehwild geforderte Mindestenergie von 1.000 Joule auf 100 m nicht erreicht werden kann, ist offensichtlich. Selbst wenn man zu überschweren Geschossen von 240 gr/15,5 g greift, kommt man nicht einmal in die Nähe:

Geschossenergie =
1/2 × 0,015552 kg × (300 m/s)² = 700 Joule

Auch mit einem der schwersten für eine 9,3 x 62 verfügbaren Geschosse, dem Norma Oryx 325 gr/21,06 g, sind bei 300 m/s nicht mehr als 948 Joule Mündungsenergie erreichbar. Auf 100 m Schussentfernung sind davon nicht mehr als 844 Joule übrig. Allein schon zur Rehwildtauglichkeit nach Bundesjagdgesetz fehlen dem Geschoss damit 156 Joule Energie. Unterschallmunition aus jagdüblichen Patronen erreicht damit also die gesetzlich geforderte Energie nicht und ist zur Jagdausübung auf Schalenwild in Deutschland nicht zugelassen!

Ausnahmen stellen nur Patronen dar, die Geschossgewichte von mehr als 25 g bewältigen können. Mit ihnen lässt sich die gefor-

Raub- und Federwild

Die Jagdgesetze fordern nur für den Schuss auf Schalenwild eine Mindestenergie E100 = 2.000 Joule, bei Rehwild E100 = 1.000 Joule. Raub- oder Federwild kann dagegen legal auch mit Unterschallmunition erlegt werden.

Abb. 17.14: *Thompson Contender in .510 Whisper. Der Schalldämpfer ist ein Einzelstück, gefertigt von Christian Will nach Plänen von Marc Albers.*

derte E100 von 1.000 Joule erreichen. Wer die für die Bejagung der anderen Schalenwildarten geforderten E100 von 2.000 Joule zustande bringen will, muss zu Geschossgewichten ab etwa 750 gr/48,6 g greifen. Für beides benötigt man sehr großkalibrige Patronen. Geschossgewichte von etwa 50 g und darüber hinaus werden in der Regel nur bei Durchmessern von .50 und größer erreicht. Wer also in Deutschland gesetzeskonform mit Unterschallmunition auf alles Schalenwild waidwerken will, muss zu Exoten wie der .510 Whisper (→ **Abb. 17.13**), der .500 Phantom oder der .50 Alaskan greifen. Für Rehwild verdaut z. B. die .458 SOCOM ausreichend schwere Geschosse (→ **Abb. 17.26**). Aufgrund der schlechten Verfügbarkeit von entsprechend eingerichteten Waffen und Munition bleiben diese Patronen echte Exoten.

Um in der Praxis zu testen, ob durch den Einsatz von Unterschallmunition und Schalldämpfer tatsächlich ein jagdpraktischer Vorteil bei den Streckenzahlen zu erzielen ist, wurde unter einigem Aufwand eine leise nachzuladende Kipplaufwaffe in .510 Whisper hergestellt, die hinsichtlich der Mindestenergie mit ihren 48,6-g-Geschossen hochwildtauglich war. Als Schalldämpfer wurde ein Einzelstück gefertigt (→ **Abb. 17.14**). Schon beim Einschießen der Waffe zeigte sich allerdings, dass die in sie gesetzten Erwartungen nicht erfüllt werden konnten: Der Schusslärm war deutlich hörbar und unterschied sich erheblich von einer gedämpften Büchse im Kaliber .30 mit Unterschallmunition. Die Messung bestätigte den Höreindruck und zeigte, dass jagdpraktisch kein Vorteil zu erwarten ist: Die .510 ist mit Unterschallmunition und Schalldämpfer lauter als eine .308 Winchester mit normaler Überschalljagdmunition und Schalldämpfer (→ **Abb. 17.15**)!

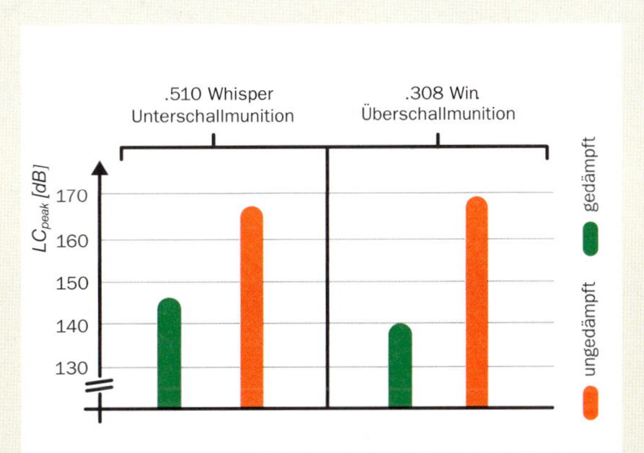

Abb. 17.15: *Selbst mit Unterschallmunition ist eine gedämpfte .510 Whisper noch lauter als eine gedämpfte .308 Winchester mit Überschallmunition. Messung: 1 m rechts von der Mündung im 90°-Winkel.*

Die jagdpraktische Tauglichkeit ist also nicht nur aufgrund der erheblichen Nachteile hinsichtlich der Außen- und Zielballistik ohnehin sehr begrenzt – diese Munition ist auch simpel und einfach viel zu laut, um eine Erhöhung der Abschusszahlen möglich zu machen. Sofern man sich an die Vorgaben des Bundesjagdgesetzes halten will, bringt der Einsatz von Unterschallmunition also keinen Gewinn. Grundsätzlich ist der Einsatz von Unterschallmunition auf Schalenwild jedoch ohnehin sehr fragwürdig (→ **S. 199 ff.**, Zielballistik).

Geschossform

Auch wenn kein Überschallknall entsteht, verursacht das Geschoss dennoch normale Strömungsgeräusche während des Fluges, die die Geräuschsignatur des Schusses deutlich beeinflussen. Ein hochwildtaugliches Geschoss mit Durchmessern über 6,5 mm erzeugt Geräusche in der Größenordnung von etwa 90 bis 100 dB, die im Gegensatz zum nur kurz anhaltenden Mündungsknall den gesamten Flug begleiten und aufgrund der Dauer relativ laut wahrgenommen werden (→ **Abb. 4.9**). Durch das Wegfallen des Überschallknalls sind die Strömungsgeräusche besser zu hören. Der Geschossform kommt damit bei der Reduktion des Schusslärms eine noch wichtigere Rolle als bei Überschallmunition zu. Insbesondere das Heck ist dabei, ähnlich wie bei Kraftfahrzeugen, von großer aerodynamischer Bedeutung. Der Bodensog genannte Unterdruck am Geschossheck entsteht aufgrund eines durch Verwirbelungen bedingten Strömungsabrisses. Dieser macht im Unterschallflug über 80 % des Strömungswiderstandes aus, während der Effekt bei Überschallgeschwindigkeiten mit etwa 35 % deutlich geringeren Einfluss hat. [94]

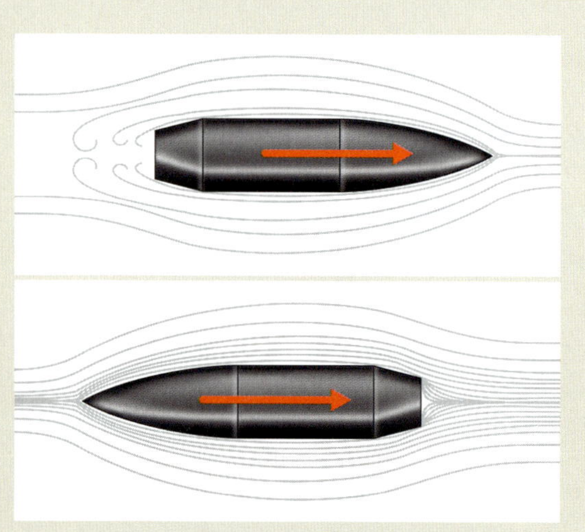

Abb. 17.16: *Verwirbelungen am Geschossheck erzeugen starke Fluggeräusche (oben). Nähert sich die Form einem Wassertropfen, strömt die Luft am Geschoss entlang.*

Als ideal wird im Unterschallbereich die Form eines Wassertropfens angesehen. Das lange, spitze Heck erzeugt vergleichsweise wenig Verwirbelungen, die letztlich ursächlich für die Fluggeräusche sind. (→ **Abb. 17.16**). Es wurden in den 90er-Jahren sogar spezielle Unterschallpatronen entwickelt, die für solchermaßen geformte Geschosse vorgesehen waren (.338 Water Drop). Viele Handlader greifen diese Erkenntnisse auf und verladen in Unterschallmunition Vollmantelgeschosse mit dem Heck voran, um sie im Fliegen der Tropfenform anzunähern (→ **Abb. 17.17**). Viele Waffen verdauen das verkehrt herum geladene Geschoss hinsichtlich der Präzision nicht gut, weil das schräge Heck beim Verlassen

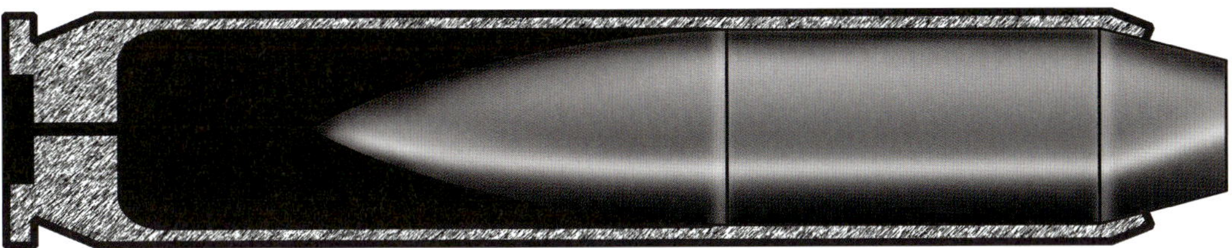

Abb. 17.17: *Zur Minimierung von Fluggeräuschen verkehrt herum geladenes Geschoss.*

der Mündung reichlich Angriffsfläche für nachströmende Schwadengase bietet. Bisweilen ergeben sich aber durchaus gute Schussleistungen, hier hilft nur das Experimentieren. [95, 96]

Werden Geschosse verkehrt herum verladen, ragen sie darüber hinaus weiter in das Hülseninnere hinein und verkleinern so das Hülsenvolumen. Damit helfen sie, die bei Unterschall-Ladungen in normalen Hülsen häufig zu geringe Ladedichte zu erhöhen. Leider ermöglicht das spitze Heck den Gasen im Dämpfer ein leichteres Überholen des Geschosses. Dieser erhöhte Blow-by verschlechtert die Leistung des Dämpfers. Letztlich erkauft man somit den etwas leiseren Geschossflug mit einem etwas lauteren Mündungsknall. [97]

Zielballistik

Handelsübliche Jagdgeschosse sind so konstruiert, dass sie beim Auftreffen in einem Geschwindigkeitsbereich von 600 bis 800 m/s deformieren. Treffen sie mit Unterschallgeschwindigkeit auf ein Stück Wild, deformieren sie daher zumeist gar nicht mehr und wirken wie ein Vollmantelgeschoss. Der Energietransfer ins Gewebe verringert sich drastisch. Ob das Stück schnell und unter Vermeiden unnötigen Leids verendet, hängt dann noch sehr viel mehr als sonst vom Treffersitz ab. Unter 250 m/s ist auch bei sehr weichen Geschossen grundsätzlich nicht mehr mit einer Deformation zu rechnen. [98]

Es gibt verschiedene Ansätze, um die Wirkung im Ziel zu verbessern: Der Schalldämpfer-Experte Martin Erbinger hat in Versuchsreihen feststellen können, dass sich Vollmantelgeschosse durch ein schräges Anschleifen an der Spitze (*Chisel tip*) im Ziel

Tötungswirkung

Erfahrungen aus anderen Ländern zeigen eindeutig, dass die Tötungswirkung von Unterschallmunition bei Schalenwild selbst bei der Verwendung spezieller Subsonic-Geschosse deutlich schlechter als bei Überschallmunition ist. Insbesondere an Augenblickswirkung fehlt es, die Stücke gehen auch mit guten Schüssen noch vergleichsweise weit. Ihre Anwendung widerspricht daher grundsätzlich den Anforderungen der Waidgerechtigkeit!

Chisel tipping

Wer seine Vollmantelgeschosse zu »taumelnden Meißeln« (*chisel* engl. für Meißel) machen möchte, hält deren Spitze am besten einfach mit der Hand in einem Winkel von ca. 45° an eine Bandschleifmaschine, bis ein 3–4 mm langer Anschliff entsteht. Der Bleikern sollte dabei nicht freigelegt werden.

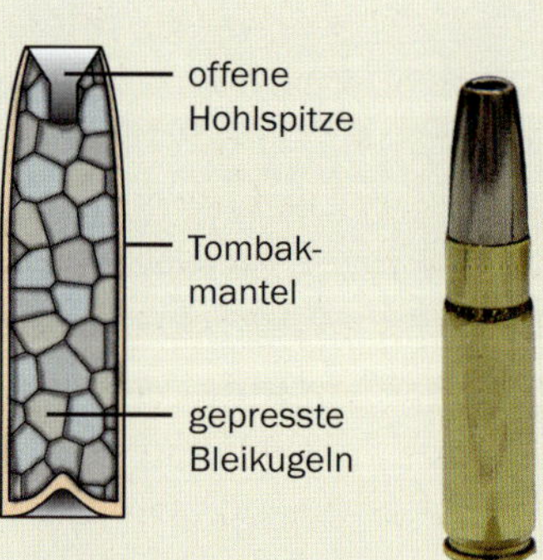

Abb. 17.19: *Das »Final«-Geschoss von RUAG zerlegt sich auch bei sehr niedrigen Auftreffgeschwindigkeiten und gibt dabei viel Energie ab. In Deutschland wurde es zeitweise unter der Bezeichnung »SOS« (Special Operation Subsonic) vertrieben.*

sehr schnell überschlagen und so mehr Energie übertragen wird. Alternativ kann die Spitze auch konkav angeschliffen werden (*Spoon tip*). Wird nicht zu viel Material abgetragen, ist bei beiden Varianten erfahrungsgemäß der Einfluss auf die Präzision zu vernachlässigen.

Werden Vollmantelgeschosse im Sinne des Water-Drop-Prinzips verkehrt herum verladen, liegt der Schwerpunkt weit vorn im Geschoss und verhindert ein Taumeln

Abb. 17.18: *Nach Kundenwunsch hergestellte Gießkokille der Firma Hensel GmbH für 750 gr/48,6-g-Hohlspitzgeschosse im Kaliber .510.*

weitgehend. Dadurch wird die Penetrationstiefe im Wild erhöht, der Energieübertrag aber verringert. Gegebenenfalls kann durch Anbringen einer großen Hohlspitze mit dem Bohrer am ursprünglichen Geschossheck eine Deformation erreicht werden. Ein am Heck offen liegender Bleikern allein reicht dafür nicht aus.

Weiche mantellose **Bleigeschosse** mit einer groß dimensionierten Hohlspitze können dagegen auch bei Geschwindigkeiten von 250 bis 300 m/s deformieren – eine wesentliche Verbesserung der Augenblickswirkung sollte man davon jedoch nicht erwarten. Bleigeschosse sind die naheliegende, preisgünstige Wahl beim Schuss auf Wild, allerdings dürfte die Verwendung im Zuge der Bleifrei-Diskussion immer mehr eingeschränkt werden. Enorme Vorteile bieten Bleigeschosse bei Patronen mit besonders großen Kalibern an (z. B. .510). Hier können mithilfe von Gießkokillen (→ **Abb. 17.18**) in

Heimarbeit sehr günstig Geschosse gegossen werden, während industriell hergestellte Mantelgeschosse schwer zu beziehen sind und im Regelfall Stückpreise von mehreren Euro aufweisen. Vor Bleiverschmierungen im Lauf muss man dabei keine Angst haben: Im Unterschallbereich ist diese extrem gering und eine Laufabnutzung findet durch das sehr weiche Metall in weitaus niedrigerem Maße als bei Mantelgeschossen statt.

Da eine zuverlässige Deformation bei den geringen Auftreffgeschwindigkeiten nur schwer zu erreichen ist, sind **spezielle Unterschallgeschosse** meist als sehr zerlegungsfreudige Splittergeschosse konzipiert. Zur Minimierung einer Umgebungsgefährdung sollen sie im Behördenbereich möglichst keinen Ausschuss ergeben. Es handelt sich daher häufig um Konstruktionen, die ähnlich den jagdlichen Varmintgeschossen sehr dünne Mäntel aufweisen, innen mit gepresstem Metallstaub bzw. Bleikugeln gefüllt sind und sich im Ziel zerlegen (→ **Abb. 17.19**). Jagdlich ist dies wegen fehlender Pirschzeichen natürlich von Nachteil. Eine Ausnahme stellt das ebenfalls nur Militär und Behörden vorbehaltene Quiet-Hinder-Geschoss der Firma MEN dar, das bei Auftreffgeschwindigkeit im Unterschallbereich zuverlässig deformiert (→ **Abb. 17.20**).

Für die Jagd lassen sich normale Überschall-Varmintgeschosse leider nicht sinnvoll nutzen, weil sie nur mit sehr geringem Gewicht angeboten werden und damit im Regelfall zu wenig Geschossenergie für eine zuverlässige Tötungswirkung aufweisen. Darüber hinaus werden diese kurzen Geschosse bei der geringen Geschwindigkeit und eher kurzen Dralllängen nicht ausreichend stabilisiert.

Abb. 17.20: *Das bei Unterschallgeschwindigkeit im Ziel deformierende Quiet-Hinder-Geschoss der Firma MEN bleibt leider Behörden vorbehalten.*

Spezielle Geschosse zur Verwendung bei Wild sind aber durchaus am Markt erhältlich. In Deutschland werden sie zumeist für die Verwendung im Gatter vermarktet, was letztlich aber eine reine Etikettierungsfrage ist (→ **Abb. 17.21**). Fast alle dieser Geschosse wirken durch ein kontrolliertes Zerlegen. Die sich bildenden Splitter sollen dann ihre eigenen Wundkanäle mit entsprechender Gewebeschädigung verursachen (→ **Abb. 17.22** und **Abb. 17.23**). Im Gegensatz zu den Unterschall-Deformationsgeschossen bringen die Zerlegungsgeschosse den Vorteil mit sich, dass die Splitter die Wahrscheinlichkeit erhöhen, lebenswichtige Strukturen zu zerstören. Der Effekt ist aber zufällig, eine ähnlich reproduzierbare Tötungswirkung wie bei Überschallpatronen wird nicht verlässlich erreicht.

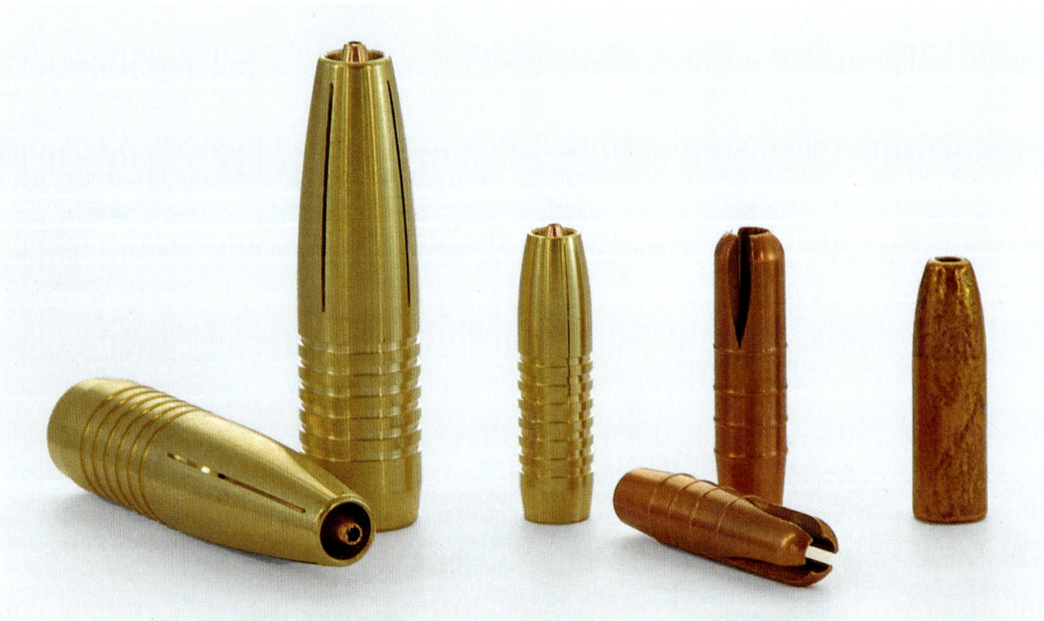

Abb. 17.21: *Spezielle Unterschallgeschosse sind z. B. die Subsonic Controlled Fracturing (SCF) der US-Firma Lehigh Bullets oder das von Sax hergestellte Kupfer-Gatter-Geschoss (KGG). Für eine sichere Deformation bei Unterschallgeschwindigkeit muss beim beschichteten Bleigeschoss von H & N die Hohlspitze nachträglich vergrößert werden (links stehend und liegend: Lehigh SCF .510; Mitte links: Lehigh SCF .30; Mitte rechts stehend und liegend: Sax KGG; rechts: H & N).*

Abb. 17.22: *Beschuss eines Gelatineblockes mit einem 170-gr-Kupfer-Zerlegungsgeschoss der Firma Lehigh im Kaliber .30. Deutlich sichtbar sind die vier Splitter, die etwa 15 cm tief eingedrungen sind. Bei 25 cm liegt der in der Geschossspitze sitzende Deformationsstarter. Das Restgeschoss hat den Gelatineblock von 45 cm Länge vollständig durchschlagen.*

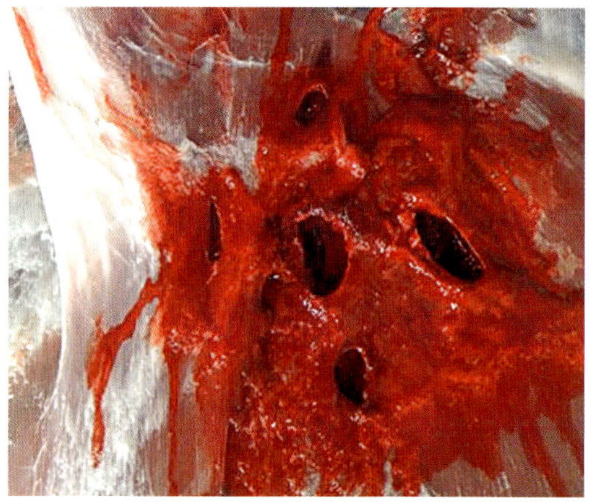

Abb. 17.23: *Typischer Wundkanal eines Lehigh-Geschosses im Kaliber .510 bei Kammertreffer eines Rotalttieres. Bei richtiger Platzierung der »dicken Bohnen« ist hier analog zum Flintenlaufgeschoss durchaus mit einer effektiven Wirkung zu rechnen.*

Hersteller von Unterschallgeschossen

Engel Ballistic Research, Inc. (USA):
www.ebr-inc.net
Lehigh Bullets (USA):
www.lehighbullets.com
Outlaw State Bullets LLC (USA):
www.outlawstatebullets.com
Sax Munitions GmbH:
www.sax-munition.de
Styria Arms (Österreich):
www.styriaarms.com/

Auch **Jagdgeschosse für Vorderladerwaffen** stellen eine Option dar. Deren Mündungsgeschwindigkeit liegt nämlich ungefähr im transsonischen Bereich, sodass manche Konstruktionen ausreichend weich sind. Auf die Herstellung von Vorderladerjagdgeschossen hat sich z. B. die Firma Hawk Bullets (USA) spezialisiert.

Handladen von Unterschallmunition

Am Markt existiert eine Fülle von Patronen, die speziell für den Einsatz im Unterschallbereich konstruiert worden sind und deren Ladungen vergleichsweise einfach und sicher zu erarbeiten sind. Sollen mit Hülsen von üblicherweise mit Überschallgeschwindigkeit laborierten jagdlichen Patronen aber Projektile mit Unterschallgeschwindigkeit verschossen werden, entstehen durch die vergleichsweise großen Hülsenvolumina besondere Herausforderungen.

Handladen von konventionellen Patronenhülsen

Die Hülsen der gebräuchlichen Überschalljagdpatronen eignen sich nur sehr eingeschränkt, um Unterschall-Laborierungen zu entwickeln. Geeignete Treibladungsmittel sind schwer zu finden, da nur kleine Mengen offensiver Pulver für die angestrebten Geschwindigkeiten erforderlich sind. Die entstehenden äußerst geringen Ladedichten von weit unter 50 % in den Hülsen können zu Waffensprengungen führen. Um das Thema ranken sich viele Theorien, von denen letztlich keine wirklich bewiesen zu sein scheint. Am häufigsten wird der sogenannte *Secondary Explosion Effect* (SEE) genannt.

Geschossimport USA

Der Import von Waffen- und Munitionsteilen aus den USA stellt erfahrungsgemäß eine erhebliche Hürde dar. Die Ausfuhr von Geschossen und Hülsen ist auch in unverladenem Zustand genehmigungspflichtig. Als besonders zuverlässiger und günstiger Exporteur hat sich www.reloadinginternational.com herausgestellt. Es werden die Kosten für die Exportgenehmigung in Höhe von 10 % des Warenwertes unmittelbar an den Endkunden weitergegeben. Auch sonst kaum erhältliche Geschosse im Kaliber .510 sind dort beziehbar, soweit zugesichert wird, dass diese nicht in .50 BMG-Patronen verladen werden.

Da die enthaltene Pulvermenge nicht am Hülsenboden fest anliegt, soll durch den Zündstrahl des Zündhütchens nur ein Teil des Nitrozellulose-Pulvers entzündet werden. Dieses steigert den Druck in der Hülse, verdämmt das restliche Pulver vor dessen Entzündung und kann zu einer Detonation statt eines kontrollierten Abbrandes mit erheblichen Drucksteigerungen führen – so weit die Theorie. Auch wenn der Effekt letztlich nicht sicher geklärt ist, liegen ausreichend Berichte über Waffensprengungen bei sogenannten abgebrochenen Ladungen mit geringer Ladedichte vor, sodass man dieses Risiko sehr ernst nehmen sollte. Sollen dennoch Unterschall-Laborierungen mit den Hülsen jagdlicher Mittelpatronen verladen werden, gibt es verschiedene Methoden zur Minimierung des Risikos:

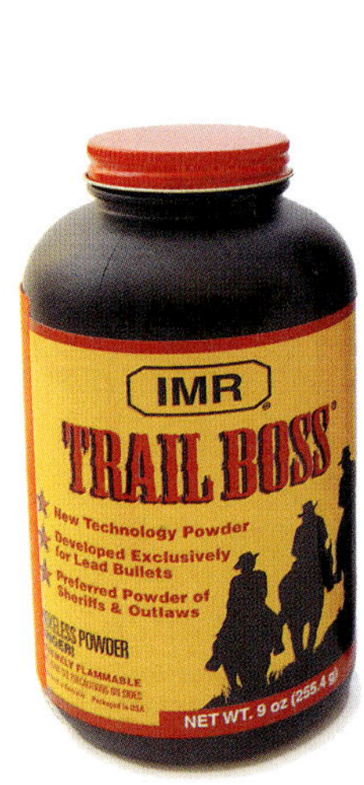

Abb. **17.24:** *IMR Trail Boss eignet sich gut für Unterschall-Ladungen in normalen Hülsen. Für Reduzierhülsen oder spezielle Unterschallhülsen greift man zu offensiven Pistolenpulvern, wie z. B. N110.*

Durch den Einsatz von **Reduzierhülsen** können niedrige Ladedichten sicher vermieden werden. Es handelt sich dabei um Hülsen, die über reguläre Außenmaße verfügen, durch sehr starke Wand- und Bodenstärken aber ein erheblich verkleinertes Innenvolumen aufweisen (→ **Abb. 17.8**). Hierdurch ergeben sich Ladedaten wie bei echten Unterschallhülsen. Der Hauptnachteil dieser Lösung ist der hohe Stückpreis von knapp 5 €. Darüber hinaus muss bei der Verwendung in Waffen mit langen Läufen an die Gefahr eines Geschosssteckers gedacht werden (→ **S. 192 f.**, Geschossstecker). Bekanntester Hersteller von Reduzierhülsen ist in Deutschland die Firma Samereier.

Sehr **voluminöse Nitrozellulose-Pulver**, wie sie z. B. für ältere Konstruktionen im Rahmen des Cowboy Action Shootings angeboten werden, eignen sich gut, um bei konventionellen Hülsen sichere Ladedichten zu

Laden auf eigene Gefahr!

Ich möchte hier explizit darauf hinweisen, dass ich jede Verantwortung für die Erstellung von Ladungen ablehne. Bewusst habe ich hier im Buch keine Ladedaten gelistet, da deren Sicherheit nicht gewährleistet werden kann. Jeder Hand- bzw. Wiederlader handelt eigenverantwortlich. Ich empfehle ausdrücklich, sich ausschließlich an geprüfte Ladevorschläge der Pulver- bzw. Hülsenhersteller zu halten.

erreichen. Ein häufig genutztes Pulver zur Erarbeitung von Subsonic-Ladungen mit .308 Winchester-Hülsen ist z. B. IMR Trail Boss (→ **Abb. 17.24**).

Durch Nutzung von **Füllmitteln** soll die Treibladung am Hülsenboden fixiert werden (→ **Abb. 17.25**). Genutzt wird dazu z. B. Watte oder ballistisches Füllmaterial der Marke Puff-Lon. Inwieweit sich das Abbrandverhalten der Ladung dadurch verändert und ob die Treibladung damit wirklich am Boden fixiert werden kann, liegt bis zur Abgabe des Schusses immer im Ungewissen. Von diesem Vorgehen wird daher abgeraten.

Ladeempfehlungen

In den gängigen Wiederladebüchern gibt es nahezu keine Ladeempfehlungen für Laborierungen mit Unterschallgeschwindigkeit. Wird nicht auf Fabrikmunition zurückgegriffen, ist der Handlader daher auf die Entwicklung eigener Ladungen angewiesen. Bei der Auswahl des **Treibladungspulvers** sollte eine möglichst offensive Sorte gewählt werden. Die schnellsten Pistolenpulver sorgen zum einen dafür, dass die Treibladung möglichst vollständig im Lauf verbrennt und dadurch der Mündungsgasdruck sinkt. Zum anderen lidert die Hülse aufgrund der geringen Drücke bei Unterschall-Ladungen manchmal nicht richtig im Patronenlager an. Offensive Pulver mit vergleichsweise höheren Gasdruckspitzen als bei progressiveren Pulvern gleichen diesen Nachteil zu einem gewissen Teil wieder aus. Um die Ladedichte möglichst groß zu halten und somit die Gefahr eines SEE zu reduzieren, sollten möglichst voluminöse Pulver gewählt werden. Typisch für Unterschall-Ladungen für die Hülsen von Überschallpatronen mit ihrem vergleichsweise großen Volumen sind z. B. N310, N312, Bullseye, Red Dot oder eben Trail Boss.

Als **Zündhütchen** sollten Magnum-Zündhütchen gewählt werden, weil sie die Wahrscheinlichkeit für ein vollständiges Abbrennen der Ladung erhöhen. Bei vielen Subsonic-Ladungen verbessern sich die Streukreise bei der Verwendung eines Magnum-Zündhütchens.

Die **Ladedichte** sollte auf keinen Fall 30 % unterschreiten, die Treibladung also mindestens 30 % des Hülsenvolumens ausfüllen. Sicherer ist es, mit der Ladedichte über 40 % zu bleiben. Die Reibung von Mantelge-

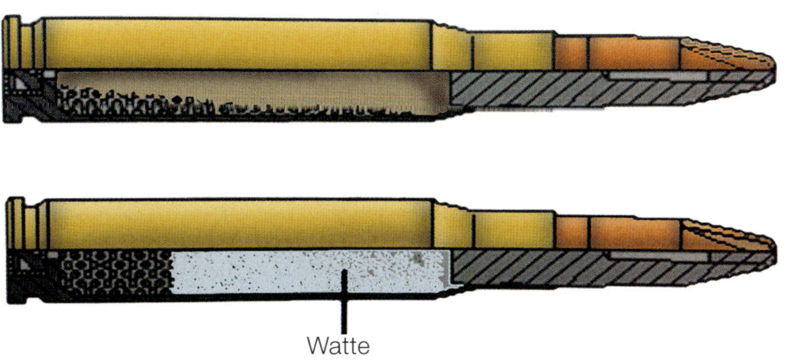

Abb. 17.25: *Durch Einbringen eines Füllmittels soll die Treibladung am Hülsenboden festgelegt werden. Oben: kein Füllmaterial; unten: Fixierung der Ladung durch Watte o. Ä.*

schossen im Lauf sollte durch Einfetten (z. B. durch Eintauchen in flüssiges Fett) oder eine Beschichtung mit Molybdän o. Ä. reduziert werden, um die Gefahr von Geschosssteckern zu verringern. Bei Bleigeschossen kann im Regelfall darauf verzichtet werden. Auf das **Crimpen** von Geschossen sollte verzichtet werden, um unnötigen Widerstand zu vermeiden. Es empfiehlt sich, das **Geschoss tief zu setzen**. Durch den größeren Freiflug wird die Gefahr von Geschosssteckern reduziert und gleichzeitig die Ladedichte erhöht.

Zündlöcher müssen sauber **entgratet** werden, um eine gleichmäßige Wirkung des Zündstrahls gewährleisten zu können. Manche Handlader bohren das Loch sogar auf 3–3,5 mm auf, um eine bestmögliche Wirkung des Zündhütchens zu garantieren und die Gefahr eines SEE zu minimieren. Wer das tut, muss sicherstellen, dass diese Hülsen nicht mehr für Überschall-Ladungen genutzt werden. Je nach Patrone und Geschoss sollte ein Pulver ausgewählt werden, mit dem eine Laborierung mit einer Ladedichte von mehr als 50 % im gasdrucksicheren Bereich geladen werden kann. Die Mündungsgeschwindigkeit liegt dabei im Regelfall im Überschallbereich, sodass der Erfahrungsschatz des Wiederladers, aber auch eine Software wie QuickLoad genutzt werden kann.

QuickLoad

QuickLoad berechnet für den Unterschallbereich teilweise keine zuverlässigen Ladedaten. Entwickeln Sie niemals Subsonic-Ladungen allein mit QuickLoad, ohne dass dies ausdrücklich vom Entwickler dafür freigegeben worden ist!

Dann tastet man sich mittels einer absteigenden Ladeleiter und eines Chronografen in kleinen Schritten langsam an die Schallgeschwindigkeit heran. Wird eine Ladedichte von 40 % unterschritten, ist der Laborierungsansatz nicht geeignet und das Pulver muss gewechselt werden. Kontrollieren Sie nach jedem Schuss, ob der Lauf frei ist!

Eine mögliche Ausgangsladung zum Einstieg in die Ladeleiter ist »The Load« von Ed Harris. [99] Er empfiehlt für Mittelkaliber ab .30, mit 13 gr des Nitrozellulose-Pulvers Red Dot einzusteigen. Damit werden mit dem sehr voluminösen Treibladungsmittel bei .308-Winchester- oder .30-06-Springfield-Hülsen Ladedichten von über 50 % erzielt. Folgende Rahmenbedingungen gibt Harris für seine Ladeempfehlung vor:

- Das Hülsenvolumen muss über dem einer .300 Savage oder .35 Remington liegen.
- Die verwendete Waffe muss modernen Anforderungen an den maximalen Gasdruck entsprechen (Harris spricht von »post-1898-Design«) und zudem Nitrobeschuss sowie ein Kaliber von mindestens .30 aufweisen.
- Das Geschossgewicht muss für die Patrone üblich und zulässig sein.
- Der Gebrauch von Füllmitteln (z. B. Watte) wird nicht empfohlen.

Abb. 17.26: *Spezialhülsen für Unterschall-Ladungen (beginnend bei der zweiten Hülse von links): .50 Alaskan, .510 Whisper, .500 Phantom, .458 SOCOM, .300 Whisper. Alle Patronen erreichen mit geeigneten Treibladungspulvern auch Überschallgeschwindigkeiten. Zum Größenvergleich: ganz links außen .50 BMG, ganz rechts außen .308 Winchester.*

Ungeprüfte Empfehlungen

Bei den Empfehlungen von Ed Harris handelt es sich nicht um offizielle und geprüfte Ladeempfehlungen. Auch hier handelt jeder Hand- bzw. Wiederlader eigenverantwortlich. Ich möchte in diesem Zusammenhang nochmals darauf hinweisen, dass ich keinerlei Verantwortung bzw. Haftung für die Richtigkeit der Angaben übernehme!

Mit dem beschriebenen Vorgehen wurden gute Resultate z. B. für die Patronen .308 Winchester, .30-06 Springfield und .45-70 erzielt. In .308- oder .30-06-Hülsen wurden von Harris mit 13 gr Red Dot und Bleigeschossen aus einem 60-cm-Lauf je nach Geschossgewicht Mündungsgeschwindigkeiten von 440 bis 490 m/s gemessen. Mantelgeschosse waren aufgrund der höheren Reibung etwa 40 m/s langsamer. Diese Ladung kann man dann schrittweise reduzieren, bis der Chronograf die gewünschte Geschwindigkeit zeigt. Harris empfiehlt, eine Ladung von 4 gr Red Dot nicht zu unterschreiten, da dann die Gefahr von Rohrsteckern erheblich steigt.

Unterschallpatronen

Um das Problem der geringen Ladedichten in den Griff zu bekommen, wurde eine Vielzahl von Unterschallpatronen entwickelt.

Ihnen allen ist gemein, dass in Relation zum Geschoss ein erheblich kleineres Hülsenvolumen als bei herkömmlichen Patronen vorhanden ist. Einem *Secondary Explosion Effect* wird dadurch wirkungsvoll begegnet, auf Zwischenmittel kann verzichtet werden und die Auswahl an geeigneten Pulvern erhöht sich deutlich (→ **Abb. 17.26**). Die mittlerweile wohl bekannteste Subsonic-Hülse dürfte die .300 Whisper sein, die von der Firma SSK Industries entwickelt wurde. Der Firmeneigner J. D. Jones hat sich schon früh mit speziellen Unterschallpatronen beschäftigt und infolgedessen in den letzten Jahrzehnten eine ganze Familie von geeigneten Hülsen auf den Markt gebracht.

Die .300 Whisper basiert auf der Hülse der .221 Fireball, deren Bodengeometrie der .222 Remington und .223 Remington gleicht. Waffen für diese Patronen lassen sich also aufgrund des übereinstimmenden Stoßbodens ohne Veränderungen am Hülsenkopf durch Einlage eines neuen Laufes mit passendem Patronenlager für die .300 Whisper mit sehr überschaubarem Aufwand einrichten. Besonderes Kennzeichen aller Whisper-Patronen ist es, bei der Laborierung mit leichteren Geschossen und entsprechenden Treibladungsmitteln durchgehend auch im Überschallbereich eine gute Präzision erzielen zu können.

Mit Patronen im Kaliber .45 kann regelmäßig Rehwildtauglichkeit im Unterschallbereich erzielt werden. Ein typischer Vertreter für diesen Geschossdurchmesser ist z. B. die .458 SOCOM.

Den meisten Jägern geläufig ist die von Blaser einst als »Drückjagdspezialist« beworbene .45 Blaser. Wenig bekannt ist, dass diese Patrone ursprünglich von Wolfgang Romey als spezielle Unterschallpatrone für die behördliche Verwendung im Scharfschützengewehr Erma SR-100 konzipiert

Über- und Unterschallmunition

Die .300 Whisper erreicht im Unterschallbereich keine Rehwildtauglichkeit, ihr Einsatz auf Raubwild dagegen ist legal. Die Whisper-Hülsen erlauben die problemlose Nutzung von Über- und Unterschallpatronen nebeneinander. So lässt sich z. B. der Fuchs auf nähere Distanzen mit leiser Unterschallmunition strecken, während auf weitere Distanzen oder bei Rehwild dann aufgrund der gestreckteren Flugbahn bzw. der erforderlichen Mindestenergie nach Bundesjagdgesetz zur Überschall-Laborierung gegriffen werden kann. Zwingend erforderlich ist, die Haltepunktänderungen oder die notwendigen Verstellungen an den Zielfernrohr-Türmen zu beherrschen. Praxistaugliche Hilfen bei der parallelen Nutzung beider Munitionsarten in einer Waffe sind z. B. die Absehenschnellverstellung oder die Nutzung eines MilDot-Absehens (→ **S. 188**).

worden war. Bei näherer Betrachtung weist sie die typischen Charakteristika einer Unterschallpatrone auf: einen großen Geschossdurchmesser, um schwere Geschosse verladen zu können, und ein vergleichsweise geringes Hülsenvolumen. Die von Blaser für die Patrone eingerichteten Waffen sind mit einer Dralllänge von 14 Zoll aber für eine Verwendung mit Mündungsgeschwindigkeiten im Überschallbereich vorgesehen. Die Tatsache, dass mittlerweile ab Werk keine Waffen mehr für diese Patrone eingerichtet werden, ist daher kein echter Verlust. Mit einem geeigneten Drall versehen, eignen sich Waffen in .45 Blaser allerdings hervorragend für Subsonic-Laborierungen.

Soll mit Unterschallmunition auf anderes Schalenwild als Rehwild gejagt werden, führt an Geschossen von 750 gr und mehr kein Weg vorbei, um der gesetzlichen Mindestanforderung einer E100 = 2.000 Joule zu entsprechen. Für deutsche Verhältnisse ist daher besonders die .510 Whisper von besonderem Interesse, die solche außerordentlich schweren Geschosse verdaut. Mit ihr darf legal auch mit Unterschallmunition auf Schwarz- oder Rotwild gewaidwerkt werden. Die Patronen der Whisper-Familie sind seitens SSK als Marke eingetragen worden (®, *registered trademark*) und im angloamerikanischen Raum damit besonders geschützt. Dies bedeutet, dass Hülsen, Patronen, Patronenlagerreibahlen, Läufe, Wiederladematritzen etc. nur von SSK Industries oder mit deren Genehmigung hergestellt werden dürfen und zumeist dann exklusiv über SSK vertrieben werden müssen. Das geht sogar so weit, dass die exakten Hülsendimensionen von der Firma auch an Kunden nicht veröffentlicht werden. Für den Wiederlader ein unhaltbarer Zustand! In Kombination mit den aufwendigen Ausfuhrbestimmungen der USA sind nicht nur der Bezug von Waffenteilen, sondern auch die Beschaffung von ebenfalls genehmigungspflichtigen Hülsen ein durchaus herausforderndes Unterfangen, das den deutschen Kunden zumindest durch lange Wartezeiten zu verstimmen weiß.

Zum Glück bietet der Markt gute Alternativen. Findige Geister haben minimale Änderungen an den Dimensionen der Patronenhülse der .300 Whisper vorgenommen und sie unter Namen wie .300 AAC Blackout, .300 Fireball und .300-221 auf den Markt gebracht. Die Abweichungen sind dabei so gering, dass die Komponenten teilweise sogar untereinander austauschbar sind. Auch für die .510 Whisper existieren mit der .500 Phantom und der .50 Alaskan markenrechtlich ungeschützte Alternativen, die sich gut als Subsonic-Basis eignen und für die besonders schweren Geschosse im Kaliber .510 vorgesehen sind. Bei der .50 Alaskan handelt es sich um eine Randpatrone, für die vergleichsweise preisgünstige Hülsen von der Firma Starline produziert und auch in Deutschland vertrieben werden (z. B. von Reimer Johannsen). Für hochwildtaugliche Subsonic-Kipplaufbüchsen bietet sich diese Patrone also geradezu an.

Schrotmunition

Subsonic-Schrotpatronen haben bei den meisten Jägern keinen guten Ruf. Auf manchen Flintenständen sind sie aus Lärmschutzgründen vorgeschrieben, bei der Jagd nutzen nur wenige Jäger sie ausnahmsweise in der Nähe von Siedlungen. Ihnen werden eine reduzierte Reichweite, eine schlechtere Tötungswirkung und ein verändertes Vorhaltemaß nachgesagt. Diese Bedenken sind durchaus berechtigt. Andererseits ist der Einsatz von schallgedämpften Flinten nur in der Kombination mit Unterschallmunition wirklich sinnvoll (→ **Kap. 15**), sodass man um eine etwas differenziertere Betrachtung nicht herumkommt.

Schrote werden mit einer erheblich niedrigeren Geschwindigkeit als Büchsenmunition verschossen. Die Mündungsgeschwindigkeit der Schrotladung liegt bei etwa 400 m/s. Die relevantere, aber schwer zu bestimmende Auftreffgeschwindigkeit im Ziel (v_{Ziel}) hängt stark von der Schrotstärke ab: Die v_{Ziel} gröberer Schrote ist deutlich höher als die feinerer. Zunächst fliegen die Schrote nach Verlassen der Mündung noch relativ kompakt zusammen. Die vorderen Schrote werden aber durch den Luftwiderstand abgebremst, während die hinteren sich zunächst im Windschatten bewegen. Es kommt zum Auseinanderdriften der Schrotgarbe, ganz maßgeblich auch dadurch, dass die nachfolgenden Schrote von hinten in die abgebremsten vorderen Schrote drängen. In Untersuchungen hat sich gezeigt, dass sich der geschlossene Schrotklumpen nach etwa 5 m bei allen Munitionstypen und Würgebohrungen so weit aufgelöst hat, dass die einzelnen Schrote allein fliegen. [100] Während die Mündungsgeschwindigkeit noch eine große Bandbreite aufweist, haben die meisten Flintenlaborierungen nach 5 m eine sehr homogene Geschwindigkeit von v5 = 350 bis 365 m/s. [101] Diese hat sich auch als bester Kompromiss zwischen Deckung und Wirkung einerseits und dem Rückstoß andererseits etabliert – allerdings nur bei entsprechend großer Vorlage. [102] Die höhere Mündungsgeschwindigkeit von High-Speed-Munition wird dadurch relativiert, dass der stärkere Stoß der ausströmenden Mündungsgase die Schrote früher auseinandertreibt und sich dadurch die Deckung verschlechtert. [103] Durch entsprechende Zwischenmittel (Becherpfropfen) wird dies teilweise kompensiert. Die verringerte Mündungsgeschwindigkeit der Subsonic-Munition führt zu einer geringeren kinetischen Energie der Schrotladung. Die Differenz zwischen Subsonic-Schrotpatronen und regulären Schrotpatronen ist mit ca. 80 m/s allerdings gering, insbesondere im Vergleich zur Büchsenmunition, bei der diese Geschwindigkeitsdifferenz meist bei 400–600 m/s liegt. Da der Luftwiderstand mit zunehmender Geschwindigkeit ebenfalls ansteigt, werden Schrote stärker abgebremst, wenn sie schneller fliegen. Auf eine Schussentfernung von 30 m hat sich bei Flinten die Geschwindigkeitsdifferenz zwischen Über- und Unterschallmunition daher auf nur etwa 40 m/s verringert. [104] Als Folge der niedrigeren Geschwindigkeit verringert sich auch die effektive Reichweite bei Unterschallschrot geringfügig. [105] Der britische Hersteller schallgedämpfter Schrotgewehre Hushpower empfiehlt für seine Flinten eine Reduktion der maximalen Schussentfernung um 10–15 %. Dies deckt sich mit der häufigen Empfehlung, mit Unterschallschrot nicht weiter als 25 m zu schießen. In der Praxis stellt dies keinen wirklichen Nachteil dar: 25 m entsprechen der durchschnittlichen Schussentfernung bei Niederwildjagden auf Hasen und Fasane. [106]

Bei der Jagd auf Enten und Gänse sind dagegen weitere Entfernungen durchaus üblich. Um hier den Nachteil der geringeren Energie auszugleichen, kann man die Deckung verbessern. Engere Chokes führen ebenfalls zu einer höheren Deckung im Bereich der maximalen Schussentfernung, als Nebeneffekt verbessert sich auch die Dämpfung geringfügig. Die geringere Mündungsgeschwindigkeit von Subsonic-Munition führt ohnehin dazu, dass eine geringere Streuung auftritt und sich die Deckung im Zentrum verbessert, also eine höhere Trefferverdichtung vorliegt. Durch die Anpassung der Zwischenmittel kann die Deckung bei Subsonic-Munition auf eine gute Wirksamkeit hin weiter optimiert werden. Da die bisherigen marktverfügbaren Laborierungen für den Einsatz auf dem Schießstand gedacht sind, ist für den jagdlichen Einsatz noch ein deutliches Verbesserungspotenzial zu erwarten. Eine bessere Deckung kann mehr Energie ins Ziel transportieren – natürlich unter Inkaufnahme des Nachteils, dass man besser treffen muss, weil die Garbe enger beieinanderliegt. Allerdings lässt sich durch die Wahl der Vorlage die Zielballistik ebenfalls beeinflussen: Da die Mündungsgeschwindigkeit der Schrote vorgegeben ist (ca. 300 m/s), kann deren kinetische Energie durch Erhöhung der Masse vergrößert werden. Bei einer Normalpatrone weisen 2,75-mm-Schrote auf 30 m Entfernung z. B. eine Energie um 3 Joule auf. Wählt man bei einer Unterschallpatrone stattdessen 3-mm-Schrote, liegt die E_{Ziel} ebenfalls bei etwa 3 Joule. Durch die geringere Energie pro Auftrefffläche wird die Penetrationstiefe allerdings etwas geringer. Die geringere Anzahl der Schrote kann durch eine größere Vorlage ausgeglichen werden. Eine 3-mm-Schrotpatrone mit 39-g-Vorlage verfügt mit 250 Schroten über die gleiche Menge wie eine 2,75-mm-Patrone mit 30-g-Vorlage. In Verbindung mit einer höheren Deckung kann man so mit groberen Schroten eine vergleichbare Gesamtenergie ins Ziel bringen. [107] Diese Überlegungen decken sich grob mit den Erfahrungen des Schalldämpfer-Experten Martin Erbinger, nach denen eine knapp unterhalb der Schallgeschwindigkeit geladene 12/76 eine ähnliche Charakteristik hinsichtlich von Reichweite, Deckung und Energie der Einzelschrote zeigt wie eine um zwei Schrotgrößen kleinere 12/70. Klar ist, dass sich durch die geringere Geschwindigkeit der Schrotgarbe das Vorhaltemaß ändert. Je größer die Entfernung zum Ziel und je schneller dieses ist, umso höher ist die absolute Differenz. Bei einer »schnellen quer streichenden Ente (25 m/s) auf 30 m würde sich bei Verwendung von Subsonic-Patronen das Vorhaltemaß um 22 % (60 cm) erhöhen« [108]. Es liegt auf der Hand, dass man nur dann mit Unterschallmunition erfolgreich jagen kann, wenn man damit auch ausreichend auf dem Flintenstand trainiert (insbesondere Skeet und Jagdparcours).

Bei der Verwendung von nicht bleihaltigem Schrot addiert sich dessen Leistungs- und Reichweitenverlust zumindest teilweise mit der verringerten Mündungsgeschwindigkeit. Hier sollten noch strengere Maßstäbe an die maximale Schussentfernung gelegt werden, die aber im Einzelfall von Lauflänge und Choke abhängen.

Zusammenfassung

- Unterschallmunition erreicht die gesetzlichen Mindestanforderungen für die Jagd auf Schalenwild nicht. Die Jagdausübung auf diese Wildarten ist daher nicht erlaubt.
- Ausnahmen bilden extrem überschwere Geschosse. Auch die Jagd auf anderes Wild als Schalenwild ist mit Unterschallmunition möglich.
- Bei Auftreffgeschwindigkeiten im Unterschallbereich sprechen herkömmliche Jagdgeschosse nicht an.
- Die zielballistische Wirkung von Unterschallmunition ist auf Schalenwild meist unbefriedigend.
- Die Flugbahn ist bei Unterschallmunition sehr steil, sodass die GEE deutlich unter 100 m liegt.
- Das Handladen von Unterschall-Laborierungen in normalen Patronen ist sehr anspruchsvoll. Spezielle Unterschallhülsen reduzieren das Risiko erheblich.

KAPITEL 18

Jagdpraxis

»Man darf selbstverständlich hören,
wenn auf der Jagd geschossen wird.
Wir haben schließlich nichts zu verbergen.«

Knut Falkenberg

Jagdpraxis

Nach der intensiven Beschäftigung mit dem Thema Schalldämpfer bleibt die Frage: Welchen Einfluss hat der Einsatz von Schalldämpfern auf die Jagdpraxis?

Der von mir sehr geschätzte Friedrich Karl von Eggeling hat sich zu diesem Thema einmal wie folgt geäußert:

»Auf Waffen mit Kugellauf aufgesetzte Schalldämpfer vermindern die Lautstärke von Geschoss- und Mündungsknall auf etwa 40–50 Dezibel, also ungefähr auf die Lautstärke normal gesprochener Worte. Bei Schüssen auf eine Entfernung bis zu hundert Metern vernimmt das feine Gehör des Wildes dieses Geräusch sehr gut und wird danach genauso flüchtig wie nach Schüssen ohne Schalldämpfer. Wo dies zunächst noch nicht der Fall sein mag, wird sich das Wild auch darauf einstellen und noch heimlicher werden als bisher. Schwerer als die vergleichsweise geringe Bedeutung des Schalldämpfers im praktischen Jagdbetrieb wiegt die mit dem Gebrauch dieses Gerätes mit Sicherheit zu erwartende weiter fortschreitende Verwilderung jagdlichen Anstandes. Der Schalldämpfer dient dann nicht mehr der Fragwürdigkeit einer effektiveren Jagd, sondern auch und ganz besonders der Verheimlichung von Schüssen, von denen der Nachbar besser nichts wissen soll. Hiermit sind Tür und Tor geöffnet zu unkontrolliertem Schießertum, das schon jetzt, also ohne den Gebrauch von Schalldämpfern, ein erschreckendes Maß erreicht hat.« [109]

In diesen Zeilen werden viele der üblichen **Vorurteile** thematisiert:

VORURTEIL: Wild nimmt den Schuss nicht wahr, nicht beschossene Stücke springen daher nicht ab und können ebenfalls gestreckt werden.

Auch wenn Herr von Eggeling sich bei der Dimension der Dämpfung des Mündungsknalls irrt, hat er doch erkannt, dass auf die in Deutschland üblichen jagdlichen Entfernungen das Wild den Schuss durchaus noch wahrnimmt und anschließend abspringen wird.

Meine persönlichen jagdpraktischen Erfahrungen mit Schalldämpfern (bei der Erlegung von über 100 Stück Wild) und auch die Auswertung von inzwischen mannigfachen Erfahrungen weiterer Schalldämpfernutzer belegen dies klar. Das Fluchtverhalten des Wildes unterscheidet sich bei der Jagd mit der schallgedämpften Büchse nicht merklich vom gewohnten Bild. Wird ein Stück aus einer Rotte oder einem Rudel beschossen, so springen die verbleibenden Tiere in der Regel unmittelbar ab. Natürlich kommt es auch vereinzelt vor, dass Stücke verhoffen. Allerdings tritt dies gefühlt nicht erheblich häufiger auf als beim ungedämpften Schuss, wo jeder Jäger diesen Effekt auch schon einmal erlebt haben wird. Aus Ländern mit offenem Gelände (z. B. Schottland) wird allerdings durchaus berichtet, dass sich mit Schalldämpfer häufiger die Gelegenheit zum Strecken eines zweiten oder sogar dritten

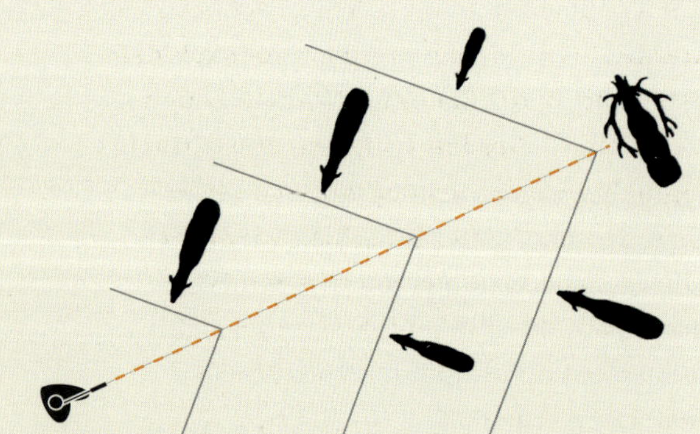

Abb. 18.1: *Wahrnehmung des Schussknalls durch ein Rotwildrudel. Die Stücke blicken in die Richtung, aus der sie den Ursprung des Schusses vermuten – nämlich immer 90° zur kegelförmigen Ausbreitung des Überschallknalls.*

Stücks aus einem Verband ergibt. Dies liegt in der Tatsache begründet, dass die Schussdistanzen dort im Mittel größer (> 250 m) sind als in Deutschland. Auch die Erfahrungen in der Gebirgsjagd in Österreich zeigen, dass etwas häufiger als beim Jagen ohne Dämpfer auch ein zweites oder gar drittes Stück gestreckt werden kann, wenn die Vegetation spärlich genug ist, um das Wild im Blick zu behalten.

Wird auf weitere Distanzen geschossen, ist der Mündungsknall durch den Dämpfer kaum mehr zu hören, sodass die Ortung des Schützen schwerfällt. Der Überschallknall des Geschosses dominiert, sodass die verbliebenen Stücke den Ursprung des Geräusches immer in 90°-Richtung zur sich ausbreitenden Front des Machschen Kegels vermuten (→ **Abb. 18.1**). Dies bewirkt zum einen eine Irritation innerhalb des Rudels, weil unterschiedliche Fluchtrichtungen angestrebt werden. Zum anderen flüchtet das Wild nicht immer konsequent vom Schützen weg. Beides schafft unter Umständen Zeit für die Abgabe von Folgeschüssen. Gelegentlich kommt es auch dazu, dass auf dem freien Feld beschossene Rotten in unmittelbarer Nähe des Schützen in den Wald abspringen. Wirklichen Effekt hat dies aber eben nur in offenem Gelände, weil die Tiere sonst in aller Regel instinktiv immer die nächste erreichbare Deckung aufsuchen.

VORURTEIL: Das Wild wird heimlicher

Herr von Eggeling postuliert, dass das Wild den leiseren Schussknall zwar wahrnehme, dadurch aber heimlicher werde. Diese These wird nicht selten geäußert, entbehrt aber jeden logischen Fundamentes. Es ist unverständlich, warum das Wild einen extrem lauten Schussknall eher stoisch hinnehmen, bei einem leiseren aber paranoide Charakterzüge entwickeln sollte. Hier dürfte wiederum die menschliche Angst vor dem Heimlichen auf das Wild übertragen werden. Eine Betrachtung der akustischen Fakten hilft auch in diesem Fall: Auch ohne Verwendung eines Schalldämpfers sinkt der Schalldruckpegel des Mündungsknalls beim Büchsenschuss noch innerhalb der ersten 20 m unter den des Überschallknalls (→ **Tab. 5.2**). Jenseits dieser Entfernung dominiert also der vom Schalldämpfer nicht beeinflussbare Geschossknall, dem alle in der Nähe des beschossenen Wildes befindlichen Stücke ebenfalls ausgesetzt sind. Auch der Einschlag des Geschosses in den Wildkörper ist gut hörbar, insbesondere wenn es sich um einen Kammertreffer handelt, bei dem die luftgefüllte Lunge einen hervorragenden

Resonanzraum abgibt. Es gibt also weder einen nachvollziehbaren Grund für die Annahme, dass das Wild heimlicher werden sollte, noch entspricht dies den bisher gemachten Erfahrungen. Ganz im Gegenteil dürfte sich die großflächige Beunruhigung des Wildes dadurch reduzieren, dass der Schuss häufig nicht mehr ganz so weit trägt. Gerade im Winter ist diese Minderung des Jagddrucks besonders begrüßenswert.

VORURTEIL: Provokation riskanter Schüsse aufgrund schlechterer Kontrollierbarkeit

Anders formuliert, erklärt Herr von Eggeling, dass eine waidgerechte Jagdausübung einzig aufgrund der Kontrolle der abgegebenen Schüsse durch die Reviernachbarn garantiert würde. Dieses Argument stellt der Jägerschaft in der Tat ein schlechtes Zeugnis aus. Es greift allerdings aus zweierlei Gründen nicht: Angesichts der typischen deutschen Reviergrößen sind schallgedämpfte Schüsse nahezu immer auch in den Nachbarrevieren deutlich zu hören, sofern Überschallmunition verwendet wird. Darüber hinaus muss man aber ohnehin infrage stellen, wie denn der Schuss jenseits der Grenze in der Realität überhaupt kontrolliert werden könnte. Im Zweifelsfall sei eben ein Fuchs beschossen worden – mit dieser Antwort müsste sich der nachfragende Nachbar dann wohl begnügen. Allerdings ist jagdpraktisch relevant, dass durch den Wegfall

Abb. 18.2: *Die Jagd während der Damwildbrunft ist von schnellem Ansprechen und Schießen geprägt. Die Brunftplätze liegen meist mitten im Bestand – ein Schalldämpfer leistet hier wertvolle Dienste.*

des Mündungsknalls der Ursprung eines Schusses durchaus räumlich falsch zugeordnet werden kann. Das Gelände mit seinen vielfältigen Reflexions- und Absorptionsmöglichkeiten hat ebenso einen Einfluss darauf, wie weit sich wahrgenommener und tatsächlicher Ort der Schussabgabe unterscheiden, wie die Position des Zuhörers relativ zum Ort der Schussabgabe.

Natürlicher Höreindruck

Das bedeutendste Kriterium, das für den Einsatz von Schalldämpfern bei der Jagdausübung spricht, ist die Tatsache, dass die Gefahr einer Gehörschädigung massiv sinkt und der normale Höreindruck erhalten bleiben kann.

Wer also befürchtet – oder hofft –, Schalldämpfer seien der Schlüssel zu reicher Ernte an der Kirrung, der irrt. Der Einfluss auf die erzielbare Strecke dürfte vernachlässigbar klein sein. Die einzige Ausnahme kann eine Steigerung der Jagdeffizienz dort sein, wo es auf ein besonders schnelles Ansprechen und Schießen ankommt (→ **Abb. 18.2**). Wer bisher aus gutem Grund seine Ohren mit Gehörschutz vor Schäden bewahrt hat, musste in den für deutsche Wälder mittlerweile typischen Naturverjüngungen sowohl auf der Einzeljagd als auch bei Drückjagden so manche Gelegenheit ungenutzt verstreichen lassen, weil das Wild zu spät gehört oder dessen Position nicht richtig zugeordnet werden konnte. Kann dank des Schalldämpfers auf Gehörschutz verzichtet werden, bleibt der natürliche Höreindruck erhalten (→ **Abb. 18.3**).

Abb. 18.3: *Lockjagd und Schalldämpfer harmonieren hervorragend miteinander.*

Abb. 18.4: *Bei Drückjagden bieten Schalldämpfer echte Vorteile: Anwechselndes Wild ist gut zuzuordnen und der verringerte Rückstoß bringt die Waffe schneller für einen Folgeschuss ins Ziel.*

Was für den Ansitz hilfreich ist, macht das Pirschen realistisch gesehen überhaupt erst möglich. Wer, seines natürlichen Höreindrucks beraubt, versucht, sich möglichst lautlos durchs Unterholz zu bewegen und das Wild rechtzeitig zu erkennen, gibt schnell frustriert auf und verzichtet entweder auf den Gehörschutz beim Pirschen oder hängt aus Angst vor Gehörschäden beim ungeschützten Schuss das Pirschen vollständig an den Nagel. Insgesamt sind die positiven Effekte des Schalldämpfers auf das waidgerechte Jagen bemerkenswert: Die präzisionssteigernde Wirkung begünstigt ebenso wie die Minderung des Rückstoßes das sichere Anbringen eines schnell tödlichen Schusses. Neben der bereits in Kapitel 9 angesprochenen besseren Erkennbarkeit des Zeichnens durch einen verminderten Hochschlag und reduziertes Mündungsfeuer erleichtert die Dämpfung des Mündungsknalls auch die Wahrnehmung des Kugelschlages. Mit einer schallgedämpften Waffe lassen sich dadurch viele relevante Informationen zum Treffersitz sammeln und so die Chancen auf eine erfolgreiche Nachsuche verbessern (→ **Abb. 18.4**).

Immer wieder werden Bedenken geäußert, dass man bei der Verwendung von Schalldämpfern die notwendige Geschossenergie nicht erreichen könne. Dabei werden zwei völlig unterschiedliche Sachverhalte miteinander vermischt, nämlich Schalldämpfer und Unterschallmunition. Selbstverständlich kann und muss auch weiterhin die gewohnte Jagdmunition mit Überschallgeschwindigkeit genutzt werden. Somit ändert

Schalldämpfer vs. Gehörschutz

1. Schalldämpfer verringern im Gegensatz zu Gehörschützern den Lärm an der Quelle. Dadurch werden auch Personen und Tiere (z. B. Jagdhunde) in der näheren Umgebung vor Lärmschäden und die weitere Umgebung vor belästigendem Lärm geschützt.
2. Schalldämpfer reduzieren im Gegensatz zu Gehörschützern den Rückstoß deutlich und verringern damit die Gefahr des Muckens.
3. Schalldämpfer beeinträchtigen im Gegensatz zu Gehörschützern die Wahrnehmung der Umgebung nicht.
4. Schalldämpfer verbessern im Gegensatz zu Gehörschützern die Schussleistung der Waffe.
5. Schalldämpfer mindern im Gegensatz zu Gehörschützern das Mündungsfeuer fast vollständig, sodass bei schlechtem Licht das Zeichnen und die Fluchtrichtung des Wildes besser wahrzunehmen sind.
6. Schalldämpfer können im Gegensatz zu Gehörschutz nicht verrutschen oder aufgrund von Lärmbrücken schlechter wirken.

sich an Energie und Flugbahn des Geschosses nichts und auch die Auftreffgeschwindigkeit als wesentlicher Faktor der Wundwirkung bleibt gleich.

Bedenken hinsichtlich der Geschossenergie sind im Zusammenhang mit Unterschallmunition aber durchaus angebracht. Wie in Kapitel 17 beschrieben, erreicht sie die gesetzlichen Anforderungen an die Mindestenergie nicht. Ihr Einsatz auf Schalenwild ist daher aus gutem Grund nicht zulässig. Auch eine Steigerung der Jagdstrecke bei Schalenwild ist nicht zu erwarten, weil die maximale Schussentfernung auf den Nahbereich beschränkt bleibt und dort sowohl die Waffenmechanik als auch die Flug- und Einschlaggeräusche des Geschosses vom Wild wahrgenommen werden und dieses zur Flucht veranlassen. Die Nachteile sind dagegen gravierend: Die sehr steile Flugbahn begrenzt die Reichweite deutlich und macht eine exakte Distanzbestimmung unerlässlich. Die temporäre Wundhöhle fällt im Vergleich zu gleichkalibriger Überschallmunition sehr viel kleiner aus, sodass die schockartige Wirkung in der Regel ausbleibt. Das Wild muss daher meist nachgesucht werden und kommt weniger zuverlässig zur Strecke. Für den rechtmäßig waidwerkenden Jäger bietet sie nur Nachteile, aber keine relevanten Vorteile.

Anders sieht die Sache bei der Bejagung von Niederwild aus. Sowohl bei Kleinkaliber-Büchsen als auch bei Schrotflinten kann hier eine wirksame Reduktion des Mündungsknalls in Verbindung mit Unterschallmunition bei der Einzeljagd das Fluchtverhalten so weit reduzieren, dass sich die Strecken

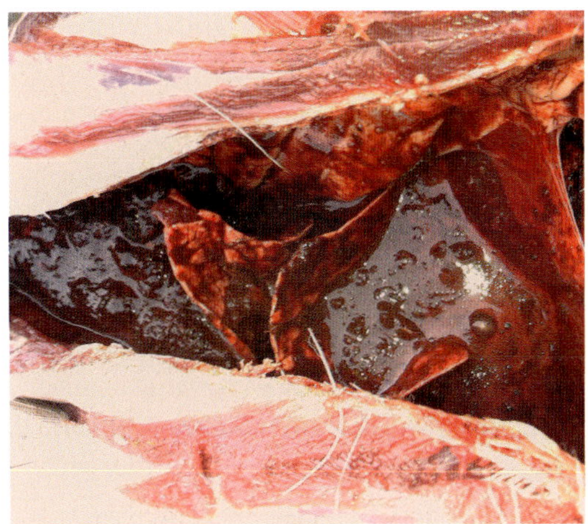

Abb. 18.5: *Kammerschuss beim Reh mit .308 Winchester Barnes TTSX 168 gr. Dass ein Schalldämpfer genutzt worden ist, beeinflusst die Zielballistik nicht relevant.*

Zielballistik

Zielballistisch ändert sich bei der Nutzung von normaler Jagdmunition in Kombination mit einem Schalldämpfer überhaupt nichts! Die beschossenen Stücke kommen genauso zuverlässig zur Strecke, die Wirkung der Geschosse im Wildkörper bleibt gleich (→ **Abb. 18.5**).

deutlich erhöhen lassen (→ **Abb. 18.6**). Diese praktische Erfahrung bestätigen nicht nur entsprechende Berichte von deutlich erhöhten Abschusszahlen bei der Tauben-, Krähen- und Kaninchenjagd in Großbritannien [110], sondern auch eine gutachterliche Stellungnahme der DEVA vom 02.12.2003:

»Die DEVA stellt in ihrer Antwort dar, dass sich im wirksamen Schussbereich in aller

Abb. 18.6: *Die Jagd mit der schallgedämpften Flinte kann bei der Einzeljagd Niederwildstrecken spürbar erhöhen.*

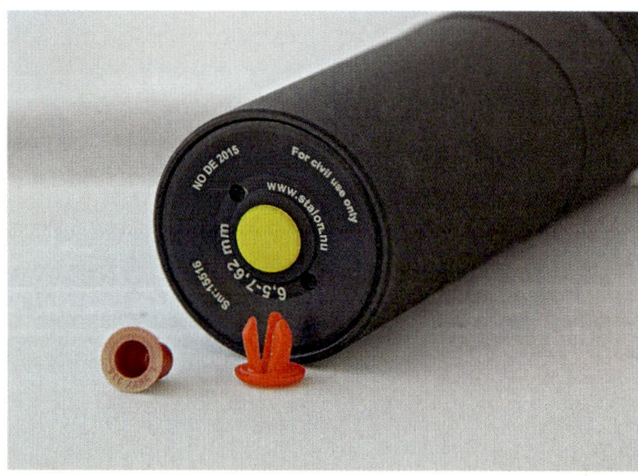

Abb. 18.7: *Handelsübliche Stopfen für die Laufmündung lassen sich auch für Schalldämpfer nutzen.*

Mündungsstopfen

Beim Schießen wird die sich vor dem Geschoss im Lauf befindliche Luftsäule komprimiert und erreicht an der Laufmündung kurzzeitig Drücke von 80 bis 90 bar. Beim Einsatz eines Schalldämpfers ist der Gasdruck an der letzten Blendenbohrung vor dem Durchtritt des Geschosses erheblich geringer als an der Laufmündung, sodass Klebestreifen, Schusspflaster oder Mündungsstopfen möglicherweise nicht sicher aus der Flugbahn des Geschosses geschleudert werden. Hier kommt es immer auf die individuelle Kombination aus Waffe, Patrone und Dämpfermodell an. Insbesondere bei großvolumigen Dämpfern sollte man daher stets zunächst auf dem Stand testen, ob das Abkleben problemlos ohne Treffpunktverlagerung oder Präzisionsverluste funktioniert!

Regel mehrere Kaninchen befänden. Bei Abgabe eines Schusses auf eines der Kaninchen aus einem nicht schallgedämpften Gewehr führe der Schussknall dazu, dass die übrigen Kaninchen in ihrem Erdbau verschwänden und erst nach einer gewissen Zeit wieder für den Schützen erreichbar an der Oberfläche sichtbar würden. Durch die geringe Beunruhigung der Kaninchen bei Verwendung eines Schalldämpfergewehres werde der Jagderfolg gesteigert. Das Aufprallgeräusch eines der Geschosse auf den Körper des getroffenen Kaninchens veranlasse zwar Kaninchen auch zum Aufsuchen ihres Baus. Die Verweildauer sei dann aber deutlich kürzer als beim Schießen mit dem ungedämpften Gewehr. Der Jagderfolg sei somit bei Verwendung eines Schalldämpfergewehres erfolgsversprechender und zielführender. Insoweit stelle dies bei der Bejagung von Kaninchen auf Friedhöfen eine wesentliche Verbesserung und Erleichterung dar.« (VG Frankfurt 5 E 2595/99 (2))

Handhabung des Schalldämpfers bei der Jagdausübung

Bei montiertem Schalldämpfer muss sorgfältig darauf geachtet werden, dass keine Fremdkörper hineingelangen. Sie können zur Beschädigung des Dämpfers, der Waffe und in letzter Konsequenz zu Personenschäden führen. Besondere Relevanz hat dieser Aspekt natürlich für die Nachsuchenarbeit, wo eine hohe Wahrscheinlichkeit des Eindringens von Fremdkörpern besteht (→ **Kap. 19**). Als Lösungsmöglichkeit bietet sich das Abkleben der Endkappe des Dämpfers an (→ **Abb. 18.7**). Eigene Versuche haben für verschiedene Kombinationen aus Waffe, Patrone und Dämpfer beim Abkleben der Endkappe keine Verlagerungen des Treffpunktes oder Hinweise auf instabile Geschosse (z. B. ovale Einschusslöcher) ergeben.

Im praktischen Umgang mit der Waffe muss man sich im jagdlichen Alltag naturgemäß erst an einen Schalldämpfer gewöhnen. Die mehr oder weniger ausgeprägte Vorderlastigkeit kann etwas Eingewöhnung beim Flüchtigschießen erfordern. Sie erschwert zudem das komfortable Tragen auf der Schulter, weil die Waffe einen höheren Schwerpunkt hat und dadurch häufig verrutscht. Die größere Gesamtlänge provoziert nicht nur das Anstoßen oder Hängenbleiben in der Kanzel, sondern kann auch beim Transport der Waffe im Auto zu Problemen führen. Wer seine Waffe mit montiertem Dämpfer transportiert, benötigt entsprechend lange Futterale. Ein Tresor mit einer ausreichenden Innenhöhe ist dagegen nicht erforderlich, da der Dämpfer zur Korrosionsvermeidung ohnehin nie montiert aufbewahrt werden sollte.

Abb. 18.8: *Ein Frühansitz im Nebel führt zur Kondenswasserbildung auch im Dämpfer.*

Kondenswasser

Das Abkleben der Mündung hilft auch, Verdunstungswolken bei der Schussabgabe zu verhindern. Sitzt man bei hoher Luftfeuchtigkeit an, schlägt sich häufig auch im Dämpferinneren etwas Kondenswasser nieder (→ **Abb. 18.8**). Beim Schießen sitzt man dann in einer Wolke und fühlt sich in die Schwarzpulverzeit zurückversetzt. Der schnelle Folgeschuss wird dadurch unmöglich.

Zusammenfassung

- Hinsichtlich der Jagdausübung auf Schalenwild hat der Einsatz von Schalldämpfern keinen wesentlichen Einfluss.
- Negative Effekte auf das Wild, z. B. Heimlichwerden, sind nicht zu beobachten.
- Schalldämpfer erlauben eine unbeeinflusste, nicht durch Gehörschutz eingeschränkte Umgebungswahrnehmung.
- Die Jagd auf Niederwild mit Schalldämpfer und Unterschallmunition erlaubt häufig eine Erhöhung der Strecken.
- Schalldämpfer sind die einzige Möglichkeit, das Gehör des stellenden Hundes beim Fangschuss zu schützen.

Ist Jagd mit Schalldämpfer anders?

»Die Reaktionen des nicht beschossenen Wildes reichen vom vertrauten Weiteräsen bis zu panischer Flucht. Beide Verhaltensmuster sind auch beim lauten Schuss zu beobachten. Jagdlicher Erfolg wird nicht durch den Schusslärm beeinflusst, sondern durch das Verhalten des Jägers.«

Dr. Norbert Teuwsen war bis 2016 Forstamtsleiter des hessischen Forstamtes Reinhardshagen und jagt seit Juni 2013 mit Dämpfer.

»Die Jagd mit Schalldämpfer ist unvergleichlich entspannter, weil die latente Angst vor Knall und Rückstoß wegfällt. Das Wild erkennt allerdings auch diese Schüsse als Bedrohung und flieht in der Regel auf kürzestem Weg in die nächste erreichbare Deckung. Die Unterschiede sind daher marginal und fallen nur bei wenigen Gelegenheiten auf.«

Frank Ohlwein ist Revierförster im hessischen Forstamt Wolfhagen und jagt seit August 2012 mit Dämpfer.

»Die Handhabung der mit Dämpfer längeren Waffe ist gewöhnungsbedürftig. Bei Bewegungsjagden hat sich das zusätzliche Gewicht durchaus positiv auf das Schwingungsverhalten ausgewirkt, bei der Einzeljagd von der Kanzel aus eckt man anfänglich aufgrund der höheren Gesamtlänge öfter an. Beim Jagderfolg hat sich nichts geändert. Wer vorher nicht auf die Windrichtung achtet, wird auch mit Dämpfer nicht mehr Erfolg haben!«

Andreas Schmitt ist Forstamtsleiter des hessischen Forstamtes Frankenberg und jagt seit Juni 2013 mit einem Dämpfer.

Erfahrungen aus Österreich

Im österreichischen Vorarlberg beschäftigte man sich intensiv mit der Wirkung von Schalldämpfern bei der Gebirgsjagd. Erste Erfahrungswerte für das Verhalten des Wildes nach dem Schuss schildert ein Bericht aus 2014:

»Die Ortung des Schusses ist für das Wild sehr schwer, es reagiert wiederholt mit Orientierungslosigkeit. Bei Nebel und leicht wechselndem Wind verhofft das Wild zwei bis drei Mal, bevor es dann langsam wegzieht (flüchtet). Achtung – schlechter Wind ist schlechter Wind! Sehr gute Möglichkeit, ein zweites, drittes oder sogar viertes Stück zu erlegen, allerdings ist dafür ein entsprechendes Schussfeld von 200 m nötig. Stücke, welche nicht direkt beteiligt sind, d. h. ein wenig abseits stehen – z. B. 50 m hinter einer Geländekuppe –, bekommen gar nichts mit und machen auch keine Anstalten zur Flucht. Abschüsse im Frühjahr im unmittelbaren Bereich der Fütterung konnten sehr effizient durchgeführt werden. Bei der konsequenten Entnahme von meist zuerst anwechselnden Schmaltier- und/oder Schmalspießertrupps konnten mehrfach bis zu vier Stück im Bereich von 50 m bis 160 m in wenigen Sekunden entnommen werden. Bei rascher Versorgung der erlegten Stücke sind die nächsten Stücke bereits nach weniger als einer Stunde bei hellem Sonnenschein wieder zur Fütterung angewechselt. Aber Achtung: Diese Reduktionsabschüsse funktionieren nur bei optimaler Ausnutzung der passenden Situation (Witterungsverhältnisse, passende Kleingruppen abwarten, sehr gute Schützen, entsprechend lange Jagdruhephase) und sind nicht beliebig oft wiederholbar! Festgestellt werden eine eindeutige Eingrenzung der jagdlichen Beunruhigung auf den unmittelbaren Bejagungsbereich und eine deutliche Reduktion des Schussknalls im restlichen Jagdgebiet oder auf der gegenüberliegenden Talseite. Wanderer und Touristen im Bereich von Hütten und in Wanderregionen nehmen deutlich weniger ›Störung‹ wahr, und ›Nichtjäger‹ bekommen vom Jagdbetrieb viel weniger mit.«

Diese Erfahrungswerte sind nicht eins zu eins auf die Jagd in Deutschland übertragbar. Sie zeigen einerseits, dass in geeignetem Gelände und bei weiten Schussdistanzen durchaus ein Anfangseffekt bei der Jagdstrecke erzielbar ist. Andererseits lernt das Wild aber auch, mit diesen neuen Umständen umzugehen, und passt sein Fluchtverhalten entsprechend an.

KAPITEL 19

Jagd mit Hund

»Mein Hund ist als Hund eine Katastrophe, aber als Mensch unersetzlich.«

Johannes Rau

Jagd mit Hund

Bei vielen Jagdarten wird nicht nur der Jäger, sondern auch der Jagdhund dem Schusslärm ausgesetzt.

Dass Hunde sehr gut hören können, ist allgemein bekannt. Dass hieraus aber auch eine ähnliche Empfindlichkeit gegenüber Lärm resultiert und sich das Schutzbedürfnis von Hunden kaum von dem des Menschen unterscheidet, hat in der Vergangenheit leider wenig Beachtung gefunden.

Das Gehör des Hundes

Das Gehör von Hunden gilt gemeinhin als besonders leistungsfähig. Dabei wird häufig fälschlicherweise angenommen, dass Hunde deutlich leisere Geräusche wahrnehmen als Menschen. Dafür gibt es aber – bezogen auf die Lautstärke von Geräuschen – keine wissenschaftlichen Hinweise. [111] Hunde können jedoch einen sehr viel breiteren Frequenzbereich hören, als es dem Menschen vergönnt ist. Jeder Hundeführer kennt das Beispiel der Ultraschall-Hundepfeife. Diese ist alles andere als lautlos, nur ist die Frequenz des Tons so hoch, dass er vom menschlichen Gehör nicht mehr wahrgenommen werden kann. Leider existieren in der Tiermedizin kaum Forschungsergebnisse zu Gehörschädigungen durch Lärm beim Hund. Anscheinend gab es bislang wenig Anlass für die veterinärmedizinischen Universitätsfakultäten, sich auf diesem Feld zu betätigen, sodass letztlich keiner wirklich weiß, ob Lärm für Hundeohren ebenso schädlich wie für das menschliche Gehör ist.

Das Hundegehör ist grundsätzlich dem des Menschen sehr ähnlich (→ **Abb. 19.1**). Es verfügt ebenso über Trommelfell, Mittelohrknöchelchen und ein schneckenförmiges Innenohr, in dem Haarzellen den weitergeleiteten Schall in elektronische Signale umwandeln. Daher ist es sehr wahrscheinlich, dass das Hörorgan der Hunde ähnlich empfindlich ist wie unser eigenes Gehör. Einzelne tiermedizinische Untersuchungen bestätigen diese Vermutung und empfehlen, dass bis zum Vorliegen belastbarer Daten aus großen Versuchsreihen daher die aus der Humanmedizin bekannten Grenzwerte als Behelf verwendet werden sollten. [112–114] Die Erforschung von Gehörschäden beim Hund ist leider sehr aufwendig. Die Tiere können

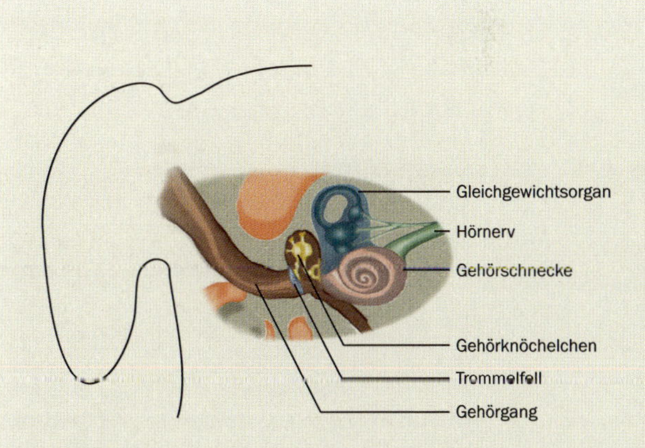

Abb. 19.1: *Der Aufbau des Hundeohres ähnelt dem des Menschen.*

nicht zuverlässig signalisieren, wann sie einen Ton hören können. Daher ist die Durchführung von herkömmlichen Hörtests, wie wir sie vom Hals-Nasen-Ohren-Arzt kennen, kaum möglich. Eine Diagnostik kann nur durch die Ableitung sogenannter akustisch evozierter Potenziale (AEP) erfolgen. Bei dieser Methode kann mittels der Ableitung von Hirnströmen durch am Kopf angebrachte Messelektroden genau festgestellt werden, ab welcher Lautstärke ein Ton einen Nervenimpuls verursacht, also vom Hund auch gehört werden würde. Für dieses Messverfahren, das nur von wenigen spezialisierten Tierärzten durchgeführt werden kann (z. B. Universitätstierkliniken), muss der Hund zudem in Narkose gelegt werden. Von den bei jeder Narkose gegenwärtigen Gefahren einmal abgesehen, scheitert eine größere Reihenuntersuchung für eine wissenschaftliche Studie daher schon an den notwendigen Geldmitteln für diesen nicht unerheblichen Aufwand.

Es gibt viele Hundeführer, die bei ihren Jagdhunden den Verdacht haben, dass eine Schwerhörigkeit vorliegt. Auch wenn dies in manchen Fällen eher eine Ausrede für mangelnden Gehorsam sein mag, darf man diese Vermutung nicht leichtfertig nutzen, um das Problem zu verharmlosen. Ganz offensichtlich ist die schlechte Hörleistung aber z. B. bei Hunden, die auf gerufene Kommandos kaum reagieren, Sichtzeichen jedoch sofort folgen. In vielen dazwischen gelagerten Fällen, bei denen die Schwerhörigkeit nicht so deutlich erkennbar ist, könnte nur eine AEP-Messung Gewissheit verschaffen – was wiederum nur äußerst selten erfolgt. Denn vom finanziellen und organisatorischen Aufwand sowie vom Narkoserisiko einmal ganz abgesehen, scheint es in der Jägerschaft bisher einfach kaum ein Bewusstsein dafür zu geben, dass eine solche Schädigung gar nicht so unwahrscheinlich ist.

Jagd mit Hund

Unter normalen Umständen ist es eigentlich nicht vertretbar, den Jagdhund in Mündungsnähe abzulegen. Die einwirkenden Schalldruckpegel sind so hoch, dass von einer Lärmschädigung ausgegangen werden muss (→ **Abb. 19.2**). Erst wenn sich der Hund etwa 25 m entfernt vom Führer aufhält, werden die relevanten Werte unterschritten (→ **Abb. 19.3**).

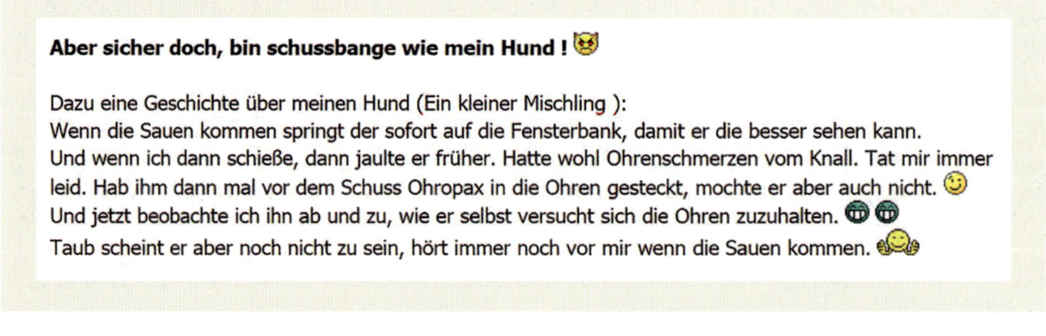

Aber sicher doch, bin schussbange wie mein Hund ! 

Dazu eine Geschichte über meinen Hund (Ein kleiner Mischling):
Wenn die Sauen kommen springt der sofort auf die Fensterbank, damit er die besser sehen kann.
Und wenn ich dann schieße, dann jaulte er früher. Hatte wohl Ohrenschmerzen vom Knall. Tat mir immer leid. Hab ihm dann mal vor dem Schuss Ohropax in die Ohren gesteckt, mochte er aber auch nicht.
Und jetzt beobachte ich ihn ab und zu, wie er selbst versucht sich die Ohren zuzuhalten.
Taub scheint er aber noch nicht zu sein, hört immer noch vor mir wenn die Sauen kommen.

Abb. 19.2: *Beitrag aus dem Internetforum »jagderleben« des Deutschen Landwirtschaftsverlags (dlv).*

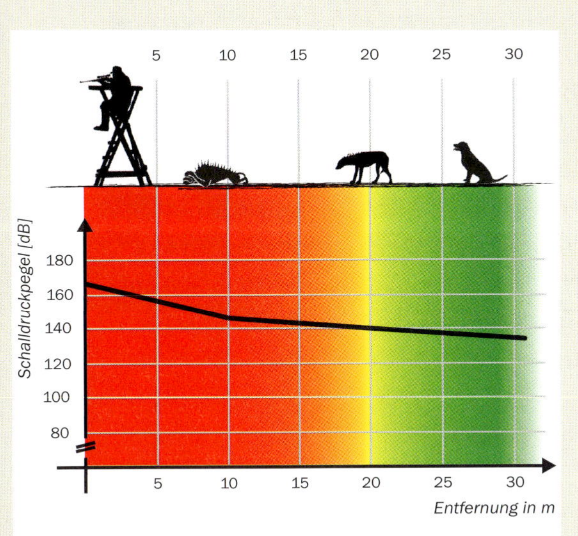

Abb. 19.3: *Schuss ohne Schalldämpfer: Im näheren Umfeld des Mündungsknalls ist das Gehör des Hundes ebenso gefährdet wie das des Menschen.*

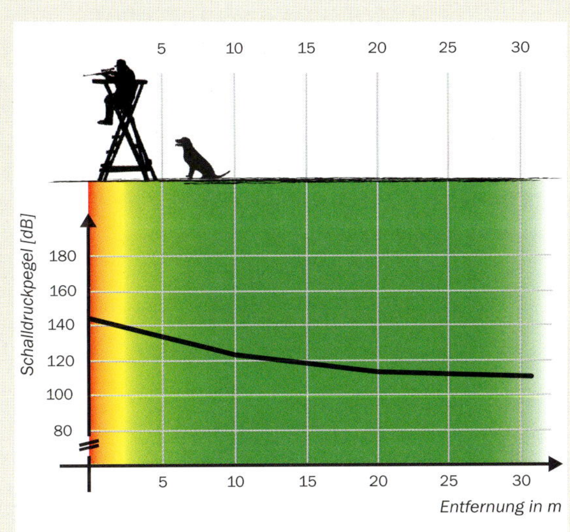

Abb. 19.4: *Schuss mit Schalldämpfer.*

Mit einem Schalldämpfer auf der Waffe wird das Risiko deutlich überschaubarer und der gemeinsame Ansitz kann ohne schlechtes Gewissen erfolgen (→ **Abb. 19.4**). Wer keinen Schalldämpfer nutzt, sollte seinen Hund lieber im Auto lassen oder ihn in ausreichender Entfernung ablegen. Eine Alternative kann ein Gehörschutz für den Hund sein (→ **Abb. 19.5**).

Abb. 19.5: *Die Firma Mutt Muffs stellt Gehörschützer für Hunde her. Was auf dem Ansitz eine Lösung sein kann, ist bei der aktiven Jagd mit dem Hund allerdings unbrauchbar.*

Abb. 19.6: *Muss bei der Nachsuche ein Fangschuss vor dem stellenden Hund abgegeben werden, ist dessen Gehör in höchstem Maße gefährdet.*

Bei der aktiven Jagd mit dem Hund ist es natürlich nicht möglich, diesen aus Lärmschutzgründen einfach im Auto zu lassen. Bei der Drückjagd beschränken sich die problematischen Situationen aber im Regelfall auf die Zeit, bevor der Hund vom Stand aus geschnallt wird. Ist hier bereits freie Büchse, dann ist zu überlegen, den Hund nicht in unmittelbarer Nähe des Schützen anzuleinen, sondern ihn etwas entfernt abzulegen oder in einem von der Jagdleitung speziell festgelegten Zeitfenster aus dem Auto zu holen. Stöbert der Hund dann, kommt es aufgrund der Distanz zu den Schützen üblicherweise nicht mehr zu gefährlichen Schalldruckpegeln am Hundeohr. Anders sieht dies jedoch z. B. bei der Treibjagd auf Niederwild oder der Nachsuche auf Schalenwild aus.

Brauchbarkeitsprüfung

Die meisten Prüfungsordnungen verlangen die Abgabe eines Schusses in unmittelbarer Nähe des Hundes zur Überprüfung der Schussfestigkeit. Diese Praxis sollte überdacht werden. Ein Schuss in 30 m Entfernung dürfte denselben Zweck erfüllen, ohne für den Hund eine Gesundheitsgefährdung darzustellen und ihm körperliche Schmerzen zuzufügen.

Nachsuche

Ist nachgesuchtes Wild noch mobil, so wird es in der Regel vom Hund nach einer Hetze so lange gestellt, bis der Hundeführer sich für die Abgabe eines Fangschusses annähern kann (→ **Abb. 19.6**). Der zum Schutz des Hundegehörs notwendige Mindestabstand von der Mündung kann dabei häufig nicht eingehalten werden. Zum einen ist der Hundeführer immer bestrebt, so nah wie möglich an das Stück heranzukommen, um den Hund durch seinen Schuss so wenig wie möglich zu gefährden. Zum anderen schieben sich kranke Stücke meist in dichter Vegetation ein. Dadurch sind nicht nur die Schussentfernungen kurz, der Nachsuchenführer kann seine eigene Position auch nicht ohne Weiteres frei wählen. Das Gelände ist häufig unübersichtlich, sodass Hintergelände und Kugelfang nur bedingt beurteilt werden können. Die Notwendigkeit, sich gegen den Wind anzunähern, schränkt dies weiter ein. Die Situation erlaubt es aufgrund der eingeschränkten Platzwahl also häufig nicht, den zum Schutz des Hundes notwendigen Abstand einzuhalten. Und letztlich stellen sich noch mobile Stücke oftmals nicht lange und geben somit nur kurz Gelegenheit zum Fangschuss.

Der Hundeführer steht hier in dem Konflikt, zum einen das leidende Wild möglichst umgehend zu erlösen, gleichzeitig aber seinem Hund und sich selbst dabei keinen vermeidbaren gesundheitlichen Schaden zuzufügen. Der Einsatz eines Schalldämpfers stellt eine wertvolle Hilfe bei der Lösung dieses Problems dar – allerdings nur in einem begrenzten Bereich (→ **Abb. 19.7**). Er schützt zwar hervorragend vor dem Mündungsknall, hat allerdings keinen Einfluss auf den vom Geschoss erzeugten Überschallknall. Dieser erreicht bei großkalibrigen Projektilen Schalldruckpegel von etwa 150 dB in 1 m Entfernung von der Flugbahn (→ **Tab. 4.1**). Fliegt das Geschoss also nahe am Hund vorbei, dominiert der Überschallknall des Geschosses die Lärmwirkung auf das Hundeohr. Da der Schalldämpfer nur den Mündungsknall reduziert, kann sich seine Schutzwirkung nur im Nahbereich des Schützen entfalten. Tabelle 19.1 zeigt, dass der auf den Hund einwirkende Schalldruckpegel in unmittelbarer Nähe der Schussabgabe durch einen Schalldämpfer um 13–14 dB gesenkt werden kann, während bei einem nahen Vorbeischuss an einem in 8 m Entfernung stellenden Hund nur noch eine Differenz von ca. 3 dB besteht. Ab ca. 15 m Schussentfernung ist es für den stellenden Hund egal, ob ein Schalldämpfer genutzt wird oder nicht, da hier der Geschossknall dominiert. Erst wenn der Hund sich mindes-

Abb. 19.7: *Ein Schalldämpfer schützt bei der Nachsuche das Gehör von Hund und Führer gleichermaßen.*

Dämpfer	2 m	4 m	6 m	8 m	15 m	20 m
ohne	164,9	159,4	155,0	154,3	152,5	151,0
SL7	151,3	151,3	151,2	151,5	152,0	153,0

Tab. 19.1: *Ein Schalldämpfer schützt den Hund im Nahbereich vor dem Mündungsknall. Messung: LC_{peak} 1 m neben der Geschossflugbahn in 70 cm Höhe über dem Boden. Munition: Hornady BTHP Match .308 Winchester. Schalldämpfer: Ase Utra SL7 (Entfernungsangaben in Relation zur Laufmündung).*

tens 10 m seitlich der Geschossflugbahn befindet, reduziert sich der Überschallknall des Geschosses auf 140 dB und weniger und somit auf ein nicht mehr gesundheitsschädliches Niveau (→ **Abb. 4.9**). [115] Innerhalb eines Kegels von ca. 90° in Schussrichtung dominiert der Überschallknall, sodass hier kein schützender Effekt besteht (→ **Abb. 4.8** und **Tab. 5.2**). Ein Schalldämpfer schützt den Hund also im Nahbereich. Wo immer möglich, sollte jedoch bei einer Schussabgabe darauf geachtet werden, dass der Hund sich möglichst weit entfernt vom vorbeifliegenden Geschoss befindet.

Abb. 19.8: *Eine auf den ersten Blick ungewohnte, aber auch bei Nachsuchen im dichteren Bestand erstaunlich praxistaugliche Behelfslösung bieten Rucksäcke mit Gewehrfach wie dieser Eberlestock.*

Der Schalldämpfer bringt allerdings auch dem Nachsuchenführer einen deutlichen Vorteil. Denn bei der Nachsuche auf wehrhaftes Wild kommt es immer wieder zu Attacken des kranken Stückes auch auf den Hundeführer. Dieser ist daher darauf angewiesen, seine Umgebung möglichst gut wahrnehmen zu können. Während der Fortbewegung im Gelände ist Gehörschutz daher nicht praxistauglich, weil er den Höreindruck massiv einschränkt: passiver Gehörschutz aufgrund der Dämpfung der Geräusche, aktiver dagegen durch die ausgeprägt auftretenden Störgeräusche beim Fortbewegen durch dichten Bewuchs, das Laufen auf raschelndem und knackendem Waldboden und durch Windrauschen. Beim Kapselgehörschutz besteht darüber hinaus in Unterholz und Dickung zudem die hochgradige Gefahr des Verrutschens oder Verlustes. Manche Nachsuchenführer legen den Gehörschutz direkt vor der Abgabe eines Fangschusses an, wenn die Situation dies erlaubt. Muss aber schnell geschossen werden, sind die Ohren meist schutzlos. Hier stellt der Schalldämpfer die einzige Möglichkeit dar, die natürliche Umgebungswahrnehmung voll zu erhalten und trotzdem das Risiko von Gehörschäden minimieren zu können.

Der Markt bietet bisher allerdings kaum zufriedenstellende Lösungen für den Nachsucheneinsatz. Dabei ist nicht nur die Problematik rund um die von vielen Hundeführern bevorzugte offene Visierung relevant. Insbesondere auch die Tatsache, dass der

Markt bisher keine Schalldämpfer oder Schallabsorberbüchsen mit der Möglichkeit zur Montage des Riemenbügels am Vorderende ohne Überstand bot, schränkte die Tauglichkeit schallgedämpfter Waffen für die Nachsuche in Dickungen erheblich ein (→ **Abb. 19.8**).

Um eine schallgedämpfte Büchse nachsuchentauglich zu machen, muss diese zum einen den Fangschuss über Kimme und Korn ermöglichen. Dazu kann entweder ein Dämpfer mit einem geringen Durchmesser (je nach Bauhöhe der offenen Visierung 40 bis 45 mm) oder eine Waffe mit entsprechend hoher Visierlinie gewählt werden, um über den Dämpfer schauen zu können (→ **Abb. 19.9**). Alternativ kann ein Rotpunktvisier genutzt werden (→ **Kap. 10**). Zum anderen muss die Befestigung des Riemens am Ende des Schalldämpfers möglich sein. Dazu müssen zwei Voraussetzungen erfüllt sein:

Abb. 19.9: *Stalon bietet für seinen 40-mm-Dämpfer Victor ein aufschraubbares Korn an, das auf die Höhe der Visierlinie z. B. von Blaser-Waffen abgestimmt ist.*

1. Belastbarkeit des Schalldämpfers: Der Schalldämpfer muss die durch den angebrachten Riemen einwirkenden Kräfte aufnehmen. Neben der Wahl des Werkstoffs

Schallgedämpfte Nachsuchenbüchse

Eine praxistaugliche schallgedämpfte Nachsuchenbüchse für deutlich unter 1.000 € ist problemlos zu realisieren. Die Repetierbüchse »La Coruna FR-8«, eine auf dem Gebrauchtwaffenmarkt zuhauf verfügbare spanische Ordonanzwaffe, bringt alles Notwendige mit: ein 98er-System von Mauser, einen 47 cm langen Steyr-Lauf mit M15x1-Mündungsgewinde, eine robuste offene Visierung nach Art des G3 und einen brauchbaren Druckpunktabzug. In Verbindung mit einem Ase Utra SL5i oder SL7i BoreLock und der nachrüstbaren Riemenbügelöse (→ **Abb.19.10**) erhält man eine brauchbare Kombination. Die offene Visierung bleibt bei einem Dämpferdurchmesser von 45 mm voll nutzbar (→ **Abb. 19.11**), und das Gehör des Nachsuchenführers wird effektiv geschützt (→ **Tab. 19.2**). Das BoreLock-System von Ase Utra verhindert, dass sich der Dämpfer auf dem Gewinde lockern kann, und erhöht so die Sicherheit bei der Nachsuche erheblich.

Abb. 19.10: *Prototyp einer Riemenbügelbefestigung von Ase Utra für Dämpfer der SL-Serie.*

Dämpfer	Kaliber	LC_{peak} [dB(C)]
SL7	.30	131,8
SL5	.30	134,9

Tab. 19.2: *Schalldruckpegel LC_{peak} am rechten Ohr des Schützen mit einem als Nachsuchenbüchse konfigurierten La Coruna FR-8 in .308 Winchester und entsprechenden Ase Utra SL-Dämpfern (Munition: RWS KS).*

und der Materialstärke ist auch der konstruktive Aufbau wichtig. Gerade der Nettolänge des Dämpfers kommt aufgrund der Hebelwirkung eine wesentliche Bedeutung zu.

2. Sicherung gegen Lockerung: Da durch den Riemen relevante Kräfte auf das Ende des Schalldämpfers übertragen werden, muss dieser fest auf dem Lauf sitzen. Durch die Bewegung des Nachsuchenführers können auch rotierende Kräfte durch den Riemen auf das Dämpferende einwirken, die zu einer Lockerung führen können. Dadurch sitzt dieser nicht mehr fest auf der Gewindeschulter, der Dämpfer verliert die korrekte Fluchtung und es kann zu Blendenkontakten kommen. Außerdem ist eine Beschädigung des Gewindes durch die einwirkenden Kräfte bei lockerem Sitz möglich.

Die Sicherung gegen eine Lockerung muss konstruktiv gelöst werden. Ein Festkleben des Dämpfers auf dem Mündungsgewinde mit Schraubensicherung ist zwar möglich, führt aber zu erheblicher Korrosion an Waffenmündung und Dämpfer (→ **Kap. 12**).

Die finnische Firma Ase Utra hat nun eine Lösung für den Nachsuchenführer entwickelt: Es handelt sich dabei um einen einfachen Ring im Sinne einer Schelle, der über eine Öse zur Aufnahme des Riemenbügels verfügt und auf den Durchmesser der Dämpfer abgestimmt ist (→ **Abb. 19.10**).

Diese eigentlich für den Behördenmarkt hergestellten Modelle aus Stahl sind nicht nur robust genug, um bedenkenlos eine Befestigungsmöglichkeit für einen Riemen anzubringen, sondern sie verfügen mit dem optionalen BoreLock-System auch über eine Möglichkeit, den Schalldämpfer gegen eine unbeabsichtigte Lockerung zu sichern. Hierzu sollte der BoreLock-Mündungsfeuerdämpfer (MFD) oder die BoreLock-Mündungsbremse mit hochtemperaturstabilem Gewindekleber auf dem Mündungsgewinde festgeklebt werden. Nach dem Aufsetzen des Dämpfers sichert ihn dann der BoreLock-Arretierungshebel gegen eine Lockerung (→ **Abb. 11.15**). Da auch bei aufgeklebtem MFD Korrosion an der Mündungskrone entstehen kann, sollte dieser Bereich durch die Öffnung immer mit etwas (Sprüh-)Öl konserviert werden. Von Zeit zu Zeit sollte auch der MFD abgeschraubt und die Mündung auf Korrosion überprüft und gereinigt werden, um anschließend den MFD wieder mit der Schraubensicherung zu befestigen.

Es ist zu erwarten, dass andere Hersteller ähnliche Produkte auf den Markt bringen werden. Denkbar wäre z. B. auch eine als reinrassige Nachsuchenwaffe konstruierte Schallabsorberbüchse mit Riemenbügelaufnahme am Vorderende.

Gerade bei der Nachsuche kommt der Problematik von Fremdkörpern in der Waffe eine besondere Bedeutung zu. Ebenso wie bei der Laufmündung können diese auch bei einem Schalldämpfer zu Fehlschüssen, Beschädigungen oder sogar gefährlichen Gasdrucksteigerungen führen. Aus diesem Grund ist es sinnvoll, die letzte Bohrung in der Endkappe des Dämpfers zu verschließen, um jeglichen Eintritt von Fremdkörpern sicher zu verhindern (→ **Kap. 18**).

Hund unter der Flinte

Die Jagd mit dem Hund auf Niederwild ist aufgrund der effektiven Reichweite der Flinte charakterisiert durch ein enges Zusammenspiel zwischen Führer und Hund auf vergleichsweise kurzer Distanz. Der Hund arbeitet z. B. bei der Feldsuche vor seinem Führer in einiger Entfernung quer, bei der Federwildjagd aus dem Tarnschirm heraus liegt er aber meist unmittelbar in der Nähe, um auf Kommando hin zu apportieren.

Wie aktuelle Messungen gezeigt haben, ist der Hund im Nahbereich des Schützen durchaus durch relevante Lärmspitzen gefährdet (→ **Abb. 19.12**). Während sich der Vierbeiner bei der Feldsuche oder beim Buschieren häufig noch in einem tolerablen Abstand befindet, in dem ihn die höchsten Schalldruckpegelspitzen nicht

Abb. 19.11: *Die offene Visierung des FR-8 ist in der Kombination mit einem Ase Utra SL-Schalldämpfer weiterhin möglich.*

Abb. 19.12: *Auf die Ohren von Hund und Führer einwirkende Schalldruckpegel bei der Verwendung normaler Flintenmunition (Werte in [dB(C)]).*

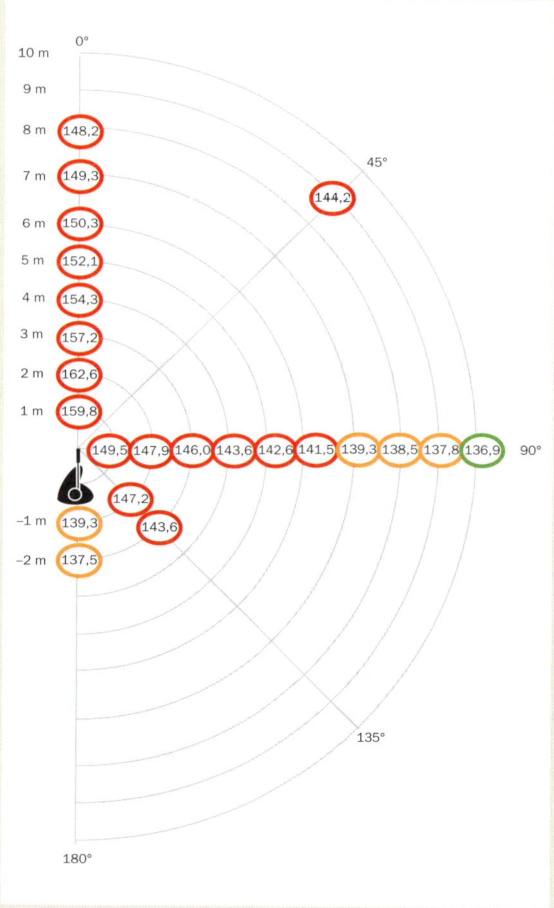

Abb. 19.13: *LC_{peak} bei Überschallflintenmunition (Werte in [dB(C)]).*

mehr erreichen, sieht das in unmittelbarer Nähe des Schützen anders aus (→ **Abb. 19.13**).

Der Einsatz von Unterschallschrotmunition kann dabei helfen, die Lärmexposition der Hunde bei Flintenjagden zu verringern – allerdings nur, wenn der Hund sich nicht unmittelbar neben seinem Führer aufhält (→ **Abb. 19.14**).

Auf weitere Entfernungen dagegen hilft Subsonic-Munition dabei, die relevanten Lärmgrenzwerte früher – also näher am Schützen – zu unterschreiten (→ **Abb. 19.15**). Die in den Abbildungen 19.13 und 19.15 dargestellten Messreihen zeigen auch, dass man bei der Jagd aus dem Tarnschirm heraus den Hund aufgrund der dort niedrigeren Schalldruckpegel am besten hinter sich ablegt. Selbst bei der Verwendung von Überschallschrotmunition werden hier bereits in 2 m Abstand vergleichsweise sichere Schalldruckpegel von unter 140 dB erreicht.

Rechtliche Aspekte

Tierschutz hat in Deutschland als Staatsziel Verfassungsrang, seit er 2002 als Art. 20 a

Abb. 19.14: *Der Einsatz von Subsonic-Munition hat bei Messungen keinen relevanten Unterschied bewirkt (Werte in [dB(C)]).*

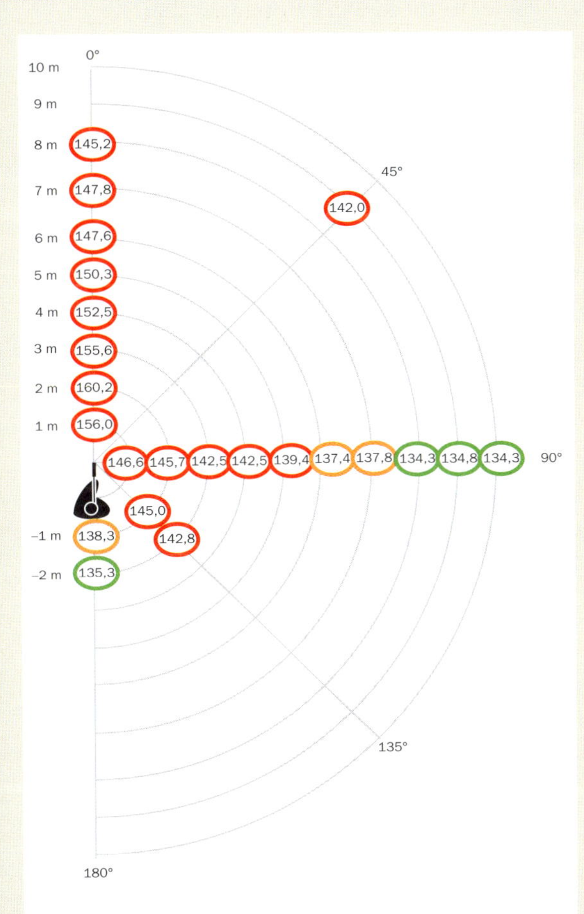

Abb. 19.15: *LC_{peak} bei Unterschallflintenmunition (Werte in [dB(C)]).*

im **Grundgesetz** aufgenommen worden ist. Der Tierschutzgedanke wird in der Jagd häufig als Begründung für eigenes Handeln eingeführt. Sei es das schnelle Töten beim Erlegen, die Nachsuche, um das Leiden eines krankgeschossenen Stückes zu beenden, oder die Vorgabe, dass bei verschiedenen Jagdarten der Einsatz von Jagdhunden notwendig ist. Umso merkwürdiger mutet es dann an, dass der Schutz des Jagdhundes vor vermeidbarem Leiden durch Lärm bisher nicht nur in der Jagdpraxis wenig Beachtung gefunden hat. Auch vor Gericht wurden in der Vergangenheit Anträge auf Genehmigung eines Schalldämpfers zum Schutz des Gehörs unserer vierbeinigen Jagdhelfer in allen mir bekannten Fällen abgewiesen.

Das **Tierschutzgesetz (TierSchG)** gibt in § 1 vor, dass niemand einem Tier ohne vernünftigen Grund Schmerzen, Leiden oder Schäden zufügen darf. Der »vernünftige Grund« ist dabei ein Schlüsselbegriff, da sonst jegliche Nutzung von Tieren unmöglich gemacht werden würde. Wie in Kapitel 3 erläutert, ist analog zum Menschen eine Schädigung des Jagdhundegehörs durch extremen Lärm sehr wahrscheinlich und auch das Empfinden von Schmerzen ist dabei anzunehmen. Befindet sich der Hund also bei der Schussabgabe in unmittelbarer Nähe zum Schützen, ist davon auszugehen, dass dem Tier

Abb. 19.16: *So schön es ist, den Jagdhund beim Ansitz neben sich zu haben: Sein Gehör ist bei der Schussabgabe genauso gefährdet wie unseres.*

Schmerzen und Schäden zugefügt werden (→ **Abb. 19.16**). Die etwas undifferenzierte Meinung, dass »Jagdhunde speziell ausgebildet seien und den Knall aushalten müssten«, sollte der Vergangenheit angehören (→ **Abb. 19.17**).

„Die gesetzlichen Regelungen in Sachsen sind eindeutig", betonte Freifrau von Fritzsch. Deshalb werde gegenwärtig im Delitzscher Verband darüber auch nicht diskutiert. Jäger verfügen über die Mittel und Möglichkeiten, ihr Gehör beim Schießen zu schützen. Jagdhunde seien speziell ausgebildet und müssten „den Knall aushalten", sogar ihre „Schusssicherheit" nachweisen. Die Vorsitzende befürchtet eher, mit der Freigabe von Schalldämpfern für Jagdwaffen werde der Wilddieberei deutlich Vorschub geleistet. *dw*

Abb. 19.17: *Unwissenheit und lang gehegte Vorurteile (auch) in der Jägerschaft werden häufig auf dem Rücken unserer Hunde ausgetragen. [116]*

Abb. 19.18: *Der Fangschuss vor dem stellenden Hund ist für sein Gehör hochgefährlich. Schalldämpfer stellen hier ein wirksames Mittel zur Prävention dar.*

Mit Schalldämpfern ist eine sichere und effektive Möglichkeit gegeben, das Hundegehör bei der Schussabgabe zu schützen. Das Zufügen von Schmerzen oder Schäden ist daher bei vielen Jagdarten vermeidbar.
Die technische und grundsätzliche waffenrechtliche Verfügbarkeit von Schalldämpfern lässt es demnach zweifelhaft erscheinen, ob ein vernünftiger Grund vorliegt, der es notwendig macht, die Auswirkungen von Lärm auf den Jagdhund hinzunehmen (→ **Abb. 19.18**).

Fernab des Tierschutzrechts stellt ein Jagdhund aber auch einen **Vermögenswert** dar. Insbesondere bei geprüften brauchbaren Hunden im besten Lebensalter mit ent-

Hund als Verbrauchsware

»Als besonders anzuerkennendes Interesse nach § 8 Nr. 1 WaffG kommt zudem das wirtschaftliche Interesse des Klägers an seinem – gesetzlich in § 30 Abs. 1 LJagdG NRW vorgeschriebenen – brauchbaren Jagdhund in Betracht. Das Eigentum an dem Jagdhund wird von der Rechtsordnung geschützt und anerkannt. Dessen Gehör wird durch den Schuss- und Geschossknall ebenfalls beeinträchtigt, so dass ein Schießen ohne Schalldämpfer dazu führen kann, dass der Jagdhund in regelmäßigen Abständen zu ersetzen sein wird.«
Verwaltungsgericht Düsseldorf am 10.05.2016 (AZ 22 K 4721/14)

sprechender jagdlicher Erfahrung kommen schnell etliche Tausend Euro an materiellem Wert zusammen, der durch Verkauf zu erlösen wäre. Ein Hund, der durch Gehörschäden in seiner Leistungsfähigkeit und Führbarkeit eingeschränkt oder gar ganz ertaubt ist, erleidet einen erheblichen Wertverlust. Somit tritt ein Schaden beim Besitzer ein. Das Recht auf Eigentum steht mit der Eigentumsgarantie in Art. 14 des Grundgesetzes wie auch in Art. 17 der EU-Grundrechtecharta allerdings unter besonderem Schutz.

Viele **Landesjagdgesetze** schreiben für die Nachsuche die Verfügbarkeit oder den Einsatz von Jagdhunden vor, z. B. das Landesjagdgesetz Baden-Württemberg (§ 21) oder das Niedersächsische Jagdgesetz (§ 4). Wenn der Gesetzgeber einerseits die Nutzung von Hunden im Rahmen der Jagdausübung vorgibt, andererseits aber den beteiligten Jägern untersagt, ihnen Schmerzen, Leiden oder Schäden ohne vernünftigen Grund zuzufügen, und den Schutz ihres Eigentums (also auch des »Sachwertes Jagdhund«) garantieren will, dann muss er auch vernünftige und verfügbare Lösungen für diesen Zielkonflikt zulassen. Mit der im Jahr 2020 erfolgten Klarstellung im Waffengesetz, dass Jäger Schalldämpfer für erlaubnispflichtige Langwaffen ohne weitere Prüfung des Bedürfnisses erwerben dürfen, wurden endlich die Voraussetzungen dafür geschaffen.

Zusammenfassung

- Das Gehör des Jagdhundes wird durch den Schusslärm ebenso gefährdet wie das des Menschen.
- Das Tierschutzgesetz verbietet es, einem Tier ohne vernünftigen Grund Schmerzen, Leiden oder Schäden zuzufügen.
- Bei der Nachsuche schützt der Schalldämpfer nicht nur das Gehör des Führers, sondern bei nahen Schüssen auch das des Hundes.
- Praxistaugliche Lösungen für schallgedämpfte Nachsuchenbüchsen sind mittlerweile verfügbar.
- Bei der Flintenjagd sollte eine Schussabgabe vermieden werden, wenn sich der Hund näher als 10 m zum Führer befindet.

KAPITEL 20

Waffenrecht

»Sonderbar, dass es den Wölfen immer wieder gelingt, die Welt von der Gefährlichkeit der Schafe zu überzeugen.«

Austin O'Malley

Waffenrecht

Schalldämpfer gibt es in unserem Alltagsleben reichlich – jedes Auto weist einen Mittel- und Endschalldämpfer auf, um die Lärmbelastung der Bevölkerung bestmöglich zu reduzieren.

Weil diese natürlich nicht dem Waffengesetz (WaffG) unterliegen sollen, schränkt der Gesetzgeber den Geltungsbereich des Waffengesetzes nur auf solche Schalldämpfer ein, die für Schusswaffen bestimmt sind. Das WaffG in der Fassung vom 17.02.2020 enthält in der Anlage 1 zu § 1 Abs. 4 eine Begriffsbestimmung, was in waffenrechtlicher Hinsicht Schalldämpfer sind:

»1.3.3 Schalldämpfer sind Vorrichtungen, die der wesentlichen Dämpfung des Mündungsknalls dienen und für Schusswaffen bestimmt sind.«

Diese Formulierung war schon in den vorangegangenen Fassungen des WaffG enthalten und hatte für viel Unsicherheit gesorgt. Die Allgemeine Verwaltungsvorschrift zum Waffengesetz (WaffVwV) vom 05.03.2012 definierte leider keinen konkreten Grenzwert für den Begriff der *»wesentlichen Dämpfung«*. Sie versuchte vielmehr recht glücklos und wenig objektiv, diesen Begriff näher zu erläutern:

»Eine wesentliche Dämpfung des Mündungsknalls liegt dann vor, wenn bei Schießversuchen bereits sensitiv eine deutlich hörbare Schallminderung zwischen einer mit Schalldämpfer bestückten Schusswaffe und derselben Waffe ohne Schalldämpfer unter Verwendung gleicher Munition festgestellt werden kann.«

Waffenverwaltungsvorschrift und Waffengesetz-Verordnung

Die Allgemeine Verwaltungsvorschrift zum Waffengesetz (WaffVwV) vom 05.03.2012 war eine Art Gebrauchsanweisung zum Waffengesetz für die Behörden, die dieses tagtäglich in der Praxis interpretieren und umsetzen müssen. Sie hatte keinen Gesetzescharakter, sollte aber die vom Bundesinnenministerium gewünschte Auslegung des Gesetzes verdeutlichen und damit die Verwaltungspraxis vereinheitlichen. Nicht immer halten Verwaltungsvorschriften einer gerichtlichen Überprüfung stand. Für das aktuelle Waffengesetz in der Fassung vom 17.02.2020 existiert jetzt eine Allgemeine Waffengesetz-Verordnung mit Stand vom 01.09.2020, die Inhalte des WaffG präzisiert. Eine an die aktuelle Fassung des WaffG angepasste Verwaltungsvorschrift als Handhabungshilfe für die Waffenbehörden existierte bei Drucklegung dieses Buches jedoch noch nicht.

Ein Höreindruck ist immer subjektiv (→ **Kap. 2**). Eine *»sensitiv [...] deutlich hörbare Schallminderung«* ist damit niemals objektiv. Aus gutachterlicher Sicht eine katastrophale Formulierung in einem so hochwichtigen Dokument wie der Waffenverwaltungsvorschrift, weil damit weder klare Grenzen noch messbare Parameter vorgegeben werden. Ganz abgesehen davon, dass die Lärmreduktion durch Zuhören kaum quantifizierbar ist, können hier auch Änderungen des Frequenzspektrums rechtliche Probleme bereiten.

Wie bereits in Kapitel 7 ausgeführt, kann z. B ein dumpferer Klang des Mündungsknalls als deutlich hörbare Klangveränderung wahrgenommen werden, ohne dass der gemessene Schalldruckpegel wesentliche Verschiebungen erfährt. Da die meisten Kombinationen aus Patronenlaborierung und Waffe sich ohnehin hinsichtlich des erreichten Schalldruckpegels unterscheiden, könnte hier die Entscheidung stets nur auf die untersuchte Kombination Waffe-Patrone-Schalldämpfer bezogen werden. Auch über Umgebungseinflüsse oder einen vorgegebenen Abstand beim »Verhören« des Schalldämpfers äußert sich die Waffenverwaltungsvorschrift nicht. Unter diesen Vorgaben lassen sich kaum allgemeingültige Einstufungen für einzelne Produkte festlegen. Rechtssicherheit kann so nicht erzielt werden! Es bleibt also beim »Höreindruck« des zuständigen Verwaltungsbeamten, Gutachters, Polizisten, Richters, Staatsanwaltes. Der individuell unterschiedliche Höreindruck als einzig relevantes und nicht messtechnisch objektivierbares Kriterium führt letztlich dazu, dass die zuständige Waffenbehörde die Einstufung als Schalldämpfer immer bejahen kann, ohne sich angreifbar zu machen. Im Zweifelsfall kann sich die Behörde also einfach sperren, um später nicht zurückrudern zu müssen. In der Vergangenheit landeten diese Vorfälle daher letztendlich zur Klärung vor Gericht.

Einschränkend muss aber auch klar sein, dass dieses Problem hinsichtlich der Prävention von Gehörschäden zweitrangig ist. Jede Dämpfung, die ausreichend groß ist, um den am Schützenohr einwirkenden Lärm auch ohne Gehörschutz auf ein relativ unbedenkliches Niveau zu senken, wird immer eine *»sensitiv [...] deutlich hörbare Schallminderung«* sein. Um das Ohr effektiv zu schützen, werden also echte Schalldämpfer benötigt. Konstruktionen, die keine hörbare Schallminderung bewirken, sind daher nur dort von Interesse, wo echte Schalldämpfer nicht oder nur sehr restriktiv genehmigt werden. Dabei ergänzen sich die Interessen von Anwendern und Herstellern:

Da bereits wenige Dezibel Dämpfung einen erheblichen Unterschied beim einwirkenden Schalldruck bedeuten, können die Anwender mit ihnen die extremsten Lärmspitzen reduzieren und in Verbindung mit Gehörschützern eine bedenkliche Lärmbelastung am Ohr zuverlässiger verhindern. Darüber hinaus dürften viele Konstruktionen bei schalldämpferähnlichem Aufbau auch andere Vorteile, wie die Reduktion von Rückstoß und Mündungsfeuer oder die Verbesserung der Schussleistung, zumindest in Teilen bieten.

Für den Hersteller hätte während der früheren äußerst restriktiven Genehmigungspraxis ein solcher »Schalldämpfer light«, der nicht erlaubnispflichtig ist, eine Goldgrube dargestellt. Für Sportschützen, die weiterhin vom Erwerbsprivileg des Jägers im Waffengesetz ausgenommen sind, wären solche Produkte sicherlich auch heute noch hochinteressant.

Der mit seinen bleifreien Geschossen bekannt gewordene Lutz Möller dürfte in Deutschland mit seinem »Feuerschlucker« der Pionier dieser Idee gewesen sein. Zur einwandfreien Klärung, ob dieser ein erlaubnispflichtiger Schalldämpfer im Sinne des Waffengesetzes oder eine erlaubnisfreie Einrichtung zur Reduktion des Mündungsfeuers ist, wurde 2009 ein Feststellungsbescheid beim Bundeskriminalamt (BKA) beantragt. Der Bescheid wurde im Januar 2014 nach langer Bearbeitung schließlich rechtskräftig. Letztlich kam das BKA zu dem Schluss, dass es sich beim »Feuerschlucker 7« um einen Schalldämpfer handelt. Bei einer Schalldruckpegelreduktion von 16,7 dB überrascht dies allerdings wenig. [117]

In der Begründung führt das BKA unter anderem aus, dass eine Dämpfung von 10 dB als wesentlich angesehen wird, weil dies eine *»Halbierung des Geräuschpegels«* bedeute (gemeint ist wohl eine Halbierung der Lautstärke, → **Kap. 2**). Dieser Wert als mutmaßliche Schwelle für die Einstufung als Schalldämpfer war in der Vergangenheit auch in Fachzeitungsartikeln genannt worden, allerdings ohne Quellenangabe. Bemerkenswert ist allerdings, dass im Feststellungsbescheid zusätzlich in Anlehnung an die Verkehrslärmschutzverordnung auch eine Lärmänderung von 3 dB als wesentlich bezeichnet wird. [118] Ob das BKA die Grenze für die Einstufung zum Schalldämpfer nun bei 3 dB, 10 dB oder einem völlig anderen Wert ziehen würde, bleibt im Text des Feststellungsbescheides offen. Die fehlende Festlegung auf einen Grenzwert zeigt deutlich, dass man sich eben nicht festlegen will. Es bleibt also bei der *»sensitiv [...] deutlich hörbaren Schallminderung«* nach Einschätzung des Verwaltungsohres, die letztlich der Willkür Tür und Tor öffnet.

Bemerkenswert ist in diesem Zusammenhang eine Anmerkung, dass das BKA bei der Erarbeitung der WaffVwV durchaus versucht hatte, eine genauere (und vor allem messbare!) Definition der im WaffG angesprochenen *»wesentlichen Dämpfung«* in das Papier mit aufzunehmen. Nach Aussage des seinerzeitigen Leiters des Kriminaltechnischen Institutes (KTI) des BKA wurde dieser Vorschlag in der administrativen Umsetzung der WaffVwV aber leider nicht umgesetzt. Das BKA ist dadurch nun gezwungen, z. B im Rahmen von Feststellungsbescheiden mangels vorgegebener Grundlage eine Bewertung selbst zu improvisieren. Die Inter-

US-Definition

In den USA gilt jede Konstruktion als Schalldämpfer, die den Lärm um mehr als 3 dB mindert. Diese Regelung ist möglicherweise weniger liberal, dafür aber deutlich griffiger.

pretation, warum eine physikalische Definition der wesentlichen Dämpfung und damit eine Klarstellung, was genau ein Schalldämpfer ist, seitens der politischen Beamten im Bundesinnenministerium nicht gewünscht war, bleibt dem Leser überlassen.

Die Waffenverwaltungsvorschrift merkt in der Form vom 05.03.2012 zu Anlage 1 Abschnitt 1 Unterabschnitt 1 Nummer 1.3.4 des Waffengesetzes an:

»Schalldämpfer können fest mit der Schusswaffe verbunden oder zur Anbringung an einer Schusswaffe bestimmt sein.«

Somit umfasste der Schalldämpferbegriff des Waffengesetzes bisher auch die Schallabsorberwaffen (auch integral gedämpfte Waffen genannt), die einen Schalldämpfer fest in ihre Konstruktion integriert haben. Weder das im Jahr 2020 aktualisierte Waffengesetz noch die zugehörige Allgemeine Waffengesetz-Verordnung enthalten Aussagen zur Einstufung von Schallabsorberwaffen. Es ist aber zu erwarten, dass die bisherige Interpretation verwaltungsseitig beibehalten wird und z. B. integral gedämpfte Kleinkaliber-Büchsen weiterhin nicht ohne zusätzlichen Voreintrag auf Jagdschein zu erwerben sind, da es sich um schallgedämpfte Langwaffen in einem Randfeuerkaliber handelt.

Die ersten Schalldämpfer wurden erst gegen Ende des 19. Jahrhunderts konstruiert. Zu jener Zeit waren – je nach Land – entweder noch keine Waffengesetze im heutigen Sinne existent oder die Gesetzestexte beschäftigten sich schlicht und einfach nicht mit diesen Exoten. Die erste Erwähnung im deutschen Rechtsraum erfolgte in der Weimarer Republik im »Reichsgesetz über Schußwaffen und Munition (SchWaffG)« vom 12.04.1928, wo sie im gleichen Atemzug mit »Wilddiebsgewehren« und Gewehrscheinwerfern verboten worden sind (→ **Abb. 20.1**). Das von den Nationalsozialisten verabschiedete Reichswaffengesetz (RWaffG) vom 18.03.1938 enthält eine ähnliche Verbotsregelung (→ **Abb. 20.2**). Beide Gesetze führten die Schalldämpfer in Ver-

618 Staats- und Verwaltungsrecht

nung finden nur noch auf die Fälle Anwendung, die noch nicht rechtswirksam geregelt worden sind.

Berlin, den 30. März 1928.

Der Reichspräsident
von Hindenburg
Der Reichsminister der Finanzen
Dr. Köhler

* * *

8) Gesetz über Schußwaffen und Munition.

12. April 1928. (R.G.Bl. 1928 I S. 143.)

Abschnitt I.

Allgemeines.

§ 1.

(1) Schußwaffen im Sinne dieses Gesetzes sind Waffen, bei denen ein Geschoß oder eine Schrotladung mittels Entwicklung von Explosivgasen oder Druckluft durch einen Lauf getrieben wird.

(2) Als Munition im Sinne dieses Gesetzes gilt fertige Munition zu Schußwaffen sowie Schießpulver jeder Art.

(3) Fertige oder vorgearbeitete wesentliche Teile von Schußwaffen oder Munition stehen fertigen Gegenständen dieser Art gleich.

Abschnitt II.

Die Herstellung von Schußwaffen und Munition.

§ 2.

(1) Wer gewerbsmäßig Schußwaffen oder Munition herstellen, bearbeiten oder instandsetzen will, bedarf der Genehmigung. Als Her-

als tausend Jagdpatronen.

§ 24.

(1) Die Herstellung, der Handel, die Einfuhr, das Führen sowie der Besitz von Schußwaffen, die zum schleunigen Zerlegen über den für Jagd- und Sportzwecke allgemein üblichen Umfang hinaus besonders eingerichtet oder in Stöcken, Schirmen, Röhren oder in ähnlicher Weise verborgen sind (sogenannte Wilddiebsgewehre), ist verboten.

(2) Verboten ist auch die Herstellung, der Handel, die Einfuhr, das Führen sowie der Besitz von Schußwaffen, die mit einer Vorrichtung zur Dämpfung des Schußknalls oder mit Gewehrscheinwerfern versehen sind. Das Verbot erstreckt sich auch auf die bezeichneten Vorrichtungen allein. Für die Herstellung solcher Waffen oder Vorrichtungen zur Ausfuhr können auf Antrag Ausnahmen bewilligt werden.

Abb. 20.1: *Gesetz über Schusswaffen und Munition von 1928.*

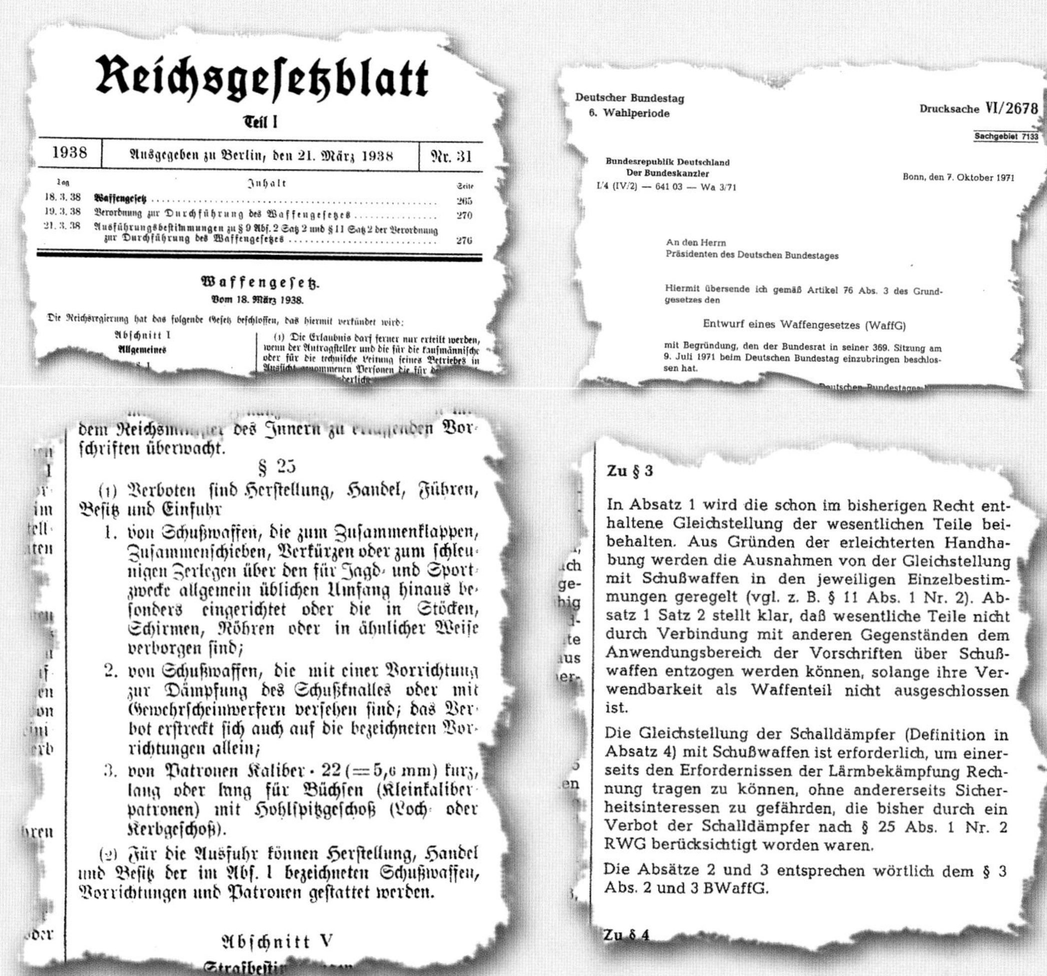

Reichsgesetzblatt

Teil I

1938	Ausgegeben zu Berlin, den 21. März 1938	Nr. 31

Tag	Inhalt	Seite
18. 3. 38	**Waffengesetz**	265
19. 3. 38	Verordnung zur Durchführung des Waffengesetzes	270
21. 3. 38	Ausführungsbestimmungen zu § 9 Abs. 2 Satz 2 und § 11 Satz 2 der Verordnung zur Durchführung des Waffengesetzes	276

Waffengesetz.

Vom 18. März 1938.

Die Reichsregierung hat das folgende Gesetz beschlossen, das hiermit verkündet wird:

Abschnitt I

Allgemeines

(1) Die Erlaubnis darf ferner nur erteilt werden, wenn der Antragsteller und die für die kaufmännische oder für die technische Leitung seines Betriebes in Aussicht genommenen Personen die für d…

dem Reichsminister des Innern zu erlassenden Vorschriften überwacht.

§ 25

(1) Verboten sind Herstellung, Handel, Führen, Besitz und Einfuhr

1. von Schußwaffen, die zum Zusammenklappen, Zusammenschieben, Verkürzen oder zum schleunigen Zerlegen über den für Jagd- und Sportzwecke allgemein üblichen Umfang hinaus besonders eingerichtet oder die in Stöcken, Schirmen, Röhren oder in ähnlicher Weise verborgen sind;
2. von Schußwaffen, die mit einer Vorrichtung zur Dämpfung des Schußknalles oder mit Gewehrscheinwerfern versehen sind; das Verbot erstreckt sich auch auf die bezeichneten Vorrichtungen allein;
3. von Patronen Kaliber · 22 (= 5,6 mm) kurz, lang oder lang für Büchsen (Kleinkaliberpatronen) mit Hohlspitzgeschoß (Loch- oder Kerbgeschoß).

(2) Für die Ausfuhr können Herstellung, Handel und Besitz der im Abs. 1 bezeichneten Schußwaffen, Vorrichtungen und Patronen gestattet werden.

Abschnitt V

Strafbesti…

Abb. 20.2: *Waffengesetz von 1938.*

Deutscher Bundestag
6. Wahlperiode

Drucksache VI/2678

Sachgebiet 7133

Bundesrepublik Deutschland
Der Bundeskanzler
I/4 (IV/2) — 641 03 — Wa 3/71

Bonn, den 7. Oktober 1971

An den Herrn
Präsidenten des Deutschen Bundestages

Hiermit übersende ich gemäß Artikel 76 Abs. 3 des Grundgesetzes den

Entwurf eines Waffengesetzes (WaffG)

mit Begründung, den der Bundesrat in seiner 369. Sitzung am 9. Juli 1971 beim Deutschen Bundestag einzubringen beschlossen hat.

Zu § 3

In Absatz 1 wird die schon im bisherigen Recht enthaltene Gleichstellung der wesentlichen Teile beibehalten. Aus Gründen der erleichterten Handhabung werden die Ausnahmen von der Gleichstellung mit Schußwaffen in den jeweiligen Einzelbestimmungen geregelt (vgl. z. B. § 11 Abs. 1 Nr. 2). Absatz 1 Satz 2 stellt klar, daß wesentliche Teile nicht durch Verbindung mit anderen Gegenständen dem Anwendungsbereich der Vorschriften über Schußwaffen entzogen werden können, solange ihre Verwendbarkeit als Waffenteil nicht ausgeschlossen ist.

Die Gleichstellung der Schalldämpfer (Definition in Absatz 4) mit Schußwaffen ist erforderlich, um einerseits den Erfordernissen der Lärmbekämpfung Rechnung tragen zu können, ohne andererseits Sicherheitsinteressen zu gefährden, die bisher durch ein Verbot der Schalldämpfer nach § 25 Abs. 1 Nr. 2 RWG berücksichtigt worden waren.

Die Absätze 2 und 3 entsprechen wörtlich dem § 3 Abs. 2 und 3 BWaffG.

Zu § 4

Abb. 20.3: *Das Waffengesetz von 1972 hob aus Lärmschutzgründen das Verbot von Schalldämpfern auf.*

bindung mit »Wilddiebsgewehren« auf und zeigten damit deutlich, in welche Richtung die Vorbehalte gingen.

Das Reichswaffengesetz galt auch nach dem Ende des Dritten Reichs in der Zeit von 1951 bis 1972 weiter. Erst zu diesem Zeitpunkt erlangte die Bundesrepublik Deutschland von den Alliierten wieder die Gesetzgebungskompetenz für das Waffenrecht. Im Waffengesetz von 1972 waren die Schalldämpfer dann nicht mehr verboten, sondern wurden den Schusswaffen, für die sie bestimmt waren, gleichgestellt. Diese Regelung wurde laut der Gesetzesbegründung (BT-DruckS VI/2687, S. 15) getroffen (→ **Abb. 20.3**), um

Abb. 20.4: *Das abgebildete Kappmesser der Fallschirmjägertruppe ist als Fallmesser inzwischen eine verbotene Waffe, der Schalldämpfer Modell Phantom der Firma SAI dagegen nicht – für seinen Besitz bedarf es aber einer Erlaubnis.*

einerseits Erfordernissen der Lärmbekämpfung Rechnung zu tragen, andererseits aber eine Gefährdung von Sicherheitsinteressen zu vermeiden.

Im Text des Waffengesetzes führt der Gesetzgeber in Anlage 1 Abschnitt 1.3 aus:

»Wesentliche Teile von Schusswaffen und Schalldämpfer stehen, soweit in diesem Gesetz nichts anderes bestimmt ist, den Schusswaffen gleich, für die sie bestimmt sind.«

DDR

In den Waffengesetzen der DDR wurde der Begriff Schalldämpfer nicht erwähnt. Es lässt sich daraus folgern, dass im Rahmen des ohnehin extrem restriktiven privaten Waffenbesitzes die Nutzung von Schalldämpfern allein den Behörden vorbehalten blieb.

Diese Begriffsbestimmung ist maßgeblich. Aus ihr wird ersichtlich, dass Schalldämpfer nicht etwa verboten sind, wie häufig angenommen worden war (→ **Abb. 20.4**). Sie stehen waffenrechtlich aber den Schusswaffen gleich, für die sie bestimmt sind. Schalldämpfer für erlaubnispflichtige Schusswaffen sind damit auch erlaubnispflichtig.

Die jetzt nicht mehr gültige Waffenverwaltungsvorschrift präzisierte die Bedeutung dieser Gesetzesstelle in Anlage 1 Abschnitt 1 Unterabschnitt 1 Nummer 1.3 wie folgt:

»Die Bestimmung eines wesentlichen Teiles und eines Schalldämpfers richtet sich in der Regel danach, ob die Basiswaffe erlaubnispflichtig oder erlaubnisfrei ist. […] Schalldämpfer für erlaubnisfreie Schusswaffen oder ihnen gleichgestellte tragbare Gegenstände sind entweder dem Kaliber sowie ihrer Konstruktion nach für Druckluft-, Federdruckwaffen und Waffen bestimmt, bei denen zum Antrieb der Geschosse kalte Treibgase Verwendung finden, oder nicht linear durchgängig sind.«

Abb. 20.5: *Mit einem »F« im Fünfeck gekennzeichnete Waffen sind erlaubnisfrei.*

Abb. 20.6: *»F«-gestempelte Luftgewehrdämpfer des Herstellers A-TEC liegen im Jagdhandel offen im Regal. Der baugleiche Kleinkaliber-Schalldämpfer wird dagegen im Waffenschrank weggeschlossen.*

Diese Gleichstellung von Schalldämpfern mit den Schusswaffen, für die sie bestimmt sind, wirft eine ganze Reihe von interessanten Aspekten auf:

Schalldämpfer für erlaubnisfreie Schusswaffen sind demnach ebenfalls erlaubnisfrei. Dies ist z. B. bei Schalldämpfern für erlaubnisfreie Luftgewehre der Fall. Sie sind analog zu den Waffen mit einem »F« in einem Fünfeck gekennzeichnet (→ **Abb. 20.5**). Somit kann sie jeder Volljährige frei erwerben (→ **Abb. 20.6**). Die Konstruktion von Schalldämpfern für erlaubnisfreie oder -pflichtige Waffen unterscheidet sich häufig nur durch die verwendeten Materialien, da für Luftdruckwaffen häufig auch Plastik und sonstiges brennbares Material eingesetzt wird.

Von vielen Herstellern werden aber auch identische Schalldämpfermodelle aus Metall sowohl für die Nutzung mit Kleinkaliber-Waffen wie auch Luftdruckwaffen angeboten. Für welche Waffe der Dämpfer bestimmt ist und wie er demnach waffenrechtlich zu behandeln ist, gibt die Zweckwidmung des Herstellers vor. Ist ein »F« im Fünfeck ein-

… den Schusswaffen gleichgestellt …

An Erwerb und Besitz werden ebenso wie bei Transport, Führen und Aufbewahrung die gleichen Maßstäbe angelegt wie bei den Schusswaffen, für die sie bestimmt sind. Der Transport eines Schalldämpfers für eine erlaubnispflichtige Waffe muss demzufolge also auch nicht zugriffsbereit erfolgen. Die Aufbewahrung von erlaubnispflichtigen Schalldämpfern muss analog zu erlaubnispflichtigen Schusswaffen in Waffenschränken des Widerstandsgrades 0/1 gemäß DIN EN 1143-1 erfolgen. Wer im Rahmen einer Besitzstandswahrung noch Waffenschränke gemäß VDMA 24992 nutzt, muss darauf achten, dass Kurzwaffenschalldämpfer zumindest in einem Waffenschrank mit Sicherheitsstufe B und Langwaffendämpfer entsprechend in einem Waffenschrank mit Sicherheitsstufe A aufbewahrt werden. Bei Schalldämpfern, die sowohl für Lang- als auch Kurzwaffen konstruiert sind, empfiehlt sich vorsichtshalber ebenfalls die Aufbewahrung analog zur Kurzwaffe.

Die Frage, ob Schalldämpfer auch auf die Höchstmengen angerechnet werden müssen, die in Waffenschränken aufbewahrt werden dürfen, ist seit 2020 abschließend geregelt: Laut § 13 Abs. 3 Nr. 1 der Allgemeinen Waffengesetz-Verordnung (AWaffV) bleiben Schalldämpfer dabei unberücksichtigt.

Wenn Schalldämpfer den Schusswaffen gleichgestellt sind, müssen sie ebenfalls über eine Kennzeichnung mit Hersteller und Waffennummer verfügen. Bei importierten Exemplaren muss dies gegebenenfalls vom Importeur nachgeholt werden (→ **Abb. 20.7**).

graviert, handelt es sich um ein nicht erlaubnispflichtiges Exemplar. Dass damit auf einfachste Weise dem Missbrauch Tür und Tor geöffnet wird, erläutert Kapitel 23. Auch wenn das technisch einfach möglich und durchaus effektiv ist: Wer einen »F«-Dämpfer an einer erlaubnispflichtigen Schusswaffe ohne Erlaubnis anbringt, macht sich wegen eines Verstoßes gegen § 2 WaffG strafbar.

Schalldämpfer für erlaubnispflichtige Schusswaffen sind erlaubnispflichtig, weil in Anlage 1 Abschnitt 1 Unterabschnitt 1.3 zu § 1 Abs. 4 WaffG die Schalldämpfer den

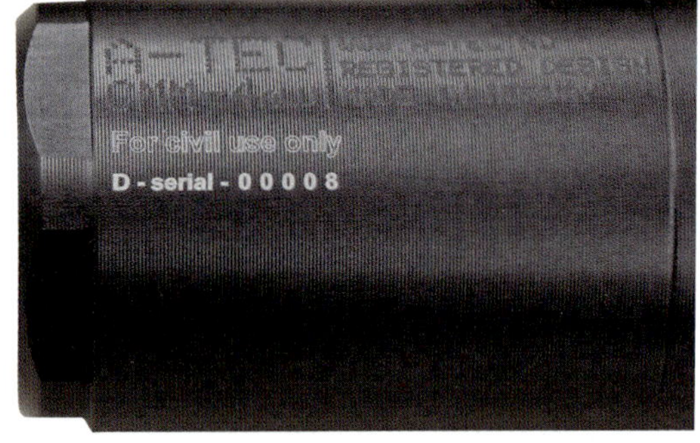

Abb. 20.7: *Mittlerweile versehen alle Hersteller ihre Schalldämpfer für den deutschen Markt mit einer Waffennummer, auch wenn dies im Herstellungsland nicht gefordert ist. Häufig wird auch eine zivile Zweckwidmung ergänzt, um Konflikte mit dem Kriegswaffenrecht zu vermeiden.*

Schusswaffen gleichstellt werden, für die sie bestimmt sind. Wird also vom Jäger ein Dämpfer für sein Jagdgewehr in 8x57IS erworben, so ist eine Erlaubnis notwendig. Was das in diesem Fall genau bedeutet, darüber schieden sich bis 2020 die Geister der juristisch Gelehrten. Es gab Querdenker, die die Notwendigkeit eines besonderen Bedürfnisnachweises für Jäger infrage stellten. Schließlich privilegiert das Waffengesetz in § 13 Abs. 3 die Jäger dahingehend, dass es zum Erwerb von Langwaffen keiner Erlaubnis bedarf. Stehen die Schalldämpfer den Waffen gleich, für die sie bestimmt sind, so sollte ein Jäger dieser Sichtweise nach mit seinem Jagdschein auch Schalldämpfer für Jagdwaffen kaufen dürfen. Mir sind einzelne Fälle bekannt, bei denen Jägern im Sinne dieser Rechtsauslegung schon vor der im Jahr 2020 erfolgten Änderung des WaffG ohne weitere Bedürfnisnachweise die entsprechenden Erwerbsberechtigungen für einen Schalldämpfer per Eintrag in die WBK erteilt wurden. Stringent zu Ende gedacht, wäre dann auch vor der Waffengesetzänderung 2020 allein der Jagdschein für den Erwerb von Schalldämpfern für Langwaffen ausreichend gewesen.

Geübte Verwaltungspraxis war es bislang aber, dass für den Erwerb eines Schalldämpfers, ähnlich wie bei der dritten Kurzwaffe, für jeden Einzelfall ein Bedürfnis nachgewiesen werden musste und die Erwerbsberechtigung in Form eines Voreintrags in einer WBK als notwendig angesehen wurde. Diese Rechtsauffassung fand sich vor 2020 auch in der Waffenverwaltungsvorschrift in den Erläuterungen zu § 8 WaffG unter Nummer 8.1.6 wieder:

»Ein Bedürfnis zum Erwerb von Schalldämpfern oder von Waffen mit eingebautem Schalldämpfer kommt nur in Ausnahmefällen in Betracht (z.B. Abschuss von Gehegewild bei weitergehend nachgewiesener Unumgänglichkeit der Verwendung eines Schalldämpfers).«

Die verantwortlichen Behörden erhielten damit die klare Marschrichtung erteilt, Schalldämpfer nur ausnahmsweise in Einzelfällen zu genehmigen. Zu einer mög-

Schalldämpfer für vollautomatische Waffen

Ist ein Schalldämpfer vom Hersteller für die Verwendung mit vollautomatischen Waffen zweckgewidmet, dann ist er waffenrechtlich wie eine solche zu behandeln. Ein mit einer Gravur »für MP5« (vollautomatische Maschinenpistole) versehener Schalldämpfer stellt damit eine verbotene Waffe gemäß Anlage 2 Abschnitt 1 Nr 2.1.1 des Waffengesetzes dar. Viele Händler machen die Zweckwidmung für zivile Waffen durch eine entsprechende Gravur (»For civil use only«) deutlich (→ **Abb. 20.7**). Der ohne Gravur als Kriegswaffe ans Militär abgegebene Dämpfer ist meist aber technisch baugleich.

lichen Privilegierung von Jägern wurde keine Stellung genommen. Offensichtlich erschien eine so einfache Zugänglichkeit zu Schalldämpfern den Verfassern der Waffenverwaltungsvorschrift so wenig im Interesse des Gesetzgebers zu liegen, dass diese »offensichtlich abwegige« Rechtsauslegung überhaupt nicht behandelt wurde. Dass auch die Prävention von Gesundheitsschäden als mögliche Bedürfnisgrundlage in keiner Weise berücksichtigt wurde, spiegelt die dogmatische Ablehnung von Schalldämpfern in der bisherigen deutschen Verwaltungspraxis bis in die jüngste Vergangenheit hinein deutlich wider.

Ein fundamentaler Richtungswechsel erfolgte überraschend im Jahr 2013, wenn auch nur in einzelnen Bundesländern. Ein Jahr zuvor hatte es bereits vereinzelt in der Jagdpresse und durch einzelne Verbände (z. B. Ökologischer Jagdverband Baden-Württemberg) Forderungen nach einer Liberalisierung der Genehmigungspraxis für Schalldämpfer gegeben. In Hessen wurden sogar lokal erste Genehmigungen für Förster erteilt, was entsprechendes Aufsehen erregte. Daraufhin anlaufende Abstimmungsprozesse der Landwirtschaftsministerien der Länder mit ihren Innenministerien führten dazu, dass das Thema auch auf Bundesebene auf die Tagesordnung kam: Das Bundesinnenministerium hatte sich aufgrund einer Initiative der Obersten Jagdbehörde des Landes Schleswig-Holstein mit dem Thema Schalldämpfer auseinandergesetzt und war zu dem Schluss gekommen, dass arbeitsschutzrechtliche Zwänge immer dann als »unumgänglicher Ausnahmefall« zu werten sind, wenn das jeweilige Landesjagdrecht kein sachliches Verbot für Schalldämpfer enthält (→ **Kap. 21** und **Kap. 22**). Damit bestand aus Sicht des Bundesinnenministeriums generell ein anzuerkennendes Bedürfnis für jeden Förster oder Berufsjäger in diesen Bundesländern. Auch wenn bis zum damaligen Zeitpunkt noch keine entsprechenden Dokumente veröffentlicht worden waren, nahm die Pressestelle des Bundesinnenministeriums auf eine Anfrage meinerseits am 01.10.2013 zum Sachverhalt wie folgt Stellung:

»Die Verwendung von Schalldämpfern bei der beruflichen Jagdausübung ist vorrangig eine jagdrechtlich zu beurteilende Frage. Nach den hier vorliegenden Ländervoten zu einer im Januar 2013 von Schleswig-Holstein initiierten Umfrage ist die Ausübung der Jagd mit Schalldämpfern in mehreren Ländern nach Landesjagdgesetzen verboten.

Schalldämpfer erfordern eine eigene waffenrechtliche Erlaubnis, für die ein Bedürfnis nachgewiesen werden muss. Im Hinblick auf kriminalpolizeiliche Vorbehalte wird von den Vollzugsbehörden der Länder das Bedürfnis für Schalldämpfer nur in wenigen Einzelfällen anerkannt. Nach Nummer 8.1.6 der Allgemeinen Verwaltungsvorschrift zum Waffengesetz (WaffVwV) wird beispielhaft der Abschuss von Gehegewild bei nachgewiesener Unumgänglichkeit der Verwendung eines Schalldämpfers als Bedürfnis anerkannt. Ebenfalls unumgänglich im Sinne der WaffVwV ist die Verwendung von Schalldämpfern bei der beruflichen Jagdausübung – soweit Schalldämpfer nicht nach dem Landesjagdgesetz verboten sind –, wenn nach § 7 Absatz 1 der Verordnung zum Schutz der

Beschäftigten vor Gefährdungen durch Lärm und Vibrationen (LärmVibrationsArbSchV) vorgeschrieben ist, vorrangig die Lärmemission am Entstehungsort so weit wie möglich zu verhindern und dabei technische Maßnahmen (wie hier Schalldämpfer an der Waffe) Vorrang haben vor organisatorischen Maßnahmen (Verwendung von Gehörschutz).

Die WaffVwV steht insoweit der Anerkennung des Bedürfnisses für Erwerb und Besitz von Schalldämpfern bei der beruflichen Jagdausübung nicht entgegen. Das Bundesinnenministerium hat bereits angekündigt, diese Rechtsauffassung zum Vollzug des Waffengesetzes den Waffenrechtsreferaten der Innenressorts der Länder zu übermitteln.

Ein Schallschutz an der Waffe außerhalb der beruflichen Jagdausübung ist nach der LärmVibrationsArbSchV nicht gefordert, alternativ kann hier auf einen speziellen elektronischen Gehörschutz für Jäger zurückgegriffen werden.«

Damit schien die Rechtslage wegweisend geklärt. Nach der nächsten Sitzung der Waffenreferenten von Bund und Ländern am 05./06.05.2014 wollte man von einer allgemeingültigen Rechtsauffassung nicht mehr viel wissen (→ **Kasten »Protokoll der Waffenreferentensitzung am 05./06.05.2014«** in Kapitel 22 auf Seite 274). Auf eine erneute Presseanfrage hin wurde mir im Juli 2014 folgende Auskunft erteilt:

»[…] Eine vertiefte Prüfung der einschlägigen Rechtsvorschriften – namentlich der Verordnung zum Schutz der Beschäftigten vor Gefährdungen durch Lärm und Vibrationen und des § 8 des Waffengesetzes (WaffG) – hat ergeben, dass die genannte Verordnung als arbeitsschutzrechtliches Instrument Pflichten nur zwischen den Parteien des Arbeitsverhältnisses begründet. Zudem kann Belangen des Arbeits-, Schall- und Gesundheitsschutzes nicht ohne Weiteres ein höheres Gewicht beigemessen werden als den Belangen der öffentlichen Sicherheit in § 8 WaffG. Gleichwohl kann die Abwägung i.R.d. § 8 WaffG auch zu Gunsten des Arbeits-, Schall- und Gesundheitsschutzes ausgehen. Diese Abwägung ist von den Waffenbehörden in den Ländern nach pflichtgemäßem Ermessen im Einzelfall vorzunehmen.

Die vorgenannte Rechtsauffassung wurde mit den Waffenrechtsreferentinnen und -referenten der Länder auf der in Ihrer ursprünglichen Anfrage genannten Sitzung besprochen. […] Die Waffenbehörden in den Ländern vollziehen das WaffG als eigene Angelegenheit; ein Weisungsrecht des Bundes besteht insoweit nicht, sodass Mitteilungen mit ermessensleitendem Charakter schon aus diesem Grund nicht erfolgen. Zudem beschränkt sich die Rechtsauffassung des BMI darauf, dass im Rahmen der Bedürfnisprüfung eine Interessenabwägung mit grundsätzlich offenem Ausgang zu erfolgen hat. Diese Auffassung ist auch inhaltlich wenig geeignet, um mit ermessensleitendem Charakter kommuniziert zu werden.«

Vertreter des Bundeskriminalamtes, des Bundesverwaltungsamtes und des Bundesministeriums für Ernährung und Landwirtschaft waren bei der Besprechung zugegen. Mitteilungen mit »ermessensleitendem Charakter« hat es nicht gegeben.

Damit wurde die Tür wieder weit geöffnet für eine von Bundesland zu Bundesland völlig inhomogene Auslegung des Waffengesetzes. Im Jahresverlauf von 2015 auf 2016 zeigten sich dabei einige Länder sehr pro gressiv und erkannten regelmäßig die Vermeidung von Gesundheitsschäden als ausreichende Begründung für eine Erwerbserlaubnis an, während andere Bundesländer regelrecht mauerten. Beispielhaft tobte in Thüringen ein lebhafter Disput zwischen Landwirtschafts- und Innenministerium. Während im Rahmen der Reform des Landesjagdgesetzes das Landwirtschaftsministerium das damals noch bestehende sachliche Verbot für die Jagdausübung mit Schalldämpfern streichen wollte, beharrte das Innenministerium darauf, dass die breite Genehmigung von Schalldämpfern eine Gefahr für die öffentliche Sicherheit und Ordnung darstellen würde und zudem eine entsprechende Interpretation des WaffG durch die WaffVwV auch nicht zulässig sei. Noch nachdem das aktualisierte Jagdgesetz Ende Oktober 2019 in Kraft getreten war, hatte das Landesinnenministerium die Waffenbehörden in Thüringen angewiesen, bis zur damals bereits absehbaren Änderung des WaffG keinerlei Genehmigungen zu erteilen.

Mit Inkrafttreten des *Dritten Gesetzes zur Änderung des Waffengesetzes und weiterer Vorschriften* (Drittes Waffenrechtsänderungsgesetz – 3. WaffRÄndG) vom 17.02.2020 dürfte sich der föderalistische Flickenteppich jetzt endlich angleichen und Diskussionen mit der örtlichen Waffenbehörde sollten dadurch hinfällig geworden sein. In § 13 ist dort nun ausgeführt:

(9) Auf Schalldämpfer finden die Absätze 1 bis 4 und 6 bis 8 entsprechende Anwendung. Die Schalldämpfer gemäß Satz 1 dürfen ausschließlich mit für die Jagd zugelassenen Langwaffen für Munition mit Zentralfeuerzündung im Rahmen der Jagd und des jagdlichen Übungsschießens verwendet werden.

Schalldämpfer wurden somit hinsichtlich des Erwerbsprivilegs der Jäger eindeutig den Langwaffen gleichgestellt, solange sie für Munition mit Zentralfeuerzündung eingerichtet sind.

Wie oben dargestellt, wäre diese Auslegung des Waffengesetzes auch schon vor 2020 durchaus möglich gewesen. Aufgrund ihres ermessensleitenden Charakters hätte lediglich die WaffVwV entsprechend angepasst werden müssen. Da sich hiergegen zum einen aber die Waffenrechtsreferenten einiger Bundesländer sperrten und zum anderen eine Vielzahl von Gerichtsurteilen existierte, in deren Begründungen jede nur mögliche argumentative Verrenkung gemacht worden war, um ebendies nicht zuzulassen, wurde nun im WaffG eine entsprechende Klarstellung ergänzt. Nach nunmehr fast 50 Jahren Geschichte des bundesrepublikanischen Waffengesetzes dürfte damit endlich der ursprünglichen Absicht des Gesetzgebers Rechnung getragen worden sein und die waffenrechtliche Diskussion auf absehbare Zeit abgeschlossen sein – zumindest für Gewehre, die Patronen mit Zentralfeuerzündung verschießen und durch Jäger erworben werden. Denn interessanterweise finden sich in der zugehörigen aktuellen Allgemeinen Waffengesetz-Verordnung vom 01.09.2020 keinerlei Ausführungen mehr, die den Erwerb und Besitz von Schalldämpfern näher regeln. Während die Waffenbehörden also bei einem Erwerb von Schalldämpfern für erlaubnispflichtige Langwaffen mit Zentralfeuerpatronen durch Jäger Handlungssicherheit haben, ist schon der Erwerb eines Schalldämpfers für ein KK-Gewehr überhaupt nicht geregelt. Das aktuelle WaffG verbietet den Erwerb nicht, definiert diesen aber als erlaubnispflichtig. Jede Waffenbehörde muss nun also eigenständig ohne jeden Leitfaden feststellen, ob im Einzelfall ein Bedürfnis vorhanden ist. Die Begehrlichkeiten von Sportschützen finden dabei ebenso wenig Erwähnung wie die Umsetzung des WaffG für Wildgatterbetreiber. Insgesamt dürften die aktuellen Regelungen wiederum zu einer sehr inhomogenen Genehmigungspraxis führen.

Gefährdung der öffentlichen Sicherheit und Ordnung

Zahlreiche Urteilsbegründungen in Verwaltungsgerichtsverfahren rund um Schalldämpfer und die daraus abgeleiteten Begründungen in Ablehnungsbescheiden der Waffenbehörden führten aus, dass von Schalldämpfern eine Gefährdung der öffentlichen Sicherheit ausgehe, da bei ihrer Verwendung »die polizeiliche Kontrolle des Schusswaffengebrauchs erheblich erschwert« wäre. Weil »bei Angriffen auf Leib und Leben die Feststellung des Sachverhalts und der Täter sehr erschwert wären«, würden »kriminalpolizeiliche Gründe« gegen sie sprechen. Diese Argumente wurden allerdings an keiner Stelle mit Fakten hinterlegt, z. B. aus den polizeilichen Kriminalstatistiken. Noch nicht einmal anekdotische Einzelfälle begründeten die angebliche »deliktische Relevanz«.

Aufgrund der laufenden Diskussion rund um die Genehmigung von Schalldämpfern wandte sich das Bayerische Staatsministerium des Innern im September 2013 mit der Bitte um eine Einschätzung zu dieser Thematik an das Bundeskriminalamt. [119] Dieses nahm bereits am 25.10.2013 mit seinem Bericht »Waffenrecht: Zulassung von Schalldämpfern zur Jagd« klar Stellung:

»In Deutschland haben Schalldämpfer – in der Summe – bisher keine auffällige Deliktrelevanz entwickelt. [...] Aus kriminalistischer Sicht ist davon auszugehen, dass bei einer Lockerung der bisherigen Genehmigungspraxis – bei Vorliegen eines waffenrechtlichen Bedürfnisses – keine negativen Begleiterscheinungen für die öffentliche Sicherheit und Ordnung einhergehen dürften.«

Nur durch Zufall erlangte ich Kenntnis von der Existenz dieses Berichtes, als in der Begründung eines Urteils des Verwaltungsgerichtes Freiburg vom 12.11.2014 (Az 1 K 2227/13) Bezug genommen worden war auf Stellungnahmen des Landeskriminalamtes Baden-Württemberg zur Deliktrelevanz von Schalldämpfern und ebenjenes BKA-Berichtes. Die Einsichtnahme in diese Berichte wurde durch das Landeskriminalamt Baden-Württemberg und das Bundeskriminalamt mit dem Verweis darauf verweigert, dass diese »nicht pressefrei« seien. Erst beharrliches Nachhaken mit dem Verweis auf das Informationsfreiheitsgesetz hatte letztlich Erfolg. Es ist anzunehmen, dass der BKA-Bericht bei der Diskussion des Themas Schall-

BKA-Bericht

Der vollständige BKA-Bericht ist abrufbar unter
http://artikel.jagd-mit-schalldaempfer.de/BKA_Bericht.pdf

dämpfer im Rahmen der Sitzung der Waffenrechtsreferenten von Bund und Ländern im Mai 2014 bekannt gewesen sein dürfte. Dieser Bericht wurde weder der Öffentlichkeit noch den Waffenbehörden oder Verwaltungsgerichten zugänglich gemacht und konnte daher auch nicht zu einer objektiveren Betrachtung bei Entscheidungen berücksichtigt werden. Der veröffentlichte Bericht sorgte dann für einen Prozess des Umdenkens, der letztlich maßgeblichen Einfluss auf die jetzt erfolgte Ergänzung des § 13 Abs. 9 des Waffengesetzes gehabt haben dürfte. [120]

Führen eines Schalldämpfers

Die Frage, ob für das Führen eines Schalldämpfers bei der Jagd ein Waffenschein notwendig sei, ist bezeichnend für die frühere juristische Handhabung im Waffenrecht: Es wurde sich bei der Urteilsfindung auf die Texte von vorangegangenen Urteilen abgestützt, ohne das Thema wirklich zu durchdringen. Dabei potenzierten sich Fehler und Verständnisprobleme, bis man letztlich in Argumentationsketten gefangen war, die völlig andere Ergebnisse brachten als das, was der Gesetzgeber ursprünglich wohl beabsichtigt hatte oder der gesunde Menschenverstand implizierte. Das Schleswig-Holsteinische Verwaltungsgericht hatte 2008 die Frage zu klären, ob die Erwerbserlaubnis eines Sachverständigen für »Schusswaffen jeder Art« zum Erwerb eines Schalldämpfers berechtigt. Dies wurde verneint, weil der Passus *»Wesentliche Teile von Schusswaffen und Schalldämpfer stehen [...] den Schusswaffen gleich, für die sie bestimmt sind«* in Anlage 1 WaffG zwar Schalldämpfer den Schusswaffen gleichstelle, damit aber gleichzeitig eine begriffliche Trennung schaffe, die fortan von anderen Gerichten als gegeben hingenommen wurde (AZ 7 A 137/06).

Das Verwaltungsgericht Münster hatte später über eine völlige andere Fragestellung zu entscheiden, nämlich über das Bedürfnis eines Jägers für einen Schalldämpfer. Es analysierte den § 13 WaffG dafür intensiv, in dem in Absatz 2 das Privileg des Jägers festgelegt wird, Langwaffen ohne weitere Bedürfnisprüfung zu erwerben. Der Begriff Langwaffen wurde dabei aber auf Langwaffen und nicht auf die ihnen waffenrechtlich gleichgestellten Schalldämpfer beschränkt (AZ 8 K 2491/12). In § 13 Abs. 1 sei nämlich explizit die Rede von einem Bedürfnis für »Schusswaffen und Munition« gewesen. Bereits das VG Schleswig-Holstein hatte ja festgestellt, dass der separate Passus »wesentliche Teile von Schusswaffen und Schalldämpfer« in der Anlage 1 die Absicht des Gesetzgebers klarstelle, dass mit »Schusswaffen und Munition« eben nicht Schalldämpfer für diese Schusswaffen bestimmt seien.

Diese Rechtsauslegung griff das VG Freiburg in einem Urteil vom 12.11.2014 dann auf und machte einen gewagten Interpretationssprung: Seiner Ansicht nach durfte ein Schalldämpfer grundsätzlich nicht auf Jagdschein geführt werden, sondern es bedürfe auch bei der Jagdausübung eines Waffenscheines (AZ 1 K 2227/13). In § 13 Abs. 6 WaffG heißt es:

»Ein Jäger darf ***Jagdwaffen*** *zur befugten Jagdausübung einschließlich des Ein- und Anschießens im Revier, zur Ausbildung von Jagdhunden im Revier, zum Jagdschutz oder zum Forstschutz ohne Erlaubnis führen und mit ihnen schießen; […].«*

Da es in § 13 Abs. 1 Satz 2 im Zusammenhang mit dem berechtigten Erwerb und Besitz von Schusswaffen und der dafür bestimmten Munition heißt: *»[…] wenn […] die zu erwerbende Schusswaffe und Munition nach dem Bundesjagdgesetz in der zum Zeitpunkt des Erwerbs geltenden Fassung nicht verboten ist (Jagdwaffen und -munition)«*, ist aus Sicht des VG Freiburg der Begriff »Jagdwaffen« gleichzusetzen mit »Schusswaffen, die nach dem Bundesjagdgesetz nicht verboten sind«. Da Schalldämpfer aber gemäß den Urteilen des VG Schleswig-Holstein und des VG Minden keine Schusswaffen seien und die Führerlaubnis des § 13 Abs. 6 sich auf Jagdwaffen beschränke, dürfe somit ein Schalldämpfer bei der Jagdausübung nicht auf Jagdschein geführt werden. Vielmehr sei dafür ein Waffenschein notwendig.

Mit dieser Rechtsauslegung hatte das VG Freiburg für große Verunsicherung bei den Waffenbehörden bundesweit gesorgt. Eine ganze Reihe von Waffenscheinen wurde für mittlerweile bereits genehmigte Schalldämpfer ausgestellt, während andere Ämter die Ausführungen des Gerichtes ignorierten und dessen Sinnhaftigkeit anzweifelten.

Glücklicherweise hatten die Bundesländer Baden-Württemberg, Bayern, Brandenburg und Rheinland-Pfalz im Rahmen ihrer liberalisierten Genehmigungsvorgaben für Schalldämpfer 2015 bzw. 2016 klar festgelegt, dass die Ausstellung eines Waffenscheines nicht erforderlich ist. Im aktuellen WaffG vom 17.02.2020 regelt § 13 Abs. 9 jetzt eindeutig, dass das in § 13 Abs. 6 festgelegte Führprivileg für Jäger auch auf Schalldämpfer anzuwenden ist – allerdings nur bei der Verwendung von Schalldämpfern mit Langwaffen, die für Zentralfeuerpatronen eingerichtet sind. Falls z. B. ein Jäger rechtmäßiger Besitzer eines integral gedämpften Kleinkaliber-Gewehrs oder eines Pistolen-Schalldämpfers ist, könnte die Regelung des WaffG in § 13 Abs. 9 bedeuten, dass er diese weder bei der Jagd führen noch mit ihnen schießen darf. Wie so oft steckt hier der Teufel im Detail. Es bleibt abzuwarten, wie die Gerichte diese Problematik letztlich einordnen werden. Bis sich die Rechtsauslegung verfestigt hat, sollte man sicherheitshalber von Experimenten absehen.

Durchführungsverordnungen der Länder

In einigen Bundesländern existieren Durchführungsverordnungen zum Waffengesetz (DVO WaffG), die die Umsetzung des Waffengesetzes festlegen. Hierbei werden teilweise auch Forstbehörden von den Bestimmungen des Waffengesetzes ausgenommen, sofern sie dienstlich tätig sind. Die DVO WaffG der Länder Brandenburg, Nordrhein-Westfalen und Thüringen legen fest, dass das Waffengesetz nicht anzuwenden ist auf die Forstbehörden sowie deren Bedienstete, wenn sie dienstlich tätig werden und das Waffengesetz nicht ausdrücklich etwas anderes bestimmt. Auch Baden-Württemberg stellt *»die staatlichen und körperschaftlichen Forstbehörden, die Hochschule für Forstwirtschaft Rottenburg am Neckar, das Forstliche Bildungszentrum Karlsruhe und die Forstliche Versuchs- und Forschungsanstalt Baden-Württemberg«* und deren Bedienstete von der Anwendung des WaffG frei, sofern sie dienstlich tätig sind. Das Saarland stellt Bedienstete seiner Forstbehörden und -dienststellen von Einzelvorschriften des WaffG frei.

Diese Regelungen bedeuten letztlich, dass die Forstbehörden in diesen Ländern auch ohne eine waffenrechtliche Erlaubnis Schalldämpfer erwerben und an ihre Bediensteten für dienstliche Tätigkeiten ausgeben können. Was vor der 2020 erfolgten Änderung des WaffG eine sehr potente Hintertür für Förster, denen die Waffenbehörde eine Erwerbserlaubnis für Schalldämpfer verweigerte, war, hat heute nur noch Bedeutung für Nachtzieltechnik & Co.

Herstellung von Schalldämpfern

In diesem Zusammenhang soll der Vollständigkeit halber erwähnt werden, dass die Herstellung von Schalldämpfern ebenfalls erlaubnispflichtig ist. Die nicht mehr aktuelle Waffenverwaltungsvorschrift merkte diesbezüglich zu § 21 des Waffengesetzes an:

»Herstellen ist das Anfertigen wesentlicher Teile von Schusswaffen, von Schalldämpfern für Schusswaffen und das Zusammensetzen fertiger Teile zu einer Schusswaffe, es sei denn, dass die Schusswaffe nur zur Pflege, zur Nachschau oder zum Austausch von Wechsel- oder Austauschläufen sowie Wechselsystemen auseinandergenommen wird.«

Die aktuelle AWaffV enthält hierzu keine Bestimmungen mehr. Es ist jedoch davon auszugehen, dass das WaffG hinsichtlich der Herstellung von Schalldämpfern weiterhin dergestalt interpretiert wird und hierfür eine Waffenherstellungserlaubnis notwendig ist. Das Waffengesetz kennt dabei sowohl die gewerbsmäßige Herstellung nach § 21 als auch die nicht gewerbsmäßige Herstellung nach § 26. Ohne entsprechende Erlaubnis ist die Herstellung eines Schalldämpfers ein Verstoß gegen diese Bestimmungen und damit strafbar!

Beschuss von Schalldämpfern

Dass die Bundesrepublik Deutschland in vielerlei Hinsicht die Nachfolge deutscher Kleinstaaterei angetreten zu haben scheint, schlägt sich nicht nur im Regelungswirrwarr der Landesjagdgesetze und der regional doch sehr unterschiedlichen Interpretationen des Waffengesetzes nieder. Auf meine Anfrage bei allen Beschussämtern im Rahmen der Erstausgabe dieses Buches im Selbstverlag zeigten sich sogar entgegengesetzte Rechtsauslegungen bei der Beschusspflicht von Schalldämpfern:

Das Beschussamt München vertrat die Auffassung, dass nicht nur Schalldämpfer grundsätzlich beschusspflichtig seien, sondern auch jede einzelne Kombination aus Waffe und Schalldämpfer amtlich beschossen werden müsse. Das Beschussamt Suhl wies dagegen darauf hin, dass Schalldämpfer in den grundlegenden Festlegungen des Beschussgesetzes nicht vorkommen. Sie seien daher nicht beschusspflichtig. Auch die Ämter in Mellrichstadt und Ulm sahen nach den aktuellen Vorschriften keine Beschusspflicht für Schalldämpfer. Das Beschussamt Köln teilte diese Auffassung. Ich erhielt von Waffenhändlern den Hinweis, dass das Beschussamt Kiel Schalldämpfer für beschusspflichtig hielt. Auf entsprechende Anfragen wurde dort leider nie reagiert.

Es ist erstaunlich, dass ein bundesweit einheitlich geltendes Gesetz durch beteiligte Ämter entgegengesetzt ausgelegt wird. Hier fördert ein Blick ins Gesetz die Rechtskenntnis: Das Beschussgesetz sieht explizit eine Beschusspflicht für Feuerwaffen vor. Auch wenn Schalldämpfer den Schusswaffen, für die sie bestimmt sind, waffenrechtlich gleichgestellt sind, so handelt es sich bei ihnen dennoch nicht um Feuerwaffen. Demzufolge können sie auch nicht der Beschusspflicht unterliegen.

Wird ein Mündungsgewinde nachträglich zur Montage eines Schalldämpfers angebracht, so empfiehlt das Beschussamt Köln, den Schalldämpfer zu montieren und mitprüfen zu lassen. Diese Empfehlung ist aus meiner Sicht aus Sicherheitsgründen empfehlenswert und praxisgerecht.

Zusammenfassung

- Erwerb und Besitz von Schalldämpfern sind in Deutschland nicht verboten.
- Schalldämpfer für erlaubnispflichtige Waffen sind ebenfalls erlaubnispflichtig.
- Eine klare Gesetzesdefinition dessen, was ein Schalldämpfer ist, existiert nicht.

KAPITEL 21

Jagdrecht

»Wat de Buur net kennt, dat frett he net.«

Plattdeutsche Volksweisheit

Jagdrecht

Während das Waffenrecht die Frage beantwortet, ob man einen Schalldämpfer erwerben bzw. besitzen darf, klärt das Jagdrecht, ob man mit diesem auch tatsächlich jagen gehen darf.

Völlig voneinander trennen kann man beides natürlich nicht: Denn nur derjenige, der mit einem Schalldämpfer die Jagd ausüben darf, kann als Jäger überhaupt ein waffenrechtliches Bedürfnis dafür nachweisen. Im Gegensatz zum Waffengesetz existieren beim Jagdrecht sowohl gesetzliche Vorgaben des Bundes wie auch der Länder.

Bundesjagdgesetz

Das Bundesjagdgesetz (BJagdG) mit Stand vom 06.12.2011 listet in § 19 verschiedene sachliche Verbote auf. Die Benutzung von Schalldämpfern zur Jagdausübung ist nicht ausdrücklich verboten. Auch sonst werden Schalldämpfer im BJagdG nicht erwähnt. Ihre Nutzung bei der Jagd ist damit nach dem BJagdG erlaubt (→ **Kasten »Privatautonomie«**).

Grundsätzlich kann also in Deutschland jeder Jäger mit einem Schalldämpfer jagen, sofern er diesen rechtmäßig besitzt. Dabei darf natürlich die teils differierende Gesetzgebung der einzelnen Länder nicht außer Acht gelassen werden. Bei Drucklegung dieses Buches existiert ein Referentenentwurf zur Aktualisierung des BJagdG mit Stand vom 13.07.2020, in dem jedoch keine Änderungen bezüglich der Jagdausübung mit Schalldämpfer vorgesehen sind.

Landesjagdgesetze

Die Bundesländer können in ihren Jagdgesetzen seit der Föderalismusreform von 2006 von Regelungen des Bundesjagdgesetzes abweichen. Bei konkurrierenden Bestimmungen zwischen Bundes- und Landesjagdgesetz gilt dabei die Regelung des Gesetzes, das zum späteren Zeitpunkt in Kraft getreten ist. Eine ganze Reihe von Bundesländern

Privatautonomie

In einer freien Gesellschaft kann jeder seinen Willen frei bilden, äußern und nach diesem Willen handeln, solange er nicht einen anderen Menschen in seiner Freiheit einschränkt. Dieses Spannungsfeld wird durch Gesetze geregelt. Im Umkehrschluss ist alles, was nicht verboten ist, erlaubt. Dieses sogenannte Prinzip der Privatautonomie ist verfassungsrechtlich in der allgemeinen Handlungsfreiheit nach Art. 2 Abs. 1 des Grundgesetzes verankert: *»Jeder hat das Recht auf die freie Entfaltung seiner Persönlichkeit, soweit er nicht die Rechte anderer verletzt und nicht gegen die verfassungsmäßige Ordnung oder das Sittengesetz verstößt.«*

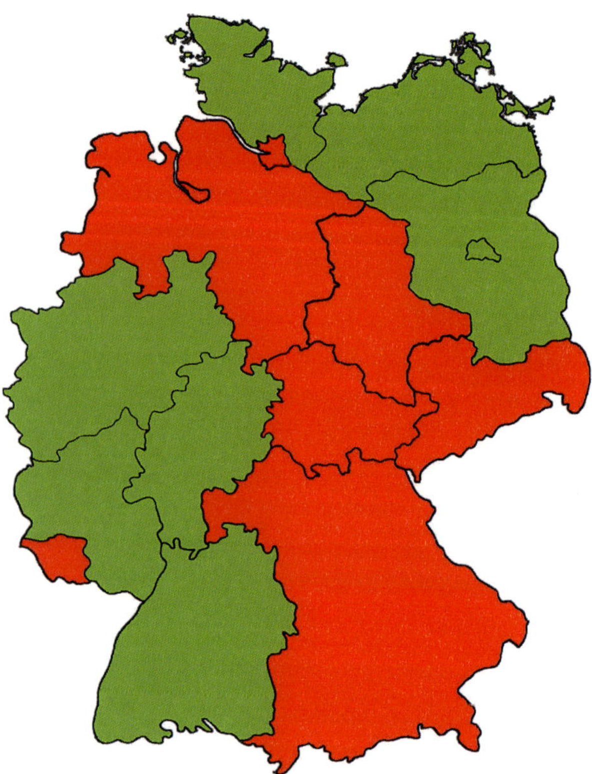

Abb. 21.1: *2014 war die Jagd mit Schalldämpfer in der einen Hälfte der Bundesländer verboten, in der anderen erlaubt.*

Sachliches Verbot
Kein sachliches Verbot

hatte in ihren Jagdgesetzen die Möglichkeit genutzt, die Verwendung von Schalldämpfern in die sachlichen Verbote aufzunehmen. Daraus resultierte zu Beginn der Schalldämpferdiskussion eine sehr uneinheitliche rechtliche Situation in Deutschland (→ **Abb. 21.1**).

Im weiteren Verlauf genehmigten nicht nur die Waffenbehörden von Brandenburg, Baden-Württemberg, Bayern und Rheinland-Pfalz regelmäßig Dämpfer, sondern das Saarland strich auch das sachliche Verbot für die Jagd damit (→ **Abb. 21.2**). Während in manchen Bundesländern die fachlich den Innenministerien unterstellten Waffenbehörden durchaus bereit waren, Genehmigungen für den Erwerb von Schalldämpfern zu erteilen, bestanden die jeweiligen Ministerien für Land- und Forstwirtschaft auf einem sachlichen Verbot für die Jagdausübung mit Schalldämpfer. Ohne Möglichkeit, damit jagen zu gehen, konnte ein Jäger aber kein Bedürfnis für einen Schalldämpfer glaubhaft machen. Dies führte zu den Stilblüten, dass bei manchen Kreisbehörden der eine Antragsteller mit Jagdgelegenheit im gleichen Bundesland eine Ablehnung erhielt, während dieselbe Waffenbehörde einem anderen Antragsteller mit Jagdgelegenheit in einem benachbarten Bundesland ohne sachliches Verbot für die Jagd mit Schalldämpfer eine Genehmigung erteilte. In anderen Bundesländern wiederum befürworteten die Landwirtschaftsministerien die Jagdausübung mit Schalldämpfer und entfernten dafür sogar althergebrachte Verbote aus ihren Landesjagdgesetzen, während die jeweiligen Innenministerien im Hinblick auf eine vermeintliche Gefährdung der öffentlichen Sicherheit und Ordnung die Waffenbehörden anwiesen, keine Erlaubnisse zu erteilen.

Mittlerweile ist die Jagd mit Dämpfer in Deutschland nahezu flächendeckend erlaubt (→ **Abb. 21.3**). Die Angst vor der sich zum Zeitpunkt der Drucklegung des Buches immer weiter ausbreitenden Afrikanischen Schweinepest führte zu einem Anpassungsbedarf in vielen Jagdgesetzen und in diesem

Zuge wurde zumeist auch das sachliche Verbot für die Jagd mit Schalldämpfer gestrichen. Lediglich in Bayern, Bremen und Hamburg ist das entsprechende sachliche Verbot im Jagdgesetz noch vorhanden. Während Bremen Ausnahmegenehmigungen erteilt und die Streichung des Verbotes bereits konkret betreibt [121], hat Hamburg sich auf eine entsprechende Anfrage nicht geäußert. Bayern sieht keinen Bedarf für eine Streichung des sachlichen Verbotes für die Jagdausübung mit Schalldämpfer, weil man ja jedem Antragsteller regelhaft eine Ausnahmegenehmigung erteilt (→ **Abb. 21.3**). [122]

Der bereits angesprochene Disput in einigen Bundesländern zwischen den Waffen- und Jagdbehörden hat sich vollkommen in Luft aufgelöst, seit mit der Änderung des WaffG im Jahr 2020 Jägern grundsätzlich das Bedürfnis für den Erwerb von Schalldämpfern für erlaubnispflichtige Langwaffen mit Zentralfeuerpatronen zuerkannt worden war. Jeder Jäger, der einen Schalldämpfer legal besitzt, darf somit in allen Bundesländern bis auf Bayern, Bremen und Hamburg damit die Jagd ausüben. In Thüringen dürfen Schalldämpfer zur Jagd nur in Kombination mit schalenwildtauglichen Patronen eingesetzt werden (→ **Tab. 21.1**).

Auf den meisten Veranstaltungen, bei denen ich zum Thema Schalldämpfer referiert habe, waren folgende Fragen häufig von Interesse:

1. Darf ein Schalldämpfer auch durch Bundesländer transportiert werden, in denen ein sachliches Verbot für die Jagdausübung mit Schalldämpfer besteht?

Dies ist selbstverständlich zu bejahen. Wohnt der Besitzer eines Schalldämpfers z. B. in Schleswig-Holstein und wird zu einer Jagd in Hessen eingeladen, kann er dort mit der »Flüstertüte« waidwerken. Auf dem Weg dorthin darf er diese durch Hamburg transportieren. Den Transport von Waffen regelt nämlich das Waffengesetz, nicht das Landesjagdgesetz. Dieses gestattet den Transport zu einem vom Bedürfnis umfassten Zweck, zu dem die Jagdausübung in Hessen zählt.

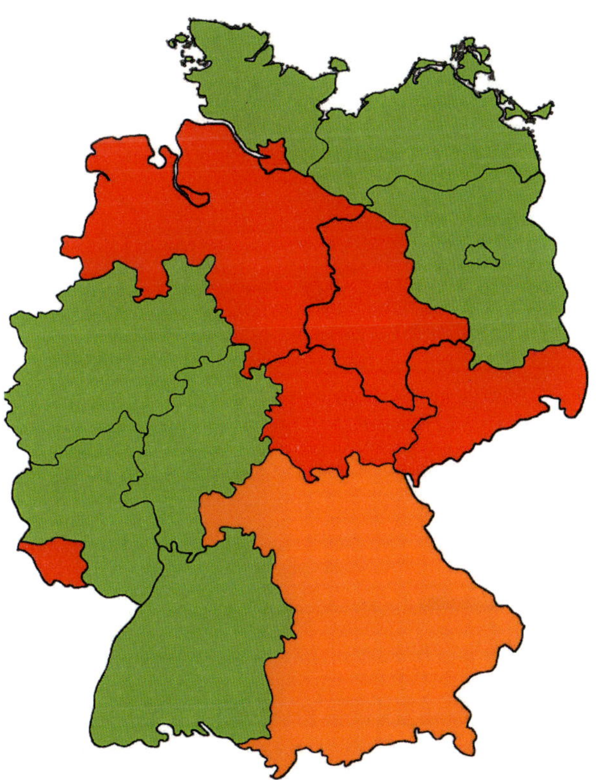

Abb. 21.2: *Bereits im Jahr 2016 gab es nur noch in wenigen Ländern ein sachliches Verbot für die Jagd mit Schalldämpfer.*

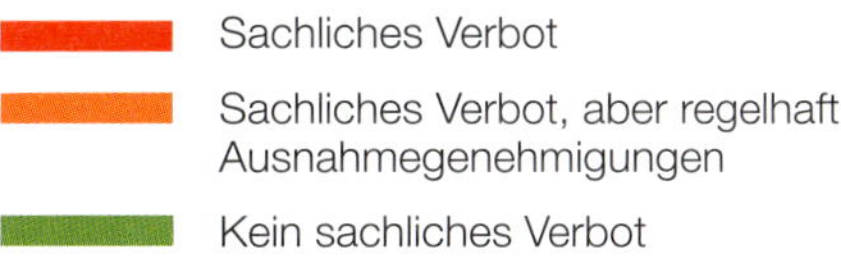

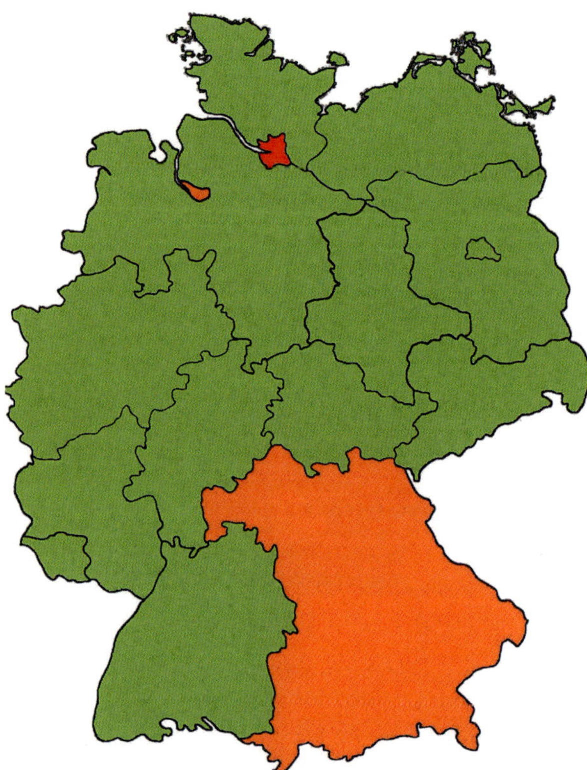

Abb. 21.3: *De facto erlauben Bayern und Bremen die Jagd mit Dämpfer seit Anfang 2021, eine entsprechende Änderung der jeweiligen Jagdgesetze ist zu erwarten.*

Sachliches Verbot

Sachliches Verbot, aber regelhaft Ausnahmegenehmigungen

Kein sachliches Verbot

2. Kann ich eine Erwerbsgenehmigung für einen Schalldämpfer erhalten, wenn das Landesjagdgesetz meines Bundeslandes ein sachliches Verbot dafür enthält?

Ein Jagdschein berechtigt zur Jagdausübung in der BRD. Auch wenn das LJagdG des Erstwohnsitzes die Jagd mit Schalldämpfer unter die sachlichen Verbote stellt, kann der Jagdscheininhaber dennoch in anderen Bundesländern jagen gehen. Dies dürfte also formal kein Verweigerungsgrund sein, wenn man entsprechend begründet. Im Zweifelsfall kann der Nachweis einer konkreten Jagdgelegenheit in einem der Bundesländer ohne sachliches Verbot für die Nutzung von Schalldämpfern bei der Antragstellung hilfreich sein.

Waffenrechtlich sind die Landesjagdgesetze irrelevant und dürfen nicht als Versagensgrund seitens der zuständigen Behörde herangezogen werden. Dies ist ausdrücklich in § 13 Waffengesetz nachzulesen:

»(1) Ein Bedürfnis für den Erwerb und Besitz von Schusswaffen und der dafür bestimmten Munition wird bei Personen anerkannt, die Inhaber eines gültigen Jagdscheines im Sinne von § 15 Abs. 1 Satz 1 des Bundesjagdgesetzes sind (Jäger), wenn glaubhaft gemacht wird, dass sie die Schusswaffen und die Munition zur Jagdausübung oder zum Training im jagdlichen Schießen einschließlich jagdlicher Schießwettkämpfe benötigen, und die zu erwerbende Schusswaffe und Munition nach dem Bundesjagdgesetz in der zum Zeitpunkt des Erwerbs geltenden Fassung nicht verboten ist (Jagdwaffen und -munition).«

Durch die 2020 erfolgte Änderung des Waffengesetzes wurde Inhabern eines Jagdscheines aber ohnehin das Bedürfnis für den Erwerb von Schalldämpfern für erlaubnispflichtige Langwaffen mit Zentralfeuerpatronen zugestanden, sodass entsprechende sachliche Verbote in Landesjagdgesetzen für den Erwerb und Besitz bedeutungslos geworden sind. Konkret bedeutet das, dass jeder Inhaber eines Jagdscheines in Deutschland solche Schalldämpfer erwerben und besitzen darf, jedoch nur in den Bundesländern damit die Jagd ausüben darf, in denen kein sachliches Verbot für die Jagdausübung mit Schalldämpfer im jeweiligen Landesjagdgesetz enthalten ist.

Ausnahmeregelungen von sachlichen Verboten

In **Bayern** sind Ausnahmen vom sachlichen Verbot für die Jagd mit Schalldämpfer vorgesehen. Im Bayerischen Jagdgesetz heißt es in Art. 29 Abs. 3 Nr. 2 in Zusammenhang mit den sachlichen Geboten und Verboten:

Bundesland	Gesetz	Stand	Regelung	Fundstelle
Baden-Württemberg	Jagd- und Wildtiermanagementgesetz	24.06.2020		–
Bayern	BayJG	26.03.2019	Verbot*	Art. 29 Abs. 2 Nr. 7
Berlin	LJagdG Bln	02.02.2018		–
Brandenburg	BbgJagdG	10.07.2014		–
Bremen	Bremisches LJagdG	14.03.2017	Verbot**	Art. 20 Abs. 1 Nr. 1
Hamburg	Hamburgisches Jagdgesetz	18.07.2001	Verbot	§ 16 Abs. 1 Nr. 1
Hessen	HJagdG	27.03.2020		–
Mecklenburg-Vorpommern	LJagdG M-V	15.04.2020		–
Niedersachsen	NJagdG	25.10.2018		–
Nordrhein-Westfalen	LJG-NRW	03.10.2020		–
Rheinland-Pfalz	LJG Rheinland-Pfalz	09.07.2010		–
Saarland	SJG	19.03.2014		–
Sachsen	SächsJagdG	31.01.2018		–
Sachsen-Anhalt	LJagdG Sachsen-Anhalt	27.09.2019		–
Schleswig-Holstein	LJagdG Schleswig-Holstein	20.05.2020		–
Thüringen	ThJG	16.10.2019	***	§ 29 Abs. 3 Nr. 4

Tab. 21.1: *Regelungen der Bundesländer zur Jagdausübung mit Schalldämpfer.*
** Gemäß Art. 29 Abs. 3 Nr. 2 kann die Jagdbehörde Ausnahmen zulassen, die auf Anweisung des Bayerischen Staatsministeriums für Ernährung, Landwirtschaft und Forsten seit dem 07.08.2015 regelhaft genehmigt werden.*

*** Gemäß Art. 20 Abs. 1 Nr. 1 kann die Landesjagdbehörde Ausnahmen zulassen, »wenn besondere Gründe dafür vorliegen, insbesondere für Forschungszwecke oder zur Behandlung von Krankheiten des Wildes«.*

**** Die Erlaubnis der Jagdausübung mit Schalldämpfer ist beschränkt auf das Schießen auf Wild mit Büchsenpatronen mit einer Mindestauftreffenergie (E100) von mehr als 1.000 Joule.*

»Die Jagdbehörde kann Ausnahmen zulassen [...] in begründeten Einzelfällen von den Verboten der Verwendung von [...] Schusswaffen mit Schalldämpfern [...].«

Da in Bayern vergleichsweise früh erkannt wurde, wie sinnvoll die Verwendung eines Schalldämpfers ist, wies das Bayerische Staatsministerium für Ernährung, Landwirtschaft und Forsten am 07.08.2015 die Jagdbehörden an, grundsätzlich aus Gründen des Gesundheitsschutzes jedem Antrag von Jägern auf Ausnahmegenehmigung zu entsprechen. Leider hat dies in den letzten fünf Jahren noch nicht zu einer Streichung des sachlichen Verbotes aus dem Bayerischen Jagdgesetz geführt.

Die Stadt **Bremen** hat ebenfalls die Möglichkeit einer Ausnahmegenehmigung im Bremischen Landesjagdgesetz verankert. Dort heißt es in Art. 20:

»(1) Es ist verboten,

1. die Jagd unter Verwendung von [...] Schusswaffen mit Schalldämpfern auszuüben. Die Landesjagdbehörde kann im Einzelfall die Verwendung von [...] Schusswaffen mit Schalldämpfern gestatten, wenn besondere Gründe dafür vorliegen, insbesondere für Forschungszwecke oder zur Behandlung von Krankheiten des Wildes;

2. [...]

(2) Die Landesjagdbehörde wird ermächtigt, durch Verordnung aus Gründen der Jagdpflege oder zur Vermeidung von Schäden die Verbote des Absatzes 1 [...] zu erweitern oder einzuschränken.«

Die Stadt Bremen hat in der Vergangenheit sehr liberal Ausnahmegenehmigungen vom sachlichen Verbot im Bremischen Landesjagdgesetz erteilt und arbeitet derzeit konkret an einer Streichung des sachlichen Verbotes.

Ähnlich stellt sich die Lage in **Hamburg** dar. Auch hier ermöglicht das Hamburgische Jagdgesetz die Genehmigung von Ausnahmen in § 16:

»(3) Die zuständige Behörde kann die Vorschriften des Absatzes 1 [...] aus besonderen Gründen im Einzelfall einschränken.«

Dabei steckt die Formulierung der Behörde jedoch einen engeren Rahmen und beschränkt sich auf Einzelfälle. Generelle Ausnahmen von sachlichen Verboten auf dem Verordnungsweg scheinen dagegen nicht vorgesehen zu sein.

So begrüßenswert es ist, dass Bayern und Bremen durch weitreichende Ausnahmegenehmigungen die Nutzung von Schalldämpfern bei der Jagd möglich machen, geht damit doch wieder ein Risiko unnötiger Kriminalisierung insbesondere von Jagdgästen einher: Wer sich nicht im Vorfeld um eine solche Ausnahmegenehmigung kümmert, begeht trotz legalen Besitzes seines Schalldämpfers eine Ordnungswidrigkeit, wenn er in Bayern oder Bremen damit jagt. Es ist zu hoffen, dass die sachlichen Verbote zeitnah gestrichen werden.

Mindestenergie

Das Bundesjagdgesetz macht unter den sachlichen Verboten in § 19 auch Vorgaben zur Mindestenergie:

»(1) Verboten ist
[...]
2.a) auf Rehwild und Seehunde mit Büchsenpatronen zu schießen, deren Auftreffenergie auf 100 m (E 100) weniger als 1.000 Joule beträgt;

b) auf alles übrige Schalenwild mit Büchsenpatronen unter einem Kaliber von 6,5 mm zu schießen; im Kaliber 6,5 mm und darüber müssen die Büchsenpatronen eine Auftreffenergie auf 100 m (E 100) von mindestens 2.000 Joule haben;«

Wie in Kapitel 17 beschrieben, ist es kaum möglich, die vorgeschriebenen Mindestenergiewerte mit Unterschall-Ladungen zu erreichen. In Deutschland ist daher die Jagd auf Schalenwild mit Subsonic-Büchsenmunition de facto verboten. Ausnahmen stellen nur die überschweren Geschosse im Kaliber .45 und darüber hinaus dar. Da sich die Mindestenergieforderungen aber nur auf Büchsengeschosse beziehen, wäre rechtlich gesehen auch die Verwendung von Unterschallmunition mit Flintenlaufgeschossen nicht zu beanstanden.

Zusammenfassung

- Schalldämpfer sind nach dem Bundesjagdgesetz nicht verboten. Die Jagdausübung mit ihnen ist also grundsätzlich erlaubt.
- Die Landesjagdgesetze erlauben fast flächendeckend den Einsatz von Schalldämpfern.
- Bei der Verwendung von Unterschallmunition müssen die gesetzlichen Vorgaben an die Mindestenergie des Geschosses beachtet werden.

KAPITEL 22

Arbeitsschutzrecht

*»Wenn die Pflicht ruft,
gibt es viele Schwerhörige.«*

Gustav Knuth

Arbeitsschutzrecht

Interessant ist die Betrachtung des Arbeitsschutzrechtes hinsichtlich der Jagdausübung mit Schalldämpfern. Die Verbindung wird erst auf den zweiten Blick klar, denn es gibt in Deutschland durchaus eine ernst zu nehmende Anzahl von Menschen, die die Jagd als Beruf ausüben. Förster und Berufsjäger sind dabei sicherlich die zahlenmäßig größten Gruppen.

Der Gesetzgeber hat es sich zur Aufgabe gemacht, Beschäftigte vor gesundheitlichen Gefahren bei der Arbeit zu schützen. Maßgebliches Gesetz ist dabei das Arbeitsschutzgesetz (ArbSchG). Die Zielsetzung wird in folgenden Gesetzesstellen deutlich:

§ 1 Abs. 1 *»Dieses Gesetz dient dazu, Sicherheit und Gesundheitsschutz der Beschäftigten bei der Arbeit durch Maßnahmen des Arbeitsschutzes zu sichern und zu verbessern. Es gilt in allen Tätigkeitsbereichen […].«*

§ 2 Abs. 1 *»Maßnahmen des Arbeitsschutzes im Sinne dieses Gesetzes sind Maßnahmen zur Verhütung von Unfällen bei der Arbeit und arbeitsbedingten Gesundheitsgefahren einschließlich Maßnahmen der menschengerechten Gestaltung der Arbeit.«*

Das Gesetz soll dabei eindeutig der Sicherheit an allen Arten von Arbeitsplätzen dienen. Es wird daher der Begriff des »Beschäftigten« genutzt, der so umfassend definiert ist, dass jeder abhängig Beschäftigte erfasst wird:

§ 2 Abs. 2 »Beschäftigte im Sinne dieses Gesetzes sind:
1. Arbeitnehmerinnen und Arbeitnehmer,
2. die zu ihrer Berufsbildung Beschäftigten,
3. arbeitnehmerähnliche Personen im Sinne des § 5 Abs. 1 des Arbeitsgerichtsgesetzes […],
4. Beamtinnen und Beamte, […].«

Im Gegensatz zum Arbeitnehmerbegriff des Arbeitsgerichtsgesetzes, der lediglich Arbeiter und Angestellte umfasst, schließt der Begriff des »Beschäftigten« also auch Beamte explizit in den Kreis der zu schützenden Personen ein. Dies ist insbesondere für verbeamtete Förster von Bedeutung.

Die Verantwortung für die zum Arbeitsschutz zu treffenden Maßnahmen erlegt der Gesetzgeber dabei im ArbSchG dem Arbeitgeber auf:

Bundeswehr und Polizei

Im Friedensbetrieb sind nach Maßgabe des Verteidigungsministeriums die Arbeitsschutzvorgaben auch innerhalb der Bundeswehr umzusetzen. [123] Daraus folgt, dass die Schießausbildung von Soldaten ohne Nutzung von Schalldämpfern eigentlich nicht statthaft sein dürfte. Ähnlich dürfte die Lage bei den Polizeien von Bund und Ländern sein.

§ 3 Abs. 1 »*Der Arbeitgeber ist verpflichtet, die erforderlichen Maßnahmen des Arbeitsschutzes unter Berücksichtigung der Umstände zu treffen, die Sicherheit und Gesundheit der Beschäftigten bei der Arbeit beeinflussen. Er hat die Maßnahmen auf ihre Wirksamkeit zu überprüfen und erforderlichenfalls sich ändernden Gegebenheiten anzupassen. Dabei hat er eine Verbesserung von Sicherheit und Gesundheitsschutz der Beschäftigten anzustreben.*«

Die Beschäftigten haben dabei die Pflicht, erkannte Gefahren ihrem Arbeitgeber zu melden. Außerdem sollen auch die betrieblich mit Arbeitsschutz befassten Personen darüber informiert werden:

§ 16 Abs. 1 »*Die Beschäftigten haben dem Arbeitgeber oder dem zuständigen Vorgesetzten jede von ihnen festgestellte unmittelbare erhebliche Gefahr für die Sicherheit und Gesundheit […] unverzüglich zu melden.*«

§ 16 Abs. 2 Satz 2 »*Unbeschadet ihrer Pflicht nach Absatz 1 sollen die Beschäftigten von ihnen festgestellte Gefahren für Sicherheit und Gesundheit und Mängel an den Schutzsystemen auch der Fachkraft für Arbeitssicherheit, dem Betriebsarzt oder dem Sicherheitsbeauftragten nach § 22 des Siebten Buches Sozialgesetzbuch mitteilen.*«

Was bis hierhin wie graue Theorie klingt, wird bei genauerer Betrachtung hochinteressant. Denn der Gefahrenbegriff wird vom Arbeitsschutzgesetz sehr weitläufig definiert. Auch die durch den Mündungsknall von Schusswaffen ausgehende Gefahr wird mittelbar als »physikalische Einwirkung« durch den »Einsatz von Arbeitsmitteln« im Gesetz aufgeführt:

§ 5 Abs. 3 »*Eine Gefährdung kann sich insbesondere ergeben durch 1. […], 2. physikalische, chemische und biologische Einwirkungen, 3. die Gestaltung, die Auswahl und den Einsatz von Arbeitsmitteln, insbesondere von Arbeitsstoffen, Maschinen, Geräten und Anlagen sowie den Umgang damit, 4. […].*«

Das Arbeitsschutzgesetz schreibt dem Arbeitgeber demzufolge zwingend vor, seine Beschäftigten vor dem schädigenden Einfluss des Schussknalls zu schützen. Was liegt also näher, als dass z. B. die Landesforstbetriebe einfach Gehörschutzstopfen an ihre Beschäftigten austeilen, um den rechtlichen Vorgaben Genüge zu tun? Das Arbeitsschutzrecht erteilt diesem Vorgehen allerdings eine klare Absage. Auch wenn der Gesetzgeber bei der Formulierung des Arbeitsschutzgesetzes mit Sicherheit nicht an die Konsequenz bei der Übertragung auf eine Jagdwaffe gedacht haben wird – die folgende Formulierung lässt kaum Spielraum für Interpretationen:

§ 4 Nr. 2 »*Gefahren sind an ihrer Quelle zu bekämpfen;*«

Wer hier noch eine Grundlage für Diskussionen sieht, ob die Verwendung von Schalldämpfern zur Verringerung des Mündungsknalls tatsächlich bei Beschäftigten rechtlich vorgeschrieben ist, dem hilft ein Blick in die relevanten Rechtsverordnungen. Um die erforderlichen Maßnahmen im Arbeitsschutz genauer zu beschreiben, ermächtigt das Arbeitsschutzgesetz die Bundesregierung nämlich, entsprechende Verordnungen zu erlassen:

§ 18 Abs. 1 *»Die Bundesregierung wird ermächtigt, durch Rechtsverordnung mit Zustimmung des Bundesrates vorzuschreiben, welche Maßnahmen der Arbeitgeber und die sonstigen verantwortlichen Personen zu treffen haben und wie sich die Beschäftigten zu verhalten haben, um ihre jeweiligen Pflichten, die sich aus diesem Gesetz ergeben, zu erfüllen. [...]«*

LärmVibrationsArbSchV

Für den Bereich der Lärmschäden hat die Bundesregierung 2007 dazu die Lärm- und Vibrations-Arbeitsschutzverordnung (LärmVibrationsArbSchV) in Kraft treten lassen. Sie stellt die Umsetzung der EU-Arbeitsschutzrichtlinien »Lärm« (RL 2003/10/EG) und »Vibrationen« (RL 2002/44/EG) dar und macht verbindliche Vorgaben für den Schutz von Beschäftigten vor diesen Gefährdungen. Die LärmVibrationsArbSchV definiert in § 6 einen sogenannten »oberen Auslösewert«, der für Impulslärm bei 137 dB(C) liegt. Dabei wird ausdrücklich vorgegeben, dass die dämmende Wirkung von persönlichem Gehörschutz bei der Beurteilung des Auslösewertes nicht berücksichtigt werden darf! Das heißt, dass entsprechende Schutzmaßnahmen immer zu ergreifen sind – egal, ob der Beschäftigte Gehörschutz trägt oder nicht:

§ 6 Auslösewerte bei Lärm *»Die Auslösewerte in Bezug auf den Tages Lärmexpositionspegel und den Spitzenschalldruckpegel betragen:*

1. Obere Auslösewerte: L (tief) EX,8h = 85 dB(A) beziehungsweise L (tief) pCpeak = 137 dB(C), [...].

Bei der Anwendung der Auslösewerte wird die dämmende Wirkung eines persönlichen Gehörschutzes der Beschäftigten nicht berücksichtigt.«

Dieser Regelung liegt zugrunde, dass arbeitsmedizinisch davon auszugehen ist, dass Lärm mit einem Schalldruckpegel von über 137 dB auch bei einmaliger Einwirkung von extrem kurzer Dauer (Impulslärm) so gefährlich für das menschliche Gehör ist, dass er unbedingt vermieden werden muss. Weil ein effektiver Schutz allein durch die Anwendung von persönlicher Schutzausstattung (Gehörschutzstopfen, Kapselgehörschutz etc.) nicht durchgehend sichergestellt werden kann, geht der Gesetzgeber auf Nummer sicher. Er will daher das Übel an der Wurzel packen und gibt vor, dass derma-

Obere Auslösewerte

L(tief) EX,8h = 85 dB(A) bedeutet, dass bei einer Einwirkung von mindestens acht Stunden täglich ab einem Schalldruckpegel von 85 dB(A) entsprechende Arbeitsschutzmaßnahmen einzuhalten sind. Für Impulslärm gilt: L (tief) pC,peak = 137 dB(C), d. h., sobald ein Schalldruckpegel von 137 dB(C) auch nur für kürzeste Zeit erreicht wird, müssen ebenso die vorgeschriebenen Schutzmaßnahmen ergriffen werden. Deutschland gibt damit noch strengere Grenzwerte vor als die zugrunde liegende Richtlinie der EU (RL 2003/10/EG), die den oberen Auslösewert bei 140 dB(C) festlegt.

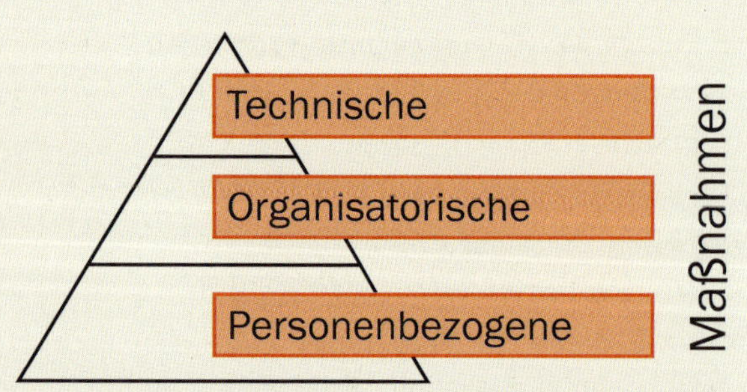

Abb. 22.1: *TOP-Prinzip im Arbeitsschutz: Technische Maßnahmen haben immer Vorrang vor organisatorischen. Erst wenn beides nicht ausreicht, kommen personenbezogene Maßnahmen, wie z. B. Gehörschutz, zur Anwendung.*

ßen gefährlicher Lärm zwingend nach dem Stand der Technik an der Quelle verringert werden muss (→ **§ 7 der LärmVibrationsArbSchV**). Dadurch sollen Beschäftigte auch dann so gut wie möglich geschützt werden, wenn die persönliche Schutzausstattung z. B. aufgrund von Anwendungsfehlern, Verrutschen oder Vergessen nicht wirksam werden kann (→ **Abb. 22.1**):

§ 7 Maßnahmen zur Vermeidung und Verringerung der Lärmexposition

(1) Der Arbeitgeber hat die nach § 3 Abs. 1 Satz 6 festgelegten Schutzmaßnahmen nach dem Stand der Technik durchzuführen, um die Gefährdung der Beschäftigten auszuschließen oder so weit wie möglich zu verringern.

Hörschäden als Berufskrankheit

Berufsbedingte Lärmschädigungen beeinträchtigen zwar die Lebensqualität erheblich, führen aber leider so gut wie nie zu einer adäquaten Verrentung. Werden sie als Berufskrankheit von den Berufsgenossenschaften anerkannt, kann mit ihnen höchstens eine Minderung der Erwerbsfähigkeit (MdE) von 20 % erreicht werden. Da erst ab einer MdE von 20 % (landwirtschaftliche Unternehmer: 30 %) finanzielle Entschädigungen gezahlt werden, muss für eine verrentungswürdige körperliche Schädigung eine sehr schwerwiegende Lärmschwerhörigkeit vorliegen oder eine Kombination mit einer durch eine andere Gesundheitsstörung verursachten weiteren MdE in entsprechender Höhe gegeben sein. Selbst schwerste berufsbedingte Gehörschäden bleiben also in aller Regel entweder unentschädigt oder erzielen nur eine Rente, die die Grundversorgung nicht sichern kann. In noch stärkerem Maße gilt dies für die Rentenverfahren der (nicht berufsgenossenschaftlichen) normalen Altersrente: Hier bleiben Gehörschäden nahezu gänzlich unberücksichtigt. Im Klartext tragen also immer die Geschädigten die gesundheitlichen Folgen ohne nachhaltige Unterstützung der Sozialsysteme. Ein Grund mehr, als Beschäftigter auf der Einhaltung der gesetzlich vorgeschriebenen Arbeitsschutzvorgaben zu bestehen.

Dabei ist folgende Rangfolge zu berücksichtigen:

1. Die Lärmemission muss am Entstehungsort verhindert oder so weit wie möglich verringert werden. Technische Maßnahmen haben Vorrang vor organisatorischen Maßnahmen.

2. Die Maßnahmen nach Nummer 1 haben Vorrang vor der Verwendung von Gehörschutz nach § 8.

Die Absicht des Gesetzgebers wird hier klar ersichtlich: Sofern eine Minderung des Lärms an der Quelle technisch möglich ist, ist diese zwingend vorzunehmen.

Erst wenn eine solche Minderung nicht möglich ist oder nicht ausreicht, um den oberen Auslösewert zu unterschreiten, muss (gegebenenfalls zusätzlich) Gehörschutz getragen werden. Dass diese eigentlich unmissverständlichen Formulierungen durchaus an den politischen Willen adaptiert werden, zeigt das Protokoll der Waffenreferentensitzung am 05./06.05.2014 (→ **Kasten »Protokoll der Waffenreferentensitzung am 05./06.05.2014«**).

Stand der Technik

In die jagdliche Praxis übertragen, erlegt das Arbeitsrecht dem Arbeitgeber also auf, bei seinen Beschäftigten den Mündungsknall von Waffen mit einem Schalldämpfer zu mindern, sofern dies technisch möglich ist. Diese Auffassung teilt auch das Ressort Schutzausrüstung und Bekleidung des Kuratoriums für Waldarbeit und Forsttechnik e. V. (KWF). Zu einer entsprechenden Anfrage des Ministeriums für Ländliche Entwicklung, Umwelt und Landwirtschaft des Landes Brandenburg nimmt es in einem Schreiben vom 04.03.2014 wie folgt Stellung:

»[...] Aus unserer Sicht ist § 7 Abs. 1 der Lärm-VibrationsArbSchV eindeutig und kann auch nicht anders interpretiert werden, als dass zuerst der Lärm an der Quelle nach dem Stand der Technik vermindert werden muss. [...]
Aus Sicht des KWF müssen Schalldämpfer für Jagdwaffen – sofern sie marktverfügbar sind und ohne größere funktionale Einschränkungen verwendet werden können – vorrangig verwendet werden, um dem ArbSchG und der

Dämpfung – aber wie viel?

In der Arbeitsschutzdiskussion wird immer wieder ein Nachweis gefordert, dass der Schalldämpfer den Schalldruckpegel auch tatsächlich unter 137 dB(C) senkt. Dies wird aber vom Gesetz nicht gefordert. Vorgeschrieben ist es, bei Überschreiten des oberen Auslösewertes den Lärm an der Quelle so gut wie möglich technisch zu dämpfen. Wird trotz dieser Maßnahmen der obere Auslösewert weiterhin überschritten, muss mangels Möglichkeit, organisatorische Maßnahmen zu ergreifen, der Schutz des Beschäftigten zusätzlich noch durch Gehörschutz sichergestellt werden. Gleichzeitig darf dabei aber nicht auf die Lärmdämpfung an der Quelle verzichtet werden.

Protokoll der Waffenreferentensitzung am 05./06.05.2014

»Auf der letzten Waffenreferentensitzung hatte BMI zugesagt, zu prüfen, ob EU-Lärmschutzvorschriften und die Verordnung zum Schutz der Beschäftigten vor Gefährdungen durch Lärm und Vibrationen (LärmVibrationsArbSchV) auch auf den Gebrauch von Schusswaffen anzuwenden sind, und sich insoweit mit BMAS und BMG in Verbindung zu setzen.
BMI trägt den Sachstand dazu vor. BMG hat sich für nicht zuständig erklärt und auf BMAS verwiesen. Durch Kontakt mit der zum Geschäftsbereich des BMAS gehörenden Bundesanstalt für Arbeitsschutz und Arbeitsmedizin wurde als fachkompetente Stelle für Fragen der Schalldämpfung bei Schusswaffen die Wehrtechnische Dienststelle für Waffen und Munition der Bundeswehr in Meppen benannt. Der Grenzwert gemäß Lärm- und Vibrations-Arbeitsschutzverordnung beträgt 137 dB. Höher darf der Einzelpegel am Ohr nicht sein.
Für Jagdwaffen kann ein maximaler Spitzenpegel von ca. 162 dB angenommen werden. Durch einen Schalldämpfer kann eine Pegelminderung von ca. 20 dB erreicht werden. Damit wären dann noch ca. 140 dB am Ohr vorhanden.
Der Schallpegel wäre ohne Gehörschutz immer noch zu hoch. Bei der Verwendung eines Schalldämpfers kann danach auf die Benutzung eines Gehörschutzes nicht verzichtet werden, ohne dass Hörschäden eintreten können. Ergebnis:
Eine Rechtsänderung ist nicht erforderlich. Ein Paradigmenwechsel wird durch das BMI nicht angestrebt – Schalldämpfer sollen nicht erlaubnisfrei gestellt werden.
Auch für die berufliche Jagd ist der unmittelbare Gehörschutz am Ohr des Schützen regelmäßig die bessere Arbeitsschutzmaßnahme.«

LärmVibrationsArbSchV zu genügen. Nur der dann noch verbleibende Schalldruck muss, sofern er gesundheitsschädlich ist, mit Persönlicher Schutzausrüstung (PSA) abgewehrt werden.«

Das von Bund und Ländern geförderte KWF nimmt für die deutsche Forstwirtschaft technisch-wissenschaftliche Aufgaben wahr und arbeitet dabei auch mit dem Bundesverband der Unfallkassen e. V. (BUK) zusammen. Umso erstaunlicher war es daher, dass mir seinerzeit von einzelnen Unfallkassen mitgeteilt worden war, dass diese Schalldämpfer ablehnten, weil sie nicht als Stand der Technik anzusehen seien. Unter anderem wurde in diesem Zusammenhang damit argumentiert, dass keine entsprechenden Prüfnormen für die arbeitsschutzrechtliche Bewertung von Schalldämpfern existieren. Diese ablehnende Position gegenüber dem in anderen europäischen Ländern längst etablierten Arbeitsschutzmittel dürfte am ehesten folgenden Grund gehabt haben: ein vorgeschobenes Argument dafür zu liefern, weshalb man die Vorgaben der Lärm- und Vibrations-Arbeitsschutzverordnung seit 2007 im jagdlichen Bereich komplett verschlafen zu haben schien.

Schalldämpfer existieren schließlich seit über 100 Jahren und sind in anderen europäischen Ländern etablierter Standard, um Arbeitsschutznormen zu erfüllen. Für Büchsen existiert eine große Anzahl sehr leistungsfähiger, marktverfügbarer Produkte. Sie dürften daher unzweifelhaft als Stand der Technik angesehen werden.

Diese Position ist von der Entwicklung in den letzten Jahren weitgehend eingeholt worden, und entsprechende Prüfnormen sind durch das KWF mittlerweile erarbeitet worden und befinden sich in einer Erprobungsphase. Parallel wurde seitens des Bayerischen Jagdverbandes 2020 ein Projekt initiiert, ein nach Deutscher Industrienorm (DIN) standardisiertes Messverfahren für jagdliche Schalldämpfer zu etablieren. Der Schalldämpfer hat sich mittlerweile als hocheffektives Hilfsmittel des Arbeitsschutzes etabliert und wird in der professionellen (im Sinne von »berufsmäßigen«) Jagdausübung nahezu flächendeckend in ganz Deutschland genutzt.

Kostenübernahme

Die nicht unerheblichen Kosten, die durch die Beschaffung und Anbringung von Schalldämpfern anfallen können, müssen vom Arbeitgeber getragen werden (→ **Abb. 22.2**). Das Arbeitsschutzgesetz regelt diese Frage deutlich:

Drilling & Co.

Für Drilling oder Bockbüchsflinte sind derzeit keine praktikablen Lösungen marktverfügbar. Werden sie zur beruflichen Jagdausübung genutzt, erscheint es fraglich, ob Schalldämpfer mangels Verfügbarkeit für diese Waffen als »Stand der Technik« angesehen werden können. Die Jagdausübung mit einer kombinierten Waffe ohne Schalldämpfer, aber mit Gehörschutz könnte daher durchaus als arbeitsschutzkonform angesehen werden, bis der Markt entsprechende Produkte anbietet.

Abb. 22.2: *Für die Forstbetriebe ist es völlig selbstverständlich, den Waldarbeitern die vorgeschriebene Schutzausrüstung zur Verfügung zu stellen.*

§ 3 Abs. 3 *»Kosten für Maßnahmen nach diesem Gesetz darf der Arbeitgeber nicht den Beschäftigten auferlegen.«*

Letztlich ist die Übernahme der Kosten für die Ausstattung mit Schalldämpfern aber nicht nur gesetzlich vorgeschrieben, sondern macht auch finanziell für den Arbeitgeber Sinn. Sollte es nämlich durch den Mündungsknall bei der Nutzung einer Schusswaffe bei der beruflichen Jagdausübung eines Beschäftigten zu einem Lärmtrauma kommen, können bei einem Verstoß des Arbeitgebers gegen die einschlägigen Arbeitsschutzvorschriften vonseiten des Beschäftigten gegebenenfalls finanzielle Forderungen bis hin zur Versorgung bei einer eventuell vorliegenden Berufsunfähigkeit geltend gemacht werden. Aufgrund der Rechtslage dürften die Chancen auf den Erfolg einer solchen Klage nicht allzu schlecht stehen. Andere Länder in Europa haben diese Problematik bei einer durch die EU-Rahmengesetzgebung vergleichbaren rechtlichen Situation bereits früh erkannt und entsprechend gehandelt, z. B. Großbritannien. Aber auch jenseits von möglichen Forderungen des Beschäftigten zeigt das Arbeitsschutzgesetz mit den vorgesehenen Sanktionen deutlich, wie ernst es dem Gesetzgeber ist: Nach § 25 wird als Ordnungswidrigkeit mit einer Geldbuße von bis zu 5.000 € (Beschäftigte) oder 25.000 € (Arbeitgeber) geahndet, wer vorsätzlich oder fahrlässig gegen die Lärm- und Vibrations-Arbeitsschutzverordnung verstößt. Wird dies beharrlich wiederholt oder durch eine vorsätzliche Handlung das Leben oder die Gesundheit eines Beschäftigten gefährdet, sieht § 26 eine Geldstrafe oder sogar eine Freiheitsstrafe bis zu einem Jahr vor.

Schlechterstellung Freizeitjäger

Der Gesetzgeber lässt einen klaren Willen zum unbedingten Schutz des Beschäftigten vor Gehörschäden erkennen. Er legt hier aus gutem Grund die Minderung der Gefahr an der Quelle als zwingende Maßnahme fest und setzt damit de facto Standards, deren Einhaltung er zum Schutz der Gesundheit unstrittig als notwendig ansieht. Das Bayerische Staatsministerium des Innern beispielsweise vertrat daher 2013 behördenintern die Auffassung, dass Schalldämpfer dem Freizeitjäger nicht vorenthalten werden können: *»Bei der Anerkennung eines Bedürfnisses zwischen Berufsjägern und anderen Jägern zu differenzieren, dürfte rechtlich kaum belastbar sein: Beide Gruppen sind den gleichen Geräuschspitzen ausgesetzt.«* [124]

Spannungsfeld Jagdrecht

Problematisch ist, dass das Arbeitsschutzrecht grundsätzlich gleichberechtigt neben dem Waffen- und Jagdrecht auf Bundesebene steht. Die jagdliche Verwendung von Schalldämpfern bei Beschäftigten im Sinne des Arbeitsschutzgesetzes wirft dabei teilweise Konflikte mit konkurrierenden Regelungen des Waffen- und Jagdrechts auf. Da Erwerb, Besitz und Führen von Schalldämpfern für erlaubnispflichtige Waffen in

Deutschland dem Waffengesetz unterliegen, muss der Beschäftigte eine entsprechende Erwerbserlaubnis beantragen, die auch amtlich genehmigt werden muss. Wird diese Genehmigung von der zuständigen Waffenbehörde nicht erteilt, weil aus deren Sicht ein ausreichendes Bedürfnis nicht nachgewiesen werden konnte, sind dem Arbeitgeber in der Regel ebenso wie dem Beschäftigten die Hände gebunden. Die nicht mehr aktuelle Waffenverwaltungsvorschrift vom 23.03.2012 wies in den Erläuterungen zu § 8 WaffG unter Nummer 8.1.6 die zuständigen Behörden an, dass *»ein Bedürfnis zum Erwerb von Schalldämpfern oder von Waffen mit eingebautem Schalldämpfer [...] nur in Ausnahmefällen in Betracht«* kam. Als Beispiel wurde der Abschuss von Gatterwild *»bei weitergehend nachgewiesener Unumgänglichkeit der Verwendung eines Schalldämpfers«* aufgeführt.

In der Vergangenheit wurde daraus abgeleitet, dass ein Schalldämpfer-Regelbedürfnis z. B. für Förster nicht vorgesehen war. Denn die Ausstattung aller Förster und Berufsjäger in Deutschland war auf den ersten Blick wohl keine »unumgängliche Ausnahme« im Sinne der Waffenverwaltungsvorschrift. Dabei musste aber berücksichtigt werden, dass sich die Urheber der Verwaltungsvorschriften offensichtlich nicht der im Arbeitsschutzgesetz und in den nachgeordneten Verordnungen geregelten Bestimmungen bewusst waren. Auch die Erteilung einer Erwerbserlaubnis für Schalldämpfer nur im unumgänglichen Ausnahmefall war lediglich eine mögliche Interpretation des Waffengesetzes durch die Waffenverwaltungsvorschrift. Letztlich sind im Waffengesetz die Schalldämpfer den Waffen, für die sie bestimmt sind, gleichgestellt. Es war also fraglich, ob auf dieser Grundlage an Dämpfer ein anderer Bewertungsmaßstab angelegt werden konnte (→ **Kasten »EU-konforme Rechtsauslegung«**). Aufgrund der Tatsache, dass der Arbeitsschutz mit Schalldämpfern immer mehr Aufmerksamkeit erhielt, beschäftigten sich auch Bund und Länder mit dem Thema. Die Prüfung des Sachverhaltes resultierte überraschend in einer veröffentlichten Rechtsauffassung des Bundesinnenministeriums (BMI), dass arbeitsschutzrechtliche Bestimmungen bei jagenden Beschäftigten im Sinne einer unumgänglichen Ausnahme zu werten waren,

EU-konforme Rechtsauslegung

Die Tatsache, dass das Waffengesetz einen gewissen Interpretationsspielraum bietet, macht einen Blick auf das EU-Recht notwendig. Die Bundesrepublik Deutschland hat sich nämlich im »Vertrag über die Arbeitsweise der Europäischen Union« verpflichtet, nationales Recht immer konform zu EU-Richtlinien auszulegen. Auch die ständige Rechtsprechung des Europäischen Gerichtshofs fordert dies. Die Handhabung des Waffengesetzes und der Bundes- und Landesjagdgesetze muss also im Zweifel im Sinne der Richtlinie 2003/10/EG erfolgen, die in Deutschland als LärmVibrations-ArbSchV umgesetzt worden ist.

Schalldämpferpflicht?

Das Arbeitsschutzrecht trifft sehr weitreichende Regelungen zum Schutz von Beschäftigten. Um die Umsetzung in den Betrieben sicherzustellen, sind sie verpflichtend. Es geht dabei in letzter Konsequenz um den Schutz der Gesundheit von Abhängigen, die im Rahmen ihrer Beschäftigung eben nicht frei bestimmen können, wie oft, wann und in welchem Ausmaß sie sich Lärm aussetzen. Im Bereich seiner privaten Lebensführung kann der mündige Bürger weitgehend eigenständig bestimmen, wie weit er sich Gefahren aussetzt. Ob z. B. bei der Arbeit mit der Kettensäge beim Brennholzmachen auf dem eigenen Hof Gehörschutz oder Schnittschutzhose getragen werden, ist jedem freigestellt.
Schon aus grundsätzlichen Erwägungen unseres Werte- und Rechtssystems würde also eine Forderung nach einer Schalldämpferpflicht für alle Jagd- und konsequenterweise auch Sportwaffen völlig über das Ziel hinausschießen. Sie würde in das Recht zur freien Entfaltung des Einzelnen eingreifen und ließe sich insbesondere bei Jägern auch überhaupt nicht überwachen. Vergleichbar mit der Schnittschutzhose, muss aber für jeden Jäger die Option bestehen, einen Dämpfer erwerben und nutzen zu können.

sofern kein sachliches Verbot für die Nutzung von Schalldämpfern im Landesjagdgesetz existierte. Auch wenn das BMI diese Rechtsauslegung danach nicht mehr offiziell geäußert, sondern auf die Zuständigkeit der Länder verwiesen hatte, wurde sie von der Mehrzahl der Bundesländer weiterhin in diesem Sinne interpretiert. Dies warf natürlich für diejenigen Bundesländer Probleme auf, in denen das jeweilige Landesjagdgesetz die Jagdausübung mit Schalldämpfer verbot. Für die zuständige Waffenbehörde entstand somit vor der im Jahr 2020 erfolgten Änderung des Waffengesetzes ein grundsätzliches Problem bei der Bewertung des Bedürfnisses, da die Jagdausübung mit dem arbeitsschutzrechtlich vorgeschriebenen Schalldämpfer ja gar nicht erlaubt war. Der Zielkonflikt war auf dieser Ebene nicht auflösbar. Letztlich hätte juristisch die Frage geklärt werden müssen, ob sich Landesjagdgesetz und Arbeitsschutzgesetz gegenseitig in einem Teufelskreis in den Schwanz beißen oder ob dem Landes- oder dem Bundesgesetz hier eine höhere Priorität zugestanden wird. Wie lang eine solche Klärung im Endeffekt gedauert hätte, war schlecht vorhersehbar. Da die Bundesländer in den letzten Jahren ihre sachlichen Verbote für die Jagdausübung mit Schalldämpfer weitgehend aufgehoben haben und das Waffengesetz in der Fassung von 2020 den Inhabern eines Jagdscheines jetzt grundsätzlich das Bedürfnis zum Erwerb von Schalldämpfern für Langwaffen zuerkennt, ist dieser Zopf dankenswerterweise abgeschnitten.

Zusammenfassung

- Ziel des Arbeitsschutzes ist es, Gefahren gar nicht erst entstehen zu lassen.
- Extremer Impulslärm von über 137 dB(C) muss daher an der Quelle so weit wie möglich reduziert werden.
- Eine Lärmminderung an der Mündung ist seit über 100 Jahren technisch möglich und somit als Stand der Technik vorgeschrieben.
- Die Regelungen des Arbeitsschutzes gelten auch für Beamte.
- Jäger sollten hinsichtlich ihrer Möglichkeiten zum Schutz vor Gesundheitsschäden nicht schlechter gestellt sein als jagende Beschäftigte.

KAPITEL 23

Graubereich

»Wenn jemand Gesetze brechen möchte, tut er es.«

Nina Banspach, Pressesprecherin beim Bundesamt für Verbraucherschutz und Lebensmittelsicherheit (BVL), zum Pferdefleisch-Skandal 2013

Graubereich

Den Mündungsknall von Jagdwaffen kann man natürlich nicht nur mit handelsüblichen und in der WBK eingetragenen Schalldämpfern reduzieren.

Es gibt darüber hinaus eine ganze Reihe von Gegenständen, die frei zu erwerben sind und als Dämpfer genutzt werden können. Erstaunlicherweise können damit teilweise ähnliche Schalldruckpegelreduktionen wie bei den professionellen Modellen erreicht werden. Sobald sie an einer Waffe montiert werden sollen, bedarf es jedoch einer Herstellungs- und Besitzerlaubnis. Ohne eine solche bewegt man sich schnell im Bereich einer Ordnungswidrigkeit oder gar einer Straftat – für einen Legalwaffenbesitzer kommt ein solcher Gesetzesverstoß also ohnehin nicht infrage.

Das Thema soll hier dennoch aus dem Grunde behandelt werden, weil es von maßgeblicher Bedeutung für die Genehmigungspraxis von Schalldämpfern ist. Auf der einen Seite wird nämlich dem legal erworbenen und registrierten Dämpfer eine »deliktische Relevanz« unterstellt, die bis hin zur »Gefährdung der öffentlichen Sicherheit und Ordnung« reicht. Auf der anderen Seite lassen sich ähnliche Dämpfungsleistungen mit einfachem Zubehör aus dem Baumarkt ohne besondere Fachkunde erzielen. Es liegt auf der Hand, welchen Weg derjenige wählen wird, der ein Gesetz brechen will. Und es gehört schon ein ordentliches Maß an Naivität dazu, zu glauben, dass sich ein Gesetzesbrecher durch ein Verbot davon abhalten lässt. Wenn aber derjenige, der einen Schalldämpfer zum Begehen von Gewaltverbrechen oder Wilderei benötigt, diesen jederzeit selbst improvisieren kann, welchen Sinn macht dann eine extrem restriktive Genehmigungspraxis?

Staatsgeheimnisse werden in diesem Kapitel zwar nicht verraten, denn die dargestellten Möglichkeiten der Dämpfung von Schusswaffen sind allesamt auf die ein oder andere Weise der Öffentlichkeit zugänglich gemacht worden. Dieses Buch soll jedoch keinesfalls dazu animieren, Blaupausen für Gesetzesbrüche zu liefern. Ganz bewusst wurde in diesem Kapitel daher darauf verzichtet, Bezugsquellen oder Bauanleitungen detailliert zu nennen, wo sie nicht ohnehin völlig offensichtlich und bekannt sind.

Flaschen

Wohl den höchsten Bekanntheitsgrad als improvisierter Schalldämpfer haben PET-Flaschen. Schon in dem 1994 erschienenen Film »Auf brennendem Eis« nutzte Steven Seagal eine Getränkeflasche als improvisierten Pistolenschalldämpfer zum Ausschalten eines Wachtpostens (→ **Abb. 23.1**). Dass das mit ein paar fachmännischen Modifikationen durchaus auch in der Realität funktioniert, hat unter anderem Martin Erbinger in verschiedenen Veröffentlichungen eindrucksvoll belegt.

PET ist ein sogenannter Thermoplast, also ein Material, das sich unter Wärmeeinwir-

Abb. 23.1: *Flasche als improvisierter Pistolenschalldämpfer – Szene aus dem US-amerikanischen Film »Auf brennendem Eis« (1994, © Warner Bros.).*

kung verformen lässt. Die Lebensdauer eines solchen Dämpfers ist also schon dadurch sehr begrenzt, dass die Flasche schnell zu schmelzen beginnt. Stabile Flaschenkonstruktionen, wie z. B. PET-Flaschen für Softdrinks, die zusätzlich mit Epoxidharz und Klebeband verstärkt werden, weisen für die meisten Anwendungsbereiche aber eine durchaus brauchbare Lebensdauer auf. Insbesondere durch eine Füllung der Flasche mit Polyurethan(PU)-Bauschaum erreicht ein solcher »PETPUT«-Dämpfer das Niveau von Schalldämpfern der Spitzenklasse. Da die Belastbarkeit im Vergleich zu Metallkonstruktionen natürlich eingeschränkt ist, dürfen Gasdruck und -volumen gewisse Grenzen nicht überschreiten. Typische Anwendungsbereiche sind Kurzwaffenpatronen bis hin zur 9 mm Luger, aber auch jagdliche Mittelkaliber mit Unterschall-Laborierungen sind für Einzelschüsse noch nutzbar. Größter Nachteil der PETPUT-Lösung ist der enorme Flaschendurchmesser, der die Nutzung aller tief bauenden offenen Visiere deutlich erschwert. Völlig unmöglich ist das Schießen aber nicht, wenn man beide Augen geöffnet lässt oder einfach ein Reflexvisier montiert.

Lange Zeit wurden auf dem Markt sogenannte »Reinigungsadapter« angeboten (→ **Abb. 23.2**). Sie konnten auf ein vorhandenes Mündungsgewinde aufgeschraubt werden und verfügten an der Stirnseite über ein Gewinde, das das Anbringen einer Flasche mit dem weitverbreiteten PCO-28-Standardgewinde erlaubte. Auf diese Weise wurde eine aufgeschraubte Flasche bei der Waffenreinigung zum Auffangen von aus der Mündung austretendem Öl oder Reinigungspatches genutzt. Je nachdem, aus welchem Material der Adapter gefertigt worden ist, eignet er sich natürlich in gleichem Maß auch zum Anbringen einer Flasche als Schalldämpfer. Gerade in der Schweiz sind vor dem weitgehenden Verbot von Schalldämpfern im Jahr 1999 noch viele solcher Adapter verkauft worden. Wohl aufgrund der eher »schwierigen« Rechtslage werden sie heutzutage kaum noch angeboten. Da es sich nicht um sehr viel mehr als ein rundes Stück Metall mit zwei geschnittenen Gewinden handelt, stellt die Fertigung aber für jemanden mit handwerklichen Grundkenntnissen kein wirkliches Problem dar. Entsprechende Adapter können also nahezu überall unter der Hand hergestellt werden, im Zweifelsfall sogar als offener Auftrag an einen Metall verarbeitenden Betrieb. Woher soll der schließlich wissen, dass er gerade ein den Schusswaffen gleichgestelltes Teil herstellt? Anstelle der PET-Flaschen lassen sich z. B. auch Kfz-Ölfilter oder andere Gegenstände des täglichen Lebens zur Schalldämpfung nutzen, wenn dafür Adapterstücke mit passendem Gewinde gefertigt worden sind. Die Liste ließe sich beinahe beliebig erweitern.

Improvisierte Dämpfer

Gerade mit gasdruckschwachen Kleinkaliber-Waffen lassen sich unzählig viele Gegenstände als Schalldämpfer missbrauchen: angefangen bei einem Baguette über Zigarrenhülsen samt Zigarre, Kälberschnuller, Gummihandschuhe bis hin zu Salatköpfen. Sowohl beim eigentlichen »Schalldämpfer« als auch bei der Befestigung an der Waffe gibt es eine nahezu unendliche Vielfalt an Varianten, die zumindest bei KK-Waffen teilweise eine erstaunlich gute Dämpfungsleistung bieten. Natürlich lässt sich auf diese Weise kein präziser Schuss auf weitere Entfernungen antragen, wohl aber die befürchtete Straftat auf kurze Distanz begehen.

Abb. 23.2: *Mittels »Reinigungsadapter« lassen sich selbst Getränkeflaschen auf Mündungsgewinden anbringen.*

»F«-Schalldämpfer

Schalldämpfer für erlaubnisfreie Waffen sind ebenfalls erlaubnisfrei zu erwerben. Der Markt bietet ein nahezu unüberschaubares Angebot an unterschiedlichsten Dämpfern für Luftgewehre bis zu 7,5 Joule. Wie in Kapitel 20 erläutert, sind diese bei vielen Herstellern baugleich mit den KK-Schalldämpfern. Aber auch einfachere Luftgewehrschalldämpfer lassen sich für die Verwendung an KK-Pistolen oder -Büchsen nutzbar machen, solange sie ein stabiles Metallgehäuse aufweisen. Eine Vielzahl von Händlern bietet Umrüstsätze oder Tuning-Kits an, die aus stabileren Metallblenden aller möglichen Bauarten bestehen (→ **Abb. 23.3**). Tauscht man die nur für kalte Gase gedachten und daher häufig aus Plastik oder brennbarem Filz hergestellten »Innereien« des Luftgewehrdämpfers gegen diese Sätze aus, kann der auf diese Weise leistungsgesteigerte Schalldämpfer in aller Regel dauerhaft auf KK-Waffen verwendet werden.

Wer allerdings einen »F«-Schalldämpfer auf einer erlaubnispflichtigen Waffe anbringt, verstößt definitiv gegen das Gesetz! Aufgrund der Umwidmung der Zweckbestimmung wäre hierfür eine Waffenherstellungserlaubnis notwendig. Auch der Besitz des nun erlaubnispflichtigen Schalldämpfers erfordert dann natürlich eine entsprechende Erlaubnis. Für den gesetzestreuen Legalwaffenbesitzer bieten die frei verfügbaren »F«-Schalldämpfer also keinen Vorteil. Wer aber Böses im Sinn hat und sich ohnehin nicht an Gesetze hält, dem steht hier ein einfacher Weg zur Beschaffung eines professionell gefertigten Dämpfers offen.

Deko-Schalldämpfer

Manche Hersteller bieten sogenannte Dekorations-Schalldämpfer in Analogie zu erlaubnisfrei erwerbbaren Deko-Waffen an. Es handelt sich dabei um voll funktionsfähige Modelle, in deren Bodenkappe aber kein Gewinde geschnitten ist. Ob ein Deko-Schalldämpfer waffenrechtlich als erlaubnispflichtiger Gegenstand oder lediglich als un-

»Legale« Tuning-Kits

Das Waffengesetz definiert bei Schalldämpfern – anders als bei Schusswaffen – keine »wesentlichen Teile«. Aus diesem Grund sind die im Handel erhältlichen Tuning-Kits für »F«-Schalldämpfer auch frei erwerbbar.

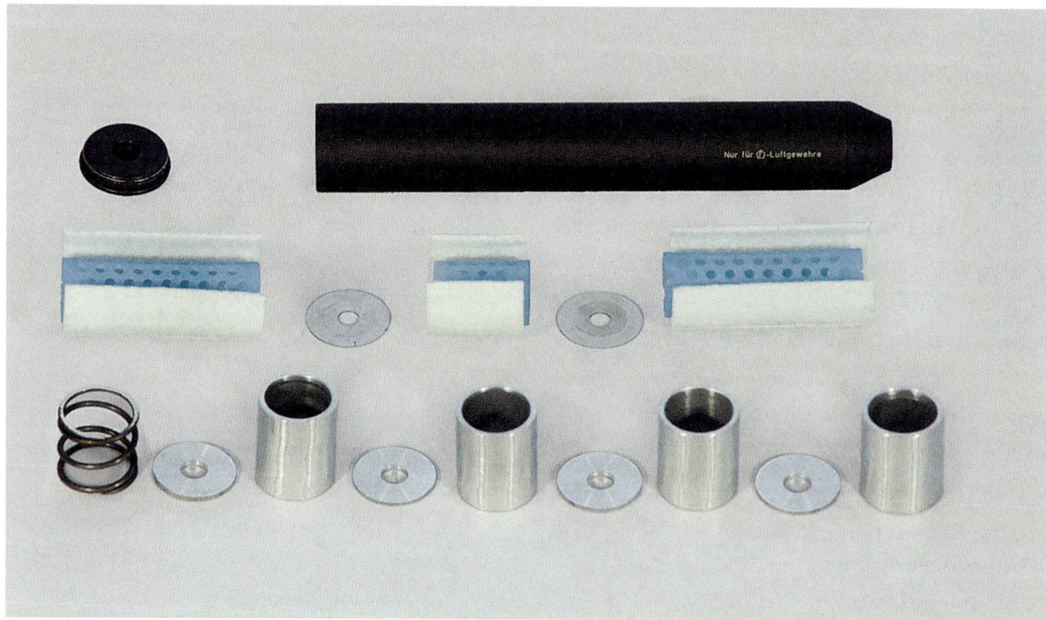

Abb. 23.3: *Dieser Weihrauch-Luftgewehr-Schalldämpfer (oben) lässt sich durch Austausch des Plastik-Innenlebens (Mitte) gegen fertig konfektionierte Sets aus Blenden und Distanzstücken (unten) auch für KK-Gewehre nutzbar machen.*

bedeutender Altmetallhaufen eingestuft wird, dürfte vom Einzelfall abhängen. Wer Rechtssicherheit will, sollte vom Hersteller oder Verkäufer eine schriftlich verfasste behördliche Einstufung verlangen, z. B. in Form eines BKA-Feststellungsbescheides. Fehlt dieses Dokument, geht der Käufer ein nicht unerhebliches Risiko ein. Immer dann, wenn der Deko-Schalldämpfer mit haushaltsüblichen Mitteln (z. B. Gewindebohrer) einfach nutzbar gemacht werden kann, könnten waffenrechtliche Probleme entstehen – insbesondere, wenn bei echten Dämpferkonstruktionen eine eindeutig beabsichtigte technische Eignung zur Dämpfung des Mündungsknalls offensichtlich ist. Wirklich unbedenklich dürften nur solche Deko-Modelle sein, die mittels Längsschlitzung des Gehäuses und ähnlicher Maßnahmen ihre Dämpfereigenschaften nahezu vollständig verlieren oder bei denen durch den dauerhaften Verschluss von Blendenbohrungen o. Ä. der Durchgang von Geschossen unmöglich gemacht worden ist.

Eigenbau nach Anleitung

Die Anfertigung einfacher Schalldämpfer ist keine Hexerei. Patentzeichnungen existieren in schier unüberschaubarer Zahl frei zugänglich im Internet und der amerikanische Markt hält zahlreiche Bücher mit richtiggehenden Bauanleitungen bereit (über deren Qualität man trefflich streiten kann).
Werden bei der Konstruktion keine Spitzenwerte hinsichtlich Größe, Gewicht und Dämpfungsleistung angestrebt, können durch ein ausreichendes Expansionsvolumen und einfache Blenden respektable Ergebnisse erzielt werden. Zur Herstellung reichen einfache Kenntnisse in der Metallbearbeitung und im Baumarkt erhältliches Material. Freilich geht der Anwender ohne entsprechende Erfahrung und Sachkenntnis ein hohes Risiko durch mögliche Probleme bis hin zur Waffensprengung ein. Für den zu allem Entschlossenen dürfte das aber kaum ein Hinderungsgrund sein, da ihn ja bereits der durch den Eigenbau begangene Verstoß gegen das Gesetz nicht vor seinem illegalen Handeln zurückschrecken ließ. Realistisch gesehen kann der Staat den illegalen Eigenbau von Schalldämpfern nicht verhindern. Erwerb und Verwendung der im Alltag überall verwandten Konstruktionsmaterialien von Metallrohren als Dämpferkörper und Distanzstück über Unterlegscheiben als Blenden bis hin zu Gewindeschneidern zur Schaffung der Adaptationsmöglichkeit an der Waffe lassen sich kaum überwachen oder reglementieren.

Schalldämpferkörper und separate Füllung

Sowohl in Deutschland als auch im europäischen Ausland werden auf Internetseiten Schalldämpferkörper als frei erwerbbare Einrichtungen zur Dämpfung des Mündungsfeuers angeboten. Unmittelbar mit dem häufig von Lutz Möller geprägten Begriff des »Feuerschluckers« bezeichneten Produkt verknüpft, werden Ergänzungssätze mit typischen Schalldämpferinnenkonstruktionen zur »Komplettierung« angeboten – natürlich nicht ohne Hinweis darauf, dass der auch für Laien einfach durchzuführende Zusammenbau einen vollwertigen Dämpfer ergibt und der Versand in zwei separaten Lieferungen erfolgt, um »mögliche Probleme« mit dem Zoll zu vermeiden. Bei diesen Angeboten besteht eine nicht unerhebliche Gefahr des Betrugs. Denn welcher Geschädigte würde schon wegen des möglicherweise als »Schalldämpfer-Schmuggel« eingestuften Vorgangs die Polizei aufsuchen? Aber selbst wenn auf die Zahlung der meist nicht unerheblichen Summen tatsächlich die versprochene Lieferung erfolgt: Je nach Beschaffenheit des angeblich »frei erwerbbaren« Körpers ohne Inhalt kann dieser bereits einen Schalldämpfer im Sinne des Waffengesetzes darstellen. An dieser Stelle sei nochmals auf den unscharfen Begriff der »wesentlichen Dämpfung« hingewiesen (→ **Kap. 20**).

Alle diese angeführten Beispiele sind Teile eines Mosaiks, das zeigen dürfte, dass sogar professionelle Schalldämpfer auf einfachstem Weg ohne notwendige Erlaubnis zu erwerben sind. Wem Fantasie und handwerkliches Geschick völlig abgehen, der deckt sich für beabsichtigte Untaten in einem der europäischen Länder mit Schalldämpfern ein, die deren Erwerb nicht beschränken, und schmuggelt sie nach Hause. Der Ehrliche ist hier wieder einmal der Dumme, der Kriminelle ist in seinen Möglichkeiten kaum eingeschränkt.

Zusammenfassung

- Das Waffengesetz kennt bei Schalldämpfern keine »wesentlichen Teile« wie bei Schusswaffen. Schalldämpfer-»Innereien« sind daher im Regelfall nicht erlaubnispflichtig.
- Material zur Herstellung von Schalldämpfern, wie etwa Unterlegscheiben, Metallrohre und Gewindeschneider, ist problemlos verfügbar. Der Zugriff auf Alltagsgegenstände kann nicht reglementiert werden.
- Großkalibrige Waffen mit gasdruckstarker Überschallmunition erfordern hochbelastbare, professionelle Schalldämpfer, die ohne Erwerbserlaubnis nur schwer zu beschaffen sind. Dieser Einsatzbereich ist aber aufgrund des Überschallknalls des Geschosses für Wilderer uninteressant.
- Großkaliber-Patronen in Verbindung mit Unterschallmunition lassen sich dagegen auch mit improvisierten Lösungen gut dämpfen, wenn auch nur für einzelne Schüsse.
- Gerade für die zum Wildern besonders interessanten KK-Büchsen sind professionelle Schalldämpfer als »F«-gestempelte Luftgewehrvariante überall frei erhältlich.
- Für Jagdwilderei ist damit de facto die Möglichkeit zum schallgedämpften Schießen bereits seit Langem problemlos gegeben.

KAPITEL 24

Messung von Schusslärm

»Wer viel misst, misst viel Mist.«

Sprichwort

Messung von Schusslärm

Die Messung von Schusslärm ist extrem herausfordernd. Neben einer Vielzahl von Variablen bei den Umgebungsbedingungen werden insbesondere auch äußerst hohe Anforderungen an die Messtechnik gestellt.

Innerhalb von Millisekunden erreichte Schalldruckpegelspitzen von um die 170 dB messtechnisch erfassen zu können erfordert hoch spezialisierte und entsprechend teure Geräte.

Handy-Apps oder einfache Pegelmessgeräte aus dem Elektro-Fachhandel sind gänzlich ungeeignet. Neben einem meist zu niedrigen maximal erfassbaren Schalldruckpegel ist vor allem auch deren Reaktion viel zu träge. Der Schusslärm ist sozusagen schon vorbei, bevor das Gerät den tatsächlichen Spitzenschalldruckpegel erfassen konnte. Dadurch werden im Regelfall zu niedrige Werte angezeigt (→ **Abb. 24.2**).

Brüel & Kjær

Die in Europa meistverwendete Gerätekombination wird von der dänischen Firma Brüel & Kjær hergestellt: Ein Messgerät 2250 in Kombination mit einem Mikrofon 4941 für hohe Pegel bewältigt die Anforderung, kostet in der Anschaffung aber auch rund 10.000 € (→ **Abb. 24.1**).

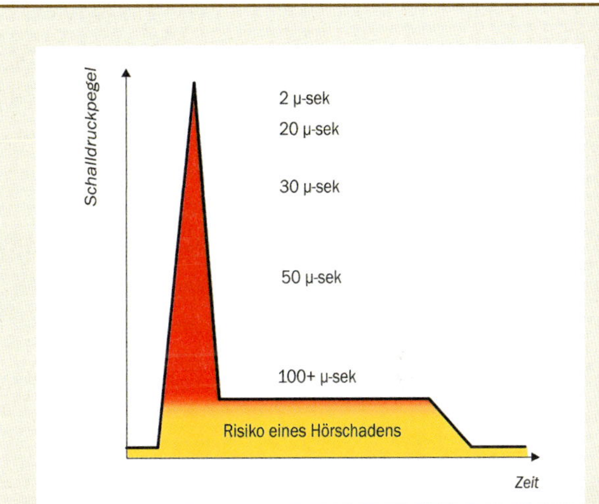

Abb. 24.2: *Schematische Darstellung des Schalldruckpegelverlaufes eines Mündungsknalls. Dargestellt ist, welche Ergebnisse Messgeräte mit unterschiedlichen Reaktionszeiten anzeigen. Sehr träge Geräte (100 µs Reaktionszeit) zeigen viel zu niedrige Werte an, weil die Lärmspitze längst vorüber ist. Für Messungen von Schusslärm werden Geräte mit Reaktionszeiten von 2 µs benötigt.*

Abb. 24.1: *Für Schusslärm-Messungen geeignetes Messgerät 2250 mit Mikrofon 4941 der Firma Brüel & Kjær.*

Messmodus

Es existiert eine Vielzahl verschiedener Messwerte und -verfahren, deren Ergebnisse unterschiedliche Aussagen zum vorhandenen Lärm machen. Die für die Beurteilung von Schalldämpfern wichtigsten sollen hier kurz dargestellt werden.

Zeitbewertete Pegel

Unser Gehör kann plötzliche Pegeländerungen, also sehr schnelle Schwankungen des Schalldruckpegels, nicht komplett erfassen. Um diese Trägheit in der Geräuschwahrnehmung zu berücksichtigen, greift man bei der Lärmmessung in der Regel zu Zeitbewertungen. Dabei handelt es sich um Einstellungen am Messgerät, die eine bestimmte Trägheit des Anzeigesystems vorgeben und dadurch schwankende Pegel besser darstellbar machen. Es gibt drei standardisierte Zeitbewertungen:

- S (slow = langsam): Die Einstellung S ist mit einem Zeitfenster von 1 s sehr träge und eignet sich nur für sehr gleichmäßige Geräusche.
- F (fast = schnell): Die schnellere Zeitbewertung mit einem Fenster von 125 ms ist für schwankende Pegel besser geeignet.
- I (Impulse = Impuls): Die vergleichsweise kleine Einschwingzeit von 35 ms erlaubt einen sehr schnellen Zeigerausschlag beim Messgerät. Sie empfindet die natürliche Wahrnehmung durch das Gehör nach, das plötzlich auftretende Schallereignisse mit einer Verzögerung von 25 bis 75 ms wahrnimmt. [125] Es ist die am wenigsten träge Zeitbewertung und damit für Impulslärm, wie z. B. Hammerschläge, am besten geeignet.

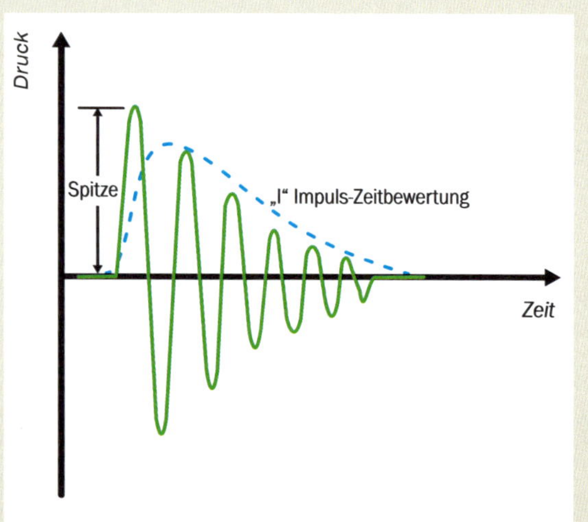

Abb. 24.3: *Auch die vergleichsweise reaktionsschnelle Maximalpegelmessung im Impulsmodus LI_{max} liefert deutlich niedrigere Messwerte als eine Spitzenschalldruckpegelmessung LC_{peak}.*

Um beim sehr kurz anhaltenden Mündungsknall mit äußerst raschem Anstieg des Schalldruckpegels den maximalen Pegel zu messen, sind die Zeitbewertungen S und F (LS_{max} und LF_{max}) völlig ungeeignet. Bei der Messung von Schusslärm ist aber auch die I-bewertete Messung eigentlich zu reaktionsträge (→ **Abb. 24.3**).

Spitzenschalldruckpegel

Klassischerweise wird daher der Spitzenschalldruckpegel (L_{peak}) gemessen, also der höchste während der Messung erreichte Schalldruckpegel. Oftmals wird dabei ein Bewertungsfilter genutzt, am ehesten die C-Gewichtung für sehr laute Geräusche (LC_{peak}). Voraussetzung dafür, dass der Spitzenschalldruckpegel korrekt erfasst werden kann, ist ein Messgerät mit extrem kurzer Reaktionszeit, also bildlich gesprochen einem extrem schnellen Zeigerausschlag. Die nicht genormte, aber bei den meisten Messgeräten übliche Zeitbewertung für die Beurteilung des absoluten Spitzenschalldruckpegels beträgt nur 50 µs, was einen Bruchteil der Impulsbewertung darstellt (35 ms entsprechen 35.000 µs!).

Für die Beurteilung der Schallenergie können grundsätzlich sowohl der zeitbewertete Maximalpegel (LI_{max}) als auch der Spitzenschalldruckpegel (L_{peak}) herangezogen werden. [126] Da jedoch die gemessenen Pegel beim zeitbewerteten Maximalpegel auch im Impulsmodus deutlich niedriger ausfallen als bei der L_{peak}-Messung, sollte für die Beurteilung der Gehörschädlichkeit bevorzugt der L_{peak} herangezogen werden.

Mittelungspegel

Der Spitzenschalldruckpegel ist allerdings nur ein Aspekt der Wahrheit. Denn die Wirkung von Schall auf das Gehör hängt nicht nur vom Schalldruckpegel, sondern auch von der Einwirkdauer ab. Erreicht ein Lärmereignis nur für kürzeste Zeit einen Pegel von 170 dB, ist es weniger schädlich als eines, bei dem 169 dB über einen längeren Zeitraum anliegen. Um dies darstellbar zu machen, nutzt man den Mittelungspegel L_m. Häufige Formen sind der energieäquivalente Mittelungspegel L_{eq} und der gemittelte Impulspegel L_{AIm}. Der L_{eq} wird im Regelfall für einen Zeitraum von einer Stunde bestimmt.

Wo der L_{peak} einfach nur den höchsten im Verlauf des Messzeitfensters erreichten Schalldruckpegel wiedergibt, beschreiben Mittelungspegel näherungsweise den durchschnittlichen Schalldruckpegel über einen bestimmten Zeitraum (→ **Abb. 24.4**), der die gleiche Schallenergie aufweist wie der schwankende Pegel während des gleichen Zeitintervalls. Dadurch wird die Lärmemission besser vergleichbar und das Gefährdungspotenzial einfacher einschätzbar. Gerade Reflexionen können bei ähnlichen

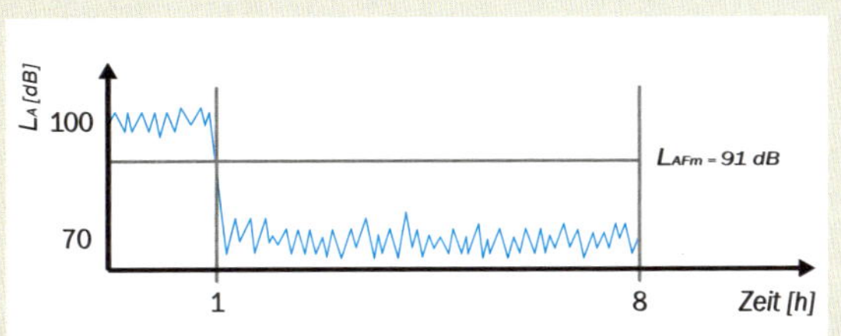

Abb. 24.4: *Mittelungspegel zeigen, wie hoch die durchschnittliche Lärmbelastung über einen definierten Zeitraum ist.*

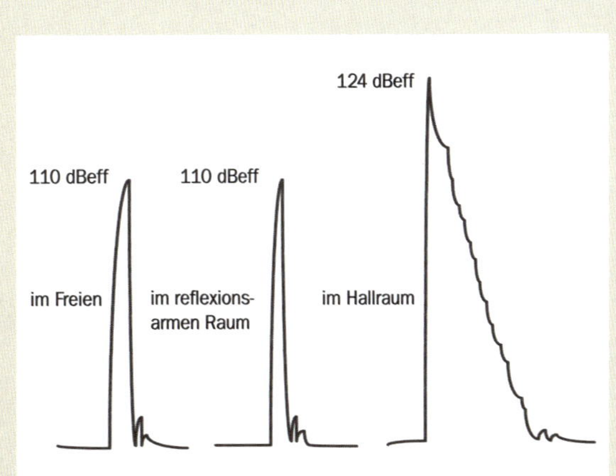

Abb. 24.5: *Schematische Darstellung der Messwerte einer Pistole in .22 lfB im Freien, im reflexionsarmen Raum und im stark reflektierenden Raum. Der L_{peak} betrug bei allen Messreihen 141 dB.*

Spitzenschalldruckpegeln eine Verlängerung der Einwirkdauer bedingen und dadurch die Lärmbelastung deutlich erhöhen (→ **Abb. 24.5**).

Um Schusslärm zu quantifizieren, wird häufig der gemittelte Impulspegel L_{AIm} oder L_{CIm} genutzt. Dies macht Sinn, wenn es um die Bestimmung des Lärms geht, den z. B. eine Schießanlage verursacht. Für die Ermittlung des Mittelungspegels für die ultrakurze Lärmemission eines isolierten Impulses bei Abgabe eines einzelnen Schusses ist dieser ebenso schwierig zu nutzen wie der energieäquivalente Mittelungspegel. Sind die Bezugszeiträume zu lang, lassen sich kaum noch Unterschiede differenzieren, während sehr kurze Bezugszeiträume technisch sehr aufwendig in der Messung sind. Bisher hat sich daher zur Beurteilung der Schalldruckpegelreduktion durch Schalldämpfer bei Schusswaffen die Bestimmung des Spitzenschalldruckpegels als Standard etabliert.

Umgebungsbedingungen

Die Umgebungsbedingungen, in der die Versuche durchgeführt werden, haben einen messbaren Einfluss auf die Schalldruckpegelverläufe. Durch Unterschiede in Bodenbelag, Vegetation, Temperatur sowie Luftfeuchtigkeit und Luftdruck kommt es zu Abweichungen bei der Schallausbreitung, -absorption und -reflexion. Wirklich vergleichbar sind daher immer nur die Messergebnisse innerhalb einer Testreihe.

Messkonfiguration

Neben geeigneter Messtechnik und Auswahl der korrekten Messmodi spielt auch die richtige Konfiguration des Messaufbaus eine wichtige Rolle. Hier existieren international mehrere Standards, nach denen das Messmikrofon an unterschiedlichen Stellen platziert wird, woraus entsprechend differierende Werte resultieren. Häufig genutzt wird ein seitens der NATO standardisiertes Messverfahren, das im MIL-STD-1474 festgelegt ist. Die MIL-STD-1474C und D geben dabei einen Messpunkt 2 m links von der Mündung vor. Sie erlauben eine Gewichtung mit A- oder C-Frequenzfilter, schreiben sie aber nicht vor.

Im MIL-STD-1474E wird ein Messpunkt 1 m links von der Mündung in einem 90°-Winkel vorgegeben, der um 30 weitere kreisförmig angeordnete Messpunkte ergänzt wird. Die Spitzenwerte werden dabei ohne Frequenzfilter ermittelt.

Die US-amerikanische Schalldämpferindustrie hat lange Zeit diesen Messaufbau in Verbindung mit einer Gewichtung mit A-Frequenzfilter genutzt. Das Mikrofon wurde dabei im 90°-Winkel zur Laufseelenachse 1 m links der Mündung (bei einer ungedämpften Waffe) bzw. des Schalldämpferendes positioniert. Mittlerweile ist man dazu übergegangen, aufgrund der anliegenden Schalldruckpegel eine C-Gewichtung zu nutzen. Zusätzlich zu diesem beschriebenen Messpunkt (90°/1 m links der Mündung) wird ein zweiter Messpunkt an der Position des linken Schützenohres (SLE, *shooter's left ear*) ergänzt (→ **Abb. 24.6**). Diese ist folgendermaßen definiert: 8 cm hinter dem Ende

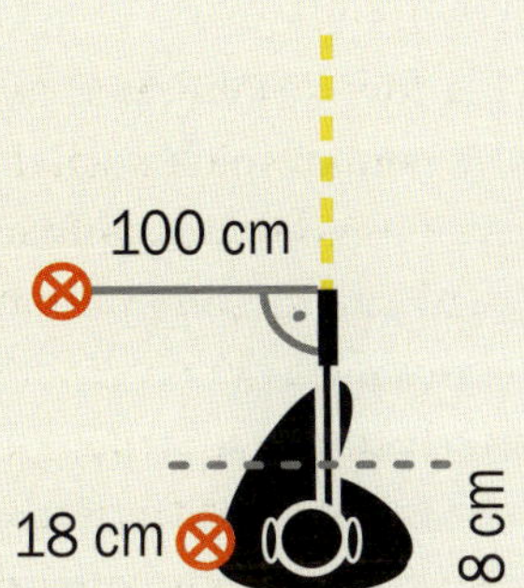

Abb. 24.6: *Messkonfiguration nach US-Industriestandard. Ein Messpunkt befindet sich im 90°-Winkel zur Schussrichtung links der Mündung bzw. des Dämpferendes in 1 m Entfernung. Ein zweiter Messpunkt wird 8 cm hinter dem Verschlussende und 18 cm nach links positioniert.*

Abb. 24.7: *Messaufbau der DEVA. Im Gegensatz zur Messstelle an der Mündung kann die Position des Mikrofons in Ohrnähe durch unterschiedliche Kopf- und Anschlagsformen leicht variieren.*

des Verschlusses im 90°-Winkel zur Laufseelenachse um 18 cm nach links. [127]

Dieser Messaufbau wird in Europa in ähnlicher Form verwendet, allerdings gibt es keine standardisierte Vorgabe. Die meisten in Waffen- und Jagdzeitschriften veröffentlichten Schalldämpfermessungen greifen auf Positionierungen der Mikrofone in 1 m Abstand im 90°-Winkel zur Schussrichtung sowie unmittelbar am Ohr des Schützen zurück. [128, 129] Auch die Deutsche Versuchs- und Prüf-Anstalt für Jagd- und Sportwaffen e. V. (DEVA) verwendete diesen Aufbau z. B. im Rahmen einer Messreihe für das Umweltministerium Rheinland-Pfalz. [130] Dabei wurde eine Messstelle in 1 m Entfernung links von der Mündung (bzw. Schalldämpfervorderkante) im 90°-Winkel von der Laufseelenachse gewählt. Eine weitere Messstelle wurde am Ohr positioniert, und zwar 5 cm seitlich der Gehörschutzkapsel (→ **Abb. 24.7**).

Das britische Health and Safety Laboratory verwendete bei seinen Untersuchungen zum Arbeitsschutz mit Schalldämpfern einen Messaufbau mit einem Messpunkt 2 m seitlich der Mündung (analog zu MIL-STD-1774C/D) sowie zwei Messpunkten jeweils unmittelbar neben den beiden Kapseln des Gehörschutzes, wobei die Mikrofone dort an Stabverlängerungen von Hand gehalten wurden. [131] Diese beidseitige Messung brachte interessante Ergebnisse, die Reproduzierbarkeit dürfte jedoch aufgrund der nicht fixierten Positionierung eingeschränkt sein.

Im Gegensatz zu den NATO-Vorgaben verwendet die Wehrtechnische Dienststelle für Waffen und Munition (WTD 91) der

Bundeswehr einen 1995 in Zusammenarbeit mit der französischen Direction des systemes terrestres et d'information etablissement technique de Bourges (DGA) bilateral vereinbarten Messaufbau. Die Messhöhe befindet sich hier in der gleichen Höhe über dem Boden, in der auch die Laufmündung im Anschlag liegt. Für den Stehendanschlag werden 160 cm und für einen sitzenden Anschlag 80 cm (jeweils über dem Boden) vorgegeben. Bei kniendem oder liegendem Anschlag soll in der Höhe gemessen werden, in der sich üblicherweise die Kopfmitte des Schützen befindet. Das Mikrofon wird 1 m von der Mündung entfernt in einem 135°-Winkel zur Schussrichtung positioniert (→ **Abb. 24.8**). Ein über das Laufende hinausreichender Schalldämpfer würde dementsprechend nicht zu einer veränderten Positionierung des Mikrofons führen.

Auch das Kriminaltechnische Institut (KTI) des Bundeskriminalamtes nutzt bei seinen Messungen eine Konfiguration, die eng an das Verfahren der Bundeswehr angelehnt ist. Durch den rückwärts der Mündung angeordneten Messpunkt sollen sowohl eine Beeinflussung der Messung durch den Überschallknall als auch Fluggeräusche des Geschosses sicher ausgeschlossen werden (→ **Kap. 4**). Auch wenn sich der Kegel des Überschallknalls erst mit etwas Abstand von der Mündung bildet und somit auch bei einer Messung auf Höhe der Mündung keinen Einfluss haben sollte, hält das KTI schon allein deswegen an diesem Messaufbau fest, um die Vergleichbarkeit mit früheren Messungen zu gewährleisten. [132] Gemessen wird dabei der Spitzenschalldruck mit C-Filter (LC_{peak}). Das Mikrofon wird in 155 cm Höhe über dem Boden in einem 135°-Winkel zur Schussrichtung in 1 m Entfernung zur Waffenmündung platziert. Dabei ist eine Positionierung sowohl rechts wie auch links von der Waffe möglich. [133]

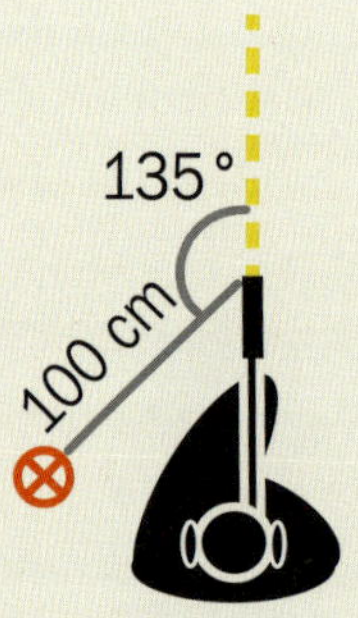

135 °

100 cm

Abb. 24.8: *Das Messverfahren der Wehrtechnischen Dienststelle 91 der Bundeswehr sieht eine Positionierung der Messsonde in 1 m Entfernung zur Mündung in einem 135°-Winkel zur Schussrichtung vor.*

Das Mikrofon sollte grundsätzlich so ausgerichtet werden, dass dessen Membran nicht auf die Lärmquelle zeigt, sondern parallel zur Ausbreitungsrichtung der Stoßwelle liegt. Im Regelfall wird es daher nicht auf die Mündung hin ausgerichtet, sondern um 90° gedreht. Dabei sollte die Stirnfläche möglichst nicht zum Boden oder zu anderen Reflexionsflächen zeigen. [134] Lediglich die DEVA hat in ihrem Versuchsaufbau eine Ausrichtung der Stirnseite des Mikrofons in 135° zur Laufrichtung gewählt.

Messpunkt

Welcher Messpunkt gewählt wird, hängt letztlich von der situativen Fragestellung ab. Wenn die technische Leistungsfähigkeit eines Schalldämpfers beurteilt werden soll, bietet sich ein Messpunkt nach MIL-STD im 90°-Winkel zur Mündung in einer Entfernung von 1 m an. Dadurch werden Lauflänge, Baulänge des Verschlusses und letztlich auch die Nettolänge des Schalldämpfers neutralisiert. Misst man dagegen den Schalldruckpegel am Ohr des Schützen, hat der Abstand zwischen dem Punkt der Lärmemission (Mündung bzw. Vorderende des Dämpfers) und dem Mikrofon einen deutlichen Einfluss auf den Messwert. Auch weniger leistungsfähige Dämpfer können bei einem weiten Abstand zum Ohr durch eine große Nettolänge und eine lange Waffe letztlich eine ausreichende Lärmreduktion erzielen. Ein leistungsfähiger Schalldämpfer, der zusätzlich den Vorteil einer guten Führigkeit durch einen kurzen Überstand bietet, wird bei der Messung am Ohr also benachteiligt. Andererseits ist der auf das Ohr einwirkende Lärm aber der relevante Parameter, wenn man die Dämpfungsleistung von Schalldämpfermodellen aus dem Blickwinkel des Gesundheitsschutzes betrachtet. Unterm Strich bietet sich also die Messung in Mündungsnähe an, wenn man Schalldämpfer technisch vergleichen will, während die Messung am Ohr für den jagdlichen Alltag die wichtigeren Daten liefert.

Zusammenfassung

- Messung von Schusslärm ist technisch äußerst anspruchsvoll.
- Es existieren verschiedene Messmodi, die untereinander nicht einfach vergleichbar sind.
- Hinzu kommen unterschiedliche Messkonfigurationen.
- Der Messpunkt hat wesentlichen Einfluss auf den zu messenden Lärm.

[1] Generalstabshauptmann v. Dormándy: »Über Schalldämpfer und ihre praktische Bedeutung«. In: CHRONICA, Dokumentation aus allen Zeiten in Wort und Bild für Forscher und Sammler, Folge 70: Schalldämpfer, ihre Konstruktion und Wirkung, 1984

[2] »Expertenrunde: Sollten Schalldämpfer bei der Jagd zugelassen werden?« JÄGER 12/2009

[3] https://auf-jagd.de/brauchtum/waidgerechtigkeit/; abgerufen am 03.02.2021

[4] P. Conrad: »Diesseits und jenseits von ›weidgerecht‹«, 2009, Schriftenreihe des Landesjagdverbandes Bayern. Band 16: Tierschutz in der Jagd

[5] E. Zeh: »Deutsche Waidgerechtigkeit. Sinn und Bedeutung«, 3. Auflage, Paul Parey Verlag, Berlin 1937

[6] R. M. Warren: »Elimination of Biases in Loudness Judgments for Tones«, 1970, Journal of the Acoustical Society America Volume 48, Issue 6B

[7] R. M. Warren: »Quantification of Loudness«, 1973, American Journal of Psychology, Volume 86 (4)

[8] C. Patsouras, T. Filippou, H. Fastl: »Influences of Color on the Loudness Judgement«, 2002, ForumAcusticum Sevilla, PSY-05-002-IP

[9] J. G. Neuhoff: »An adaptive bias in the perception of looming auditory motion«, 2001, Ecological Psychology 13 (2)

[10] J. G. Neuhoff: »Perceptual Bias for Rising Tones«, 1998, Nature, Volume 395

[11] A. C. Paulson: »Silencer. History and Performance. Sporting and Tactical Silencers. Vol. One. 1996, Paladin Press. Boulder/Colorado, USA

[12] Bundesministerium für Umwelt, Naturschutz und Reaktorsicherheit: »Umweltbewusstsein in Deutschland 2012. Ergebnisse einer repräsentativen Bevölkerungsumfrage«, 2012, Umweltbundesamt, Dessau-Roßlau

[13] DGUV: »Geschäfts- und Rechnungsergebnisse der gewerblichen Berufsgenossenschaften und Unfallversicherungsträger der öffentlichen Hand 2012«, 2013, Bonifatius GmbH, Paderborn

[14] Auskunft der Sozialversicherung für Landwirtschaft, Forsten und Gartenbau per E-Mail vom 21.03.2013

[15] Gesundheitsreport 10/2003

[16] Ärztezeitung 03.12.1997

[17] www.dasgesundeohr.de

[18] Institut für Arbeit und Gesundheit der Deutschen Gesetzlichen Unfallversicherung: »Kap. 4 Erkrankungen des Hörorgans«. In: Arbeitsmedizinische Gehörvorsorge nach G 20 »Lärm«, 2012

[19] EG-Richtlinie 10/2003

[20] https://www.dguv.de/medien/iag/publikationen/g20/d-kapitel-1.pdf

[21] siehe [20]

[22] R. Pääkkönen, I. Kyttäla: »Peak Sound Levels of FN .308 Rifle«, 1992, http://guns.connect.fi/rs/308measured.html

[23] Hauptverband der gewerblichen Berufsgenossenschaften, Berufsgenossenschaftliches Institut für Arbeitssicherheit: »BGI 677: Gehörschützer für das Schießen mit Handfeuerwaffen in Raumschießanlagen«, 1997

[24] Health & Safety Laboratory: »Assessment of firearm moderators (short report) (HSL/2004/01)«, 2004

[25] F. Santaolalla Montoya, A. Martínez Ibargüen, A. Sánchez del Rey: »Study of acoustic trauma in hunters using otoacoustic emission recording«, 1998, Acta Otorrinolaringol Espania 49(2)

[26] M. Stewart, D. F. Konkle, T. H.Simpson: »The effect of recreational gunfire noise on hearing in workers exposed to occupational noise«, 2001, Ear Nose Throat Journal 80(1)

[27] W. W. Clark: »Noise exposure from leisure activities: a review«, 1991, Journal of the Acoustical Society America 90

[28] D. M. Nondahl, K. J. Cruickshanks, T. L. Wiley, R. Klein, B. E. Klein, T. S. Tweed: »Recreational firearm use and hearing loss«, 2000, Archives of Family Medicine, 9(4)

[29] G. A. Flamme, M. Stewart, D. Meinke, J. Lankford, P. Rasmussen: Auditory Risk to Unprotected Bystanders Exposed to Firearm Noise. Journal of the American Academy of Audiology. Volume 22, Number 2, February 2011, pp. 93–103 (11)

[30] D. M. Nondahl, K. J. Cruickshanks, D. S. Dalton, B. E. K. Klein, R. Klein, T. S. Tweed, T. L. Wiley: The use of hearing protection devices by older adults during recreational noise exposure. Noise & Health, 2006, Volume 8, Issue 33, pp. 147–153

[31] C. C. Wu, Y. H. Young: Ten-year longitudinal study of the effect of impulse noise exposure from gunshot on inner ear function. International Journal of Audiology 2009, 48:655–660

[32] B. Håkansson, A. Gingsjö: »Hörselskyddsanvändning, skottljudsbelastning, hörselproblem och attityder bland Sveriges jägare«, 1995, Technical report, 1:95. In: Chalmers tekniska Högskola

[33] L. Honeth, P. Ström, A. Ploner, D. Bagger-Sjöbäck, U. Rosenhall, O. Nyrén: Shooting history and presence of high-frequency hearing impairment in swedish hunters: A cross-sectional internet-based observational study. Noise & Health, 2015, Volume 17, Issue 78, pp. 273–281

[34] U. Kurze: »Schießgeräuschemissionen bei Schießständen« http://assets.dsb.de/public/uploads/recht_schiessgeraeuschemissionen.pdf

[35] J. D. Truby: »The Quiet Killers«, 1972, Paladin Press, Boulder/Colorado, USA

[36] M. Bank: »Basiswissen Umwelttechnik«,2000, Vogel Communications Group

[37] siehe [11]

[38] F. Haller: »Schalldämpfer für Jagdwaffen«, 1971, Waffenjournal 10

[39] I. Rottenberger, Deutsche Versuchs- und Prüf-Anstalt für Jagd- und Sportwaffen e. V. (DEVA), per E-Mail am 14.12.2012

[40] siehe [22]

[41] siehe [24]

[42] M. P. Branch: »Comparison of muzzle suppression and ear-level hearing protection in firearm use«, 2011, Otolaryngology – Head and Neck Surgery144(6)

[43] siehe [24]

[44] Spitzenverband der Deutschen Gesetzlichen Unfallversicherung: »Regel 194 – Benutzung von Gehörschutz (BGR/GUV-R 194)«, 2011

[45] W. Niemeyer: »Schwerhörigkeit durch Lärm«. In: HNO Praxis Heute, Bd. 18, Hrsg. V. H. Ganz u. H. Iro, 1337. Springer Verl. Berlin, Heidelberg 1991

[46] siehe [45]

[47] E. Borg, C. Bergkvist, D. Bagger-Sjöbäck: »Effect on directional hearing in hunters using amplifying (level dependent) hearing protectors«, 2008, Otology & Neurotology 29(5)

[48] S. M. Abel, N. M. Armstrong: »Sound localization with hearing protectors«, 1993, Journal of Otolaryngology 22(5)

[49] siehe [45]

[50] siehe [47]

[51] siehe [47]

[52] siehe [48]

[53] Fachausschuss Persönliche Schutzausrüstungen der Deutschen Gesetzlichen Unfallversicherung: »Präventionsleitlinie – Einsatz von Kapselgehörschutz«, 2009

[54] F. Lwow, L. Szmigiero: »Polymeric hearing protectors in sport shooting«, 2007, Polim Med 37(3)

[55] U. Bamberg: Prüfnormen für Gehörschützer: »Zwei sind eine zuviel«, 2008, KANBrief 2/08, Kommission Arbeitsschutz und Normierung

[56] V. Drake: »Shotgun Ballistics«, 1962, Lancaster Ammunition & Explosive Co.

[57] siehe [24]

[58] E. Berger et al.: »International Review of Field Studies of Hearing Protector Attenuation«. In: Scientific Basis of Noise-Induced Hearing Loss, Springer 1996

[59] siehe [24]

[60] siehe [42]

[61] W. J. Murphy, R. L. Tubbs: »Assessment of noise exposure for indoor and outdoor firing ranges«, 2007, Journal of Occupational and Environmental Hygiene 4(9)

[62] W. J. Murphy, G. A. Flamme, D. K. Meinke, J. Sondergaard, D. S. Finan, J. E. Lankford, A. Khan, J. Vernon, M. Stewart: »Measurement of impulse peak insertion loss for four hearing protection devices in field conditions«, 2012, International Journal of Audiology 51, Suppl 1

[63] A. Dancer, P. Grateau, A. Cabanis, G. Barnabé, G. Cagnin, T. Vaillant, D. Lafont: »Effectiveness of earplugs in high-intensity impulse noise«, 1992, Journal of the Acoustical Society America 91(3)

[64] R. Pääkkönen, K. Lehtomäki, S. Savolainen: »Noise attenuation of communication hearing protectors against impulses from assault rifle«, 1998, Military Medicine 163(1)

[65] W. Niemeyer: »1.3 Anatomie und Physiologie des Hörorgans«. In: Arbeitsmedizinische Gehörvorsorge nach G 20 »Lärm«, 1. Grundlagen, Stand 2014, Institut für Arbeit und Gesundheit der Deutschen Gesetzlichen Unfallversicherung

[66] E. H. Berger, R. W. Kieper, D. Gauger: »Hearing protection: surpassing the limits to attenuation imposed by the bone-conduction pathways«, 2003, Journal of the Acoustical Society America 114

[67] R. Silvers: »Results«, 2005 http://silencertalk.com/results.htm

[68] R. Pääkkönen: »Suppressor Trials«, 1999, http://guns.connect.fi/rs/trial1999.html

[69] siehe [24]

[70] M. White: »The Use of Sound Suppressors on High-Powered Rifles«, 1998, Small Arms Review Vol. 1

[71] R. Pääkkönen, I. Kyttälä: Effects of riflecalibre muzzle brakes and suppressors on noise exposure, recoil and accuracy. 1994, acta Acustica 2 (1994) 143–148

[72] siehe [24]

[73] T. Fischer, H. Reinecke: Erprobung der Langzeitdämmleistung von Großkaliberschalldämpfern. Lärmbekämpfung, Mai 2018

[74] M. Erbinger: »Schalldämpfer. Geschichte, Technik, Modelle«, 1998, VS-Books, Herne

[75] W. Lampl, G. Seitz: »Jagdballistik. Die Lehre vom jagdlichen Schuss«, 3. Auflage, Verlag J. Neumann-Neudamm, 1983

[76] siehe [56]

[77] G. Burrard: »The Modern Shotgun, Vol. I«, 1985, Ashford, Buchan & Enright

[78] G. Burrard: »The Modern Shotgun, Vol. II«, 1986, Ashford Press

[79] siehe [75]

[80] siehe [34]

[81] http://www.freehearingtest.com/hia_gunfire-noise.Shtml

[82] Deutsche Versuchs- und Prüf-Anstalt für Jagd- und Sportwaffen e.V.: »Schallemission von Schusswaffen«, Mitteilung 1996

[83] Berufsgenossenschaftliches Institut für Arbeitssicherheit 1997: BGI 677

[84] LfU/DNAG: »Minderung von Schießlärmimmissionen durch Flinten im mündungsnahen und -fernen Bereich«, 1992, Fachbeitrag im Rahmen der 18. Gemeinschaftstagung der Deutschen Arbeitsgemeinschaft für Akustik, Berlin

[85] I. Rottenberger, Deutsche Versuchs- und Prüf-Anstalt für Jagd- und Sportwaffen e. V. (DEVA), per E-Mail am 07.01.2013

[86] siehe [84]

[87] siehe [84]

[88] siehe [67]

[89] siehe [68]

[90] siehe [84]

[91] H. Brömel: QuickLOAD, Version 3.6

[92] K. S. Fansler, W. P. Thompson, J. S. Carnahan, B. J. Patton: »A Parametric Investigation of Muzzle Blast«, 1993, ARL-TR-227, Army Research Laboratory

[93] R. Albrecht: »Präzisionsschießen. Ein Leitfaden für Langwaffenschützen«, Motorbuch Verlag, Stuttgart 2018

[94] siehe [74]

[95] siehe [74]

[96] I. Gärtner: »Lautloser Tropfen. Die Patrone .338 Water Drop«, Deutsches Waffenjournal 8/1997

[97] siehe [74]

[98] siehe [74]

[99] E. Harris: »The Load«, 2007, https://www.hensleygibbs.com/edharris/articles/The%20Load.htm

[100] siehe [75]

[101] siehe [75]

[102] siehe [75]

[103] siehe [75]

[104] M. Zessner, Lehrgangsträger für staatlich anerkannte Lehrgänge nach dem Waffen- und Sprengstoffrecht, per E-Mail am 17.08.2015

[105] siehe [84]

[106] siehe [104]

[107] siehe [104]

[108] siehe [104]

[109] siehe [2]

[110] E. Prior: »Silent but deadly«, 2009, Sporting Gun

[111] Venker-van Haagen: »HNO bei Hund und Katze«, Schlütersche Verlagsgesellschaft, Hannover 2006

[112] P. Scheifele, D. Martin et al.: »Effect of kennel noise on hearing dogs«, 2012, American Journal of Veterinary Research Vol. 73, No. 4

[113] A. Lauer, A. El-Sharkawy et al.: »MRI Acoustic Noise Can Harm Experimental and Companion Animals«, 2012, Journal of Magnetic Resonance Imaging 36

[114] C. Coppola, R. Enns, T. Grandin: »Noise in the Animal Shelter Environment: Building Design and the Effects of Daily Noise Exposure«, 2006, Journal of Applied Animal Welfare Science 9(1)

[115] siehe [11]

[116] »Schalldämpfer leisten Wilddieben Vorschub«, Leipziger Volkszeitung Delitzsch, 13.09.2014

[117] Bundeskriminalamt: »Bekanntmachung eines Feststellungsbescheides nach § 2 Absatz 5 in Verbindung mit § 48 Absatz 3 des Waffengesetzes (WaffG) zur waffenrechtlichen Beurteilung der Rückstoßbremse mit Feuerdämpfer für Schusswaffen, Modell FS7, sog. »Feuerschlucker«, 2014, BAnz AT 10.02.2014 B8

[118] siehe [117]

[119] Schreiben des Bayerischen Staatsministeriums des Inneren an das Bayerische Staatsministerium für Ernährung, Landwirtschaft und Forsten zum Thema »Zulassung von Schalldämpfern zur Jagd« vom 04.09.2013

[120] C. Neitzel: »Der Dampf ist raus! Bundeskriminalamt: Bericht zu Schalldämpfern«, Seite 54 f., PIRSCH 8/2015

[121] Die Senatorin für Klimaschutz, Umwelt, Mobilität, Stadtentwicklung und Wohnungsbau. Pressesprecher. E-Mail vom 05.10.2020

[122] Referat PR Bayerisches Staatsministerium für Ernährung, Landwirtschaft und Forsten, Ludwigstraße 2, 80539 München. E-Mail vom 15.10.2020

[123] Bundesministerium der Verteidigung: »Arbeitsschutzgesetzanwendungsverordnung vom 3. Juni 2002 (BGBl. I S. 1850)«

[124] siehe [119]

[125] Raumbauakustik. Abschnitt 1: Physikalische Grundlagen. Skript der Technischen Universität Berlin

[126] Brüel & Kjær: Schallmessung. Nærum/Dänemark, 1984

[127] P. H. Dater, GEMTECH. E-Mail vom 07.03.2016

[128] Wild & Hund: »Sonderdruck Schalldämpfer«. Paul Parey Zeitschriftenverlag GmbH, 2014

[129] A. Burth, C. Neitzel: »Ruhige Reviere. Vergleichstest von Schalldämpfern«. caliber 2/2016

[130] Deutsche Versuchs- und Erprobungsanstalt für Jagdwaffen e. V.: »Bericht zur Ermittlung realer Werte des Geräuschpegels mit und ohne Schalldämpfer«, 2015, http://www.deva-institut.de/files/userfiles/BerichtSD-RLP.pdf

[131] siehe [24]

[132] Bundeskriminalamt (M. Benstein): »Schalldämpfer im jagdlichen Einsatz – Rechte und Pflichten«. Vortrag IWA-Fachforum, 05.03.2016

[133] siehe [132]

[134] Deutsch-Französisches Forschungsinstitut Saint-Louis (ISL), Direction des systemes terrestres et d'information etablissement technique de Bourges (DGA), Wehrtechnische Dienststelle für Waffen und Munition (WTD 91): Vorschriften und Richtlinien zur Registrierung und Auswertung von Waffen- und Detonationsknallen, 1995

Dr. med. Christian Neitzel ist Jäger und Waffensachverständiger und schreibt als freier Journalist. Sein Schwerpunktthema Schalldämpfer hat neben einer Reihe an Veröffentlichungen in Jagdzeitschriften auch zu einer Vielzahl von durchgeführten Seminaren, Vorträgen und Workshops für Forstämter, Behörden und interessierte Jäger geführt.

Dr. Neitzel ist Unfallchirurg und Sanitätsoffizier der Bundeswehr. Er ist Schießlehrer und hat Erfahrungen in Auslandseinsätzen gesammelt. Neben seinen Veröffentlichungen in der Jagdpresse ist er Mitherausgeber des Fachbuches »Taktische Medizin – Notfallmedizin und Einsatzmedizin«.

Kontakt:
schalldaempfer@email.de

BILDNACHWEIS

Alle Bilder in diesem Buch stammen von **Dr. Christian Neitzel**, mit Ausnahme von:

Accuracy International 72; **Alamy**: 12, 66, 212, 280 ; **Ase Utra**: 14, 147-3, 214, 234; **A-TEC**: 116; 146-3, 147-1, 154, 156, 172; **Bayerische Staatsforsten**: 275; **Steve Beaty/Ivythorn Sporting**: 149-2; 150-1; **Browning**: 168, 170; **Brügger & Thomet**: 146-2; **Andreas Burth**: 88, 106-2, 108-3, 131-3; 143-2, 145-1, 182-2; **Cartoon/Harald Klavinius**: 19; **DJZ/Peter Diekmann/Pixabay**: 148; **Ilka Dorn**: 26; **Daniel Haischer**: 236-1, 236-3; **iStock**: 28, 44, 184; **F1online**: 287; **Katrin Förster-Schmitt**: 230; **Freyr & Devik**: 101-1; **Getty Images**: 226; **Pauline von Hardenberg**: 98, 124, 138-1, 288; **Haenel**: 130-1, 138-1; **J. Hartikka**: 104, 119-3, 174-2; **Hessischer Rundfunk**: 181; **Jens Hubenthal**: 153-2; **Hushpower**: 175-2, 221-2; **LeHigh**: 202-2, 202-3; **M. Lenoir & J. Wang**; **INSERM Montpellier**: 49; **Mauritius Images**: 179; **MAE**: 111-1; **MD Textil**: 132-3; **Metallwerk Elisenhütte GmbH**: 201; **Volker Müther**: 100-2; **Frank Ohlwein**: 224-2; **Roman Raacke**: 1, 2, 111-3, 114, 151-1; U4; **Brents Räv**: 218; **Recknagel**: 147-2, 189-1; **O. Repa**: 182-1; **RUAG Ammotec GmbH/Hausken**: 180, 268; **RWS**: 126-2; **Samereier**: 189-2; **Andreas Schmitt**: 131-1, 224-3, 232; **Shutterstock**: 162, 240; **Mike Sorsky**: 229-3; **Stalon**: 132-2; **stock.adobe.com**: 74; **Norbert Teuwsen**: 224-1; **Unique Alpine**: 106-1; **Alexander Weinbacher**: 153-1; **www.wodanshain.de**: 238-2; **Manfred Zessner**: 160-1.

Wir danken allen Schalldämpferherstellern für die freundliche Genehmigung zur Veröffentlichung des zur Verfügung gestellten Bildmaterials.

GRAFIKNACHWEIS

Die Grafiken aller hier nicht explizit aufgeführten Quellennachweise wurden vom Autor selbst entworfen und erstellt. Die Ziffern in eckigen Klammern beziehen sich auf das Quellenverzeichnis (S. 296-299).

S. 36, Abb. 2.5: nach Brüel & Kjær Sound & Vibration Measurement A/S: Umweltlärm, 2001
S. 60, Abb. 4.3: nach [34]
S. 61, Abb. 4.6: nach W. Hundt: »Small Arms Shootings and Ballistics«, 1989, Ballistic Info, Windhoek, Namibia
S. 63, Abb. 4.8: nach Directional Sound Level Diagram of Rifle Shots, 1991 http://guns.connect.fi/rs/dirdiagr.html
S. 64, Abb. 4.9: nach [11]
S. 73, Abb. 5.7: nach [128]
S. 85, Abb. 6.9: nach [42]
S. 85, Abb. 6.10: nach [42]
S. 158, Abb. 13.2: nach P. H. Dater (GEM-TECH), J. Wong (Firearms Law Group): »Effects of Barrel Length on Bore Pressure Projectile Velocity and Sound Measurements«, 2010
S. 176, Abb. 15.6: nach [75]
S. 192, Abb. 17.10: nach D. Joniskeit: »Mythos Schalldämpfer«, 2. Auflage, Kosak & Partner 2008
S. 198, Abb. 17.16: nach [74] und [96]
S. 199, Abb. 17.17: nach [96]
S. 289, Abb. 24.2: nach P. H. Dater: »Sound Measurement Techniques«. Small Arms Review. V3N11, 2000
S. 290, Abb. 24.3: nach [126]
S. 291, Abb. 24.4: nach [126]
S. 291, Abb. 24.5: nach S. F. Hübner: »Vom Blättersäuseln bis zum Kanonendonnner: Der Mündungsknall«, Deutsches Waffenjournal, September 1966
S. 293, Abb. 24.7: nach [130]
S. 294, Abb. 24.8: nach [134]

IMPRESSUM

Postfach 860366, 81630 München

BLV ist eine eingetragene Marke der GRÄFE UND UNZER VERLAG GmbH, www.blv.de

ISBN 978-3-96747-044-4

1. Auflage 2021

Projektleitung: Susanne Kronester-Ritter
Lektorat: Angelika Glock
Bildredaktion: Petra Ender, Natascha Klebl (Cover)
Korrektorat: Andrea Lazarovici
Umschlaggestaltung: kral & kral design, Dießen a. Ammersee unter Verwendung eines Coverentwurfs von independent Medien-Design, Horst Moser, München
Herstellung: Gloria Schlayer
Layout: Dorothee Griesbeck, griesbeckdesign, München
Satz: Anton Walter, Gundelfingen
Repro: Repro Ludwig, Zell am See
Druck und Bindung: Firmengruppe APPL, aprinta druck, Wemding

Ein Unternehmen der
GANSKE VERLAGSGRUPPE

Wichtiger Hinweis

Das vorliegende Buch wurde sorgfältig erarbeitet. Dennoch erfolgen alle Angaben ohne Gewähr. Weder Autor noch Verlag können für eventuelle Nachteile oder Schäden, die aus den im Buch vorgestellten Informationen resultieren, eine Haftung übernehmen.

Vollkommen aktualisierte Neuauflage des gleichnamigen Titels mit der ISBN 978-3-00-053171-2

Umwelthinweis: Dieses Buch ist auf PEFC-zertifiziertem Papier aus nachhaltiger Waldwirtschaft gedruckt.

Liebe Leserin und lieber Leser,

wir freuen uns, dass Sie sich für ein BLV-Buch entschieden haben. Mit Ihrem Kauf setzen Sie auf die Qualität, Kompetenz und Aktualität unserer Bücher. Dafür sagen wir Danke! Ihre Meinung ist uns wichtig, daher senden Sie uns bitte Ihre Anregungen, Kritik oder Lob zu unseren Büchern. Haben Sie Fragen oder benötigen Sie weiteren Rat zum Thema? Wir freuen uns auf Ihre Nachricht!

GRÄFE UND UNZER Verlag
Grillparzerstraße 12
81675 München
www.graefe-und-unzer.de

DIE KÖNNTEN SIE AUCH INTERESSIEREN.

ISBN 978-3-96747-006-2

ISBN 978-3-96747-003-1

ISBN 978 3 96747 020 8

ISBN 978-3-8354-0799-2

ISBN 978-3-8354-1962-9

ISBN 978-3-8354-1728-1

Mehr von BLV auf **www.blv.de**